HANDBUCH DES ERWERBSGÄRTNERS
Pflanzenernährung im Gartenbau

Handbuch des Erwerbsgärtners

Wirtschaftlichkeitsrechnung und Betriebsplanung im Gartenbau
Von Dr. Heinz Bahnmüller, Heidelberg
und Dr. Erhard Schürmer, Weihenstephan

Hauptkulturen im Zierpflanzenbau
Von OLR Dr. G. Bosse, Friesdorf, Prof. Dr. F. Escher, Osnabrück,
OStR E. Gugenhan, Göppingen, Ing. grad. O. Kneipp, Oeschberg
Dr. Th. Steib, München

Pflanzenschutz im Gemüsebau
Von Dr. G. Crüger, Brühl/Köln

Schnittblumenkulturen
Von Prof. Dr. F. Escher, Osnabrück

Erwerbsgemüsebau
Von Prof. Dr. D. Fritz, Weihenstephan, und LD Dr. W. Stolz, Wolbeck

Buchführungs- und Steuerrecht im Gartenbau
Begründet von Dr. W. Lederle und W. Steinle
Neubearbeitet von G. Kirchgatter, Weihenstephan

Pflanzenernährung im Gartenbau
Von Prof. Dr. Rolf Röber, Weihenstephan
und Prof. Dr. Klaus Schaller, Geisenheim

Pilzanbau
Von Dr. J. Lelley, Krefeld-Großhüttenhof
und Ing. F. X. Schmaus, Krefeld

Hydrokultur und Torfkultur
Von Prof. Dr. F. Penningsfeld, Weihenstephan,
und Ing. grad. P. Kurzmann, Weihenstephan

Der Absatz von Zierpflanzen
Von Prof. Dr. W. Schalt, Berlin, und Dipl.-Gärtner S. Pfeifer, Köln

Pflanzenschutz im Zierpflanzenbau
Von Dr. M. Stahl, Stuttgart
und Gartenbauing. H. Umgelter, Stuttgart

Gartenbauliche Betriebslehre
Von Dr. Th. Steib, Weihenstephan

Topfpflanzenkulturen
Herausgegeben von Dr. Th. Steib, München, bearbeitet von
A. Feßler, Tübingen, U. Gradner, Veitshöchheim, J. Jungbauer, Wolbeck,
J. Leinfelder, Weihenstephan, A. Melder, Bad Godesberg

Gewächshäuser
Von Prof. Dr.-Ing. Chr. von Zabeltitz, Hannover

Heizungsanlagen im Gartenbau
Von Prof. Dr. Hans-Jürgen Tantau, Hannover

Pflanzenernährung im Gartenbau

Prof. Dr. Rolf Röber
Institut für Zierpflanzenbau, Fachhochschule Weihenstephan

Prof. Dr. Klaus Schaller
Institut für Bodenkunde und Pflanzenernährung, Forschungsanstalt Geisenheim

3., völlig neubearbeitete und erweiterte Auflage

35 Farbfotos
37 Schwarzweißfotos
84 Zeichnungen
153 Tabellen

Verlag Eugen Ulmer Stuttgart

Fachredaktion: Prof. Dr. Karl Zimmer, Hannover

CIP-Kurztitelaufnahme der Deutschen Bibliothek

Röber, Rolf:
Pflanzenernährung im Gartenbau / Rolf Röber; Klaus Schaller. – 3., völlig neubearb. u. erw. Aufl. – Stuttgart : Ulmer, 1985.
(Handbuch des Erwerbsgärtners)
Bis 2. Aufl. u. d. T.: Knickmann, Erich: Pflanzenernährung im Gartenbau
ISBN 3-8001-5127-8

NE: Schaller, Klaus:

Wollgrasweg 41, 7000 Stuttgart 70 (Hohenheim)
Printed in Germany
Einbandgestaltung: A. Krugmann, Freiberg am Neckar
mit einem Titelbild von Ernst Deiser, Stuttgart
Zeichnungen: Rolf Köder, Stuttgart
Satz: A. Bernecker, Melsungen
Druck: Sulzberg-Druck, Sulzberg/Allgäu

Vorwort

Wissenschaft und Praxis versuchen heute auf vielen Gebieten gemeinsam anstehende Probleme zu lösen. Zu diesen Gebieten zählt auch die Pflanzenernährung im Gartenbau. Das vorliegende Buch soll deshalb Lehrenden und Lernenden auf allen Ebenen der gartenbaulichen Ausbildung helfen. Wir unterstellen, daß es darüber hinaus besonders dem Praktiker Hinweise zur Pflanzenernährung und Düngung geben kann.

In der Reihe „Handbuch des Erwerbsgärtners" erschien vor 18 Jahren die Veröffentlichung „Pflanzenernährung im Gartenbau" von Erich Knickmann und Walter Tepe. Nach so langer Zeit haben sich in der Pflanzenernährung viele Neuerungen ergeben. So ist zum Beispiel in dieser Periode die N_{min}-Methode bis zur Praxisreife entwickelt worden. Die Nährlösungsfilmtechnik (NFT) wie überhaupt die Hydrokultur nimmt im Gartenbau inzwischen einen festen Platz ein. Nicht nur der Zwang zu sparsamem Umgang mit natürlichen Vorräten, sondern auch die Gefahr der Schädigung der Umwelt durch Überdüngung führten zur kritischen Überprüfung der Aufwendungen an Düngemitteln. In diesem Sinne sollten die gesammelten Informationen Hilfestellung geben, das Produktionsmittel „Düngung" optimal einzusetzen.

In der gartenbaulichen Pflanzenernährung sind in den zurückliegenden Jahren zahlreiche Publikationen erschienen. Diese hohe Zahl machte eine Begrenzung in bezug auf die angeführte Literatur notwendig. Wir mußten die Quellen also „subjektiv" auswählen. Das Literaturverzeichnis ist daher bewußt nicht vollständig gestaltet worden. Der anwendungsbezogene Charakter des Buches fordert eine gewisse Bescheidung auf das Wesentliche. Nachdem sich das Buch in erster Linie an den interessierten Praktiker und Studenten wendet, haben wir nur die leicht zugängliche Literatur, d. h. Fachbücher und einige wichtige Übersichtsartikel in das Literaturverzeichnis aufgenommen. Wir sind uns dabei der Problematik dieses Vorgehens bewußt, meinen aber, daß mit Rücksicht auf die berechtigten Fortbildungsbedürfnisse des oben genannten Benutzerkreises die Interessen der Erstautoren etwas in den Hintergrund rücken können. Sollten wir besonders wichtige Quellen nicht erwähnt haben, so bitten wir um Nachsicht und Mitteilung mit entsprechendem Hinweis. Überhaupt sind wir für jede Anregung zur Verbesserung unseres Buches aus dem Leserkreis dankbar. Eine Erstausgabe bedarf in jedem Falle der Verbesserungsvorschläge von außen.

Die Verwendung von Handelsnamen in einigen Passagen des Buches bedeutet nicht deren Empfehlung. Ebensowenig ergibt sich aus der unterlassenen Erwähnung von Produkten eine Kritik an diesen.

Unser Dank gilt zahlreichen Kollegen aus Wissenschaft und Praxis für ihre Hilfe und Bereitwilligkeit zu Auskünften. Besonders bedanken möchten wir uns bei unseren Geisenheimer und Weihenstephaner Kollegen, hier vor allem Herrn Prof. Dr. Peter Fischer, für Anregungen, Hinweise und die Bereitstellung von Unterlagen. Herr Prof. Dr. Karl Zimmer, Hannover, hat sich der Mühe unterzogen, das Manuskript durchzusehen und zu korrigieren. Für seine zahlreichen kritischen Anmerkungen sind wir ebenfalls sehr dankbar. Darüber hinaus sind wir dem Hause Ulmer, besonders aber Herrn Roland Ulmer, zu Dank verpflichtet für seine Geduld mit uns und die gute Zusammenarbeit.

Freising und Geisenheim,
im Frühjahr 1984

Rolf Röber und Klaus Schaller

Inhaltsverzeichnis

Abkürzungen

Allgemeine Abkürzungen

FS	=	Frischsubstanz
GD	=	Grenzdifferenz
Konz.	=	Konzentration
KUK	=	Kationenumtauschkapazität
LD_{50}	=	Letale (tödliche) Dosis für 50% der Versuchstiere
mmol	=	Millimol (= Molekulargewicht in mg)
MND	=	Mehrnährstoffdünger
mS	=	Millisiemens
μS	=	Mikrosiemens = $\frac{mS}{1000}$
mval	=	Milliaequivalent = $\frac{mmol}{Wertigkeit}$
NL	=	Nährlösung
ppm	=	**p**arts **p**er **m**illion = $1:10^6$
TS	=	Trockensubstanz
Vol.	=	Volumen
VDLUFA	=	**V**erband **D**eutscher **L**andwirtschaftlicher **U**ntersuchungs- und **F**orschungs-**A**nstalten

Umrechnungsfaktoren:

$$P \underset{\times 0,436}{\overset{\times 2,25}{\rightleftarrows}} P_2O_5$$

$$K \underset{0,83}{\overset{\times 1,20}{\rightleftarrows}} K_2O$$

$$Ca \underset{\times 0,715}{\overset{\times 1,40}{\rightleftarrows}} CaO \underset{\times 0,56}{\overset{\times 1,79}{\rightleftarrows}} CaCO_3$$

$$Mg \underset{\times 0,60}{\overset{\times 1,66}{\rightleftarrows}} MgO \underset{\times 0,48}{\overset{\times 2,09}{\rightleftarrows}} MgCO_3$$

Chemische Abkürzungen

Acetyl-CoA	=	aktivierte Essigsäure
ADP	=	**A**denosin**dip**hosphat
ÄDTA	=	**Ä**thylen**d**iamin**t**etr**a**acetat
Al	=	Aluminium
AL	=	Ammonlaktat
As	=	Arsen
ATP	=	**A**denosin**trip**hosphat
B	=	Bor
C	=	Kohlenstoff
Ca	=	Calcium
$CaCl_2$	=	Calciumchlorid
$CaCO_3$	=	Calcium-Karbonat (Kalk)
$Ca(HCO_3)_2$	=	Calciumbikarbonat
CAL	=	Calcium-Azetat-Laktat
$Ca(NO_3)_2$	=	Calciumnitrat (Kalksalpeter)
CaO	=	Kalk
$CaSO_4$	=	Calciumsulfat (Gips)
Cd	=	Cadmium
C_2H_4	=	Azetylen
Cl	=	Chlor
Cl_2	=	Chlorgas
Co	=	Kobalt
CO	=	Kohlenmonoxid
CO_2	=	Kohlendioxid
Cr	=	Chrom
Cu	=	Kupfer
DL	=	Doppellaktat
EDTA	=	ÄDTA (s. oben)
Fe	=	Eisen
H	=	Wasserstoff
H_3BO_3	=	Borsäure
HCl	=	Salzsäure
HCO_3^-	=	Bikarbonation

HF = Flußsäure (Fluorwasserstoff)
Hg = Quecksilber
HNO_3 = Salpetersäure
H_2O = Wasser
H_3O^+ = Hydroniumion (Wasserstoff mit H_2O)
H_2SO_3 = schwefelige Säure
H_2SO_4 = Schwefelsäure
β-IES = β-Indolylessigsäure
K = Kalium
KCl = Kaliumchlorid
KNO_3 = Kaliumnitrat
K_2O = Kali
K_2SO_4 = Kaliumsulfat
Mg = Magnesium
$MgCl_2$ = Magnesiumchlorid
$MgCO_3$ = Magnesiumkarbonat
$Mg(HCO_3)_2$ = Magnesiumbikarbonat
MgO = Magnesiumoxid = Magnesia
$MgSO_4$ = Magnesiumsulfat
Mn = Mangan
Mo = Molybdän
N = Stickstoff
Na = Natrium
Na-ÄDTA = Di-Natriumsalz der Äthylendiamintetraessigsäure
NADP = **N**icotin**a**denin**d**i**p**hosphonucleotid
NADPH = **N**icotin**a**denin**d**i**p**hosphonucleotid reduziert
NaCl = Natriumchlorid (Kochsalz)
$NaHCO_3$ = Natriumhydrogenkarbonat
Na_2SO_4 = Natriumsulfat
NH_3 = Ammoniak
NH_4-N = Ammoniumstickstoff
Ni = Nickel
NO_2-N = Nitritstickstoff
NO_3-N = Nitratstickstoff
O_3 = Ozon
OH^- = Hydroxylion
P = Phosphor
PAN = Peroxyacetylnitrat
Pb = Blei
P_2O_5 = Phosphat
SO_2 = Schwefeldioxid
SO_4^{--} = Sulfation
Zn = Zink

1 Grundlagen der Pflanzenernährung im gärtnerischen Anbau

1.1 Der Boden als Standort der Pflanze

1.1.1 Mineralböden – Freilandböden

Unsere Kulturpflanzen wachsen im Freiland durchwegs auf natürlich entstandenen Mineral- oder Humusböden, die in ihren Eigenschaften durch intensive Pflege erheblich beeinflußt werden können. Auch unter Glas wurzeln die Pflanzen überwiegend in „gewachsenen" Böden, während zu den Topfkulturen Erdgemische verschiedenster Zusammensetzung benutzt werden. Man könnte daher vermuten, daß für solche Gemische andere Gesetzmäßigkeiten gelten als für den Freilandboden. Doch trifft dies nur insofern zu, als der beschränkte Wurzelraum im Topf dazu zwingt, der Versorgung mit Wasser und Nährstoffen besondere Aufmerksamkeit zu widmen. Im übrigen aber ist das Gedeihen aller Pflanzen, gleich ob im Freiland oder Gefäß, davon abhängig, daß der Boden genug Luft, Wärme und Wasser enthält, laufend ausreichende Mengen löslicher Nährstoffe an die Wurzeln abgeben kann, und daß er schließlich frei ist von pflanzenschädigenden Stoffen. Aus diesen fünf Bedingungen lassen sich Maßnahmen zur Bodenpflege und Düngung ableiten.

1.1.1.1 Lufthaushalt

Der Lufthaushalt eines Bodens ist eng mit dem Sauerstoffbedarf der Pflanzenwurzeln und der nützlichen Kleinlebewesen verbunden. Ein guter „garer" Boden besitzt die bekannte günstige Krümelstruktur, die den Austausch von verbrauchter, kohlensäurereicher Bodenluft gegen sauerstoffreiche Außenluft erleichtert. In garelosen oder dichtgeschlämmten Böden kommt es durch die Atmungstätigkeit von Wurzeln und Kleinlebewesen leicht zu einem schädlichen Kohlensäureüberschuß, weil der Nachschub von Sauerstoff stockt. Gleiches kann bei Staunässe eintreten; es ist in diesem Fall besonders wichtig, daß eine gute Krümelstruktur des Bodens auch bei starker Vernässung immer noch Luftreserven behält, so daß es nicht zu Wurzelfäulnis kommt (s. Abb. 1). Das bekannte „Vergießen" von Topferden beruht überwiegend darauf, daß die benutzte Erdmischung dann diese Eigenschaft nicht besitzt.

In einem gartenbaulich genutzten Freilandboden wie auch in Topferde ist höchstens die Hälfte des Raumes tatsächlich mit fester mineralischer oder organischer Masse ausgefüllt. Der übrige Raum besteht aus Poren verschiedener Feinheit, wovon je nach der Wasserversorgung durch Regen oder Begießen ein Teil immer mit Wasser gefüllt sein wird. Der restliche Porenanteil, welcher die Atemluft zu liefern hat, soll auch im nassen Boden wenigstens noch 10% des Gesamtvolumens einnehmen. Beste Böden enthalten bis zu 20% dieser „Luftkapazität".

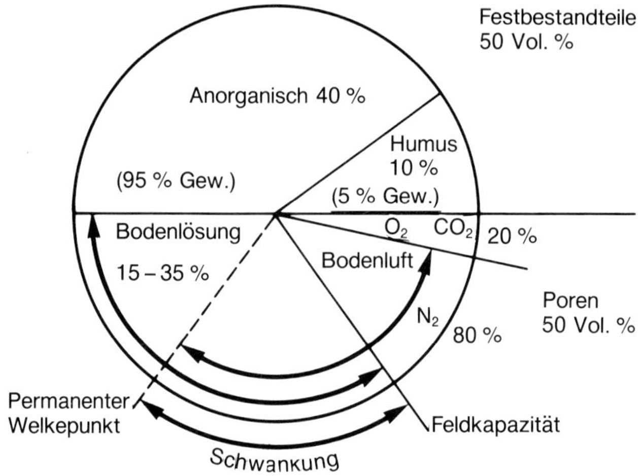

Abb. 1. Günstige Zusammensetzung eines Bodens.

Die Aufgabe, einen garelosen Boden in eine beständige Krümelstruktur zu bringen, verlangt viel Zeit. Daher sei schon an dieser Stelle erwähnt, daß man z. B. durch Torfgaben rasch einen ausreichenden Lufthaushalt sichern kann, wie Abb. 3 zeigt. Im Versuch gelang es hier, durch eine Torfbeimischung von 3 % den ständig mit Luft gefüllten Porenraum um 8 % zu vergrößern, wobei gleichzeitig auch die Fähigkeit des Bodens, Wasser zu speichern, um 9 % gesteigert wurde.

1.1.1.2 Wärmehaushalt

Der Wärmehaushalt eines Bodens hängt einerseits vom Ortsklima und der Sonneneinstrahlung ab, andererseits aber auch von der Speicherfähigkeit des Bodens. Es ist bekannt, daß trockene Böden sich schneller erwärmen als nasse, weil der Wasseranteil erheblich mehr Wärme aufnimmt als die reine Bodensubstanz, um auf höhere Temperatur zu gelangen. Ebenso verbraucht ein nasser Boden auch mehr Wärmeenergie, um den Überschuß an Wasser zu verdunsten. Weil aber im feuchten Boden die Wärme besser nach innen oder außen weitergeleitet werden kann, ist dieser in seinen Temperaturunterschieden ausgeglichener als ein trockener Boden, welcher sich sprunghafter erwärmt oder abkühlt.

Im Freiland machen sich die täglichen Schwankungen der Lufttemperatur bis in etwa 20 cm Tiefe bemerkbar (s. Abb. 2).

Tiefere Bodenschichten erwärmen sich mit den Jahreszeiten langsamer und kühlen im Winter erst verspätet aus. Wenn nun für den Krumenboden ein ähnlicher Wärmeausgleich angestrebt wird, so kann man dies durch eine lufthaltige, isolierende Bodendecke unterstützen (z. B. Torfmull, Rinden- oder Strohmulch). Als Schutz vor Wärmeverlusten im Freiland gelten noch Hecken und Mauern, wie sie ebenso gegen austrocknende Winde nützlich sind (s. Tab. 1).

Poröse Bodendecken bremsen auch das Eindringen von Frösten; einer lockeren Schneeschicht kommt die gleiche Bedeutung zu. Alter dichtgelagerter oder nasser

Tab. 1. Durchschnittliche Bodentemperaturen unter verschiedenen Mulchmaterialien (6. 6.–8. 6. 1959 in Manhattan) (nach HANKS 1961)

Bodentiefe cm	Bodentemperatur °C			
	Brache	gemulcht mit		
		Schwarzgrus	Aluminiumgrus	Stroh
1	33	31	27	22
4	30	29	27	22
16	27	27	24	21
64	22	22	20	18
152	16	16	16	15

Schnee hemmt aber den Luftaustausch und kann dazu führen, daß die darunter überwinternden Pflanzen verfaulen.

Die einzelnen Pflanzenarten reagieren sehr unterschiedlich auf die Temperatur ihrer Umgebung. Die Saat von Gewächsen aus dem Nordischen keimt bereits bei ca. +2°C, tropische Pflanzen bisweilen erst bei +20°C. Ähnliche Unterschiede lassen sich bei der weiteren Entwicklung feststellen. Die Saugwurzeln arbeiten nur innerhalb eines begrenzten Temperaturbereichs optimal, wobei die Wurzelhaare besonders empfindlich sind. Beispielsweise beginnt *Erica gracilis* mit der Aufnahme von Nährstoffen im wesentlichen erst, wenn sich der Boden auf 14°C erwärmt hat. Für gezielte Düngungsmaßnahmen ist dies sehr wichtig.

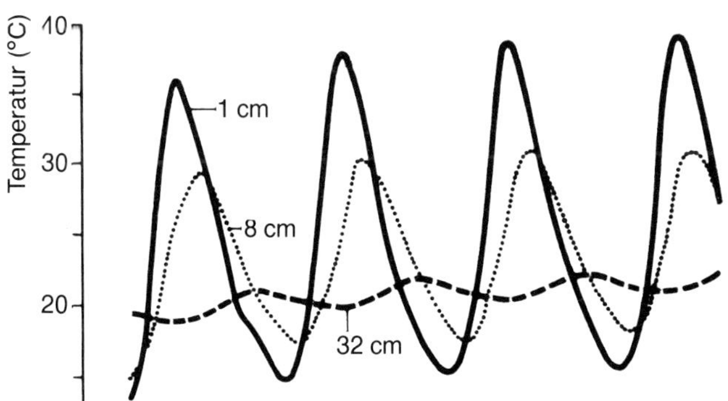

Abb. 2. Schwankungen der Bodentemperatur an 3 Julitagen (8. bis 11. 7. 1969) unter einem Haferbestand.

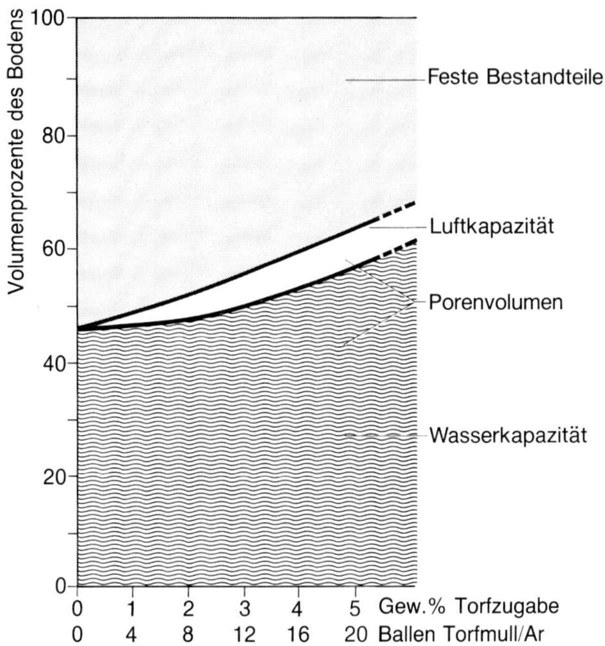

Abb. 3. Torf kann den Lufthaushalt eines Bodens sehr rasch verbessern.

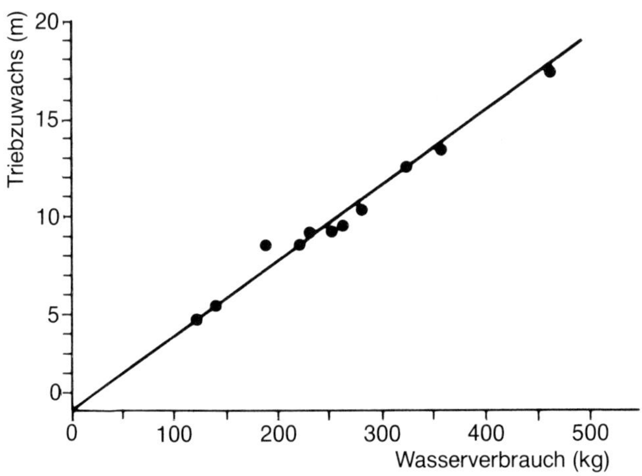

Abb. 4. Wasserverbrauch und Schoßlänge eines Bohnenbestandes.

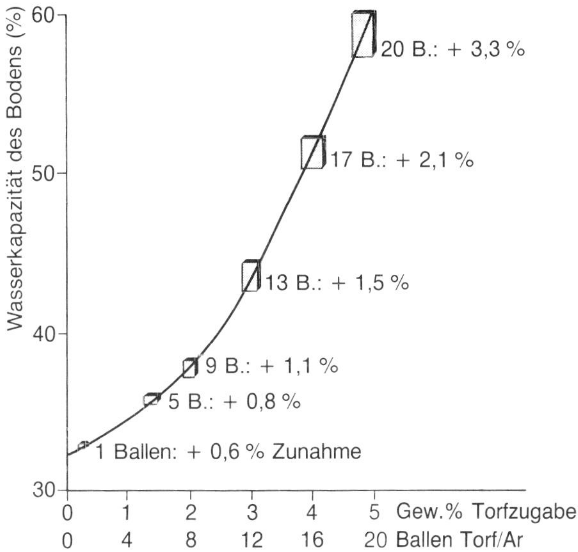

Abb. 5. Torfgaben steigern die wasserhaltende Kraft des Bodens.

1.1.1.3 Wasserhaushalt

Der Wasserhaushalt eines Bodens ist um so wichtiger, je mehr die betreffenden Pflanzen von der regelmäßigen Wasserversorgung abhängen. Die ausgesprochen trockenheitsbeständigen Steppengewächse sind unter unseren gärtnerischen Kulturgewächsen selten vertreten, deshalb darf das Wasser wohl als wichtigster Vegetationsfaktor überhaupt angesehen werden. Nur in Landstrichen mit gut verteilten sommerlichen Niederschlägen und bei hoher Luftfeuchtigkeit wirft die Wasserversorgung der Kulturen keine so großen Probleme auf.

Die Pflanzen brauchen Wasser einmal als Baustein ihrer Substanz, die zu 75 bis 90% aus Wasser besteht. Ferner sind für alle Vorgänge innerhalb der Pflanze, besonders zum Transport der von den Wurzeln aufgenommenen Nährstoffe, große Wassermengen notwendig. Es ist daher verständlich, daß zur Erzeugung von 1 kg pflanzlicher Masse (als Trockensubstanz) bis zu 600 l Wasser verbraucht werden!

Es sei in diesem Zusammenhang schon hier vermerkt, daß eine ausgeglichene Düngung wassersparend wirkt. Die Pflanzen benötigen dann anscheinend weniger Wasser zum Aufsuchen und Transport der leicht erreichbaren Nährstoffe. In Abb. 4 ist der Zusammenhang zwischen pflanzenaufnehmbarem Wasser und dem Zuwachs in cm Schoßlänge bei Bohnen aufgezeigt.

Die Aufgabe, den Kulturen laufend genügend Feuchtigkeit zu verschaffen, wird erheblich einfacher, wenn der Boden eine ausreichende Fähigkeit zur Wasserspeicherung besitzt. Dazu müssen Ton- und Humusteilchen vorhanden sein, die im Gegensatz zu einem kaum saugfähigen reinen Sand viel Wasser aufnehmen und bewahren. Mit steigendem Tongehalt wird allerdings die Abgabe des Wassers an

Tab. 2. Wasserkapazität verschiedener Bodenarten

Bodenart	Wasserkapazität in g/l Boden	davon nutzbar
Sand	100	70
Lehmiger Sand	200	120
Sandiger Lehm	300	180
Lehm	350	200
Toniger Lehm	400	180
Ton	450	150
Torf	900	400

die Pflanzenwurzeln erschwert. Es kann soweit kommen, daß 1 l Tonboden zwar noch 250 g Wasser enthält, die Saugkräfte der Wurzeln es ihm aber nicht mehr zu entreißen vermögen: Die Pflanzen beginnen zu welken.

In den Moorböden kann dieser Zustand schon bei einem noch höheren Wassergehalt eintreten; man darf Moorboden also nicht unter 50% Wassergehalt austrocknen lassen. Auch Erd-Torf-Gemische, wie sie der Topfpflanzenbau verwendet, haben einen höheren „Welkepunkt" als der mineralische Boden und müssen deshalb etwas feuchter gehalten werden. Die Vergießgefahr ist, wie schon erwähnt, bei hoher Luftkapazität dabei nicht größer.

Tab. 2 zeigt, welche Wassermengen die verschiedenen Bodenarten zu speichern vermögen (sogenannte Feldkapazität) und wieviel von diesem Vorrat durch die Pflanzen genutzt werden kann.

Sobald das nutzbare Wasser verbraucht wurde, ist der „Welkepunkt" erreicht. Die Saugkraft der Wurzel versagt gegenüber den stärkeren Kräften der Bodenteilchen; es stocken sowohl die Nährstoffaufnahme wie auch die Assimilation. Dies rechtzeitig zu verhindern, ist für den Kulturerfolg ausschlaggebend. Besonders in den niederschlagsarmen Sommermonaten wird daher eine häufige Kontrolle der restlichen Bodenfeuchtigkeit notwendig. Dies kann entweder mit Hilfe von Tensiometern geschehen, oder man greift auf die Beregnungsberatung des Deutschen Wetterdienstes zurück.

Regen und Gießwasser kommen nur zu einem Bruchteil den Pflanzen direkt zugute. Bei dichtgeschlämmten Böden oder bei Gefälle des Geländes fließt manches oberirdisch ab, anderes verdunstet unproduktiv aus der Krume. Ein Überschuß wird bei durchlässigen Böden rasch in die Tiefe versickern und allenfalls durch Aufsteigen aus einem nahen Grundwasserhorizont wieder nutzbar. Nur das restliche Wasser, das in Wurzelnähe vom Boden gespeichert wird, bringt wirklichen Erfolg. Dieser Anteil muß möglichst hoch gehalten werden. Man hat demnach das Eindringen des Wassers zu erleichtern, die Verdunstung auf ein Minimum zu beschränken und die Speicherkraft von Krume und Unterboden zu stärken. Die beiden ersten Ziele treffen sich mit der Garepflege des Bodens und werden dort erörtert. Auch die Fähigkeit zur Speicherung größerer Wasserreserven ist in einem gut gekrümelten humosen Boden höher als in einem verdichteten und humusarmen. Es sprechen dabei aber noch die schlechten oder guten Eigenschaften des tieferen Untergrundes mit, worauf zurückzukommen ist.

Einige Böden verschlämmen leicht und setzen sich nach Niederschlägen oder Beregnung schnell dicht. Diese Böden haben eine zu geringe „Regenverdaulichkeit". Sie leiden stärker unter Luftmangel. Wiederholtes Hacken, besonders unter Gemüse, soll eine Auflockerung bringen. Diese hält meist nur solange vor, bis neue Niederschläge fallen oder Wasser durch Beregnung gegeben wird. Diese Böden können nach Beregnung oft längere Zeit suppig bleiben, was das Verlegen der Beregnungsrohre erschwert. Dabei können auch Schäden durch das Festtreten des feuchten Bodens entstehen (s. Abb. 6).

Der Wasserverbrauch ist bei den einzelnen Pflanzenarten recht unterschiedlich. Stark bedürftige Gewächse mit hohem Blattanteil können den Wasservorrat des Bodens während der Hauptentwicklungszeit täglich um soviel verringern, wie einer Regenmenge von 4 mm entspricht.

Es gibt Böden, die in tieferen Bodenschichten länger feucht oder sogar naß sind, und trotzdem können die Pflanzen unter Wassermangel leiden. Verdichtete Horizonte hemmen den Tiefgang der Wurzeln, so daß diese an die tiefer liegenden Wasserreserven nicht herankommen. Solche Verdichtungshorizonte verringern außerdem den Wasseranstieg, stauen aber andererseits das von oben eindringende Wasser. So wechseln Austrocknung und Vernässung ab. In diesen Fällen ist es nützlich, die verdichtete Schicht aufzubrechen, damit die Pflanzen den Weg in die Tiefe finden. Oft erfolgt auf derartigen Böden eine Beregnung, obgleich dort eine Entwässerung nötiger wäre.

Böden, unter denen das Grundwasser in geringer Tiefe ansteht, gelten im allgemeinen als bevorzugt. Dabei wird aber häufig die Fähigkeit der Böden, Wasser aus dem Untergrund hochsteigen zu lassen, etwas überschätzt. Es ist allgemein bekannt, daß grobe Sande hierbei ganz versagen. Der kapillare Aufstieg in den engen Poren von Lehm- oder Tonböden ist in der Theorie zwar hoch, praktisch wächst aber mit zunehmender Enge der Widerstand. Was schließlich sehr langsam bis in die Wurzelnähe gelangt, ist meist völlig ungenügend. Man rechnet als nutzbaren Grundwasserspiegel bei schweren Böden nur 1 bis 1,5 m unterhalb der Hauptwurzelzone, auf Sand und Moor dagegen nur 0,5 m.

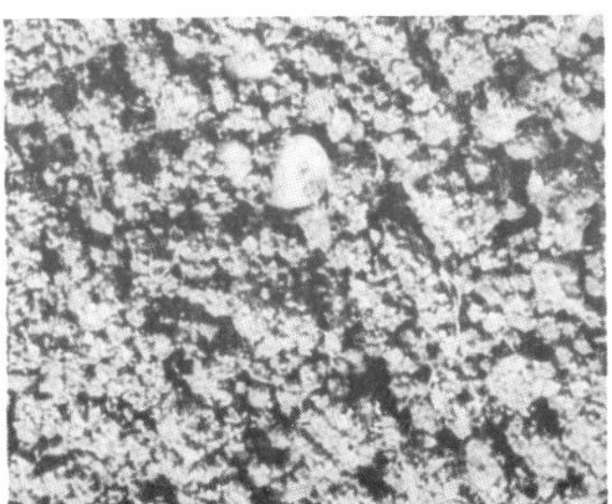

Abb. 6. Frühjahrsbilder: links ein Tonboden mit stabiler Krümelung, rechts ein leicht verschlämmender Lehm.

1.1.1.4 Beurteilung der Böden

Wer jahrelang einen Betrieb bewirtschaftet, kennt die guten und schlechten Eigenschaften seines Bodens. Trotzdem kann auch ein erfahrener Praktiker einmal vor einer mißglückten Kultur stehen, wo das Erkennen der Ursachen und das Schaffen von Abhilfe ein tieferes Eindringen in den komplizierten Aufbau vieler Böden erfordern. Die seit über hundert Jahren übliche Einteilung der Bodenarten in 7 Gruppen, mit einigen Unterstufen je nach Humus- oder Kalkgehalt, genügt bei den wachsenden Ansprüchen an die Bodenleistung heute nicht mehr. Deshalb – und nicht allein wegen einer gerechteren Steuergrundlage – ist die „Reichsbodenschätzung“ gründlicher vorgegangen.

Als Grundlage für die Schätzung diente wiederum die Bodenart, d. h. das Verhältnis von Sand-, Schluff- und Tonteilchen sowie der Kalk- und Humusanteil. Dabei werden 8 mineralische Bodenarten und eine Moorgruppe unterschieden. Zu diesem schon länger üblichen Schema treten ergänzend nun 2 Unterteilungen: Es wird die Herkunft der Böden nach erdgeschichtlichem Alter und den besonderen Entstehungsbedingungen berücksichtigt. Man unterscheidet:

- Diluvialböden (D), entstanden aus den Ablagerungen der Eiszeit.
- Lößböden (Lö), entwickelt aus staubfeinem Gesteinsmaterial, das durch Wind abgesetzt wurde.
- Alluvialböden (Al), Schwemmlandböden als Bildung der Jetztzeit, durch Ablagerung des Wassers in den Niederungen, Tälern und an den Küsten.
- Verwitterungsböden (V), falls steinhaltig (Vg), entwickelt aus dem anstehenden Muttergestein ohne besondere Umlagerung.

Die Entstehungsvorgänge lassen z. B. auch auf die Nährstoffreserven des Bodens schließen, wie sie sich aus dem Bestand an verwitterungsfähigen Mineralteilchen ergeben. Des weiteren ist von der Schätzungskommission die sogenannte Zustandsstufe bestimmt worden, wobei in ausreichend großen Erdgruben die ganze Schichtenfolge von der Krume bis mindestens in 1 m Tiefe geprüft wird. Der mit den Schätzungen beauftragte Spezialist arbeitet zusammen mit zwei erfahrenen Praktikern, die zuvor mit dem Bewertungsschema an Hand einer großen Zahl von Beispielsböden vertraut gemacht wurden. Die zu prüfenden Kennzeichen sind leicht zu erlernen: Tiefgründigkeit, Wurzeltiefgang und Wurzelverbreitung, auch Grundwasserstand, Bodenfarbe, Verdichtungen, Störungsschichten, Ortsteinbildung, Bleichung, Entkalkung, Tiefe der humushaltigen Schichten, Krümelung.

Man weiß, daß jeder Ackerboden eine „Entwicklung“ durchgemacht hat, ehe er in Kultur genommen wurde, und daß er unter den Einwirkungen der Nutzung durch den Menschen ebenfalls eine abgeänderte Weiterentwicklung erfährt. Die „Reichsbodenbewertung“ spricht unmißverständlich von den „Entwicklungsstufen“ der einzelnen Böden und nutzt sie zur Differenzierung und Bewertung der einzelnen Bodenklassen. Die moderne Bodenkunde (sie ist nicht ein Bestandteil der Geologie, wie die meisten meinen, sondern der Land- und Forstwirtschaft) hat uns nicht nur Entwicklungs-, sondern auch Verfallserscheinungen (Altern) des Bodens aufgezeigt.

Man unterteilt in 7 Zustandsstufen, wobei 1 den leistungsfähigsten Boden (z. B. Schwarzerde) und 7 den ungünstigsten Zustand bezeichnet, d. h. einerseits einen rohen, noch unentwickelten Gesteinsboden, oder auch am Ende der Reihe einen alten, ausgelaugten, armen Heidesand.

Aus Bodenart, Entstehung und Zustandsstufe werden dann, unter Rücksichtnahme auf die Grundwasserverhältnisse, die Bodenklassen aufgestellt und jeweils mit Wertzahlen innerhalb einer gewissen Spanne versehen. Als Richtzahl diente dabei der beste deutsche Boden mit dem Wert 100. Dazu wird ein mittleres Klima von 8 °C Jahresdurchschnittswärme und 600 mm Jahresniederschlag angesetzt,

Tab. 3. Ackerschätzungsrahmen

Bodenart (a)	Entstehung (b)	Zustandsstufe						
		1	2	3	4	5	6	7
S	D	–	41–34	33–27	26–21	20–16	15–12	11– 7
	Al	–	44–37	36–30	29–24	23–19	18–14	13– 9
Sl	D	–	51–43	42–35	34–28	27–22	21–17	16–11
(S/lS)	Al	–	53–46	45–38	37–31	30–24	23–19	18–13
	V	–	–	42–36	35–29	28–23	22–18	17–12
	D	–	59–51	50–44	43–37	36–30	29–23	22–16
	Lö	–	62–54	53–46	45–39	38–32	31–25	24–18
lS	Al	–	62–54	53–46	45–39	38–32	31–25	24–18
	V	–	–	50–44	43–37	36–30	29–24	23–17
	Vg	–	–	–	40–34	33–27	26–20	19–12
	D	–	67–60	59–52	51–45	44–38	37–31	30–23
SL	Lö	–	72–64	63–55	54–47	46–40	39–33	32–25
(lS/sL)	Al	–	71–63	62–55	54–47	46–40	39–33	32–25
	V	–	67–60	59–52	51–44	43–37	36–30	29–22
	Vg	–	–	–	47–40	39–32	31–24	23–16
	D	84–76	75–68	67–60	59–53	52–46	45–39	38–30
	Lö	92–83	82–74	73–65	64–56	55–48	47–41	40–32
sL	Al	90–81	80–72	71–64	63–56	55–48	47–41	40–32
	V	–	76–68	67–59	58–51	50–44	43–36	35–27
	Vg	–	–	–	54–45	44–36	35–27	26–18
	D	90–82	81–74	73–66	65–58	57–50	49–43	42–34
	Lö	100–92	91–83	82–74	73–65	64–56	55–46	45–36
L	Al	100–90	89–80	79–71	70–62	61–54	53–45	44–35
	V	–	82–74	73–65	64–56	55–47	46–39	38–30
	Vg	–	–	–	60–51	50–41	40–30	29–19
	D	–	78–70	69–62	61–54	53–46	45–38	37–28
LT	Al	–	82–74	73–65	64–57	56–49	48–40	39–29
	V	–	78–70	69–61	60–52	51–43	42–34	33–24
	Vg	–	–	–	57–48	47–38	37–28	27–17
	D	–	–	63–56	55–48	47–40	39–30	29–18
T	Al	–	74–66	65–58	57–50	49–41	40–31	30–18
	V	–	–	62–54	53–45	44–36	35–26	25–14
	Vg	–	–	–	50–42	41–33	32–24	23–14
Mo			–	45–37	36–29	28–22	21–16	15–10

Zu Tab. 3

	Bodenart	Zeichen	Tongehalt in %	
Sandböden:	Sand	S	bis 10	
	anlehmiger Sand	Sl	10–13	
	lehmiger Sand	lS	14–18	
	stark lehm. Sand (starksd. Lehm)	SL	19–23	feinste abschlämmbare
Lehmböden:	sandiger Lehm	sL	24–29	Teile, kleiner als
	Lehm	L	30–44	0,01 mm
Tonböden:	lehmiger Ton (schwerer Lehm, Letten)	LT	45–60	
	Ton	T	über 60	

D = Diluvialboden, Al = Alluvialboden, Lö = Lößboden, V = Verwitterungsboden, Vg = Verwitterungsboden, stark steinhaltig, Mo = Moorboden.

Beispiel eines Schätzungsergebnisses:
L 4 Lö 70/76 = Lehmboden, Zustandsstufe 4 (der Lößlehm zeigt beginnende Alterung, Auswaschung, Versauerung).
70 ist die geschätzte Bodenzahl, 76 die korrigierte Ackerzahl, bezogen auf den besten Boden = 100.

ferner eine ebene bis schwach geneigte Geländelage sowie normale Verkehrs- und Absatzbedingungen. Der so errechnete Wertmaßstab für die Bodenfruchtbarkeit wird „Bodenzahl“ genannt. Der Schätzungsrahmen sieht wie in Tab. 3, Seite 21 angegeben aus.

Die aus der Tab. 3 zu entnehmenden reinen „Bodenzahlen“ können noch Zu- oder Abschläge erfahren, wenn z. B. besonders günstige oder nachteilige Gelände-, Klima-, Wasser- oder Verkehrsverhältnisse vorliegen. Daraus ergibt sich dann die endgültige „Ackerzahl“, d. h. der Wertmaßstab für die tatsächliche Ertragsfähigkeit des Grundstücks.

Einsprüche gegen die Richtigkeit des Schätzungsergebnisses sind in erster Linie gegen die ebengenannten Zu- und Abschläge möglich. Es ist für jeden Grundstücksbesitzer, und nicht nur für den mit seinem Bescheid Unzufriedenen, sehr wertvoll, wenn er die bei der Schätzung an Ort und Stelle vielleicht versäumte Gelegenheit nachholt und seinen Boden im ganzen Aufbau beobachtet. Der Fachberater muß nicht selten feststellen, daß mancher Besitzer wenig Sicheres darüber sagen kann, wie es unterhalb der üblichen Pflug- oder Spatentiefe aussieht.

Die Bodenschätzung soll möglichst langfristig Geltung behalten, muß sich daher auf die nicht oder nur langsam veränderlichen Eigenschaften beschränken. So sind z. B. die augenblicklichen Bodenreaktionsverhältnisse ebensowenig darin genannt wie die derzeitige Versorgung mit leichtlöslichen Pflanzennährstoffen. Beides ist mittels der üblichen Untersuchungsmethoden leicht und billig festzustellen und kann daraufhin in kurzer Zeit durch entsprechende Düngung auf den gewünschten Stand gebracht werden. Wenn es sich z. B. darum handelt, den heutigen Verkaufswert eines Grundstückes zu ermitteln, so gehören Reaktion und Nährstoffgehalt mit zu den wertbestimmenden Eigenschaften.

Dasselbe gilt vom derzeitgen Garezustand des Bodens. In der Bodenschätzung werden zwar verschiedene Faktoren berücksichtigt, die für die Garebereitschaft wesentlich sind: der Gehalt an Kalk, Ton und Humus. Es hängt aber auf den meisten Böden sehr von den laufenden Pflege- und Düngemaßnahmen ab, ob eine echte Gare tatsächlich vorhanden und auf längere Zeit gesichert ist.

1.1.1.5 Garepflege und Bodenfruchtbarkeit

Was Gare eigentlich ist, läßt sich schwer für jemanden beschreiben, der den Unterschied zu einem ungaren Boden noch nicht selbst feststellen konnte. Man wird den Vergleich etwa so ziehen: Garer Boden ist elastisch locker, im Höhepunkt „federt" er beim Betreten. Er erscheint frischer, dunkler als der ungare, hat angenehmen Erdgeruch und zeigt eine gute Krümelung, die nicht von jedem Regen zerstört wird. Es wurde schon betont, daß damit ein gleichmäßiger Luftaustausch und eine schnellere Erwärmung verbunden sind, ferner ein reges Bakterienleben und eine bessere Durchwurzelung.

Die Gare wird vorrangig gekennzeichnet durch eine stabile Krümelstruktur, wie sie manchen Böden schon von Natur aus und ohne menschliches Eingreifen eigentümlich ist. Man kann sie z. B. im fruchtbaren mitteldeutschen Schwarzerdegebiet zwischen Hildesheim und Halle sehen. Man stellt sie aber ebenso im Laubwald fest, wo sich unter dem verrotteten Blattabfall des Vorjahres oft ein garer Gartenboden präsentiert. Ebenso zeigen viele Wiesen oder Feldraine, wo der

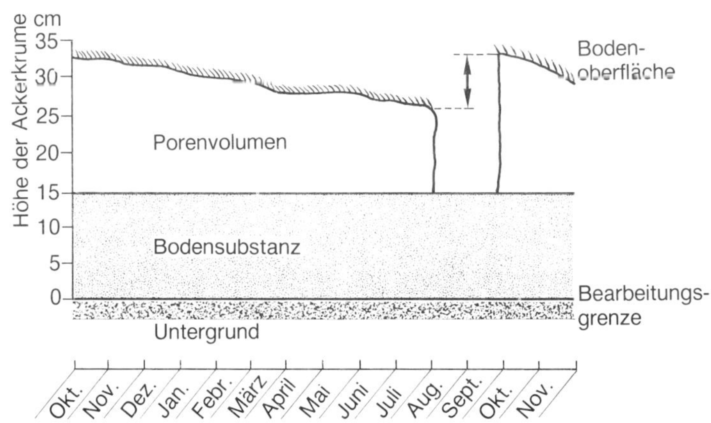

Abb. 7. Jahresablauf der mechanischen Auflockerung der Krume und der nachfolgenden Setzungsvorgänge. Die im Herbst des Vorjahres fast 33 cm hohe Krume ist bis zum März um 5 bis 6 cm zusammengesunken. Nach schwacher Hebung bei Garebeginn setzt sich der Boden weiter. Er verliert im ganzen bis zum Herbst etwa ⅖ seines Porenvolumens.

Mensch mit Pflug und Spaten nicht hinkommt, unter dem Graswuchs einen lockeren Boden. Man braucht also einfach nur die Natur nachzuahmen – wenn dies in der Praxis einer intensiven Bodennutzung so leicht wäre! Immerhin muß aus den ebengenannten Beispielen schon hier festgehalten werden, daß unter dem ständigen Schutz einer Bodendecke wie im Laubwald und Grasland, sich die Gare wesentlich besser bilden kann als ohne diesen Schutz.

Es gibt im Gartenbau manche Möglichkeiten, den Boden auch im garegefährdenden Sommer vor Sonnendürre und Gewitterregen zu schützen. Das Bedeckthalten mit Wirtschaftsabfällen gehört dazu, im Grasobstbau als „Mulchen" schon länger geübt. Aber auch die lebende Pflanze kann durch ihr Blattwerk vor Hitze und Tropfenschlag schützen. In beiden Fällen wird eine (Schatten-)Gare erreicht, wie man sie sonst nur durch häufige Bodenbearbeitung erzielt. Sowohl die Schatten- wie die Bearbeitungsgare sind aber nicht als beständig anzusehen. Ebenso darf man der Frostgare nicht allzu sehr trauen, nachdem die grobschollig im Herbst umgegrabene Erde gut durchgefroren ist. Wenn der erste starke Frühlingsregen darauf eine verschlämmte Kruste hinterläßt, erweist sich auch diese Gare als unecht.

Noch eine weitere Gareart ist leider nicht von Dauer: tonige, schwer zu bearbeitende Böden kann man oft vorübergehend verbessern, wenn im zeitigen Frühjahr oberflächlich eine schwache Gabe von Branntkalk eingebracht wird. Die Krume ist dann für einige Monate gelockert, aber die Wirkung verpufft bald, obgleich der Kalk ein bedeutsamer Helfer für den dauerhaften Garezustand ist. Die Wirkung ist nur von Dauer, wenn sie durch eine gute Humuswirtschaft unterstützt wird. Die Schwarzerde z. B. verdankt ihre durch Jahrtausende bewährte Fruchtbarkeit in erster Linie dem Gehalt an Dauerhumus in einer mit Kalk gesättigten Form.

Eine wichtige Aufgabe der Garepflege im humusarmen Mineralboden ist es also, Dauerhumus zu schaffen. Die Praxis kennt dazu schon lange einen guten Weg: Er geht über den Komposthaufen. Wenn sich die verrottenden organischen Abfallstoffe mit den Tonteilchen der beigemengten Erde und dem eingestreuten Kalk vereinigen, kann der erwünschte Dauerhumus entstehen. Ebenso erreicht man dies bei der Erdkompostierung von Mist, während der üblicherweise für sich allein verrottete Stallmist wesentlich weniger dauerhafte Humusstoffe liefert. Gering ist auch die Bildung von stabilem Humus, wenn eine Gründüngung in den Boden eingearbeitet wird. Die frische Grünmasse dient, ebenso wie ein großer Teil des Stallmistes, überwiegend als Futter für die Kleinlebewesen des Bodens. Diese können ihre für die Bodengare sehr erwünschte Tätigkeit nur solange fortsetzen, als ihnen genug Nahrung in Form von leicht zersetzbaren organischen Stoffen zur Verfügung steht. Sie begnügen sich zwar notfalls mit den im Boden verbleibenden Wurzelresten und dergleichen, doch reichen diese Mengen bei intensiver Bodennutzung nur selten für eine hohe Gareleistung. Somit ist die laufende Zufuhr von leicht zersetzbarem organischem Material als Nährhumus auch wichtig, kann aber die Sorge um den Dauerhumus nicht beseitigen.

Für einen günstigen Ablauf der Vorgänge um den Auf- und Abbau von Humus ist es zunächst wichtig, daß der Luft- und Wasserhaushalt des Bodens in Ordnung ist. Auch diese Vorgänge werden weitgehend durch die Tätigkeit von Kleintieren und Kleinstpflanzen gesteuert, vor allem auch durch den Regenwurm, der mit seinen Gängen den Boden auflockert und mit seinen Exkrementen einen wertvollen Dauerhumus schafft. Die Regenwurmkanäle geben das Niederschlagswasser rasch

Tab. 4. Die chemische Zusammensetzung von Wurmkot im Vergleich zum umliegenden Boden (ppm) (nach E. W. RUSSEL 1973)

Probenahmetiefe	0–15 cm	20–40 cm	Wurmkot
austauschbares Ca	1 990	481	2 790
austauschbares Mg	162	69	492
austauschbares K	32	27	358
verfügbarer P	9	8	67
NO_3-N	4,7	1,7	21,9
C in %	3,35	1,11	5,17
pH	6,4	6,0	7,0

nach der Tiefe weiter und lassen die Wurzeln auch in einen verdichteten Boden eindringen. Zugleich wird damit der Luftaustausch bis in größere Tiefen gesichert. In den Wurmexkrementen speichert sich das Wasser für Zeiten der Trockenheit. Ein solcher Boden widersteht somit sowohl einer Dürre- wie einer Nässeperiode. Darüber hinaus werden in den Kotkrümeln eine Reihe von pflanzenverfügbaren Nährstoffen angereichert (s. Tab. 4).

Zur Vermehrung der Dauerhumusstoffe sollte man die Regenwürmer fördern. In Gartenböden sind auf 10 m^2 nicht selten bis zu 1 kg Würmer zu finden. Der Regenwurm bevorzugt Böden, in denen er wenig gestört wird. Dies geht auch aus einem langjährigen Versuch in Geisenheim hervor: Es galt hier zu prüfen, ob die Fräse bei häufiger Anwendung nachteiliger für Boden und Ernte sei als der Pflug. Die Versuchsfläche, sandiger Lehm mit Beimischung von Lößlehm, wurde laufend in gutem Humuszustand gehalten. Unter diesen allerdings recht günstigen Vorbedingungen waren nach Ablauf von 6 Versuchsjahren keine eindeutigen Unterschiede zwischen Fräs- und Pflugarbeit festzustellen, weder in den Gemüseernten noch bei den verschiedenen meßbaren physikalischen und biologischen Bodeneigenschaften. Nur die Regenwürmer hatten deutlich reagiert: Ihre Zahl hatte sich auf den gefrästen Parzellen gegenüber den gepflügten erheblich verringert.

Nun gibt es unter den käuflichen Düngemitteln manche, welche als Ergänzung von Kompost oder Erdmist gleichfalls Dauerhumus liefern. Am bekanntesten, weil bequem in Bezug und Anwendung, ist der Torf, wie ihn die Natur in den Mooren bereithält. Die organischen Bestandteile der kalkarmen Hochmoore sind für die Entwicklung von Bodenbakterien wenig geeignet und bleiben daher durch viele Jahre dem Boden erhalten. In dieser Zeit können sie dann mit den Tonteilchen und dem Kalk des Bodens zu echtem Dauerhumus werden. Vorher aber, also noch in der faserigen Gestalt des frischen Torfs, wird der Boden in seiner Lockerheit, Luft- und Wasserhaltung verbessert, so daß schon hierin die Gare unterstützt ist.

Zur Pflege der Gare gehört auch die Kenntnis aller Umstände, welche garezerstörend wirken können. Der Mangel an organischen Stoffen, also an Nähr- und an Dauerhumus, ist dabei in erster Linie zu nennen. Geringer Luftaustausch als Folge einer Bodenverdichtung oder Verschlämmung hemmt die Lebenstätigkeit der

I II III

Abb. 8. Dieser Versuch beweist die Tätigkeit des Regenwurmes: Jedes der 3 Gläser wurde schichtweise mit Krumenboden und grobem Sand gefüllt, dann während des Versuchs laufend feucht gehalten. Glas I blieb unbesetzt, 3 Regenwürmer kamen in das Glas II, 6 in Glas III.

I II III

Abb. 9. An jedem 5. Tag wurde etwas frisches Grünfutter aufgelegt. Nach Ablauf von 5 Monaten ist im Gefäß III der gesamte Inhalt gut durchgearbeitet. Auch in II zeigt sich deutlich eine teilweise Vermischung.

Bakterien und die normale Wurzelausbildung. Im Zusammenhang damit stehen die Gefahren einer dauernden oder zeitweiligen Vernässung: Stauwasser im Untergrund hindert die Sauerstoffzufuhr und läßt die Wurzeln faulen. Ein staunasser Boden verliert auch allmählich so stark an Porenraum, daß er nach den notwendigen Entwässerungsmaßnahmen erst langsam wieder eine normale Krümelfähigkeit erlangt.

Zu den garestörenden Einflüssen kann auch eine falsche Bodenreaktion zählen. Da die nützlichen und gareförderlichen Bodenbakterien durchweg einen annähernd neutralen Boden bevorzugen und zur Bildung von Dauerhumus auch Kalk gehört, ist es verständlich, daß in einem sauren Boden schwer eine gute Gare erreicht werden kann (Abb. 10, 11). Es wird dies um so schwieriger sein, je ärmer an Humus und je reicher an Ton dieser Boden ist. Ein humusreicher Sand hat daher den Vorzug, nicht auf streng neutrale Reaktion angewiesen zu sein. Er besitzt schon im schwach sauren Bereich eine gewisse Gare, d. h. ausreichende und beständige Lockerheit, verbunden mit guter Durchlüftung und leichter Bearbeitbarkeit. Daß dem Gartenbau ein solcher Boden manchmal lieber ist als ein an sich höher bewerteter Lehm oder Ton, erklärt sich hieraus von selbst.

Der Gehalt an Dauerhumus kennzeichnet den Grad der Bodenfruchtbarkeit und ist auch für die Leistungsfähigkeit unserer oft jährlich 3 bis 4 Ernten tragenden gartenbaulich genutzten Flächen verantwortlich. Im Dauerhumus werden die mineralischen Nährstoffe aus der Bodenlösung oder aus der Düngung angelagert, und zwar derart, daß sie jederzeit in die Bodenlösung wieder eingehen können, sobald die Pflanzen hierfür Bedarf haben. Ferner stellt Humus einen wichtigen Wasserspeicher dar, der sich besonders in trockenen Jahren bewährt (s. Abb. 12).

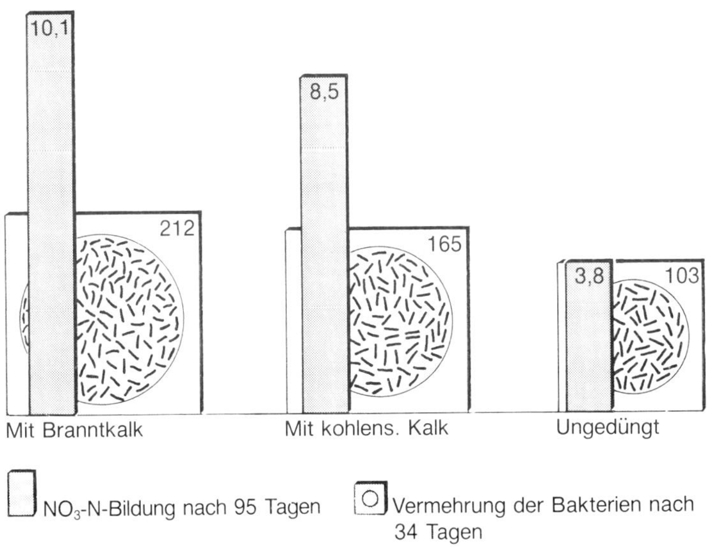

Abb. 10. Bodenreaktion und Mikroorganismen. In einem sauren Boden nimmt die Zahl der Bakterien nach einer Kalkung zu, und es wird auch mehr NO_3^- N gebildet.

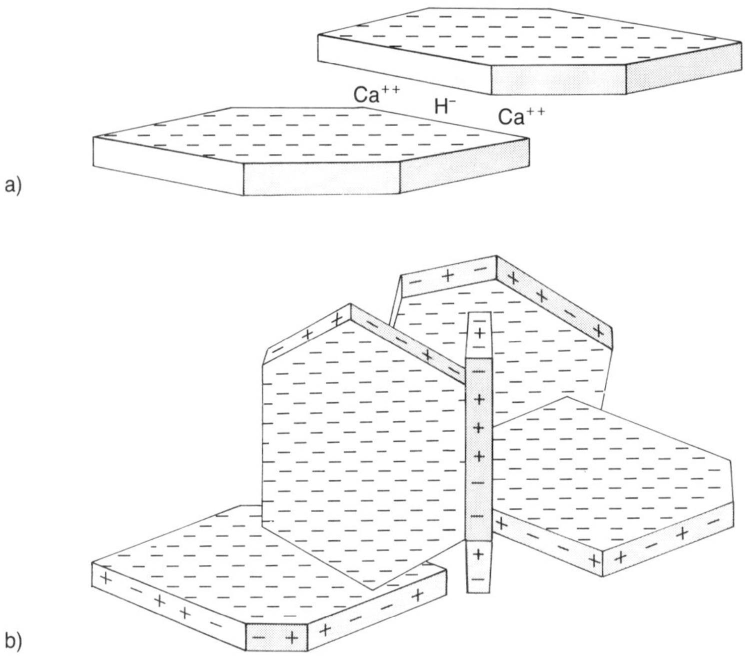

Abb. 11. Schematische Darstellung der Funktion des Calciums bei der Verkittung von Tonteilchen. a) Wirkung der Calcium-Ionen, b) entstehende Strukturformen.

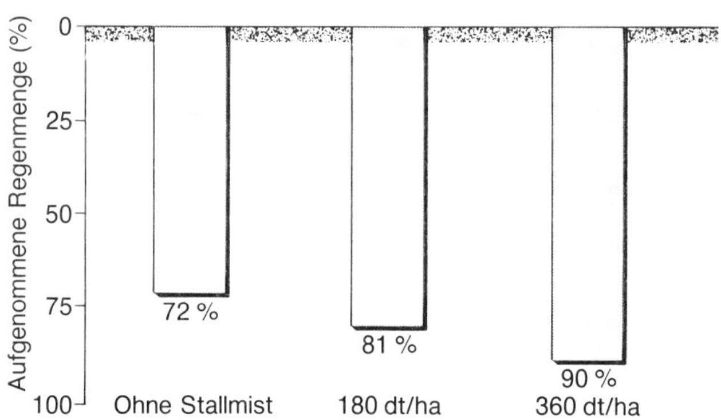

Abb. 12. Einfluß verschieden hoher Stallmistgaben auf die Aufnahmerate eines Bodens für Niederschlagwasser.

Daß ein humoser Boden auch eine widerstandsfähige Krümelstruktur mit bester Luft- und Wasserführung nebst ausgeglichenen Temperaturverhältnissen aufweist, braucht nicht besonders betont zu werden. Ferner sind die wertvollen Dauerhumusformen eine zwar sparsam, aber stetig fließende N-Quelle.

Auf gärtnerisch genutzten Böden wird Dauerhumus vorwiegend durch die Bindung an Tonteilchen oder auch an Fe- und Al-Verbindungen gebildet. Damit entstehen sogenannte Ton-Humus-Komplexe, an denen auch der Kalkgehalt des Bodens wesentlichen Anteil nehmen kann.

Auf dem Komposthaufen wie im Mistbeet tritt über die Tätigkeit von Strahlenpilzen und anderen Kleinlebewesen eine Dauerhumusbildung ein, die auch ohne eine Stabilisierung durch die genannten Mineralstoffe sehr widerstandsfähig ist.

Der prozentuale Humusgehalt allein gibt keinen klaren Aufschluß darüber, ob der Boden angemessen mit wertvoller organischer Substanz versorgt ist. Bessere Auskunft darüber gibt das Verhältnis von C zu N im Boden. Auf Lehmböden soll das Verhältnis 8:1 bis 10:1 betragen, auf Sand 14:1 bis 18:1. Ein für die jeweilige Bodenart zu weites Verhältnis C:N deutet auf ungünstige Umsetzungen und minderwertige Humusformen hin. Eine Verbesserung läßt sich durch Leguminosenanbau, Stallmist oder Kompost oder auch durch Bodenbedeckung erreichen.

N-Bestimmungen haben einen Gesamtgehalt innerhalb der Krume bis zu 3000 kg N/ha ergeben. Auf anmoorigen Böden ist sogar das Doppelte möglich. Das Verhältnis C:N läßt sich jedoch nur bedingt zur Kennzeichnung der Bodenfruchtbarkeit verwenden.

In zahlreichen Versuchen hat sich ergeben, daß die Düngungsmaßnahmen, wenn sie den Ertrag erhöhen, gleichzeitig auch die Bodenfruchtbarkeit verbessern können.

Es muß nur dafür Sorge getragen werden, daß der Abbau N-haltiger Humussubstanzen im Boden ausgeglichen wird. Dazu kann eine entsprechende Fruchtfolge beitragen, ferner eine nicht zu starke Belüftung des Bodens, damit keine unnötigen Verluste an organischer Substanz entstehen.

Die einzelnen Nährstoffe sind an der Bodenverbesserung in ähnlicher Weise beteiligt. Wenn die mineralische Düngung dem Boden das wiedergibt, was er an Nährstoffen durch Bewirtschaftungsmaßnahmen verloren hat, läßt sich die Fruchtbarkeit der Böden sogar merklich verbessern. Dort, wo die Düngung einseitig angewandt wird, kann die Bodenfruchtbarkeit verrringert werden. Eine harmonisch zusammengesetzte Humus- und Mineraldüngung hat sich als sicheres und wirksames Mittel zur Erhaltung und Steigerung der Ertragsfähigkeit der Böden bewährt (s. Abb. 14).

Es darf nicht übersehen werden, daß manche Düngemittel bodenverkrustend wirken können. Es sind dies besonders die Na-haltigen Verbindungen wie der Natronsalpeter ($NaNO_3$) oder die Kalirohsalze mit hohem Gehalt an Na. Auf einem zur Verschlämmung neigenden Boden wird man diese Dünger also nicht allzu häufig verwenden. Da uns sowohl NO_3-N wie K auch in anderen Formen angeboten werden, läßt sich diese Schwierigkeit leicht vermeiden.

Garefördernd oder -störend kann auch die Fruchtfolge wirken (s. Abb. 13). Die Gare wird durch frühe und bodenbedeckende Blattentwicklung geschützt, durch ein reiches Wurzelwerk sogar gefördert. Je länger dagegen die betreffende Kultur den Boden unbeschattet läßt und je weniger Wurzelreste sie im Boden zurückläßt,

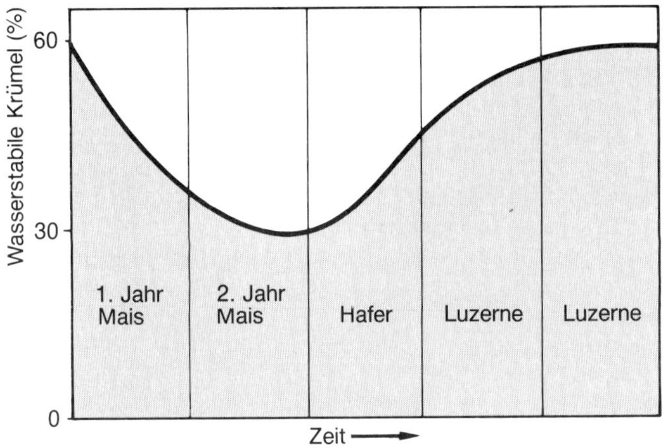

Abb. 13. Einfluß einer Fruchtfolge auf die Menge wasserstabiler Krümel eines Bodens.

Abb. 14. Einfluß einer ausreichenden P-Versorgung auf die Verschlämmungsneigung eines Bodens nach reichlichen Winterniederschlägen. Links vorne mit P-Düngung, rechts vorne ohne P-Düngung.

um so ungünstiger wird die Gare beeinflußt. Hackfrüchte, bei denen man in der Zeit einer geringen Blattentwicklung den Boden häufig oberflächlich zu lockern hat, zählen wegen dieser künstlich erhaltenen Gare zu den „gareneutralen" Pflanzen. Zur Bodenpflege gehört also das Bestreben, Kulturen von gareförderndem Einfluß möglichst oft in die Fruchtfolge einzuschalten. Es hat sich dabei als nützlich erwiesen, Gründüngungspflanzen anzubauen. Besonders unter den Leguminosen bieten sich dazu eine ganze Reihe von Pflanzen an. Es darf allerdings nicht versäumt werden, diese Zwischenfrüchte ebenso gut zu düngen wie eine Hauptkultur. Wird dies verpaßt, so werden Ertrag und Gareförderung meistens unbefriedigend bleiben, außerdem muß man die entzogenen Nährstoffe zur nächsten Kultur ohnehin ersetzen.

Die laufende Versorgung des Bodens mit allen lebensnotwendigen mineralischen Nährstoffen ist noch aus einem weiteren Grunde für die Garepflege wichtig: Höhere Pflanzen und die Lebewesen des Bodens (= Edaphon) benötigen eine

Tab. 5. Besatzdichte und Biomasse der Bodenorganismen in der obersten 15 cm dicken Schicht eines durchschnittlich fruchtbaren Ackerbodens (nach STÖCKLI 1950)

	Anzahl	Biomasse kg/ha
Mikroflora	pro g Boden	
Algen	100 000	139
Bakterien	600 000 000	10 080
Pilze	400 000	10 000
	600 500 000	20 219
Mikrofauna	pro dm^3 Boden	
Amoeben, Ciliaten usw.	1 551 000 000	379
Metazoenfauna	pro dm^3 Boden	
Mollusken	5	40
Nematoden	50 000	50
Enchytraeiden	20	15
Lumbriciden	3	4 000
Myriopoden	14	50
Proturen, Dipluren	4	0,1
Collembolen	220	6,5
Milben	150	4,4
Spinnen	5	5
Andere	2	3
	50 423	4 184
Sonstige	190–260	695

Mindestmenge jedes einzelnen Nährstoffes. Sie alle leben zwar vorwiegend von der Zersetzung organischer Substanz, kommen aber z. B. in Böden mit ungenügendem Kalk- und P-Gehalt nicht zur vollen Entwicklung. Man wird bei einer mangelhaften Gare daher oft durch die Bodenanalyse einen ausgesprochenen Mangel an leichtlöslichen P feststellen (s. Abb. 14).

Durch die enormen Erfolge der Mineraldüngung veranlaßt, wurde nicht genügend beachtet, daß nicht nur die Pflanzen, die wir entfernen, sondern auch die Kleinlebewesen im Boden ernährt werden müssen. Ihr Bedarf an Mineralstoffen ist zwar gedeckt, aber sie brauchen im Unterschied zu den höheren Pflanzen auch C als Nahrung, da sie chlorophyllfrei sind.

Die Nahrung kann nur absterbende oder abgestorbene Substanz sein, die wir mit dem Begriff „Humus" bezeichnen. Je Hektar werden ±3000 kg Humustrockenmasse im Jahr verbraucht. Steht diese Menge nicht zur Verfügung, so schränken die Bakterien zunächst ihre Arbeit ein. Erleiden sie tatsächlich ernsten Mangel an C-haltiger Nahrung, so sterben sie ab. Daher achten der Landwirt und der Gärtner schon immer darauf, in längeren oder kürzeren Zeitabständen Humusmassen in Form von Stalldünger (und ergänzend durch Gründüngung) dem Ackerland zuzuführen.

Das Wissen um die Bedeutung der Mikroflora für Boden und Pflanze wurde neuerdings durch das Studium der wurzelnahen Zone (Rhizosphäre) erweitert. Dort befinden sich besonders viele Mikroorganismen. Pilzfäden dringen auch in die Wurzelrinde ein (Mykorrhiza) und leben in unmittelbarer Gemeinschaft mit der Pflanze. Die Pflanzenwurzeln nehmen die vom Boden gelieferten Nährstoffe zum Teil über diese Pilzflora auf. Sie vermag sowohl organische wie mineralische Stoffe bisweilen stärker zu lösen, als die Wurzeln selbst es können. In der Rhizosphäre werden auch organische Wirkstoffe gebildet, die dadurch für die Pflanzen aufnehmbar sind. Die Bedeutung dieses Vorgangs ist z. B. für Orchideen nachgewiesen. Die bekannten Knöllchenbakterien leben auf ähnliche Weise, jedoch überwiegend bei Leguminosen.

1.1.1.6 Untergrundpflege

In der Praxis des Gartenbaues ist man oft bestrebt, die durchwurzelbare Krume zu vertiefen. Fast alle Kulturen sind hierfür dankbar, weil ein gut ausgebildetes Wurzelwerk die Versorgung mit Wasser und Nährstoffen erleichtert. Der Aufbau in der Schichtenfolge eines Bodens setzt dieser Krumenvertiefung meistens bald eine Grenze. Je stärker in Farbe und Krümelstruktur der Unterboden von der garen Krume absticht, um so mehr ist von dieser Art der Krumenvertiefung abzuraten. Bei den leider sehr beschränkt vorkommenden Schwarzerden mit ihrer tiefen und gleichmäßigen humosen Krume ist diese Vorsorge meistens überflüssig, weil Krümelung und Gare auch über die ständig bearbeitete Krumenschicht hinaus gut sind.

Bei der Mehrzahl der Bodenarten ist dies dagegen nicht der Fall. Es verschlechtern sich alle zur Garebereitschaft gehörenden Eigenschaften nach der Tiefe hin: Zahl und Größe der Krümel, Porenräume, Gehalt an Humus wie an leicht aufnehmbaren Nährstoffen. Damit werden die Lebensbedingungen für die Mikroorganismen ungünstig, und ihr Einfluß auf die Gare der tieferen Schichten sinkt bis zur Bedeutungslosigkeit herab. Es ist dann der Kunst des Gärtners überlassen, diese Lücke durch geeignete andere Maßnahmen auszufüllen.

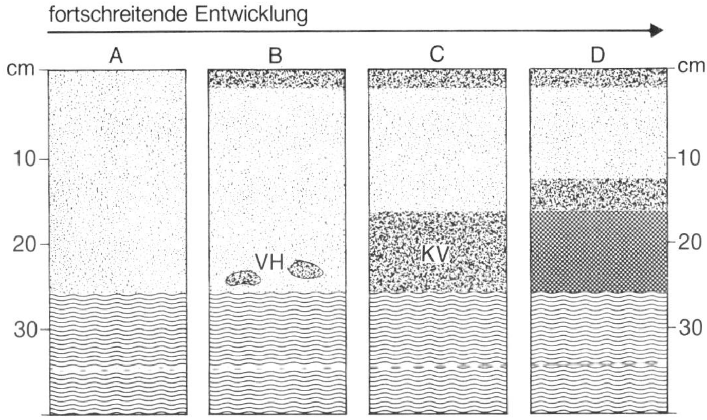

Abb. 15. Strukturzerfall bei ungenügender Garepflege. Von links nach rechts: Zunächst kommt es bei Regenfall zu einer oberflächlichen Verschlämmung, während sich an der Furchensohle Wasser staut und durch Krümelzerfall einzelne Verdichtungsherde entstehen läßt (VH). Grad und Mächtigkeit dieser Verdichtungszone wachsen sowohl oben wie unten, so daß die Krume schließlich ein schlechteres Porenvolumen als der unbearbeitete Untergrund aufweist.

Erste Voraussetzung zur richtigen Untergrundpflege ist die Kenntnis der örtlichen Bedingungen; dazu muß man den Aufbau der Schichtenfolge eingehend prüfen. Es ist dies nicht nur wichtig bei einem geplanten Anbau von tiefwurzelnden Kulturen, etwa Obstbäumen. Besondere Bedeutung kommt dem Studium des Bodenprofils auch zu, wenn es gilt, unbekannten Wuchsstörungen nachzugehen; fast immer ist der Untergrund hier irgendwie beteiligt.

Gräbt man die lockere humose Krume ab und legt den meist durch andere Farbe deutlich erkennbaren Unterboden frei, so stößt der Spaten oft auf größeren Widerstand. Es macht sich eine Verdichtung bemerkbar, die ganz allgemein bei schlechter Garepflege entsteht oder die sogenannte Pflugsohle als Ursache hat. Letztere bildet sich bei der langjährigen Pflug- und Grabarbeit auf einer ständig gleichbleibenden Tiefe. Auf solcher Furchensohle oder überhaupt da, wo die lockere Krume unvermittelt in den garelosen Boden übergeht, staut das eindringende Regenwasser zeitweilig. Die Krümel weichen auf, werden unter dem Druck der darüberliegenden Erde zusammengepreßt und verlieren einen Teil ihrer Poren: Die Bodenverdichtung beginnt! Im Laufe der Zeit steigert sich dieser Vorgang nach Grad und Umfang, bisweilen schon innerhalb eines Jahres. Die vielleicht zuerst nur örtlich auftretenden dichteren Stellen verbreitern sich und nehmen an Dicke zu, wobei die vom Pflug oder Spaten leicht zu wendende Krume immer flacher wird (s. Abb. 15).

Kennzeichnend für diese Erscheinung ist, daß der Boden hier sogar dichter, gepreßter erscheint als der darunter folgende unbearbeitete Untergrund. Es ist wichtig, Art und Umfang der Verdichtungszone genau zu erkennen. Nach dem Abgraben der lockeren gesunden Krume sticht man hierzu mit einem scharfen Spaten kräftig senkrecht ein und bricht ein Stück der Sohle heraus. Bei zu großem

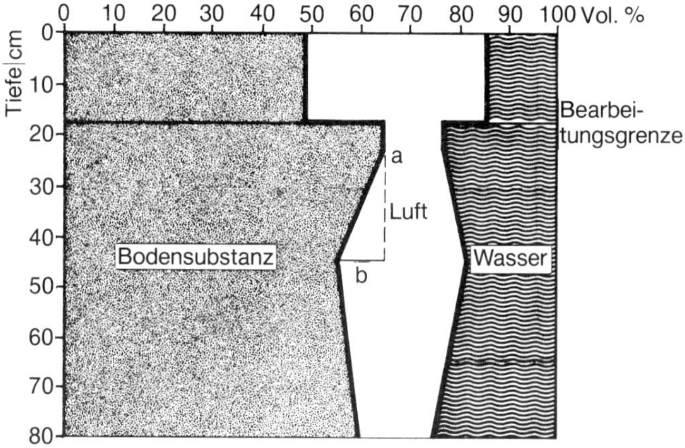

Abb. 16. Schematische Darstellung einer charakteristischen Pflugsohle. Dieses Bild sowie die folgenden Zeichnungen zeigen, wie sich der Bodenraum auf feste Substanz, Luft und Wasser, verteilt. In der bis 18 cm gelockerten Krume nehmen die mit Luft oder Wasser gefüllten Poren etwa 52% des gesamten Raumes ein. Die stark verdichtete Sohle (18 bis 23 cm) hat dagegen nur etwa 37% Porenvolumen.

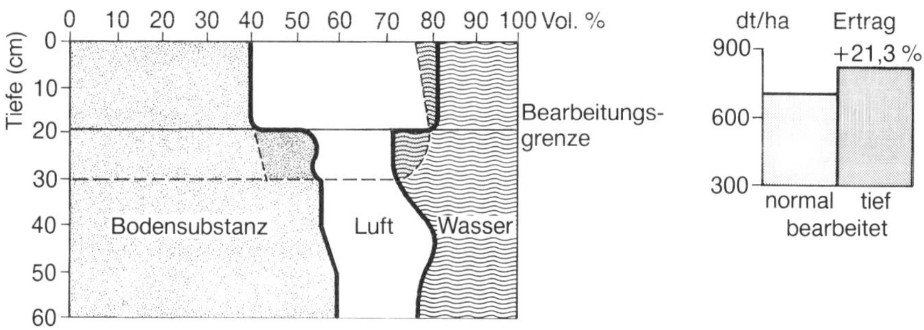

Abb. 17. Gute Untergrundbearbeitung auf einem verdichteten Boden. Die durchgezogenen dicken Linien stellen den alten Zustand mit starker Pflugsohle dar, die gestrichelten Linien den Erfolg der Tiefenlockerung. Das Porenvolumen hat sich dort um etwa 14% verbessert, die Erträge heben sich.

Widerstand muß man zuvor ringsum ein Viereck abstechen. Die Art der Verdichtung läßt sich im Vergleich zur gesunden Krume wie folgt ansprechen: Ist die herausgehobene Schicht noch bröckelig, so kann die Verdichtung verhältnismäßig leicht behoben werden. Wenn sich nur grobe Schollen abbrechen lassen und ziegelartige Platten übereinanderliegen, dann bilden diese ein Hindernis für Wurzeln, Luft und Wasserhaushalt.

War die Untergrundpflege lange vernachlässigt, so folgen manchmal stockwerkartig die 3 beschriebenen Arten der Verdichtung. Auch gelangt man dann bisweilen mit einem gewöhnlichen Spaten nicht sofort bis zum unbeeinflußten Untergrund, sondern muß nochmals nachstechen. Es ist sehr wichtig, die Tiefe der Verdichtung auf dem gesamten Grundstück zu kennen, damit die Abhilfe gründlich und erfolgreich einsetzen kann.

Prüft man den Boden auf die beschriebene Weise, so darf man nicht versäumen, gleichzeitig die beim Graben freigelegten Wurzelbilder zu beobachten. Die Mehrzahl unserer Kulturpflanzen werden mit einer verdichteten Bodenschicht schlecht fertig; es fehlt ihnen dort an Poren zum Einschieben der Wurzeln, aber auch an O_2. Das Wurzelwerk ist dann auf den eingeschränkten Raum der lockeren oberen Krumenschicht angewiesen und kann auch nur dort Nährstoffe und Wasser entnehmen. Von den Vorraten innerhalb und unterhalb der Verdichtung werden die Pflanzen ferngehalten, leiden also frühzeitig unter Mangel an H_2O und Nährstoffen. Andererseits sorgt jeder starke Regen für einen H_2O-Anstau auf der Verdichtung und schwächt die Pflanzen erneut durch Luftmangel.

Oberhalb und innerhalb der verdichteten Schicht wird man die Reaktion der Wurzelstränge deutlich verfolgen können: Während sich im garen Boden ein dichtes Flechtwerk gleichmäßig verbreitet, biegen die auf eine Verdichtung stoßenden Wurzeln waagerecht um und können beim schwersten Fall der Plattenbildung überhaupt nicht eindringen (s. Abb. 18, 19). Der schollige Bruch läßt noch einige Spalten frei, doch ist dabei deutlich zu sehen, daß in die Schollen selbst kein Wurzelstrang eindringt. Wurzeln von Leguminosen zeigen zur Zeit der Knöllchenbildung innerhalb der engen Schollenspalten keinerlei Ansätze für Knöllchen, sondern nur in den porenreicheren Bodenschichten. Recht kennzeichnend ist auch das Verhalten von Rüben, die ihre schlanke Form bei einer Bodenverdichtung verlieren und „beinig" werden. Die gleiche Erscheinung tritt allerdings auch auf, wenn der Untergrund andere wuchsfeindliche Eigenschaften hat, so z. B. stark sauer ist.

Abb. 18. Spatenstich eines Lößlehmbodens, der nur bis 15 cm Tiefe gut durchwurzelt ist. Darunter beginnt eine Verdichtung ohne Wurzeln.

Abb. 19. Spatenausstisch eines Lößlehmbodens, gut durchwurzelt bis in 30 cm Tiefe. Die ausgestochene Probe liegt waagerecht auf dem Spaten. Rechts ist die Oberfläche.

Mit Hilfe des Spatens ist jeder Gärtner auf die geschilderte Weise in der Lage, seine Böden zu prüfen und daraus Folgerungen für die künftige Pflege zu ziehen. Je fester und mächtiger die aufgegrabene Verdichtung ist, um so dringlicher sind die dagegen zu treffenden Maßnahmen. Sie dürfen sich nicht auf eine Abhilfe gegen den derzeitigen Zustand beschränken, sondern müssen gleichzeitig vorbeugend wirken, damit die Gefahr der erneuten Verdichtung abgewendet wird. Es sind also zwei Arbeiten nacheinander durchzuführen. Die dichte Schicht muß mit Untergrundhaken oder Grubberzinken mechanisch aufgebrochen werden, womit der Weg zu Wasser und Nährstoffen für die Wurzeln wieder frei wird. Die gewaltsam gelockerte Zone braucht dann aber zur Bildung stabiler Krümel neues Leben, am besten durch die Einsaat von garefördernden Zwischenfrüchten mit reichlichen und tiefgehenden Wurzeln. Diese zermürben die gelockerten Schollen in kurzer Zeit und stellen die Lebendverbauung der Bodenteilchen zu garen Krümeln wieder her.

Es ist in jedem Falle bei einer Bodenverdichtung, auch bei einfacher, schwacher „Pflugsohle“, möglichst zu vermeiden, daß die aufzubrechende Schicht mit der gesunden Krume vermischt wird. Besser ist es, durch einen Zweischichtenpflug die Verdichtung nur in sich zu lockern oder mittels Spaten zu „holländern“, d. h. den garen Oberboden für sich zu wenden, den freigelegten dichten Unterboden ebenfalls für sich. Da man bei der Spatenarbeit jeden Stich fühlt und vor Augen hat, kann man jederzeit verfolgen, ob der Anschluß an den gesunden Untergrund nunmehr gesichert ist. Beim Pflügen ist dies schwieriger; es muß da der Erfolg des Lockerns also häufig während der Arbeit mit Hilfe der Spatenprobe überprüft werden. Wenn der Wühlkörper des Zweischichtenpfluges nicht die volle Tiefe der dichten Zone erfassen kann oder wegen deren Mächtigkeit zu grobe Schollen erzeugen würde, geht man am besten in zwei Etappen vor: Zunächst wird beispielsweise nur auf 25 bis 30 cm Tiefe gelockert und darauf die garebildende Zwischenfrucht gebracht. Nach deren Aberntung folgt das tiefe Lockern bis unterhalb der ganzen Verdichtung; da die hierzu geeigneten Zweischichtenpflüge sehr schwer sind, kann man auch einen Reißhaken einsetzen.

Ohne die Mithilfe der Pflanzen würde sich in vielen Fällen der alte Zustand wieder herstellen. Das Einschalten einer tiefwurzelnden garefördernden Frucht soll also nicht auf diese einmalige Notwendigkeit beschränkt bleiben. Vorbeugend wird man sich ihrer Hilfe oft bedienen und dadurch für eine ständige offene Verbindung zwischen Krume und Untergrund sorgen.

Die beschriebene Spatenprobe gibt vor allem dann ein leicht erkennbares Resultat, wenn die dichte Schicht sich deutlich sowohl von der Krume wie vom unterlagernden Untergrundboden abhebt. Auf den schweren Böden ist aber oft nicht gerade diese Zwischenzone besonders betroffen, sondern es verdichtet sich der Boden allgemein nach der Tiefe hin. Da sich hierbei sowohl der Porenraum wie der Luft- und Wasserhaushalt verschlechtern, werden vor allem die Tiefwurzler, speziell Obstgehölze, in ihrer Leistungsfähigkeit gehemmt. Auch hier läßt sich manches durch den periodischen Einsatz von tieflockernden Geräten erreichen, noch besser in Verbindung mit einer Zwischenkultur von wurzelkräftigen Gründüngungspflanzen. Die dicken Wurzelstränge der Luzerne halten auch nach der Ernte und Verwesung viele Wege zum Wasser- und Luftaustausch in die Tiefe offen. Das in nachstehender Abbildung beschriebene Versuchsergebnis zeigt, wie die Luzerne sich im Porenvolumen noch viele Jahre fördernd auf den Untergrund auswirkt (s. Abb. 21).

Wenn der Untergrund dagegen nicht nur im Porenraum zusammengepreßt, sondern ausgesprochen verhärtet ist, dann wird auch die Luzerne zunächst versagen.

Für alle Beobachtungen und Maßnahmen, die den tieferen Untergrund betreffen, genügt die obengenannte Prüfung mittels Spateneinstich selten. Man muß dann richtige Probegruben ausheben, so breit, daß man darin stehen, und so tief, daß man den ganzen Schichtenaufbau des Bodens studieren kann. Auf der Eingangsseite legt man Stufen an, die gegenüberliegende Seite wird senkrecht glatt abgestochen. An dieser Wand lassen sich dann die einzelnen Schichten prüfen: Auf Humus-, Ton- und Sandgehalt, auf Krümelung oder Verdichtung, auf Gehalt an

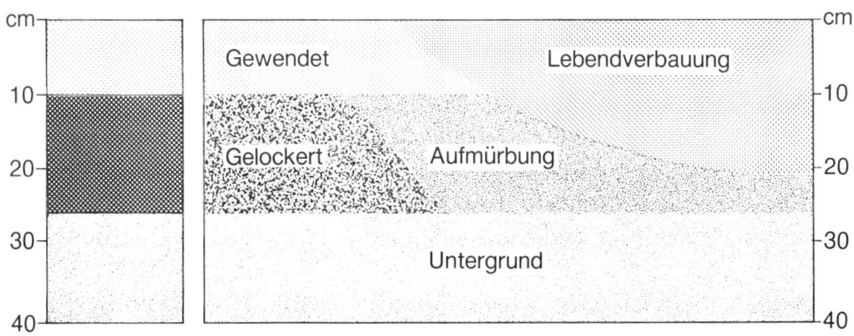

Abb. 20. Maßnahmen gegen Gareschwund. Die starke Verdichtung der unteren Krume (linkes Bild) erfordert sorgfältig überlegte Schritte: Zunächst wendet man mittels Zweischichtpflug nur die oberen 10 cm, wobei gleichzeitig durch den Wühlkörper die Verdichtung aufgelockert wird. Das weitere Zermürben des Bodens überläßt man den sofort einzusäenden Zwischenfrüchten. Deren Wurzeln übernehmen im Verein mit den Kleinlebewesen die „Lebendverbauung" der Krümel.

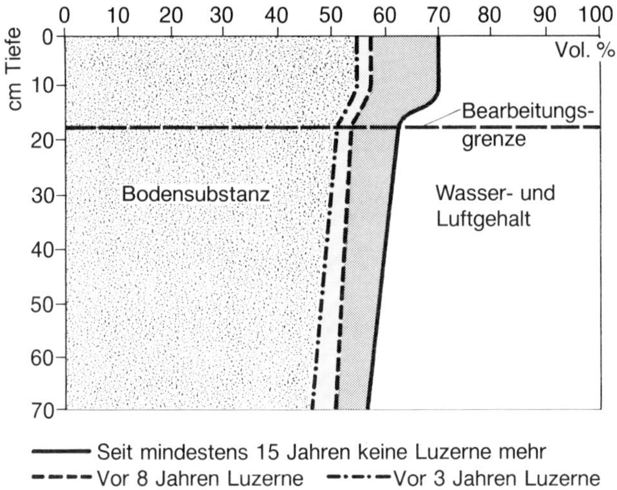

Abb. 21. Bodenlockerung durch Luzerneanbau. Die Luzerne schafft in allen Bodentiefen eine günstigere Struktur. Wo seit langem keine Luzerne wuchs, ist im obigen Beispiel das Porenvolumen in der Krume um 15%, im Untergrund um etwa 10%, schlechter.

freiem Kalk (Salzsäureprobe!) sowie vor allem auf Wurzelverbreitung und Regenwurmgänge – beides als Anzeiger für einen guten Bodenzustand. Kann man die Grube über längere Zeit offenlassen, so ist dies von besonderem Wert für die Beobachtung des Wasserhaushalts. Man stellt fest, wie tief die Regenfälle eindringen, auf welchen Schichten sie sich vielleicht stauen.

In der Probegrube kann man auch aus der Farbe der einzelnen Bodenschichten manches entnehmen. Die Krume selbst ist in ihrer Farbtiefe meist vom Humusgehalt abhängig. Je geringer der Tonanteil, um so stärker prägt sich die dunkle Humusfarbe aus: Ein leichter, heller Sandboden wird schon von kleinen Humusprozenten tief schwarz verfärbt, ein Ton dagegen nur wenig. In den humusfreien Bodenschichten überwiegt der färbende Einfluß des Eisens, das praktisch in allen Böden reichlich vorkommt. Gesunde Böden mit geregeltem Luftaustausch sind gelb bis braun, auch rot in verschiedenen Abstufungen. Dort, wo die Farbe ins Graue, Blaue oder Grüne geht, sind häufig die Fe-Verbindungen zweiwertig. Schafft man eine Probe solcher Schichten nach oben an die freie Luft, so tritt oft schon nach wenigen Tagen ein Farbwechsel ein: Fe verbindet sich zusätzlich mit O_2, der Boden wird braun. Auch diese einfache Probe liefert den Hinweis, daß man diesen Bodenschichten eine bessere Durchlüftung vermitteln muß, soweit sie für den Wurzelbereich noch von Einfluß sind.

Solche einfachen Probegruben haben also vielseitigen Wert. Wie tief soll man sie nun anlegen? Für Gemüsebau genügt etwa 1 m, für Obstanlagen empfiehlt sich aber mindestens 1,50 m. Folgt bald darunter Grundwasser, so bietet sich dessen Beobachtung an: Schwankungen des Spiegels, Aufstiegshöhe in die Bodenschichten je nach Körnung und dergleichen. Auch die Qualität des Grundwassers ist für Nutzzwecke wichtig.

Das Porenvolumen des Unterbodens hängt andererseits ebenfalls ab von seiner Versorgung mit löslichen Salzen. Das im Bodenwasser gelöste Salz vermindert die Oberflächenspannung der kolloidal gelösten Bodenteile. Diese ziehen sich zusammen, wenn es trocknet oder friert. Dadurch nimmt die Konzentration der Bodenlösung zu. Durch Entquellung oder Schrumpfung der Ton- und Humusteilchen entstehen der Mull der Brache und das günstige Gefüge des abgetrockneten Bodens im Frühjahr. Der Boden trocknet und erwärmt sich also um so eher, je mehr Nährsalze das Bodenwasser enthält, denn durch das Schrumpfen dringt Luft in den Boden, und dieser belebt sich schneller.

Ungünstige chemische Bedingungen, z. B. Überschuß an Mg- und Na-Ionen, führen zur Flachgründigkeit, der Hauptursache für Mißwuchs in sehr trockenen oder nassen Jahren. Der Praktiker versucht meist zuerst, den Boden durch mechanische Bearbeitung tiefgründiger zu machen; das hilft jedoch wenig, wenn die Bodenlösung nicht genug Nährstoffe, vor allem Kalk- oder Phosphatsalze, enthält. Ständig gut gedüngter Boden wird „ganz von allein" tiefgründiger. Teile der salzreichen Krume fallen in die Bodenrisse und reichern so den Untergrund an.

1.1.1.7 Staunässe

Es ist eine alte Erfahrung, daß man tiefwurzelnde Kulturgewächse nicht auf ein Gelände bringen soll, das dauernd zu feucht ist, sei es durch hohen Grundwasserstand oder von einsickernden Quellen her. Dabei wird die Nässe von manchen Pflanzen noch eher vertragen, wenn das Wasser etwas in Bewegung bleibt und nicht staut. Durch das langsame Strömen ist ein schwacher Luftaustausch möglich, das Wasser behält genug O_2, um die Atmung der Wurzeln sicherzustellen. Untergrundnässe ohne Bewegung verursacht dagegen einen O_2-Mangel, wogegen nur wenige Gewächse unempfindlich sind. Jede Meliorationsmaßnahme auf solchen nassen Böden soll also erreichen, daß im Wurzelbereich genügend Frischluft verfügbar ist.

Im Gegensatz zu einer dauernden Nässe, die man leicht feststellen kann, werden die Fälle einer vorübergehenden Staunässe oft gar nicht erkannt. Wenn ein solches Grundstück etwa als Grünland genutzt wird oder für nur flachwurzelnde Früchte, so hat die Unkenntnis meist keine weiteren Folgen. Wie wir an manchen Beispielen beobachten, kann es auch in einer ausgesprochen trockenen Gegend stellenweise zur Staunässe kommen, wenn ein dichtgelagerter Untergrund während einer Regenperiode das Wasser nur sehr langsam einsickern läßt. Aus Luftmangel erkranken dann die Wurzeln. Dabei ist die echte Grundwasserzone dort vielleicht in unerreichbarer Tiefe, und die Vernässung stammt ausschließlich vom letzten Regen. Wenn man eine solche Stelle aufgräbt, so zeigt sich im Bodenprofil unterhalb der bearbeiteten Schicht eine Bodenverfärbung, die man „Marmorierung" nennt. Sie kennzeichnet den Boden als zeitweilig staunaß und luftarm. Man sieht dort ein auffallendes Nebeneinander von gelben, braunen und grauen Flecken oder Streifen. Dieses bunte Muster hat anderenorts nur rostrote Stellen auf gelbem Grunde, z. B. im Lößlehm. Solche Mißfarben stammen von den Fe-Verbindungen des Bodens; sie ändern nämlich ihre Farbe je nach Überschuß oder Mangel an O_2. Auch nachdem die Staunässe wieder behoben ist, lassen sich solche Flecken noch lange Zeit erkennen. Es ist beinahe die Regel, daß man während der trockenen Jahreszeit dort keine höhere Feuchtigkeit vorfindet; im Winter staut sich da unten aber wieder das Wasser, meist ohne daß es oberflächlich festgestellt wird. In manchem der Beispiele ist die zum Stau führende dichte Untergrundschicht außerordentlich stark. In anderen Fällen beträgt ihre Dicke vielleicht nur wenige Dezimeter einer relativ schmalen Tonlage, eines verkitteten Schotters, bisweilen aber auch eines verhärteten Kalkhorizonts. In ebener Lage geben solche Bänke bei jedem stärkeren Regenfall Anlaß zur Staunässe; in hängigen Lagen ist diese Gefahr geringer. Jedenfalls muß man mit solchen Möglichkeiten rechnen, auch wenn z. B. eine bisherige Ackerkultur keinerlei Verdacht aufkommen ließ.

1.1.2 Gärtnerische Erden und Substrate

1.1.2.1 Geschichtliche Entwicklung

Die bestehenden Schwierigkeiten bei der Herstellung von gärtnerischen Erden und Substraten und bei der Kultur von Pflanzen, insbesondere phytosanitärer Art, haben zur Entwicklung von einheitlich beschaffenen Substraten geführt. Eine erste erfolgreiche Formulierung stellte der von LAWRENCE und NEWELL 1939 entwickelte „John-Innes-Kompost“ dar.

Die Entwicklung derartiger Substrate wurde von 1945 an in Deutschland von FRUHSTORFER fortgeführt. Im Zeitraum von 1948 bis 1952 wurden Einheitserden von FRUHSTORFER und PENNIGSFELD versuchsweise geprüft. 1948 erschien ein erster Bericht über ihren praktischen Einsatz in der Zeitschrift Gartenwelt. In den Folgejahren wurden gleichzeitig Versuche zur Entwicklung von Torfkultursubstraten durchgeführt. 1959 wurde dann TKS erstmalig in den Handel gegeben (MAATSCH 1978). Später wurden eine Reihe von weiteren Torfkultursubstraten für spezielle Kulturansprüche entwickelt und vertrieben.

In neuerer Zeit werden zahlreiche industrielle Abfallstoffe (Rinde, Müll, Klärschlämme) auf ihre Verwendbarkeit als gärtnerische Substrate oder Bodenverbesserungsmittel hin geprüft.

1.1.2.2 Anforderungen an die Substrate

Die Substrate sind nach ihrem Verwendungszweck zu unterscheiden:
- Vermehrung und Anzucht in sämtlichen Bereichen des Gartenbaues,
- bei der Kultur im Unter-Glas-Gemüse- und -Zierpflanzenbau
- zunehmend als Bodenverbesserungsmittel im Freiland.

Aufgrund dieser unterschiedlichen Verwendungszwecke sind bestimmte Qualitätsansprüche an die Substrate zu stellen.

Bei Anzucht und Kultur ist eine größtmögliche Stabilität und Vergießfestigkeit zu fordern. Dieses kann durch die Verwendung grobfaseriger Torfe und Zugabe bestimmter Zuschlagstoffe (Styropor, Rinde usw.) erreicht werden.

Das ideale Substrat sollte daneben beschränkt Nährstoffe für die laufende Kultur nachliefern und hohe Salzgehalte und andere schädigende Einflüsse abpuffern können. Hierzu tragen u. a. Menge und Art des Tonzuschlages in Einheitserden bei.

Wegen der unterschiedlichen pH-Ansprüche der Pflanzen sind die Substrate in Bezug auf ihren Verwendungszweck zu unterscheiden. Man wird in der Regel mit 2 Substrattypen auskommen, nämlich einem für bei niedrigem pH-Wert zu kultivierenden Moorbeetpflanzen (pH 4,5) und einem zweiten für die restlichen Kulturen (pH 5,5 bis 6,5).

Tab. 6. Richtwerte für die Substratuntersuchung (nach VDLUFA)

Kultur	N	P_2O_5	mg/l Substrat K_2O	Mg	g/l H_2O-lösliches Salz	Konzentration der Flüssigdüngung ‰
empfindlich (gering)	70–140	50–100	100–200	30– 60	0,5–1,0	0,5–2,0
verträglich (mittel)	140–280	100–200	200–400	60–120	1,0–2,0	1,0–4,0
bedürftig (hoch)	280–420	200–300	400–600	120–200	2,0–3,0	2,0–6,0

Untersuchung nach DL, CAL oder Formiat.
Gehalte gelten für Topfsubstrate; die geringeren Werte für Jungpflanzen und in der lichtarmen Jahreszeit, die höheren für im „vollen Wachstum" befindliche Pflanzen in der lichtreichen Jahreszeit jeweils bei Kulturbeginn.

Hinsichtlich der Nährelementgehalte kann nach der Bedürftigkeit der Pflanzen unterschieden werden. Eine Unterteilung für Unterglaskulturen (Zierpflanzen, Gemüse) in 3 Gruppen, so wie sie vom VDLUFA vorgeschlagen wird, hat sich als zweckmäßig erwiesen.

Hinsichtlich der Ansprüche der Pflanzen wird nach den 3 Gruppen in „empfindlich mit geringem Nährstoffbedarf" (z. B. Azaleen und einige Orchideenarten), „verträglich mit mittlerem Nährstoffbedarf" (z. B. Alpenveilchen, Poinsettien, Zwiebeln) und „bedürftig mit hohem Nährstoffbedarf" (z. B. Nelken, Chrysanthemen, Tomaten und Gurken) unterteilt. Die angeführten Richtwerte der Substratgehalte sollten bei Topfkulturen nur zu Beginn der Kultur vorliegen. Auch bei ausgepflanzten Kulturen sind sie als obere Werte anzusehen. Die niedrigeren Werte gelten für Jungpflanzen und die lichtarme Jahreszeit, während die höheren für ausgewachsene Pflanzen in der lichtreichen Jahreszeit anzustreben sind. Entsprechend sind dann auch die Werte für die Salzgehalte und die Flüssigdüngung zu beachten (s. Tab. 6).

Aufgrund der Notwendigkeit, Kulturanweisungen geben zu müssen, ist eine weitgehende Uniformität der Substrate erforderlich, d. h. die Gleichmäßigkeit der Substratzusammensetzung muß über lange Zeiträume gewährleistet sein. Diese Forderung hat sich besonders auf die Bevorratung mit Nährstoffen zu richten, um einheitliche Nährstoffgaben verabreichen zu können. Auch hinsichtlich der physikalischen Eigenschaften der Substrate (Wasserhaltevermögen und Porenvolumen) sollte eine gewisse Einheitlichkeit angestrebt werden.

1.1.2.3 Substrat- und Erdarten

Die Substrat- und Erdarten lassen sich in 3 Gruppen unterteilen, nämlich
- Böden (s. Abschnitt 1.1.1),
- Substrate mit Erdcharakter,
- chemisch-technologische Substrate.

Zur zweiten Gruppe zählen z. B. Torfe, Einheitserden, Rindensubstrate und Komposte. Zu den durch chemisch-technologische Verfahren hergestellten Substraten sind Polyurethanschäume, Blähton und -schiefer, Steinwolle, Vulkanaschen, Kiesel, Ziegelsplitt, Bimskies, Vermikulit, Kunststoffasern und Styropor zu zählen.

Torf

Der vorwiegend aus Hochmooren stammende, als Brennmaterial genutzte Torf, hat in der näheren Umgebung wohl schon von jeher als Stalleinstreu gedient und wurde dadurch indirekt zum Düngemittel. Statt der früheren Bezeichnungen Torfstreu, Geflügelstreu, Torfmull gilt in Westdeutschland der Name Düngetorf mit dem Zusatz fein, mittel und grob. Als Rohstoff dient der sogenannte Weißtorf. Der in den Hochmooren darunter lagernde ältere und stärker zersetzte Schwarztorf stellt die nach dem Abbau der deutschen Weißtorfvorräte reichlich verfügbare Reserve dar, über deren zweckmäßige Aufbereitung und Verwendung bereits mehrfach gearbeitet wurde.

Der in naturfeuchtem Zustand gewonnene Schwarztorf wird auf einen Feuchtigkeitsgehalt von etwa 50 bis 65 % gebracht, dem Winterfrost ausgesetzt und in den Frühjahrsmonaten getrocknet sowie schließlich vermahlen. Der Torf wird überwiegend maschinell gestochen, an der Luft getrocknet, dann entweder dem Reißwolf bzw. einer Mühle zugeführt oder als Winterreserve in Mieten gelagert. Nach dem Zerkleinern werden durch Siebe die gewünschten Körnungen sortiert und für den Versand in Ballen gepreßt. Die übliche Ballengröße hat 0,17 m^3. Der Düngetorf ist auch lose handelsüblich. Bei diesem lautet die Gehaltsgarantie auf 25 % organische Substanz, für gepreßte Ballen dagegen 40 %. Die normale Zusammensetzung von Düngetorf ist 40 bis 50 % Wasser, 1 bis 2 % Asche, 40 bis 50 % organische Trockenmasse. Die in der Torfasche enthaltenen Pflanzennährstoffe sind erst nach dem biologischen Abbau des Torfes verfügbar. Dies ist vor allem bei der Bewertung von Torfmischdüngern zu beachten, wo z. B. der Stickstoffgehalt des Torfes außer Betracht zu bleiben hat.

Als besondere Eigenschaften sind hohe Wasserkapazität bei gleichzeitig hoher Lufthaltung und hohe (auf das Gewicht bezogene) Sorptionskapazität zu nennen. Bei maximaler Auflockerung beträgt das Schüttgewicht je nach Feuchtigkeit 80 bis 150 g/l. Düngetorf ist praktisch unbegrenzt lagerfähig und mit allen Mineraldüngern mischbar. Bei gröberem Düngerkorn besteht jedoch Entmischungsgefahr, weil nur feine Partikel fest am Torf haften.

Aus den Tab. 7 und 8 gehen Eigenschaften von Torfen aus praktischer Sicht und gemäß der Forderung der DIN-Norm 11542 hervor.

Für die Verwendung im Freiland, wo der Torf oft den fehlenden Stallmist ersetzen soll, können 2 bis 3 Ballen/a in Abständen von 2 bis 3 Jahren ausgebracht werden.

Wegen höherer Wirksamkeit und geringerer Abbaugeschwindigkeit ist der Torf zur Humusanreicherung insbesondere auf leichten Böden geeigneter als Stallmist. Der Torf muß vor oder unmittelbar nach dem Einbringen sorgfältig bewässert werden. Bei Nichtbeachtung dieser Regel wurde in Trockenjahren an Sonderkulturen mit hohem Düngerbedarf Salzkonzentrationsschäden festgestellt, wozu die hohe Anziehungskraft des Torfes gegenüber den letzten Wasserreserven des

Tab. 7. Eigenschaft verschiedener Torfe (nach PUUSTJÄRVI 1977)

Eigenschaften	jüng. Hochmoortorf (Weißtorf)	älter. Hochmoortorf (Schwarztorf)	Übergangs-moortorf	Nieder-moortorf
Farbe in trockenem Zustand	hellbraun bis goldgelb	schwarzbraun bis schwarz	alle Farben von gelb über rot bis schwarz	
Botanische Zusammensetzung	sehr gleichmäßig	gleichmäßig	stark abweichend	
Mineral-salzgehalt	gleichmäßig niedrig		wechselnd bis hoch	wechselnd hoch
Luft-kapazität	hoch	mittel bis wechselnd	sehr wechselnd	
Wasser-kapazität	hoch	hoch	sehr wechselnd	
Gehalt an organischer Substanz	sehr hoch		wechselnd	wechselnd bis niedrig
Eignung für gärtnerische Erden	sehr gut	bedingt	schlecht	

Bodens beitrug. Stark ausgetrocknete Torfe, deren Benetzung Schwierigkeiten bereitet, konnen durch Zusatz von Netzmitteln wieder wasseraufnahmefähig gemacht werden. SHELDRAKE und MATKIN prüften eine Reihe von Benetzungsmitteln mit geringer phytoxischer Wirkung. Folgende Mittel haben sich als brauchbar erwiesen:

- Triton N- 101[1]
- Triton X- 102[1]
- NONIDET LE[2]

Neuerdings wird Torf bereits vor der Verpackung mit Tensiden versehen und ist somit auch nach Austrocknung relativ leicht benetzbar.

Die Pufferung des Weißtorfes für Kationen ist von RATHSACK und JUNGK (1964) untersucht worden. Daneben läßt sich die Einstellung eines bestimmten pH-Wertes durch Zugabe unterschiedlicher Mengen an Karbonaten vornehmen. Die zur

Hersteller:
[1] Röhm und Haas Co. Philadelphia – Vertrieb Darmstadt
[2] Shell Chemicals Ltd., London
Die Mittel werden als 1,0% Lösungen angewendet.

Tab. 8. Eigenschaften von Hochmoortorfen nach DIN 11542 (aus GÜNTHER 1979)

		wenig zersetzt	stark zersetzt (durchfrorener Schwarztorf)	Mischprodukte aus wenig und stark zersetztem Torf
Organische Substanz in der Trockenmasse	Gew.-%	94 – 99	94 – 99	94 – 99
Asche in der Trockenmasse	Gew.-%	1 – 6	1 – 6	1 – 6
Volumengewicht, trocken	g/l	50 – 100	120 – 200	100 – 150
Porenvolumen	Vol.-%	94 – 97	88 – 93	91 – 94
Wasserkapazität	Vol.-%	52 – 82	74 – 87	52 – 85
Luftkapazität	Vol.-%	15 – 42	6 – 14	9 – 39
pH-Wert ($CaCl_2$)		2,5 – 3,5	2,5 – 3,5	2,5 – 3,5
Elektrische Leitfähigkeit (50 ml Torf in 180 ml Wasser)	$\mu S\ cm^{-1}$	50 – 120	60 – 180	50 – 160
Kationenaustauschkapazität mval/100 g Trockensubstanz		100 – 150	120 – 170	100 – 170

Tab. 9. Kalkbedarf von Torf in Abhängigkeit vom Trockensubstanzgehalt und gewünschtem pH-Wert (nach REEKER und SPRINGER 1973)

Volumengewicht g Trockensubstanz/l	Kalkbedarf für Torf, $CaCO_3$ feingemahlen in g/1000 l Torf					
					pH-Anstieg	
	0,5	1,0	1,5	2,0	2,5	3,0
30	0 450	0 900	1 350	1 800	2 250	2 700
40	0 600	1 200	1 800	2 400	3 000	3 600
50	0 750	1 500	2 250	3 000	3 750	4 500
60	0 900	1 800	2 700	3 600	4 500	5 400
70	1 050	2 100	3 150	4 200	5 250	6 300
80	1 200	2 400	3 600	4 800	6 000	7 200
90	1 350	2 700	4 050	5 400	6 750	8 100
100	1 500	3 000	4 500	6 000	7 500	9 000
110	1 650	3 300	4 950	6 600	8 250	9 900
120	1 800	3 600	5 400	7 200	9 000	10 800
130	1 950	3 900	5 850	7 800	9 750	11 700
140	2 100	4 200	6 300	8 400	10 500	12 600
150	2 250	4 500	6 750	9 000	11 250	13 500

Erzielung eines bestimmten pH-Wertes erforderlichen Kalkmengen sind abhängig vom Trockensubstanzgehalt des Torfes und können Tab. 9 entnommen werden. Ein weiteres wichtiges Qulitätsmerkmal der Torfe ist deren Humositätsgrad nach von Post. Für Torfkultursubstrate sollte er niedriger als 4 sein, zur Herstellung von Preßtöpfen kann er bis zu 5 betragen.

Aus Tab 10 sind der Zersetzungsgrad und seine Charakteristika zu entnehmen.

Neben den bisher erwähnten Anforderungen sollten die Torfe frei sein von Mineralböden, Unkrautsamen, Bunkerden und Krankheitskeimen sowie anderen pflanzenschädlichen Stoffen. Weitere wertbestimmende Merkmale und anzustrebende Werte sind aus Tab. 8 zu entnehmen.

Die besonders guten Eigenschaften des jüngeren Hochmoortorfes sind in den Tabellen erkennbar. Sehr wichtig ist auch, daß dieser Torf in großer Menge und, soweit das für ein Naturprodukt möglich ist, auch in sehr gleichmäßiger Qualitat vorkommt und gewonnen werden kann. Gegenüber den großen zusammenhängenden Hochmoorgebieten in Nordwestdeutschland sind die süddeutschen Torfvorkommen auf viele kleinere Flächen verteilt und wechseln in ihren Eigenschaften.

Da der Torf im Freien getrocknet wird, kann der Wassergehalt nicht immer gleich sein; er schwankt und ist in feuchten Jahren im Durchschnitt etwas höher als in

Tab. 10. Bestimmung des Zersetzungsgrades für Torf in ungestörter Lagerung nach der von-Post-Skala (nach Reeker und Springer 1973)

Zersetzungsgrad H	abgepreßtes Wasser	Anteil des zwischen den Fingern auspreßbaren Torfes	Beschaffenheit des Torfrestes
1	klar, farblos	nichts	elastisch
2	nahezu klar, gelb-braun	nichts	elastisch
3	kaum trüb, braun	nichts	nicht breiig
4	sehr trüb, braun	ein bißchen	ein bißchen breiig
5	sehr trüb, schwärzlich	mäßig	mäßig breiig
6	dunkel	⅓ der Torfmasse	stark breiig
7	sehr dunkel, schlammig	½ der Torfmasse	nur Baumteile, Wurzeln usw.
8	nur eine kleine Menge schlammiges Wasser	⅔ der Torfmasse	nur Baumteile, Wurzeln usw.
9	kein freies Wasser	nahezu alles	kaum etwas
10	kein freies Wasser	alles	nichts

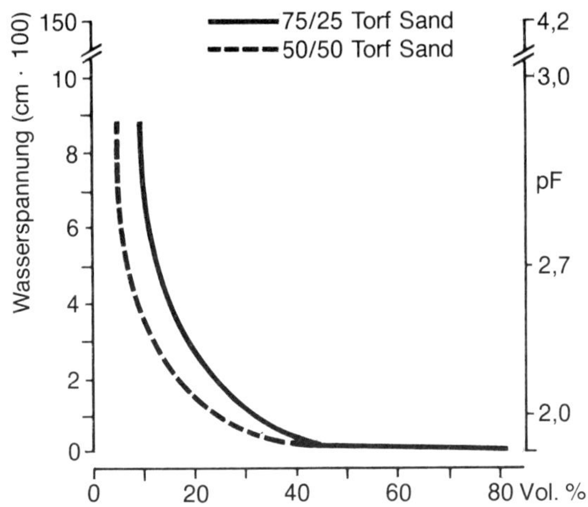

Abb. 22. Einfluß einer Sandzumischung auf das Wasserbindungsvermögen in einem Torfsubstrat. Mit zunehmendem Sandanteil nimmt die Wasserspeicherfähigkeit ab.

trockenen Jahren. Selbst bei gleichem Trockensubstanzgehalt sind daher die Gewichte der Torfballen unterschiedlich. Rechnet man als Trockensubstanzmenge 8,5 bis 17 kg/Ballen, so ergeben sich je nach Wassergehalt erhebliche Gewichtsunterschiede. In Jahren mit normalem Witterungsablauf liegen die Wassergehalte der Ballentorfe etwa zwischen 40 und 55 %. Torf ist von Natur aus ein voluminöses Schüttgut, deshalb sind die Transportkosten für losen Torf groß. Durch das Pressen wird das Volumen verringert. Der Torf hat vor dem Pressen das doppelte bis 3fache Volumen. Beim Auflockern geht der Einfluß der Pressung zurück. Jedoch wird erst nach sehr gründlicher Auflockerung und längerer Lagerung im feuchten Zustand etwa das ursprüngliche Volumen wieder erreicht.

Der ältere Moortorf, meist Schwarztorf genannt, ist unter dem Namen Humintorf erprobt und im Handel erhältlich. Nach bisherigen Erfahrungen eignet er sich gut zur Bodenabdeckung, schützt dabei gegen das Austrocknen und bleibt durchlässig für Wasser und Düngemittel, obgleich die Torfteilchen verkleben. Diese Decke schützt gleichzeitig gegen das Auflaufen von Unkraut. Zur Vermehrung durch Stecklinge eignet sich beispielsweise ein Gemisch aus gleichen Teilen Humintorf und Sand. In diesem Substrat, das sich praktisch keimfrei halten läßt, kommt es zu früher Wurzelbildung. Die Humussäuren aller Torfarten sind schwer lösliche, schwache organische Säuren und somit praktisch ohne nennenswerten Einfluß auf die Bodenreaktion. Nur bei einem hohen Weißtorfanteil wird sich der durchschnittliche pH-Wert der Mischung entsprechend verringern. Infolge des Pufferungsvermögens der organischen Torfsubstanz verschieben sich darin die Toleranzgrenzen für eine mögliche Pflanzenschädigung.

Die meisten Gewächse lassen sich sowohl im aufgekalkten Torf wie auch in Torfgemischen bei einer saureren Reaktion kultivieren, als dies in einem Mineralboden möglich wäre. Die Humussäuren binden sich im Boden an Tonkolloide, die dann, eventuell in Gemeinschaft mit Kalk, zu Ton-Humus-Komplexen als wichtigste Träger der Bodenfruchtbarkeit werden. Sie bilden gleichzeitig einen Vorratsspeicher für Nährstoffe. Torfe können allein nach entsprechender Aufbereitung in der gärtnerischen Praxis verwendet werden. Sie müssen zu diesem Zweck aufgekalkt und mit Nährstoffen versorgt werden. Für die verschiedenen Zwecke kann nach 3 Typen unterteilt werden, nämlich einem Spezialsubstrat für die Vermehrung und sehr salzempfindliche Pflanzen sowie den Torfkultursubstraten I (TKS I) und II (TKS II) für verträgliche und nährstoffbedürftige Pflanzen. Die Nährstoffgehalte von Torfkultursubstraten können aus Tab. 11 entnommen werden.

Einheitserde

Die Einheitserde ist eine Mischung aus Torf und kalkfreiem Ton. Der letztere stammt aus dem Untergrund, ist also praktisch unbelebt. Es eignet sich nicht jeder beliebige Ton, weil beim maschinellen Zerkleinern stabile Krümel entstehen müssen, die durch das Begießen nicht verschlämmen. Die Qualität des Tons, Torfes und der fertigen Erde wird laufend überwacht. Da kalkfreie Tone bevorzugt werden und die benutzten Torfe durchweg stark sauer sind, hat auch die fertige Einheitserde eine sauere Reaktion, etwa pH 5,5. Dies ist aber nur in Ausnahmefällen ungünstig, z. B. bei der Anzucht von Blumenkohl, Alpenveilchen oder Primeln. Für solche Zwecke wird geraten, die Erde mit etwa 5 kg Kalk/m^3 zu versorgen. Wegen der Fähigkeit zur Nährstoff- und Wasserspeicherung können Gieß- und Düngetermine in begrenztem Umfang variiert werden. Das günstige Porenvolumen

Tab. 11. Nährstoffgehalte von Torfkultursubstraten (TKS)

Nährstoff	mg/l Substrat bei	
	TKS I	TKS II
N	180	360
P (P_2O_5)	79 (180)	157 (360)
K (K_2O)	212 (255)	423 (510)
CaO	1350	1350
B	1,5	3
Co	0,0075	0,015
Cu	0,6	1,2
Mg	180	210
Mn	1,5	3
Zn	0,3	0,6
Mo	1	1
Fe	0,8	0,8
pH	5,0	5,0

TKS I bzw. TKS II werden durch Mischen von aufgekalktem Weißtorf und einem MND (12/12/17/2) hergestellt. TKS I werden 1,5 kg/m^3, TKS II 3 kg/m^3 zugemischt.

des Torfes sichert den Lufthaushalt der Einheitserde, so daß diese weitgehend vergießfest ist. Sie wird locker und ohne Druck eingetopft. Die Einheitserde kann Nährstoffe speichern. Sie wird bei der Fabrikation mit bestimmten Düngermengen bevorratet. Aus Tab. 12 sind die Nährstoffgehalte verschiedener Substrate zu entnehmen. In frisch bezogener Erde sind die Torfteilchen zum Teil noch trocken, die Erde sollte deshalb vor der Verwendung angefeuchtet werden.

Den Einheitserden sind lediglich Mineralsalze zur Nährstoffversorgung der Pflanzen beigemischt. Nach den zugemischten Düngermengen werden bei Einheitserden 3 Typen unterschieden:
- Null-Substrate (0-Typ),
- schwach gedüngte Pikiersubstrate (P-Typ),
- stark gedüngte Topfsubstrate (T-Typ).

Die Null-Substrate können für empfindliche Aussaaten und Stecklinge sowie als Grundsubstrat für Spezialkulturen verwendet werden. Für die meisten gärtnerischen Kulturen sind die Pikiersubstrate geeignet, die einen MND-Zusatz von bis zu 1,5 g/l enthalten. Für starkzehrende und ausgewachsene Pflanzen sind Topfsubstrate mit bis zu 3 g Salz/l zu verwenden. Daneben gibt es sogenannte Universalsubstrate, deren Nährstoffgehalt etwa zwischen dem der P- und T-Typen liegt. Der Erwerbsgärtner sollte möglichst nur solche Substrate kaufen, die aufgrund freiwilliger Vereinbarungen der laufenden Kontrolle einer offiziellen Stelle unterliegen. So

Tab. 12. Charakteristik verschiedener für die Anzucht geeigneter Substrate (nach SCHWEMMER 1978)

Substratbezeichnung	Volumengewicht	pH-Wert	Reinnährstoffe in mg/l N	P (P_2O_5)	K (K_2O)	Salzmengen in g/l
TKS 1	0,3	5,0	200	70 (160)	191 (230)	1,6
Compo VA	0,4	5,5	150	87 (200)	249 (300)	1,3
Cultural	0,6	5,9	350	109 (250)	373 (450)	2,6
Humosoil	0,5	5,0	200	79 (180)	232 (280)	1,6
Huminal KS Grün	0,4	4,2	200	79 (180)	207 (250)	1,2
Fruhstorfer P	0,6	6,4	220	87 (200)	332 (400)	1,9
Einheitserde P	0,5	5,0	190	46 (105)	191 (230)	3,0
VM-Erde	0,6	5,7	100	35 (80)	100 (120)	2,3
Potgrond	0,6	5,8	120	61 (140)	124 (150)	1,2
P-Erde	0,5	5,9	160	71 (162)	116 (140)	1,3
TKS-Spezial	0,3	4,5	40	2,6 (6)	42 (50)	0,4
Cultural null	0,6	5,9	40	9 (20)	33 (40)	0,7
Null-Erde mit Kalk	0,6	6,5	10	13 (30)	66 (80)	1,5
Null-Erde ohne Kalk	0,6	5,2	15	13 (30)	25 (30)	1,7
Null-Erde mit Kalk	0,6	5,3	10	22 (50)	66 (80)	0,5
Null-Erde ohne Kalk	0,6	3,8	30	26 (60)	75 (90)	0,5
Floratorf	0,4	3,4	18	1,7 (4)	8,3 (10)	0,4
Edeltorf-Raubling	0,4	3,0	7	2,2 (5)	4,2 (5)	0,1
Humintorf	0,3	3,0	18	2,6 (6)	9,1 (11)	0,3

werden Wurzelschäden durch möglicherweise zu hohe Salzkonzentrationen vermieden. Je nach Pflanzenart und Kulturverfahren müssen die genannten Substrate rechtzeitig und regelmäßig nachgedüngt werden.

Ein dritter Typ Einheitserde wird mit Nährstoffen, die schwer löslich sind und nachhaltig wirken, versorgt. Auch hier muß besonders bei stark zehrenden Pflanzen nachgedüngt werden. Eine Ausnahme ist das Phosphat, das in der Regel nur in geringen Mengen benötigt wird. Die Lagerfähigkeit der mit langsam fließenden N-Quellen bevorrateten Erden ist begrenzt. Die Umsetzungsgeschwindigkeit der Düngemittel ist abhängig von Temperatur und Feuchte des Substrates. Unsachgemäße Lagerung führt deshalb häufig zu Schäden durch Überdüngung.

Restbestände sollten daher vor ihrer Weiterverwendung untersucht und gegebenenfalls mit ungedüngten Substraten gestreckt werden. Es empfiehlt sich, die Substrate vor Austrocknung geschützt und nach Typen getrennt zu lagern.

Rindensubstrate

Wegen der zunehmend schwierig werdenden Beschaffungsmöglichkeit von Torf aufgrund begrenzter Austorfungsmöglichkeiten und der langen Transportwege ist es erforderlich, in gewissem Umfange den Torf als Kultursubstrat langfristig zu ersetzen. Als Ersatzstoffe haben in neuerer Zeit die Rindensubstrate eine gewisse Bedeutung erlangt. Arbeiten von ALLISON (1965), BOWE (1971), CRÖSSMANN (1978) und ZÖTTL (1977) deuten darauf hin. Grundsätzlich ist danach zu unterscheiden, ob das Rindensubstrat als Bodenverbesserungsmittel oder als reines Kultursubstrat verwendet wird. Rindensubstrate haben bereits eine gewisse Bedeutung bei der Kultur von Baumschulpflanzen in Containern erlangt. Weitere mögliche Einsatzgebiete sind im Landschafts- und Obstbau zur Bodenverbesserung, teilweise im Gemüsebau sowie im Zierpflanzenbau als Substratersatz gegeben. In Tab. 13 sind die Mineralstoffgehalte von Sägemehl, Rinde und Weißtorf (Sphagnum-Torf) gegenübergestellt.

Die unterschiedliche Zusammensetzung läßt bereits abweichende Einflüsse auf das Pflanzenwachstum vermuten. Die größte Bedeutung dürfte hierbei der Stickstoffgehalt besitzen. Wegen des weiten C/N-Verhältnisses, zum Teil bis 620:1, ist es notwendig, dem Rindensubstrat zur Kompostierung N in ausreichender Menge zuzusetzen. Bei Unterlassung dieses Zusatzes wird N aus dem während der Kultur gegebenen Dünger festgelegt. An den Pflanzen kann es während der Kulturzeit zu N-Mangelerscheinungen kommen.

Tab. 13. Durchschnittlicher Mineralstoffgehalt einiger organischer Materialien zur Substratherstellung (% in der TS) (nach BUNT 1976)

Material	N	P	K	Ca	Mg
Douglasiensägemehl	0,04	0,006	0,09	0,12	0,01
Douglasienrinde	0,12	0,011	0,11	0,52	0,01
Hartholzrindenmischung	0,60	0,025	0,22	0,41	0,05
Sphagnum-Torf	2,50	0,030	0,04	0,20	0,15

Diese Zusammenhänge vermag Abb. 23 zu erläutern. Hier sind aufgekalkter Weißtorf, Einheitserde Typ O und kompostiertes Rindensubstrat ohne N-Zusatz verglichen worden. Die Substrate sind mit unterschiedlichen Konzentrationen zweier MND (im Wechsel 14/10/14 und 20/5/10) nachgedüngt worden. Es ist zu erkennen, daß mit steigender Nährstoffversorgung der durch die einzelnen Substrate hervorgerufene Ertragsunterschied vermindert bzw. aufgehoben wird. Die Erklärung dafür ist in dem obengenannten unterschiedlichen N-Ausgangsversorgungsgrad und der N-Fixierung durch die Rinde zu suchen.

Für den Gartenbau möglicherweise geeignete Rindensubstrate und deren Zusammensetzung und Kenndaten können der Tab. 14 entnommen werden.

Eine Kompostierung der Rindensubstrate von etwa 2 bis 3 Monaten ist erforderlich, damit phytotoxische Stoffe wie Harze, Terpene und Tannine, umgesetzt und/ oder entfernt werden. Dies ist besonders bei der Verwendung von solchen Rindensubstraten notwendig, die von Nadelhölzern stammen.

Daneben können teilweise hohe Mn-Gehalte der Rinde (s. Tab. 14) die Eignung als Substrat oder Substratzuschlag vermindern. Induzierter Fe-Mangel ist nach Verwendung solcher ungeeigneter Substrate die Folge.

Die Herstellung von Rindensubstraten aus bezogenen Rohstoffen kann im eigenen Betrieb durchgeführt werden. Wegen der wahrscheinlich nicht genau zu steuernden Umsetzungsbedingungen und zu erwartender Schwierigkeiten bei der Vermischung der Komponenten (Rinde, Düngemittel, sonstige Zuschlagstoffe) ist die Eigenproduktion jedoch nur bei entsprechender maschineller Ausstattung des Betriebes anzuraten. Hinweise zur Herstellung von Substraten lassen sich aus dem Buch „Modern Potting Composts" von BUNT (1976) entnehmen. Darüber hinaus sind aus Tab. 15 der zusätzliche N-Bedarf und die Zersetzungsraten einiger Rinden und Sägemehle aufgeführt. Empfehlenswert ist es, den N in Form von Harnstoff zu verabreichen.

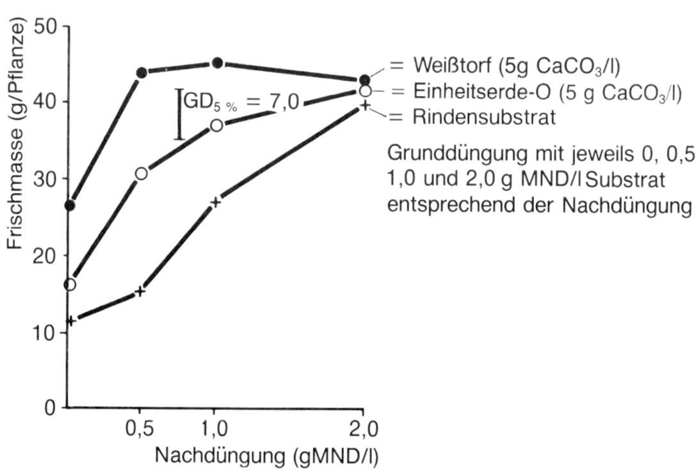

Abb. 23. Ertrag von *Euphorbia pulcherrima* 'Annette Hegg' in Abhängigkeit von der Konzentration der Düngerlösung zur Nachdüngung.

Tab. 14. Kenndaten verschiedener Rindensubstrate (Gehalte in % in der TS)

	Orgahum	Forestina	Hornoflor
Volumengewicht g/l	230	290	660
Organische Substanz %	75	95	70
pH	6,0–6,5	4,8	5,8
Salzgehalt (g KCl/l)	0,70	0,24	n. b.
Gesamt-N %	1,50	0,48	1,02
Gesamt-P %	0,109	0,052	0,249
Gesamt K %	0,125	0,174	0,66
Ca %	1,70	1,04	5,10
Mg %	0,15	0,12	n. b.
Fe-%	0,24	n. b.	n. b.
Zn ppm	245	195	175
Mn ppm	n. b.	1490	2805
Cu ppm	45	7	29

Die gewerblichen Hersteller von Rindensubstraten haben sich zu einer Gütegemeinschaft zusammengeschlossen. Bei Einhaltung der vorgeschriebenen Produktionsbedingungen und gleichzeitiger fortlaufender Qualitätskontrolle durch ein unabhängiges Institut des VDLUFA wird ein Gütezeichen erteilt. Die geforderten physikalischen und chemischen Eigenschaften, die an Rindenmulch, Rindenhumus und Rindenkultursubstrat gestellt werden, sind in den Tab. 16, 17 und 18 zusammengestellt.

Tab. 15. N-Bedarf und Zersetzungsraten von einigen organischen Materialien (nach HANAN et al. 1978)

Material	N-Bedarf (kg N/m^3)	Zersetzungsrate (in % nach 60 Tagen)
Kalifornische Duftzeder	0,5	4,9
Zypressensägemehl	0,7	4,9
Rotholzsägemehl	0,5	5,3
Douglasiensägemehl	0,5	11,2
Gelbkiefernsägemehl	1,2	13,7
Weißtannenrinde	1,9	7,8
Rotholzrinde	0,2	2,2
Kiefernrinde	1,5	–
Sphagnumtorf	0,04	–

Tab. 16. Gütekriterien für Rinden-Mulch

Rinden-Mulch (RM): zerkleinerte, fraktionierte und nicht fermentierte Rinde ohne Zusätze zur Bodenabdeckung* in 5 verschiedenen Typen

Gütemerkmale	RM 1	RM 2	RM 3	RM 4	RM D Dekorrinde
1 Physikalische Eigenschaften					
1.1 Körnung in mm	10–80	10–40	0–40	0–80	20–80
1.2 Feinanteil unter 10 mm	< 10 Vol.-%	< 10 Vol.-%	> 10 < 30 Vol.-%		keiner
1.3 Artfremde Zuschlagstoffe			keine		
1.4 Holzanteil			unauffällig: arm an Holzanteilen sichtbar: schwacher Holzanteil		
2 Deklarationen			Dominierende Baumart		
			Typ und Körnung		
3 Chemische Eigenschaften					
3.1 C/N-Verhältnis			> 50		

* Bei Anwendung von Rinden-Mulch auf Pflanzflächen ist der Anwender auf ausreichende Stickstoffversorgung hinzuweisen.

Tab. 17. Gütekriterien für Rindenhumus

Rinden-Humus (RH): zerkleinerte, fraktionierte und fermentierte Rinde mit oder ohne Nährstoffzusätze in 3 verschiedenen Typen

Gütemerkmale		RH fein	RH mittel	RH grob
1	Physikalische Eigenschaften			
1.1	Körnung in mm	0–10 mm	0–20 mm	0–40 mm
1.2	artfremde Zuschlagstoffe		keine	
1.3	Volumengewicht		wird analysiert	
2	Deklarationen		Typ und Körnung – Dominierende Baumart	
2.1	Verwendungszweck		Bodenhilfsstoff (s. Anmerkung)	

	Gütemerkmale	RH fein	RH mittel	RH grob
3	Biologische Eigenschaften		nach Keimpflanzentest frei von Wuchshemmstoffen	
4	Chemische Eigenschaften			
4.1	organische Substanz		wird analysiert	
4.2	Gesamt-N (N_t)		>1% in TS, C/N <45	
4.3	N-Stabilisierung		gesichert	
4.4	pH-Wert ($CaCl_2$)		>5,5	
4.5	Salz in g/l		<1,5	
4.6	lösliche (pflanzenverfügbare) Nährelemente in mg/l			
4.6.1	N		30–400	
4.6.2	P		<175	
4.6.3	K		<650	
4.6.4	Mg (Magnesium)		<250	

Anmerkung: Wird Rinden-Humus als Substratzuschlagsstoff deklariert, hat der Hersteller den Verwender über eine eventuell notwendige zusätzliche Eisendüngung zu beraten.

Tab. 18. Gütekriterien für Rindenkultursubstrate

Rinden-Kultur-Substrat (RKS): auf der Basis fermentierter Rinde unter Beimischung anderer substratfähiger Stoffe mit oder ohne Nährstoffzusatz in 3 verschiedenen Typen

	Gütemerkmale	RKS 0	RKS 1	RKS 2
1	Physikalische Eigenschaften			
1.1	Körnung in mm		0–10 oder 0–20 oder 0–40	
1.2	Rindenanteil bei 2 Komponenten		mindestens die Hälfte	
	bei mehr als 2 Komponenten		mindestens ein Drittel, wobei Rinden-Humus unter den Einzelkomponenten den größten Anteil stellt	

Gütemerkmale		RKS 0	RKS 1	RKS 2
1.3	unzulässige Zuschlagstoffe	Siedlungsabfälle, Kaolinschlämme und ähnlich belastete Stoffe		
1.4	Volumengewicht	wird analysiert		
1.5	maximale Wasserkapazität	>50 Vol.-%		
2	Deklarationen	Typ und Körnung		
3	Biologische Eigenschaften	nach Keimpflanzentest frei von Wuchshemmstoffen		
4	Chemische Eigenschaften			
4.1	N-Stabilisierung	gesichert		
4.2	Mn-Gehalt	wird analysiert		
4.3	Fe-Gehalt	wird analysiert		
4.4	B-Gehalt	wird analysiert		
4.5	weitere Spurenelemente	werden analysiert		
4.6	pH-Wert ($CaCl_2$)	5,5–7, mit Ausnahme Moorbeetsubstrat		
4.7	Salz g/l	<1	<2	<3
4.8	lösliche (pflanzenverfügbare) Nährelemente in mg/l			
4.8.1	N	30–100	150–250	350–450
4.8.2	P	<175	90–175	130–175
4.8.3	K	<500	165–500	330–500
4.8.4	Mg	<300	100–300	100–300

Müll- und Müllklärschlammkompost

Laut Abfallbeseitigungsgesetz sind die Kommunen gehalten, Abfälle ordnungsgemäß zu beseitigen oder nach entsprechender Aufbereitung Landwirtschaft und Gartenbau zur Verfügung zu stellen.

Die zu verarbeitenden Produkte sind in der Regel aus Hausmüll und Klärschlämmen zusammengesetzt. Mit Hilfe spezieller Verarbeitungsverfahren werden die Schlämme teilentwässert, der Müll zerkleinert, von nicht verrottbaren Teilen (Metalle, zum Teil Kunststoffe) befreit und beide anschließend kompostiert. Durch geeignete Kompostierungsverfahren werden Krankheitskeime beseitigt und phytopathogene Stoffe abgebaut. Gleichzeitig wird das C/N-Verhältnis durch N-Zugabe so verringert, daß keine Beeinträchtigung des Pflanzenwachstums mehr erfolgen kann. Aus Tab. 19 lassen sich chemische und physikalische Kennwerte von Müll- und Müllklärschlammkompost sowie deren Schwankungsbreite entnehmen.

Wie aus Tab. 19 zu ersehen, können die Gehalte an Schad- und Spurennährstoffen stark schwanken und zum Teil beträchtliche Werte erreichen.

Ein großer Teil der in Klärschlämmen und Müllkompost enthaltenen Nährstoffe ist ebenso wie der von Stallmist pflanzenverfügbar. Aus Tab. 20 geht außerdem der mittlere Nährstoffgehalt von Klärschlamm, Müllkompost und Stallmist hervor.

Wie der Vergleich mit Stallmist und die Nährelementgehalte zeigen, sind die ausgebrachten Mengen in die Düngerbilanz mit einzubeziehen. Außerdem werden erhebliche Mengen an organischer Substanz zugeführt.

Die Komposte lassen sich nach verschiedenen Qualitätsstufen unterscheiden. Hinsichtlich des Kompostierungsgrades ist nach Roh-, Fertig- und Reifekompost zu differenzieren. Die Kompostwerkbetreiber bieten je nach Verwendungszweck

Tab. 19. Mittelwerte von Kompostanalysen (aus NIESEL-LESSENTHIN 1980)

Kenngröße		Anzahl der Kompostwerke	Zeitraum der Probenahme	Anzahl der Gesamtproben (n)	min.	Gesamtproben max.	Mittelwert $\overline{x}$
Wassergehalt	%	11	1970–1975	61	11,1	56,3	35
Volumengewicht	g/l	8	1970–1975	40	429	1360	732
Ges. organische Substanz (Glühverlust)	% in TS	8	1970–1975	78	18,7	60,2	37,6
Kohlenstoff (C)	% in TS	5	1971–1975	37	9,9	29,4	23,8
Glührückstand (Asche)	% in TS	8	1970–1975	43	45	81,3	66,3
Salzgehalt (berechnet als KCl)	% in TS	7	1972–1975	43	0,4	2,1	1,3
pH (KCl)		11	1970–1975	83	6,1	8,6	7,7
Hauptnährstoffe							
Ges.-N	% in TS	12	1970–1975	98	0,1	1,8	0,7
P	% in TS	12	1970–1975	98	0,044	0,74	0,26
K	% in TS	12	1970–1975	98	0,083	1,91	0,42
Mg	% in TS	11	1970–1975	86	0,060	4,95	0,42
Ca	% in TS	11	1970–1975	88	0,39	12,0	2,8
Spurennährstoffe							
Ges.-B	ppm in TS	7	1970–1975	72	3	105	32
Ges.-Mn	ppm in TS	4	1972–1974	12	304	1305	511
Ges.-Cu	ppm in TS	11	1970–1975	86	71	2800	266
Ges.-Zn	ppm in TS	11	1970–1975	90	421	2830	1000
Schadstoffe							
Ges.-Cd	ppm in TS	10	1970–1975	66	0,8	7,4	3,7
Ges.-Pb	ppm in TS	10	1970–1975	87	24	1100	229
Ges.-Hg	ppm in TS	4	1973–1975	28	0,2	6	2
Ges.-As	ppm in TS	4	1973–1975	28	0,6	16	7,2

Tab. 20. Mittlerer Nährstoffgehalt von Klärschlamm, Müllkompost und Stallmist (kg/10 t bzw. 10 m^3). Die Angaben für N, P, K, CaO und Mg bedeuten unmittelbar zugänglich bzw. den Handelsdüngernährstoffen gleichzusetzen (aus NIESEL-LESSENTHIN 1980)

	10 m^3 Klär- schlamm 10% TS	10 t stichfester Klär- schlamm 30–40% TS	10 t Müll- kompost	10 t Stallmist
wirksame organische Substanz	300 –400	1 500 –2 000	900 –1 500	1 800
basisch wirksame Stoffe berechnet als CaO	80 –200	200 – 500	500 –1 000	60
N	5 – 6	15 – 20	8 – 10	15 –20
P	4,4	13,1	4,4	6,55– 8,7
K	0,41– 0,83	unbedeutend	25 – 33	50 –58
Mg	24	72	30 – 60	9
Ges.-S	5 – 15	15 – 45	50 – 300	20 –30
Ges.-Cu	0,4 – 2	1,6 – 8	0,8– 1,2	0,02
Ges.-Zn	0,3 – 2,6	1,2 – 10,5	8,0– 12	0,12
Ges.-Mn	0,6	2,4	4,2– 6,0	0,4
Ges.-Mo	<0,01	<0,1	0,1	0,001
Ges.-B	0,02	0,08	0,6– 3,6	0,03– 0,04

auch unterschiedlich abgesiebtes Material an. Dem Praktiker ist zu empfehlen, vor dem Ausbringen des Materials dieses anhand einer Analyse bezüglich seines Verwendungszweckes zu beurteilen.

Insbesondere ist darauf zu achten, daß hinsichtlich der Anwendung unterschieden wird, ob der Müllkompost auf der Ernährung oder nicht der Ernährung dienenden Pflanzen ausgebracht werden soll und wo der Müllkompost herstammt. Ein bekanntes Beispiel ist der im Winter hohe B-Gehalt des Mülls. Weiterhin können mit Müll- und Klärschlammkompost erhebliche Salzmengen zugeführt werden und damit schädigend wirken (s. Abb. 24).

In diesem Zusammenhang ist anzuraten, das Material im Herbst auszubringen, damit schädigende Salze gegebenenfalls durch Winterniederschläge ausgewaschen werden können. Die Anreicherung mit Schadstoffen und Schwermetallen im Boden bedingt eine eventuelle Aufnahme durch die Pflanzenwurzeln. Es ist daher empfehlenswert, Wurzelgemüse nicht mit Klärschlamm- und Müllklärschlammkomposten zu versorgen bzw. in Böden zu kultivieren, die aufgrund starker Anreicherungen mit Schadstoffen aus den Komposten eine Aufnahme von Schadstoffen durch die Pflanze ermöglichen. Die für die Schädigung von Mensch und Tier im Kompost möglicherweise enthaltenen Schadstoffe sind insbesondere As, Pb, Cd und Hg. Die tolerierbaren Schadstoffgehalte in Klärschlamm und Komposten sind in Tab. 21 aufgeführt.

Abb. 24. Anzucht von Tomaten in Müllklärschlammkompost. Links Torf, rechts Müllklärschlammkompost.

Neben den genannten Faktoren wird durch die Zugabe von Müllklärschlammkomposten die Versorgung der Pflanzen mit Spurenelementen (z. B. Mo bei Blumenkohl) verbessert. Infolge der Zufuhr organischer Substanz wird die Sorptionskapazität, insbesondere bei Sandböden, erhöht. Die Kalkgaben bewirken außerdem einen Anstieg des pH-Wertes in den Böden. Wegen der Zunahme der

Tab. 21. Grenzwerte für Schadstoffe in Siedlungsabfällen (Klärschlamm, Kompost) mit tolerierbaren Gehalten im Boden (nach THORMANN und KLOKE 1979)

Element	Klärschlamm mg/kg TS	Boden, lufttrocken mg/kg
Cd	30	3
Zn	3 000	300
Cu	1 200	100
Ni	200	50
Pb	1 200	100
Cr	1 200	100
Hg	25	2

Tab. 22. Anwendung von Müll- und Müllklärschlammkompost

Kultur	Kompostart	Häufigkeit	Menge
Freiland-gemüsebau	Fertig- oder Spezialkompost	alle 2–4 Jahre	50–100 t/ha
		im Spargelanbau alle 6 Jahre	
Obstbau	Frisch-Fertig-kompost	alle 3 Jahre	100–200 t/ha
Zur Erosions-bekämpfung	Frisch- und Fertigkompost		
erstmalig		einmalig	bis 300 t/ha
ergänzend	Frisch- und Fertigkompost	alle 4 Jahre	100 t/ha
Glashaus-kulturen	Fertig- oder Spezialkompost	alle 2–4 Jahre	1–1,5 kg/m^2

mikrobiellen Aktivität werden bodenbürtige Pflanzenkrankheitserreger teilweise zurückgedrängt.

Die Höhe der zu verabreichenden Müll- und Müllklärschlammkompostmengen richtet sich nach der Pflanzenart und dem Kulturverfahren. Aus Tab. 22 gehen Anwendungsbeispiele hervor.

Da Müll- und Müllklärschlammkomposte teils ertragssteigernd, teils ertragsmindernd wirken können, sollte sich die Anwendung in jedem Falle daran orientieren, ob positive Effekte zu erwarten sind. Die Müllbeseitigung ist nämlich kein spezifisch gärtnerisches Problem.

Allgemeine Hinweise zur Anwendung von Müll- und Müllklärschlammkomposten gehen aus den ANS-Mitteilungen hervor. Berichten verschiedener Autoren zufolge können Müll- und Müllklärschlammkomposte im Landschaftsbau (KIERMEIER 1977), beim Anbau von Baumschulpflanzen (ALT und KOHSTALL 1978) sowie im Gemüse- und Zierpflanzenbau (ALT und KROMHOUT 1977, HASUK et al. 1977) angewendet werden.

Bei der Verwendung von Siedlungskomposten ist grundsätzlich nicht auszuschließen, daß sich im Boden bei dauernder Anwendung Schadstoffe anreichern. Orientierungsdaten über tolerierbare Gehalte verschiedener Elemente im Boden sind in Tab. 23 zusammengestellt.

Abschließend ist darauf hinzuweisen, daß die genannten Müll- und Müllklärschlammkomposte als Substratbeimischungen dienen.

Grundsätzlich ist vor Verwendung von Siedlungsabfallkomposten eine Analyse des Materials in einer Untersuchungsanstalt durchführen zu lassen, um eventuellen Risiken vorzubeugen.

Tab. 23. Richtwerte 1980. Orientierungsdaten für tolerierbare Gesamtgehalte einiger Elemente in Kulturböden (nach KLOKE 1977)

Element		Gesamtgehalte im lufttrockenen Boden mg/kg		
		häufig	besondere bzw. kontaminierte Böden	tolerierbar
As	Arsen	2 – 20	8 000	20
B	Bor	5 – 30	1 000	25
Be	Beryllium	1 – 5	2 300	10
Br	Brom	1 – 10	100	10
Cd	Cadmium	0,1 – 1	200	3
Co	Cobalt	1 – 10	800	50
Cr	Chrom	2 – 50	20 000	100
Cu	Kupfer	1 – 20	22 000	100
F	Fluor	50 – 200	8 000	200
Ga	Gallium	0,5 – 10	300	10
Hg	Quecksilber	0,1 – 1	500	2
Mo	Molybdän	1 – 5	200	5
Ni	Nickel	2 – 50	10 000	50
Pb	Blei	0,1 – 20	4 000	100
Sb	Antimon	0,1 – 0,5	?	5
Se	Selen	0,1 – 5	1 200	10
Sn	Zinn	1 – 20	800	50
Tl	Thallium	0,1 – 0,5	40	1
U	Uran	0,1 – 1	115	5
V	Vanadium	10 – 100	1 000	50
Zn	Zink	3 – 50	20 000	300
Zr	Zirkon	10 – 300	6 000	300

Komposterde

Komposterden werden aus den innerbetrieblich anfallenden Pflanzen-, Erde- und Substratresten hergestellt. Über die Technik des Aufsetzens von Kompost gibt es eine Reihe von Anleitungen, auf die hier nicht näher eingegangen werden soll. Hinzuweisen ist in diesem Zusammenhang auf genügend Feuchtigkeit im Kompost während der Rotte und auf die Möglichkeit einer guten Durchlüftung. Bei richtigem Rotteverlauf erwärmt sich der Kompost in wenigen Tagen bis auf 60 °C, bleibt einige Zeit bei dieser Temperatur und geht dann langsam bis auf 30 °C zurück. Ein in solcher Weise verrotteter Kompost dürfte weitgehend frei von pflanzenpathogenen Organismen sein und kann deshalb zur Kultur bzw. zur Substratverbesserung verwendbar sein.

Nachteilig wirkt sich die Anwendung derartiger Komposte dann aus, wenn die Rotte unvollständig war, da die chemische Zusammensetzung dieses Substrates in der Regel großen Schwankungen unterliegt. Damit kann auch erklärt werden, weshalb selbst hergestellte Komposte im Erwerbsgartenbau an Bedeutung verloren haben.

1.1.2.4 Hilfs- und Zuschlagstoffe, sonstige Materialien

Bei den Hilfs- und Zuschlagstoffen sind solche von überwiegend anorganischer und organischer Herkunft zu unterscheiden.

Anorganische (mineralische) Materialien

Perlite

Perlite ist ein Alumosilikat vulkanischen Ursprungs. Nach Zerkleinerung und Erhitzung auf 1000 °C dehnt es sich aus. Es besitzt nach dem Abkühlen ein Litergewicht von 40 bis 120 g. Das Material hat nach der Aufbereitung einen hohen Anteil geschlossener Zellen. Diese Struktur bewirkt, daß nur wenig Wasser aufgenommen und demzufolge bei Einmischung in torfhaltige Substrate das Luftporenvolumen erhöht werden kann. Mit zunehmendem Perliteanteil an der

Tab. 24. Physikalische Eigenschaften von Torf-Perlite-Gemischen (HANAN et al. 1978)

Perlite-Torf-Anteil P	T	Dichte g/cm^3	Porenvolumen (Vol.-%)	Max. Wasserkapazität (Vol.-%) pF 1,23	Luftvolumen % (Vol.-%)
10	0	0,18	92,4	36,8	55,6
9	1	0,17	92,7	38,7	54,0
7	3	0,14	93,8	43,5	50,3
5	5	0,14	93,4	51,5	41,9
3	7	0,12	93,8	52,6	41,2
1	9	0,10	89,8	64,6	25,2
0	10	0,10	94,4	63,8	30,6

Substratmischung wird die Menge des pflanzenverfügbaren Wassers verringert (s. Tab. 24).

Die gute Drainwirkung ist die Ursache dafür, daß eine Reihe von Pflanzenarten in reinem Perlite durch Stecklinge vermehrt werden können (z. B. Nelken und Chrysanthemen). Die Nährstoffspeicherkapazität und Pufferwirkung von Perlite ist aufgrund der obengenannten Eigenschaften sehr gering. Substrate mit hohem Perliteanteil sollten pH-Werte > 5,0 haben, da die sonst frei werdenden Aluminiumionen pflanzenschädigend wirken können (BUNT 1976, HANAN et al. 1978, JUNGK 1976, PENNINGSFELD 1978).

Vermikulit

Vermikulit ist ein Al-Fe-Mg-Silikat aus der Gruppe der Schichtsilikate. Das Gestein wird für ungefähr eine Minute auf etwa 1000 °C erhitzt. Dabei lockert sich das plattige Gefüge, und das Volumen vergrößert sich auf das 10- bis 15fache. Das Litergewicht beträgt etwa 80 bis 130 g. Das so geblähte Material kann ein Vielfaches seines Gewichtes an Wasser speichern. Das pH des für gartenbauliche Zwecke verwendeten Vermikulits beträgt etwa 6,0 bis 6,8. In diesem Material lassen sich ohne sonstige Zuschlagstoffe Pflanzen kultivieren.

Ein weiterer, jedoch $MgCO_3$-haltiger Vermikulit kann mit Torf zu Substrat vermischt werden. Je nach Karbonatanteil wird das pH des Substrates erhöht. Vermikulit hat eine relativ hohe Kationenaustauschkapazität von etwa 100 bis 150 mval/100 g, sowie einen verfügbaren K-Gehalt von 5 bis 8 % und einen Mg-Gehalt von 9 bis 12 %. Diese Anteile sollten bei der Düngerzumischung berücksichtigt werden.

Vermikulit besitzt eine geringe Sorptionsfähigkeit für Anionen. Von den Nährionen wird lediglich Phosphat in größerem Umfang gebunden (75 %). Daneben besteht die Möglichkeit, relativ große Mengen an NH_4-N im Gitterverband zu fixieren. Bei Verwendung von Vermikulit besteht die Möglichkeit, daß die Struktur aufgrund von Zusetzungsvorgängen verlorengeht. Aus diesem Grunde ist anzuraten, Perlite oder Torf beizumischen.

Tone

Tone sind komplexe hydratisierte Alumosilikate, die häufig als Verwitterungsprodukte in abbauwürdigen Lagerstätten gefunden werden. Natürlich vorkommende Tone können in ihrer Zusammensetzung stark schwanken. Sie besitzen ein großes Puffervermögen und in der Regel eine hohe Kationenaustauschkapazität. Wenn sie torfhaltigen Substraten zugesetzt werden, sollte berücksichtigt werden, daß die Wasserhaltekraft infolge Erhöhung des Feinporenanteils zunimmt.

Ein häufig verwendeter Zuschlagstoff für gärtnerische Erden und Substrate ist Bentonit. Er enthält etwa 50 % Montmorillonit. Seine Beimischungsmenge beträgt etwa 20 g/l Substrat.

Sand und Kies

Sande und Kiese werden in der Regel als Beimischung von Torfsubstraten verwendet. Wasserhaltevermögen und Dichte der Substrate können dadurch verbessert werden. Unter der Voraussetzung, daß das Material keinen freien Kalk enthält, ist es chemisch neutral und wirkt sich nur auf die physikalischen Eigenschaften des Substrates aus. Sande sind vor ihrer Verwendung auf ihren Kalkgehalt zu untersuchen. In der gartenbaulichen Praxis verwendete Sande haben einen Teilchendurchmesser von 0,05 bis 0,5 mm. Durch Sandbeimengung zum Substrat wird eine gute Drainage und geringe Wasserhaltefähigkeit erreicht. Das Litergewicht von Sand beträgt etwa 1600 g.

Aus den vorgenannten Gründen werden in Torf-Sand-Gemischen Pflanzen vermehrt (Stecklinge). Infolge des hohen spezifischen Gewichts der Sande wird durch ihre Beimengung zu Substraten eine Erhöhung des Raumgewichtes erzielt. Insbesondere bei Topfpflanzen wird dadurch eine höhere Standfestigkeit erreicht. Die Benetzungsfähigkeit von Torfsubstraten nach stärkerer Austrocknung wird durch Sandzugaben verbessert.

Steinwolle

Die Rohstoffe Kalk- und Silikatgestein werden bei etwa 1500 °C geschmolzen, durch Haardüsen gepreßt und zu Steinwolle unterschiedlicher Abmessungen verdichtet und zugeschnitten. Die chemische Zusammensetzung von Steinwolle (Grodan) geht aus Tab. 25 hervor. Nach dem Abkühlen besitzt die Steinwolle ein Porenvolumen von ungefähr 97 %. Das speicherfähige Wasser ist zu 100 % pflanzenverfügbar. Sie hat eine leicht alkalische Reaktion und gibt so gut wie keine Nährstoffe an die Pflanzenwurzeln ab. Steinwolle wird in Form von Blöcken zur Bewurzelung von Stecklingen und Anzucht von Jungpflanzen benutzt. Dieses geschieht besonders im Bereich der Gehölzanzucht. Daneben kann dieses Substrat zur Hydrokultur von Gemüse- und Zierpflanzen (Mutterpflanzen und Schnittblumen) verwendet werden. Vorteile des Einsatzes von Steinwolle liegen darin, daß Nährstoffe in gelöster Form entsprechend dem Wachstum der Pflanzen zugeführt werden können. Eigene Untersuchungen an Mutterpflanzen von Chrysanthemen und Poinsettien haben gezeigt, daß sich bei der Kultur in Steinwolle teilweise erheblich höhere Erträge erzielen lassen als in Erdsubstraten.

Schwierigkeiten ergeben sich bei Kultur in Steinwolle dadurch, daß die Ausbreitung von Krankheiten mit der zu verabreichenden Nährlösung über die gesamte

Tab. 25. Chemische Zusammensetzung von Steinwolle

Element (Oxidform)	%
SiO_2	47
Al_2O_3	14
TiO_2	1
FeO	8
CaO	16
MgO	10
MnO	1
Na_2O	2
K_2O	1

Fläche und Schichtdicke der Steinwolle vonstatten gehen kann. Außerdem kommt es vor, daß in Blöcken bewurzelte Stecklinge teilweise nur schwierig in das darunter liegende Steinwollesubstrat hineinwachsen. Die Ursache ist in den senkrecht aufeinanderstehenden Schichten von Würfel und Matte zu sehen.

Wegen der nicht vorhandenen Pufferkapazität und Nährstoffabgabe ist die exakte Regulierung der Konzentration und genaue Zugabe der Nährstoffe erforderlich.

Eine für die Bodenverbesserung speziell hergestellte Steinwolle (z. B. Grodan blau) vermag das Porenvolumen, insbesondere bei schweren Böden, zugunsten luftführender Poren zu verbessern (JÖRGENSEN 1975).

Blähtone und Blähschiefer

Blähton wird aus Ton im Drehrohrofen bei Temperaturen von etwa 1200 °C gebrannt. Der blähfähige Ton wird vor dem Brennvorgang gebrochen und homogenisiert. Durch die schräge Lage und gleichzeitige Drehung des Ofens entstehen die Körner mit unterschiedlichem Durchmesser. Nach dem Brennen fällt das Material aus dem Ofen und wird anschließend über ein Kühlband und eine Siebanlage geleitet. Hier erfolgt die Klassifizierung nach Korngrößen in Anlehnung an die Vorschriften der Baustoffindustrie, nämlich 0 bis 2, 2 bis 4, 4 bis 8 und 8 bis 16 mm ∅.

Blähton setzt sich zusammen aus etwa

70 % SiO_2,
1 % CaO,
2 % MgO,
8 % Fe_2O_3,
3 % K_2O,
1 % Mn_3O_4,
1 % P_2O_5.

Der pH-Wert schwankt je nach Ausgangsmaterial um 7,0. Der Gehalt an wasserlöslichen Salzen beträgt etwa 1200 bis 1600 ppm im Rohmaterial.

Der Blähton sollte vor der Verwendung, insbesondere zur Hydrokultur, mit möglichst sauberem Wasser gründlich gewässert werden (200 l Blähton in 1000 l Wasser). Durch dieses Waschen werden eventuell vorhandene Schadstoffe entfernt. Es ist darauf zu achten, daß der Blähton möglichst Na-arm ist.

Blähschiefer für die Verwendung bei Hydrokulturen wird in ähnlicher Weise hergestellt wie Blähton. Rohstoff ist ein ausgewählter blähfähiger Schiefer, der vorgebrochen in verschiedenen Körnungen bei etwa 1200 °C gebläht wird. Die bei dieser Temperatur im Korn entstehenden Gase blähen den Schiefer bei gleichzeitiger Verschmelzung der Oberfläche auf. Auch hier wird beim Verlassen des Ofens abgekühlt und nach den oben bereits genannten Größen klassifiziert.

Der Salzgehalt dieser Substrate beträgt etwa 800 bis 1000 ppm und der pH-Wert ungefähr 7,0.

Blähtone und Blähschiefer werden besonders bei Anzucht und Kultur von Pflanzen in Hydrokultur verwendet. Daneben kommt eine Nutzung zur Boden- und Substratverbesserung (Erhöhung des Grobporenanteils) sowie zur Bodenabdeckung und in Dachgärten in Frage.

Bimskies (Lavalit)
Bimskies ist ein Alumosilikat vulkanischen Ursprungs und enthält etwas Na und K, jedoch nur Spuren von Ca, Mg und Fe. Wegen seines hohen Porenvolumens kann er als Hydrokultursubstrat verwendet werden. Er besitzt eine geringe Austauschkapazität für Kationen und Phosphat. Das Material zerfällt im Laufe der Kulturzeit relativ stark und ist deshalb nur begrenzt einsetzbar.

Ziegelsplitt
Dieses Substrat wird aus Ziegeln gebrochen. Es eignet sich zum Anbau von Pflanzen in Hydrokultur. Das grob gebrochene Material sorgt in den Substraten für die Bildung luftführender Poren.

Organische Materialien
Polystyrol
Polystyrol (Styromull) ist ein geschlossenzelliger Kunststoff (s. Abb. 25). Er wird in Flocken oder Kugeln gehandelt. Das Material wird kaum im Boden umgesetzt, ist chemisch neutral und hat eine Dichte von etwa 20 g/l. Obgleich es ein Porenvolumen von 95% hat, kann nur wenig Wasser in die Flocken hineingelangen. Aus diesem Grunde wird es zur Drainage und Verbesserung der physikalischen Eigenschaften schwerer Tonböden verwendet. Im Gartenbau wird Polystyrol mit Torf vermischt zur Erhöhung des Gehaltes luftführender Poren. Die Mischungsverhältnisse betragen in der Regel 15 bis 25 Vol.-% Polystyrol und 75 bis 85 Vol.-% Torf. Bei epiphytisch wachsenden Pflanzen kann der Anteil Polystyrol bis auf 100% erhöht werden.

Wegen der guten Drainwirkung ist das Substrat bei automatischen Bewässerungssystemen gut zu verwenden. Erwähnenswert ist, daß das Material keine Nährstoffe enthält und weder welche absorbiert noch freigibt. Aus diesem Grunde muß mit der flüssigen Nachdüngung eher begonnen werden als bei Substraten mit sorptiver Wirkung (z. B. Torf, Ton).

Eine Verbesserung des Luftporenvolumenanteils der Böden ist sowohl im Freiland (ANSTETT 1969, RASP 1972) als auch unter Glas (WILL und HERMANN 1977) erreicht worden.

Farbtafel 1
Oben links: N-Mangel an Klarapfel; links N-Mangelblätter, rechts gesundes Blatt. Oben rechts: P-Mangel an Tomate; oben P-Mangel mit bläulicher Verfärbung der Blattoberfläche, unten gesundes Blatt. Mitte links: Gurkenblätter mit N-Mangel. Mitte rechts: Kohlblätter mit P-Mangel. Unten links: N-Mangel an *Saintpaulia ionantha;* links N-Mangelpflanze, rechts Volldüngung. Unten rechts: P-Mangel an *Cyclamen persicum;* links P-Mangelpflanze, rechts Volldüngung.

VOLL
–N

+P
–P

P 0
1

oK

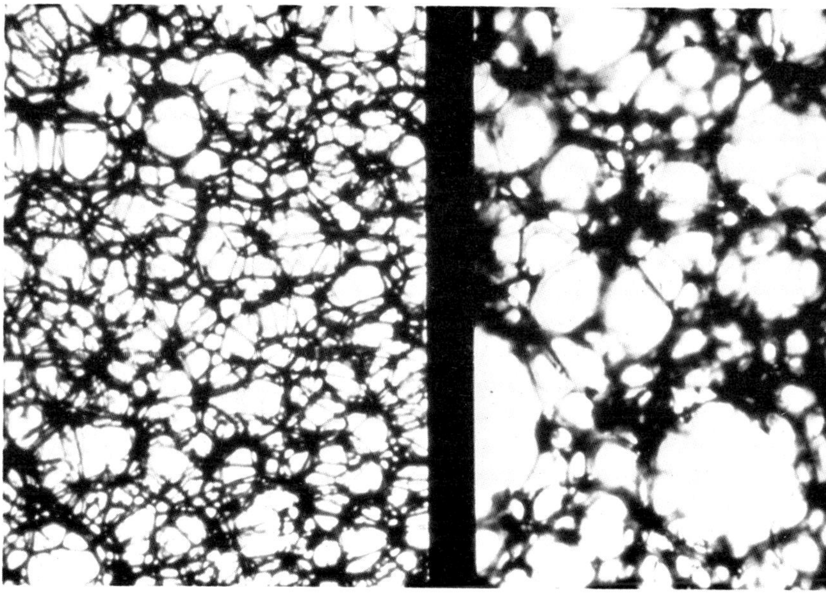

Abb. 25 Struktur von Hygromull (offenzellig) links und Styromull (geschlossenzellig) rechts.

Eine Beimischung von Polystyrolen zu Torfkultursubstraten ist immer dann anzuraten, wenn Torfe mit hohem spezifischen Gewicht verwendet werden oder wenn Baumschulgehölze im Container lange Zeit stehen bleiben und dann bei fortschreitender Mineralisierung des Substrates der Wurzelraum geringer durchlüftet wird. Auch bei Pflanzen, die ein relativ hohes Luftporenvolumen zum Wachstum benötigen, wie z. B. Moorbeetpflanzen, ist die Beimischung von Polystyrolen zum Substrat in den genannten Anteilen empfehlenswert.

Farbtafel 2
Oben: K-Mangel an *Euphorbia pulcherrima;* links K-Mangel, rechts Volldüngung. Unten: K-Mangel an Sellerieblättern. Fortschreitende Aufhellung vom Blattrand her, nachfolgend Nekrose.

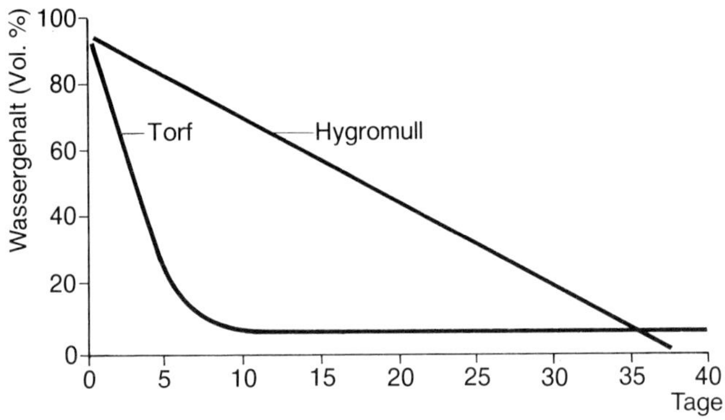

Abb. 26 Wasserabgabe von Hygromull im Vergleich zu Torf während eines Versuchszeitraumes von 40 Tagen.

Abb. 27. Wurzelentwicklung von *Chrysanthemum*-Indicum-Hybriden (bei Anwendung von 4 m^3 Hygromull/a.

Harnstoff-Formaldehydharze

Dieses Material ist im Gegensatz zum vorgenannten offenzellig (s. Abb. 25) und kann daher zwischen 50 und 70 Vol.-% H_2O absorbieren (s. Abb. 26). Seine Dichte beträgt auch etwa 20 g/l. Hervorzuheben ist, daß der Restformaldehydgehalt <2,5 % betragen sollte, um Schäden an Pflanzen nach der Anwendung zu vermeiden.

Das pH dieses Schaumstoffes beträgt etwa 3,0. Harnstoff-Formaldehydharze besitzen nur einen geringen Nährelementgehalt. Unter sauren Bedingungen beträgt die jährliche Abbaurate 15 bis 20 %. Aus diesem Grund sind die 30 Gew.-% N bei der Anwendung zu berücksichtigen.

Das Material wird normalerweise zu 20 bis 50 Vol.-% dem üblichen Substrat beigemischt. Die Formaldehydharze werden unter dem Handelsnamen Hygromull vertrieben.

Polyurethanschaum

Diese Kunststoffe zeichnen sich ebenfalls durch eine geringe Dichte aus (50 bis 100 g/l). Sie haben eine offenzellige Struktur, die bedingt, daß die Wasserhaltefähigkeit höchstens 70 Vol.-% beträgt. Das Material ist chemisch neutral und kann weder Nährstoffe absorbieren noch freigeben. Es kann als Substratverbesserungsmittel (Erhöhung des Luftporenvolumenanteils) und Vermehrungssubstrat verwendet werden.

Vom technischen Standpunkt her lassen sich Schäume unterschiedlicher Beschaffenheit herstellen, so daß dadurch den Ansprüchen verschiedener Pflanzenarten Rechnung getragen werden kann. Eigene Vergleichsversuche unter Einbezug anderer Bewurzelungssubstrate haben gezeigt, daß die Bewurzelung von Stecklingen in Polyurethanschäumen sehr gut durchführbar ist.

Ionenaustauscherharze

Harze dieses Typs können Kationen und Anionen in gewissem Umfange absorbieren und im Austausch gegen von den Pflanzenwurzeln produzierte $H_3O^{\pm}$, OH^-- und HCO_3^--Ionen abgeben.

Mit Nährstoffen beladene Harze konnen bei der Kultur von Topfpflanzen als sogenannte Langzeitdünger eingesetzt werden. Sie werden vornehmlich für die Düngung von Hydrokulturpflanzen im Objektbereich verwendet. Ein Einsatz für Hydrokulturpflanzen im Erwerbsgartenbau erscheint wegen der gleichmäßigen Nährstoffnachlieferung und der unterschiedlichen Ansprüche der Pflanzen unzweckmäßig. Um einen genügend hohen Austausch von Nährionen zu gewährleisten, sollte bei Verwendung der Harze in Hydrokultur außerdem mit Leitungswasser gearbeitet werden.

Kunststoffasern

Diese Materialien werden meistens für die Kultur von epiphytisch wachsenden Pflanzen (Bromelien und Orchideen) verwendet. Sie zeichnen sich durch eine relativ günstige Strukturstabilität und Drainage aus.

Bitumen

Bitumen ist ein Abfallstoff aus der Erdölraffinerie. Spezielle Bitumenfraktionen, die sich durch einen geringen Phenolgehalt <0,001 % auszeichnen, sind zur

Tab. 26. Hilfs- und Zuschlagstoffe, Kultursubstrate

Bestandteile			Eigenschaften Vol.-%				
	Vol.-Gew. (g/l)	Porosität (Vol.-%)	Luft	Wasser (pF 1–1,7)		Wasser (pF 1,71–2)	KUK mval/l
Organisch-natürliche Herkunft							
Lauberde	188	87	37	16		4	250–400
Weißtorf	177	88	15	30		9	80–180
Schwarztorf	203	86	14	16		7	300–500
Rinde (frisch)	220	85	38	18		3	20–140
Rinde (kompostiert)	260	82	11	29		2	20–140
Sägemehl	231	85	14	19		10	
Organisch-synthetische Herkunft							
Polystyrol	20	95			vernachlässigbar		–
Harnstoff-Formaldehyd-Schaum	10–30	95			50–70		2– 5
Polyurethane	50–100	90–95	25–80	10–60		0,3–1,6	2– 5
Ionenaustauscherharze	500–800	–	–	–		–	140–500
Emulsionen							
Anorganische Herkunft							
Blähschiefer	370– 760	62–80	30–60	n. b.		n. b.	–
Tone	1 100–1 600	40–56	3–13		5–15		200–450
Sande	1 200–1 800	35–50	20–40		2–12		10– 40
Vermikulit	130			16		2	80–120
Perlite	120	95	55	13		5	1– 2
Steinwolle	80– 120	97	3–80	17–84		–	–
Ideales Substrat	100–300	85	20–30	20–30		4–10	120–150
Mischungen							
Torf/Sand (3:1)	500	79	26	37		5	60–120
Torf/Perlite (3:1)	100	94	37	23		9	60–120
Torf/Polyurethan (3:1)	100	92	26	25		7	60–120

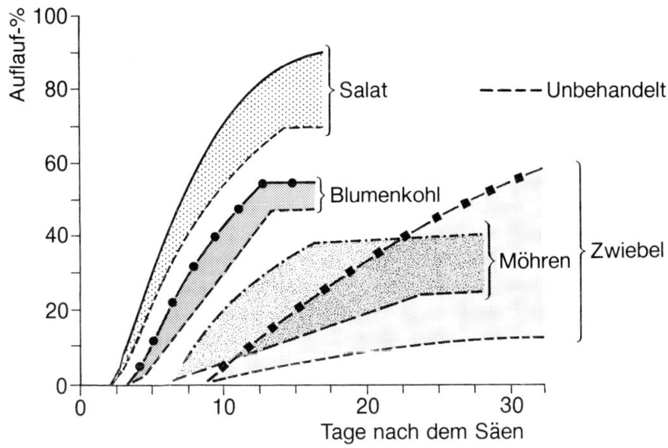

Abb. 28. Einfluß eines Bitumenmulchstreifens auf den Saataufgang verschiedener Gemüse bei Direktsaat.

Bodenverbesserung im Freiland geeignet. Das Material kann mit Spritzaggregaten unter hohem Druck als Film ausgebracht werden. Seine bodenverbessernde Wirkung besteht darin, daß eine mechanisch erzeugte Krümelstruktur stabilisiert wird. Dadurch sind erhebliche Ertragssteigerungen erzielt worden (s. Abb. 28).

Zusammenfassend sind die wichtigsten Eigenschaften der verschiedenen Hilfs- und Zuschlagstoffe sowie einiger Substrate in Tab. 26 aufgeführt.

1.1.3 Boden- und Substratuntersuchung

1.1.3.1 Einführung

Sinn und Ziel einer Boden- oder Substratuntersuchung ist es, anhand ihrer Resultate Rückschlüsse auf das zu erwartende Wachstum der Pflanzen ziehen zu können. Mangel, günstige Versorgung oder Überschuß an Nährstoffen sollen durch diese Untersuchung rechtzeitig erkannt werden. Unter Zugrundelegung dieser Forderungen kommt der Boden- und Substratuntersuchung eine hohe volkswirtschaftliche Bedeutung zu. Mit starkem Aufwand beschäftigen sich deshalb eine Reihe von Forschungsinstituten sowohl mit den Grundlagen als auch der praktischen Anwendung der Boden- und Substratuntersuchung.

Ein Bodenuntersuchungsergebnis für sich allein ist ohne Bezug auf irgendwelche Ertragsdaten für den Praktiker von nur geringem Nutzen. Mit den Forschungsergebnissen aus dem Pflanzenbau und den angrenzenden Gebieten (Klimatologie, Züchtung, Physiologie, Phytomedizin) wird die Basis für die sinnvolle Interpretation des Untersuchungsergebnisses und der daraus abzuleitenden Düngeempfehlung gelegt. Der mögliche Verfeinerungsgrad der Interpretation eines Bodenuntersuchungsergebnisses ist abhängig von der Güte der Beziehung zwischen den Analysenwerten und dem Wachstum der Pflanzen. Hier sollten Bestimmtheitsmaße von >70% vorliegen, d. h., daß mindestens 70% des Ertrages durch die Bodenuntersuchungsergebnisse erklärbar sind. Die verschiedenen Methoden besitzen eine unterschiedliche Qualität. Dieses ist darauf zurückzuführen, daß neben den Nährstoffen auch noch andere exogene Faktoren (Witterungsverlauf, Wasserführung des Bodens, Pflanzenart) das Wachstum beeinflussen. Aus den genannten Gründen können bestimmte Methoden bei Zusammentreffen mehrerer ungünstiger Faktoren keine hinreichende Aussagekraft mehr ergeben. Es ist deshalb keiner Methode der absolute Vorzug zu geben, weil Nährstoffaufnahme und Wachstum der Pflanze am Standort durch keine noch so geschickt durchgeführte Bodenuntersuchungsmethode im Labor vollständig nachgeahmt werden können.

1.1.3.2 Methoden

Hinsichtlich der Boden- und Substratuntersuchungen kann nach biologisch-mikrobiologischen und chemischen Methoden sowie Feld- und Gefäßversuchen unterschieden werden. Für den gärtnerischen Anbau ist die Aussage der chemischen Methoden sicherlich am bedeutungsvollsten.

Gefäß- und Feldversuche

Gefäßversuche

Der Vorteil von Gefäßversuchen besteht darin, unter weitgehend kontrollierten Versuchsbedingungen den Einfluß einzelner Wachstumsfaktoren prüfen zu können. Für gärtnerische Kulturen werden in der Regel die zuvor genannten Substrate oder Mischungen davon, zum Teil aber auch abgesiebter Feinboden (<2 mm) unter Zusatz von Grobsand zur Verbesserung der physikalischen Eigenschaften des Bodens verwendet. Zumeist wird bei Gefäßversuchen ein Nährstoff gesteigert, während die restlichen in möglichst optimaler Versorgung vorliegen. Als Gefäße kommen Kunststofftöpfe verschiedener Größe mit 1,0 bis 1,5 l Inhalt, Mitscherlichgefäße mit 5,0 und 10,0 l Inhalt und freiem Wasserabzug sowie Ahrgefäße ohne Wasserabzug in Frage. Daneben werden häufig Kunststoffeimer (Container) oder Kunststoffgefäße nach KICK-BRAUCKMANN verwendet. Bei geschlossenen Gefäßen ist darauf zu achten, daß eine Belüftung des Substrates durch Zugabe groben Materials erfolgt.

Ein weiterer Vorteil der Gefäßversuche besteht darin, daß die Wasserversorgung entsprechend der Evapotranspiration reguliert werden kann. Eine relativ genaue Regulierung der Wasserversorgung ist durch die Verwendung von keramischen Saugkerzen oder Wägen der Gefäße möglich. Der Ansatz von Gefäßversuchen erfolgt mit mehreren (mindestens 4) Parallelen. Wegen des im Gewächshaus und in Vegetationshallen notwendigen Klimaausgleiches ist es erforderlich, Versuche entweder in Blockanlage oder mit Standortwechsel der Parallelen durchzuführen. Abb. 29 zeigt eine Gefäßversuchsanlage.

Feldversuche

Feldversuche werden im Freilandgemüsebau, Obstbau, Stauden- und Gehölzanbau durchgeführt. Zumeist werden Feldversuche mehrjährig angelegt, um Klimaeinflüsse weitgehend auszugleichen. Feldversuche sollen unter praktischen Bedingungen den Einfluß der Düngung auf den Ertrag ermitteln helfen. Hierbei ist es erforderlich, die Steigerung eines Nährstoffes in Blockanlage durchzuführen. Auf ausreichend großen und gleichmäßigen Versuchsflächen können darüber hinaus in mehrfaktoriellen Versuchen Wechselwirkungen zwischen verschiedenen Nährstof-

Abb. 29 Vegetationshalle mit Gefäßen in Versuchsanlage.

fen ermittelt werden. Eine wichtige Voraussetzung für die Durchführung eines Feldversuches ist eine möglichst einheitliche Bodenbeschaffenheit sowie die gleiche Vorbehandlung der Versuchsfläche (Vorfrucht, Düngung, Wasser, Bearbeitungsmaßnahmen) und eine ausreichende Parzellengröße von etwa 10 bis 50 m^2. Die Feldversuchsergebnisse dienen häufig zur Eichung der chemischen Bodenuntersuchungsmethoden.

Entnahme von Boden- und Substratproben

Dieser Abschnitt wurde deshalb hier eingefügt, weil die nachfolgend beschriebenen Methoden in ihrer Aussagekraft stark von der Art und Genauigkeit der Bodenpro-

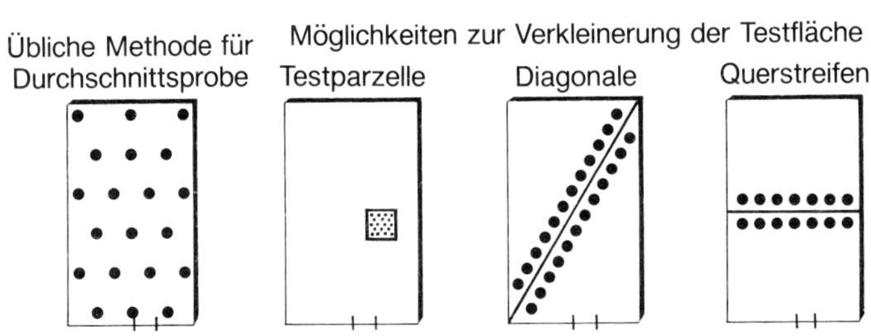

Abb. 30. Probenahmeverfahren von Feldflächen.

beentnahme abhängen. Die Proben müssen unter allen Umständen dem Durchschnitt der zu untersuchenden Flächen entsprechen. Dazu kann man sich folgender Verfahren bedienen (s. Abb. 30).

Die Mischprobe von einer Fläche sollte aus etwa 20 Einzelproben bestehen und mit einem Bohrstock entnommen sein. Der Vorzug ist der über den ganzen Bestand verteilten Durchschnittsprobe zu geben. Bei sehr homogenen Flächen kann auch die Entnahme längs der Diagonalen erfolgen. Die Entnahme von Testparzellen oder längs eines Querstreifens vergrößert die Fehlermöglichkeit. Von der Probenahme auszuschließen oder gesondert zu untersuchen sind Fehlstellen, Feldteile mit vorher ungleichmäßigem Bewuchs, Mietenplätze und Geilstellen.

Im Freiland wird so vorgegangen, daß am besten nach der Ernte der jeweiligen Kulturpflanzen eine Durchschnittsprobe von einer bestimmten Fläche genommen wird (maximal 1 ha). Diese Mischprobe setzt sich aus etwa 20 Einzelproben zusammen und soll etwa ½ l betragen. Die Proben werden in der Regel für die Untersuchung auf P und K meist bis zu einer Tiefe von 20 cm genommen und bei Graseinsaaten nur bis etwa 10 cm. Bei Entnahme mit einem Bohrstock (PÜRKHAUER) werden in jedem Falle die obersten 2 bis 3 cm der Bodenschicht verworfen. Bei der Erstuntersuchung von Obstanlagen ist außerdem eine Probe aus 30 bis 60 cm Tiefe zu ziehen.

Bei der Untersuchung auf N (N_{min}) wird so vorgegangen, daß Böden von Gemüsekulturen je nach Durchwurzelungsgrad bis in 60 oder 100 cm Tiefe untersucht werden (BÖHMER 1978). Bei Obstanlagen ist wahrscheinlich eine Mindestentnahmetiefe von 100 cm erforderlich (LOOK 1978). Für Versuchszwecke ist zusätzlich eine Unterteilung der Proben aus verschiedenen Entnahmetiefen vorzunehmen, z. B. 0 bis 20, 20 bis 40, 40 bis 60 cm usw. Zur Untersuchung auf N_{min} wird die jeweilige Boden- oder Substratprobe entweder sofort oder nach höchstens 14tägiger Aufbewahrung bei 4 °C analysiert.

Bei der Probenahme von intensiv genutzten Unterglasflächen sind die Proben pro Flächeneinheit naturgemäß größer als im Freiland, weil die zu bewirtschaftenden Flächen kleiner, der Stand der Pflanzen enger und die Schwankungen im Nährstoffgehalt größer sind. Bei Topfkulturen geht man meist so vor, daß ein bestimmter Anteil des Topfvolumens von oben nach unten herausgeschnitten wird und das Substrat von mehreren über die Stellfläche verteilten Töpfen, ähnlich wie bei einer Probenahme vom Feld, zu einer Gesamtprobe vermischt wird, aus der die Bestimmung der Nährstoffgehalte erfolgt. Die gewonnenen Proben werden, außer für die Untersuchung auf N_{min}, bei 20 °C luftgetrocknet, anschließend auf <2 mm gesiebt und die verbleibende Fraktion für die Analyse verwendet. Bei Böden aus dem Freiland erfolgt die Bestimmung der Nährelemente nach Gewicht, bei gärtnerischen Erden und Substraten hingegen ist es zweckmäßig, eine Volumengewichtsbestimmung durchzuführen und die Nährelemente auf das Volumen zu beziehen. Der Grund dafür ist das wegen des unterschiedlichen Torfanteils stark schwankende Volumengewicht gärtnerischer Substrate.

Eine einfache Volumengewichtsbestimmung kann in folgender Weise vorgenommen werden (VDLUFA-Empfehlung): Nach der Trockensubstanzbestimmung des Substrates wird das Volumengewicht durch standardisiertes Einrütteln von etwa 300 ml Lockervolumen der frischen Erden in einem graduierten Meßgefäß ermittelt. Zur Bestimmung sind folgende Geräte notwendig:

- oberschalige Feinschnellwaage mit Tariereinrichtung (0,1 g ablesbar),
- weithalsiger Pulvertrichter,
- Meßzylinder aus PVC mit Graduierung bis 250 ml in Abständen von 5 ml,
- Stativ mit Stativring (∅ 65 mm) oder Klammer (25 mm Backenbreite),
- etwa 3 mm dicke Gummiunterlage.

Stativring oder -klemme sind so hoch am Stativ zu befestigen, daß zwischen Stativfuß mit aufgeklebter Unterlage und der Unterkante des Meßzylinders eine Fallhöhe von 10 cm zustande kommt (s. Abb. 31).

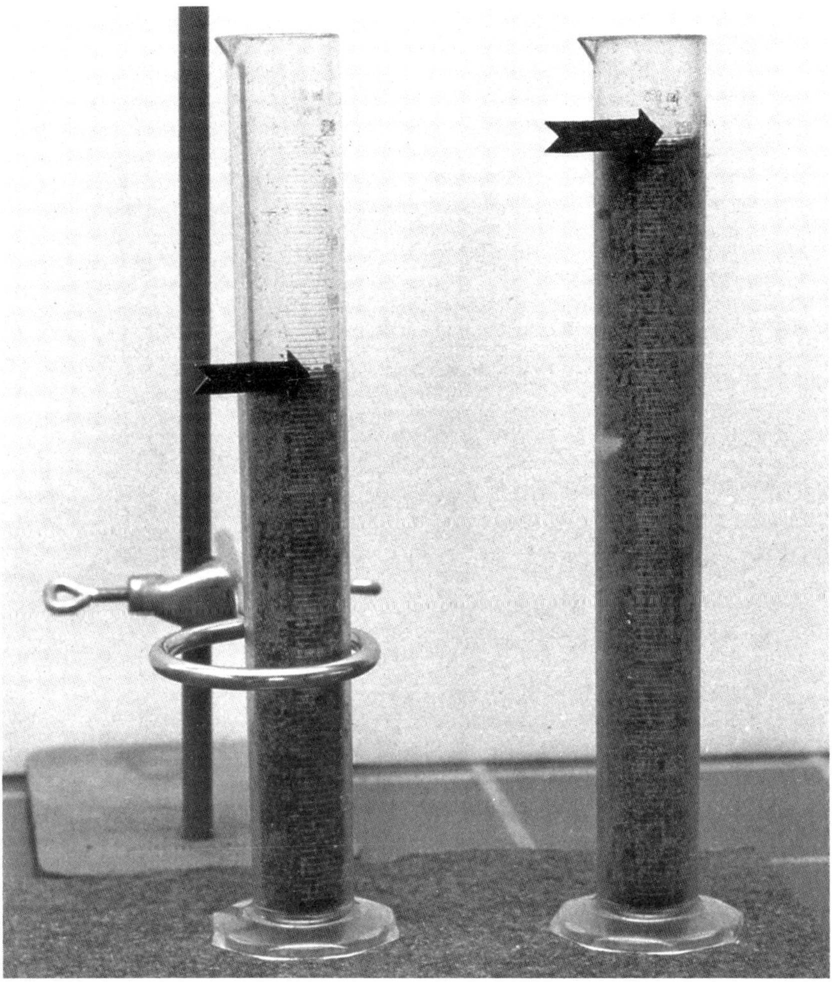

Abb. 31. Meßanordnung zur Volumengewichtsbestimmung. Rechter Zylinder mit locker eingefülltem Torf, linker Zylinder nach 10maligem Fallen auf Gummiunterlage aus 10 cm Höhe.

Die Proben werden zur Vorbereitung zerbröselt oder durch ein Sieb von 5 mm Maschenweite gerieben. Nach Bestimmung der Trockensubstanz (105 °C bis zur Gewichtskonstanz) wird das feuchte Substrat an der Luft, bei hohem Torfanteil bis ca. 50 % und bei mineralreichen Praxiserden auf ca. 20 % Feuchtigkeit heruntergetrocknet. Der Meßkolben wird auf der Waage austariert. Danach wird Substrat bis zum Rand locker eingefüllt, in die Fallvorrichtung eingeschoben und 10mal nacheinander, nach Anheben bis zum Anschlag des Stativringfußes, fallengelassen. Dann wird die Oberfläche des Substrates ohne Druck eingeebnet und Gewicht sowie das gesetzte Volumen abgelesen. Zur Ermittlung des durchschnittlichen Volumengewichtes ist das Verfahren ca. 10- bis 12mal zu wiederholen.

Wasser- und Trockensubstanzgehalt werden getrennt bestimmt. Die Volumengewichte des frischen und getrockneten Substrates errechnen sich wie folgt:

$$\text{Vol.-Gew. frisch (g/l)} = \frac{\text{Gewicht gesetztes Vol. (g)}}{\text{Gesetztes Vol. (frisch) (ml)}} \cdot 1000$$

$$\text{Vol.-Gew. trocken (g/l)} = \frac{\text{Vol.-Gew. (frisch)} \times \text{\% TS}}{100}$$

Für praktische Zwecke reicht die Bestimmung des frischen Volumengewichtes aus. Damit kann auch die Trocknung bei 105 °C entfallen.

Biologisch-mikrobiologische Methoden

Der Vorteil dieser Methoden liegt darin, daß sie die für Pflanzen vorliegenden Bedingungen in etwa simulieren können. Der Nachteil aller biologischen Methoden besteht darin, daß aus dem Substrat oder Boden nachlieferbare Mengen nur begrenzt erfaßt werden können.

Keimpflanzenmethode nach Neubauer

Hierbei werden im Keimlingsstadium abgeerntete Roggenpflanzen zur Bestimmung des Düngerbedarfes verwendet.

100 g des zu untersuchenden Bodens werden mit 50 g Sand und 30 ml H_2O in Neubauer-Schalen gemischt, darüber mit 40 ml Wasser versehener Sand (250 g) geschichtet und 100 Roggenkörner eingesät. Nach 17 Tagen bei 20 °C werden die Sprosse abgeerntet und auf Mineralstoffe hin analysiert. Dadurch wird der am natürlichen Standort vorkommende Bewuchs simuliert und der Düngerbedarf mit gewissen Einschränkungen bezüglich der Übertragbarkeit auf Feldbedingungen errechnet. Diese Methode wird häufig zur Eichung der chemischen Methoden herangezogen.

Pflanzenteilanalyse

Auf Durchführung und Problematik der Pflanzenteilanalyse (Sproß, Triebteile, Blätter, Stiele, Früchte) wird im Abschnitt 1.5.2 näher eingegangen.

Bei Anstieg oder Verminderung der pflanzenverfügbaren Menge eines Nährstoffes im Boden nimmt auch dessen Gehalt in der Pflanze zu oder ab. Nach diesem Prinzip wird, grob vereinfacht, aus dem Nährelementgehalt von Pflanzenteilen auf den Nährelementversorgungsgrad der Böden oder Substrate geschlossen.

Mikrobiologische Methoden

Das zu untersuchende Substrat wird hierbei mit einem Pilz (meist *Aspergillus niger, Cunninghamella*) beimpft. Anschließend wird dazu eine definierte Nährlösung, der der zu untersuchende Nährstoff fehlt, gegeben. Die Probe wird einige Tage bei konstanter Temperatur im Brutschrank gehalten und das gebildete Mycelgewicht als Maß für die Pflanzenverfügbarkeit des zu prüfenden Nährstoffes herangezogen. Diese Untersuchungsmethode hat sich in erster Linie bei der Bestimmung der Mikronährstoffverfügbarkeit bewährt.

Chemische Methoden

Nicht zuletzt wegen der besseren Reproduzierbarkeit der Meßwerte ist dazu übergegangen worden, die Böden und Substrate mit Salzlösungen zu extrahieren und aus den extrahierten Nährelementmengen Rückschlüsse auf den Nährstoffversorgungsgrad des Bodens oder Substrates zu ziehen. Eine Reihe von Untersuchungen belegt die Vorteile derartiger chemischer Extraktionsmethoden.

Je nach Art und Konzentration des Extraktionsmittels lassen sich unterschiedliche Fraktionen der Nährstoffe aus Boden und Substrat gewinnen. Diese Fraktionen kennzeichnen in gewisser Weise den Bindungszustand der Nährstoffe. Nach der Bindungsstärke sind 3 Gruppen zu unterscheiden (s. Abb. 32).

- Nährstoff-Intensität,
- Nährstoff-Kapazität,
- die Nährstoff-Dynamik.

Die Intensität gibt den Gehalt einiger oder mehrerer Nährstoffe in der Bodenlösung an. Wegen der häufig äußerst geringen Mengen, die erfaßt werden, wird die Praktikabilität dieser Methoden zum Teil durch analytische Schwierigkeiten eingeschränkt. Notwendige Anreicherungsschritte verkomplizieren und verlangsamen dieses Verfahren. Der Vorteil der Methoden besteht darin, daß zwischen der

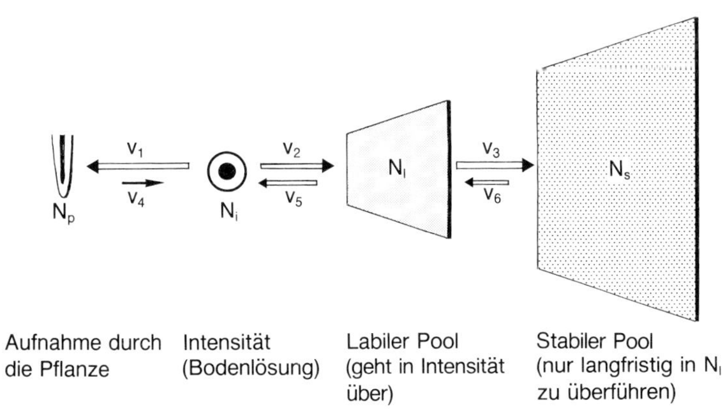

Abb. 32. Nährstoff-Intensität (Nährelemente in der Bodenlösung) und ihre Abhängigkeit von labilen Bindungsformen und vom Nährstoffvorrat (stabiler Pool). Veränderungen werden in der Regel nur in der Gleichgewichtseinstellung ausgelöst, wenn die Pflanze Nährelemente aufnimmt. Ansonsten ist die „überwiegende“ Einstellung in Richtung „stabiler Pool“ (= Festlegung) ausgerichtet.

Konzentration der Nährstoffe in der Bodenlösung und der Nährstoffaufnahme, dem Wachstum und dem Nährelementgehalt der Pflanzen häufig enge Beziehungen bestehen. Bei den Intensitätsverfahren handelt es sich meist um wässrige Substrat- und Bodenauszüge. Die verschiedenen Faktoren, die die Nährstoffintensität beeinflussen, sind in Abb. 33 aufgezeigt.

Der Anteil der Nährstoffe am Gesamtvorrat eines Bodens, der relativ leicht vom gebundenen in den gelösten Zustand überzugehen vermag, läßt sich mit Kapazitätsmethoden bestimmen. Die Kapazität kennzeichnet einen labilen Zustand der Nährelemente. Bei den Kapazitätsmethoden wird der gelöste Nährstoffanteil mit erfaßt. Deshalb sind die mit ihrer Hilfe erfaßten Nährstoffmengen wesentlich größer als die mit der Intensität gemessenen. Analytische Schwierigkeiten ergeben sich hier in der Regel nicht. Die Interpretation der Resultate sowie ihre Einordnung in ein Beratungsschema sind relativ einfach. Mittelfristige Prognosen zum Nährstoffzustand des Substrates sind möglich. Die Kapazitätsmethoden erlauben jedoch keine Aussagen darüber, mit welcher Geschwindigkeit die Nährstoffe von der gebundenen in die gelöste Phase übergehen.

Die Erfassung der Nährstoffdynamik setzt voraus, etwas über die Umsetzungsgeschwindigkeit in Boden und Substrat wissen zu wollen. Wegen der Abhängigkeit der Nährstoffdynamik von einer Reihe von Faktoren wie mikrobielle Aktivität des Bodens und im Nahbereich der Wurzel, Wachstum der Wurzeln, Massenfluß des Wassers im Boden, Diffusion einzelner Nährstoffe und Verteilung der Poren, ist ihre exakte Erfassung nur sehr schwierig möglich. Trotz dieser genannten Hinder-

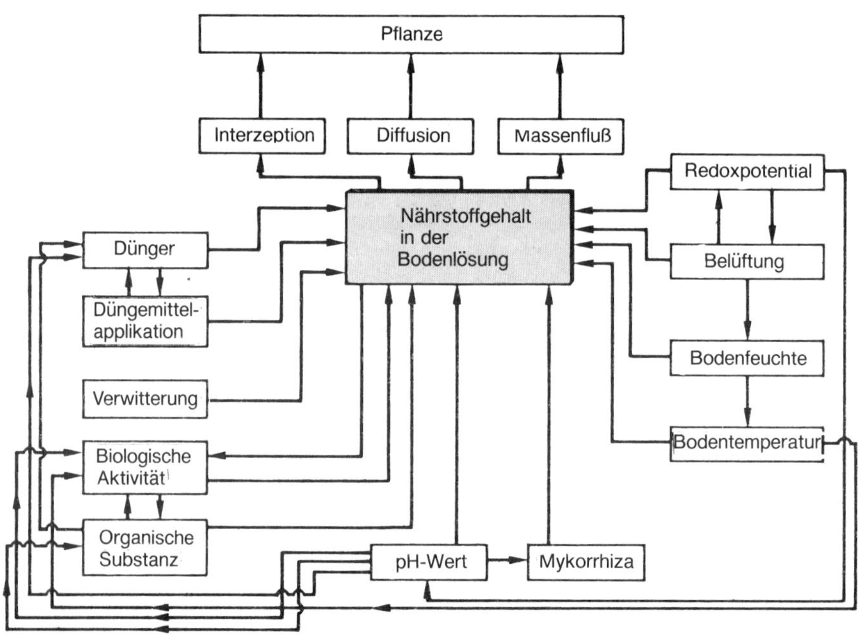

Abb. 33. Nährstoffgehalt in der Bodenlösung und die sie beeinflussenden Bodenfaktoren.

Tab. 27. pH-Einstufung von Böden und Substraten (0,01 m $CaCl_2$) (nach SCHACHTSCHABEL et al. 1982)

pH-Bereich	Reaktionsbezeichnung
< 3,0	extrem sauer
3,0– 3,9	sehr stark sauer
4,0– 4,9	stark sauer
5,0– 5,9	mäßig sauer
6,0– 6,9	schwach sauer
7,0	neutral
7,1– 8,0	schwach alkalisch
8,1– 9,0	mäßig alkalisch
9,1–10,0	stark alkalisch
10,1–11,0	sehr stark alkalisch
>11,0	extrem alkalisch

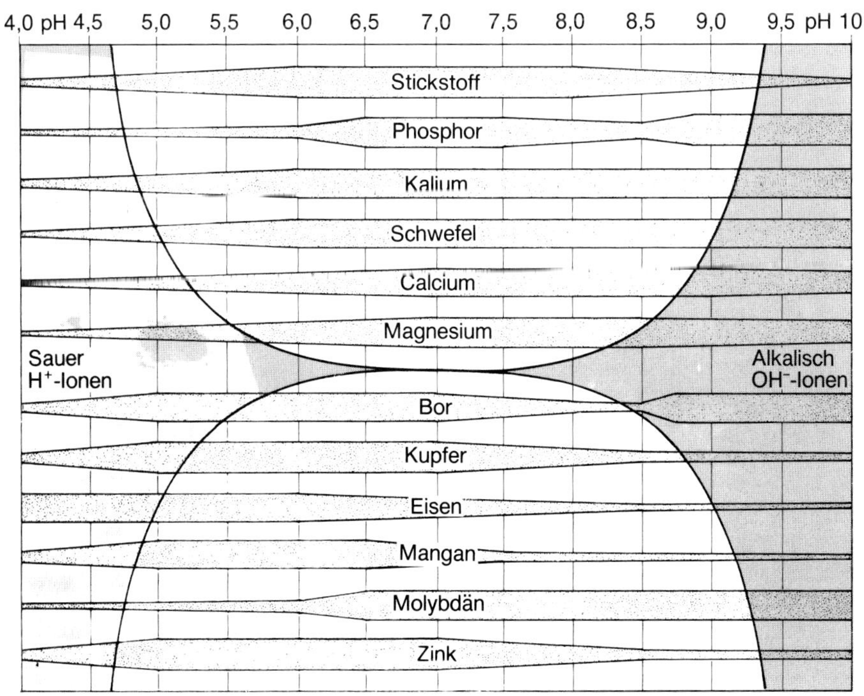

Abb. 34. Der pH-Einfluß auf die Nährstoffverfügbarkeit.

nisse scheint die Methode der Elektro-Ultrafiltration (NEMETH 1981) ein praktikabler Ansatz zur Erfassung der Dynamik zu sein.

Untersuchung auf pH

Der pH-Wert gibt den Säuregrad des Bodens an. Aus Tab. 27 geht eine Einteilung der pH-Werte in Böden und Substraten mit der zugehörigen Bezeichnung hervor. Die pH-Werte gärtnerisch genutzter Böden und Substrate liegen überwiegend im sauren Bereich.

Die Verfügbarkeit vieler Nährstoffe und damit das Wachstum der Pflanze sind vom pH-Wert abhängig. Die Verfügbarkeit der Nährstoffe bei unterschiedlichem pH ist der Abb. 34 zu entnehmen. Dabei gibt die Bandbreite die Höhe der Verfügbarkeit an.

Die Bestimmung des pH-Wertes erfolgt elektrochemisch mit Hilfe einer Glaselektrode. Sie kann sowohl in wäßriger als auch salzhaltiger Suspension durchgeführt werden. Hierbei werden Boden oder Substrat mit Wasser oder Salzlösung im Volumenverhältnis 1:2,5 bzw. stark torfhaltige Substrate 1:10 versetzt und das pH nach 1 bis 3 Stunden gemessen. Die verwendeten Salzlösungen sind üblicherweise eine 0,01 m $CaCl_2$-Lösung oder selten eine 0,1 m KCl-Lösung. Eine typische Meßanordnung ist aus Abb. 35 zu ersehen.

Die Messung in 0,01 m $CaCl_2$-Lösung entspricht in etwa den Verhältnissen in der Bodenlösung. Insofern ist die Ermittlung des pH-Wertes in dieser Lösung zu bevorzugen.

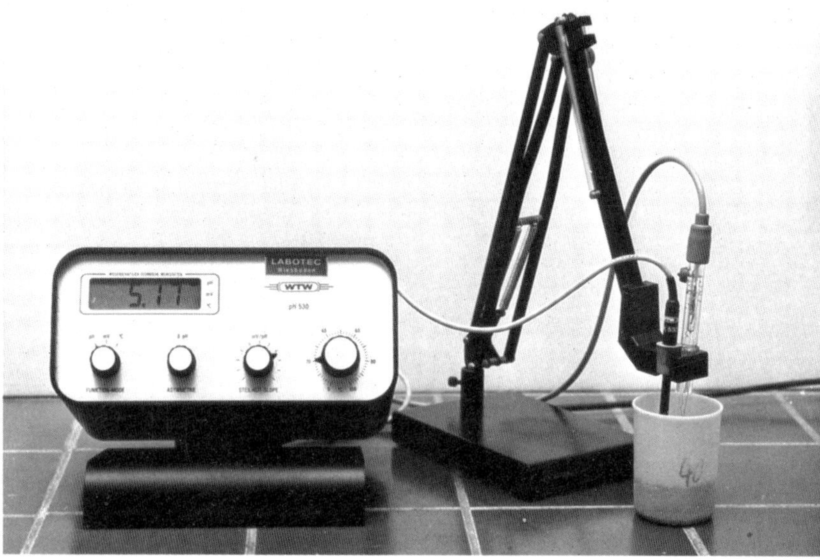

Abb. 35. Anordnung zur pH-Messung in Bodensuspensionen.

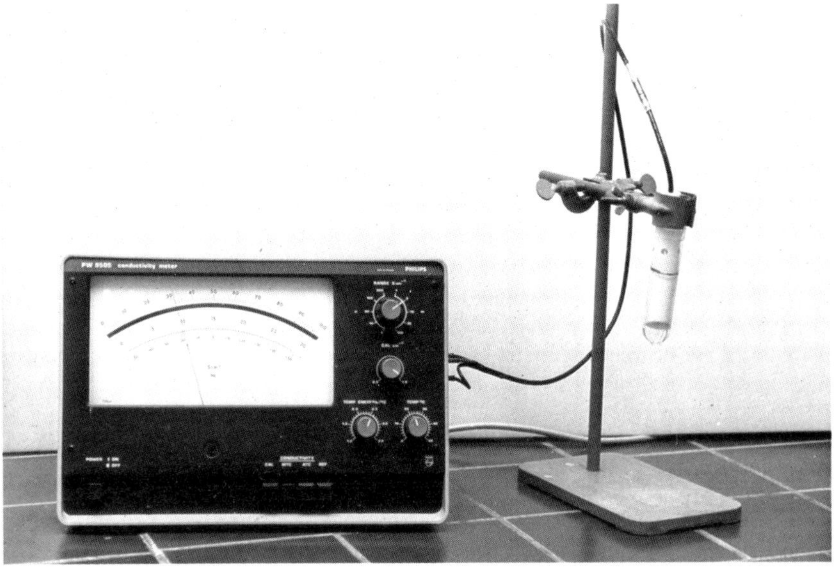

Abb. 36. Meßanordnung zur Bestimmung der Leitfähigkeit eines wäßrigen Bodenauszuges (Salzgehaltsmessung).

Tab. 28. Salzgehalte von Substraten bei unterschiedlicher Reaktion der Kulturen gegenüber Salzen

Reaktion der Kultur gegenüber Salzen	mögliche Salzmenge (berechnet als KCl) in g Salz/l Substrat
empfindlich	0,5–1
verträglich	1 –2
bedürftig	2 –3

Tab. 29. Abstufung des Salzgehaltes in Substraten (umgerechnet auf KCl)

g Salz/l Substrat	Abstufung
<1,0	niedrig
1,0–2,0	normal
2,0–4,0	hoch
4,0–5,0	sehr hoch
5,0–7,0	zu hoch
>7,0	toxisch

Bestimmung des Salzgehaltes

Die Bestimmung des Salzgehaltes erfolgt einfach, schnell und reproduzierbar mit Hilfe einer elektrischen Leitfähigkeitsmessung. Hierzu werden Substrat oder Boden mit destilliertem H_2O im Verhältnis 1:10 versetzt. Bei Böden ist das Verhältnis Gewicht: Volumen und bei humosen Substraten Volumen: Volumen zu wählen. Die Berechnung des Salzgehaltes kann nach Ermittlung der Leitfähigkeit mit Hilfe von Eichwerten (KCl) erfolgen. Soll die Bestimmung der Leitfähigkeit im eigenen Betrieb oder Labor durchgeführt werden, so kann die genaue Arbeitsvorschrift den Mitteilungen des VDLUFA entnommen werden.

Für karbonatfreie Böden wird als Grenze der Salzschädlichkeit ein Wert von 200 mg/100 g Boden angenommen. Mit steigendem $CaCO_3$-Gehalt nimmt die Empfindlichkeit der Pflanzen ab. In Torf (aufgekalkt) und torfreichen Substraten ist die Salztoleranz der Pflanzenarten oder ihre Reaktion auf Salze in den verschiedenen Kulturabschnitten nach empfindlich, bedürftig und verträglich zu unterteilen. Aus Tab. 28 lassen sich Grenzwerte entnehmen.

Zur Abschätzung des Salzgehaltes von Substraten hinsichtlich der Pflanzenverträglichkeit kann die Tab. 29 dienen.

Bestimmung des mineralischen N

Substrate und Erden. Die Bestimmung der N-Gehalte erfolgt zur Erfassung der für die Pflanzen nutzbaren N-Mengen. Sie kann sowohl mit Hilfe einer H_2O- bzw. einer sauren Salzlösungs-Extraktion durchgeführt werden. Das übliche Verfahren ist die Extraktion eines Substrates mit Hilfe einer Lösung von pH 3,5 aus Ameisensäure und Natriumformiat (JUNGK 1961) im Verhältnis 1:10. Im Extrakt wird das gesamte im Substrat vorhandene NO_3- und NH_4-N erfaßt. Wegen der hohen Einwaage ist die Streuung der Analysenwerte bei den sonst sehr inhomogenen gärtnerischen Substraten relativ gering. Weil das Extraktionsmittel gut puffert, können Substrate unterschiedlichen pH-Wertes untersucht werden.

Der mineralische N wird aus dem Extrakt nach Reduktion des NO_3-N zu NH_3, Destillation des NH_3 in einer Vorlage aus 1 % H_3BO_3 und Titration mit eingestellter HCl bestimmt.

Farbtafel 3
Oben: Mg-Mangel an Süßkirschen. Aufhellung der Interkostalfelder, nachfolgend Absterben des Gewebes. Unten: Mg-Mangel an Chrysantheme. Aufhellung der Interkostalfelder.

Bei Extraktion mit Wasser können die NO_3- und NH_4-Ionen mit Hilfe ionensensitiver Elektroden ermittelt werden. Richtwerte für den N-Versorgungsgrad gehen aus der Tab. 6 hervor.

Böden. Bodenuntersuchungen auf N stoßen aus verschiedenen Gründen auf Schwierigkeiten. Diese sind vor allem dadurch gegeben, daß der in der Bodenoberschicht mineralisierte N (= N_{min}) starken Veränderungen hinsichtlich des Gehaltes durch Auswaschung und Witterung ausgeliefert ist. Dazu kommt, daß etwa 95 bis 98 % des Boden-N organisch gebunden sind und den Pflanzen erst nach Umsetzung zur Verfügung stehen kann. Die Bedeutung des N_{min}-Gehaltes für die Versorgung der Pflanzen mit N ist von SCHARPF und WEHRMANN (1976), WEHRMANN und SCHARPF (1979) sowie von SCHARPF (1977) zunächst für Winterweizen ermittelt worden. Sowohl für den Obstbau (LOOK 1978) als auch den Freilandgemüsebau (BÖHMER 1978) ist zu erwarten, daß die Vorräte an N_{min} bei der Düngung berücksichtigt werden müssen. Dabei ist festgestellt worden, daß je nach Durchwurzelung unterschiedliche Entnahmetiefen beachtet werden sollten.

Da die Methode zur Bestimmung des N_{min}-Vorrates für die Ermittlung des den Pflanzen verfügbaren N unbedingt notwendig erscheint, andererseits diese Methode aber erst an wenigen gärtnerischen Kulturen geeicht worden ist, wird hier hinsichtlich der Methodik und des analytischen Vorgehens auf die Arbeiten von SCHARPF und WEHRMANN (1976) verwiesen. Es ist außerdem zweckmäßig, die Bestimmung des N_{min}-Gehaltes wegen des erhöhten technischen Aufwandes von dafür autorisierten bzw. eingerichteten Stellen vornehmen zu lassen.

Bestimmung von P und K

Die Problematik der Bodenuntersuchung auf P und K ist in einer Monographie (SCHACHTSCHABEL und KÖSTER 1976) dargestellt worden. Die Bestimmung von P und K in Substrat und Boden wurde in Deutschland lange Zeit nach der DL-Methode (Egner-Riehm) durchgeführt. Nachdem sie sich in der landwirtschaftlichen und gärtnerischen Beratung zum Teil gut bewährt hatte, ergaben sich doch in einer Reihe von Fällen nennenswerte Nachteile derart, daß für karbonatreiche

---

Farbtafel 4
Oben: Zn-Mangel an Tomaten. Unten: Zn-Mangel an *Zinnia elegans*.

Böden die Extraktionslösung nicht ausreichend gepuffert war. Einen Eindruck von den verschiedenartigen Faktoren, die die Bestimmung des Nährelementgehaltes in einer Bodenprobe beeinflußten, vermittelt Abb. 37.

Diesen Nachteil versuchte man zu umgehen, indem die Lösung stärker gepuffert wurde (AL-Methode). Bei Karbonatgehalten von mehr als 15% liefert aber auch die AL-Methode keine zuverlässigen Werte mehr. Durch beide Extraktionslösungen (DL und AL) werden größere Mengen an schwerlöslichen Ca-Phosphaten gelöst, so daß dadurch ein zu großer Vorrat an pflanzenverfügbarem Phosphat angezeigt wird. Dies wirkt sich insbesondere dann nachteilig aus, wenn vorher mit Rohphosphaten gedüngt worden ist. Die zwar angezeigte, aber nicht vorliegende Pflanzenverfügbarkeit des Phosphates bewirkte Mindererträge gegenüber Parzellen, die mit leichter löslichen Phosphaten gedüngt waren (MUNK und BÄRMANN 1971, WERNER 1972, 1974).

Dieses war der Grund für die Entwicklung der CAL-Methode (SCHÜLLER 1969), die jetzt offizielle Methode des VDLUFA ist. Sie liefert für K mit anderen Methoden vergleichbare Werte und hat den Vorteil, daß eine Überbewertung der P-Versorgung nicht vorgenommen wird.

Zur Bestimmung des leichtlöslichen P-Anteils kann der Boden mit H_2O extrahiert werden (VAN DER PAAUW et al. 1971, SISSINGH 1969). Diese Methode hat insbesondere für Holland größere Bedeutung erlangt und scheint auch für hiesige Böden geeignet zu sein, wie Untersuchungen von SCHACHTSCHABEL und KÖSTER (1976) zeigen.

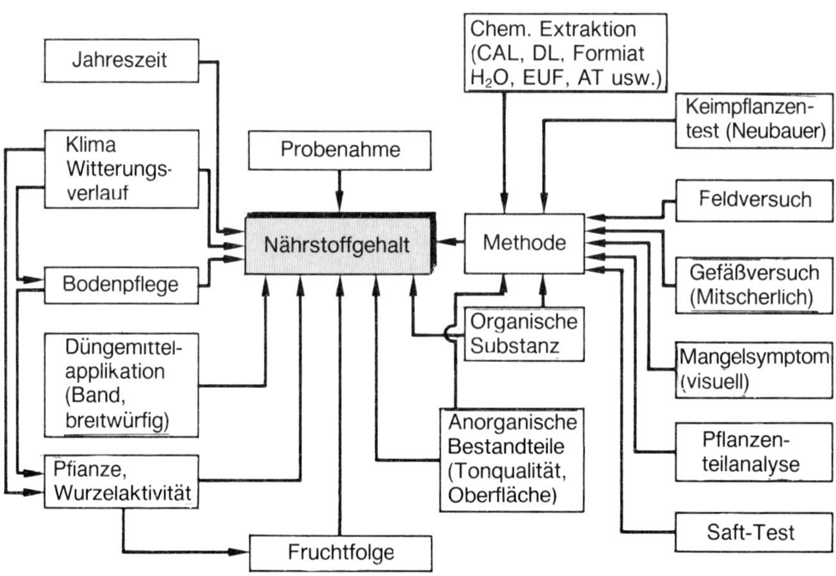

Abb. 37. Zusammenhänge zwischen Nährstoffgehalt im Boden bzw. Substrat und verschiedenen bodenkundlichen Faktoren, die das Bodenuntersuchungsergebnis beeinflussen können.

Daneben ist eine Bestimmung der K-Verfügbarkeit durch die Extraktion mit 0,0125 m $CaCl_2$-Lösung möglich (GRIMME und NEMETH 1976, SCHACHTSCHABEL und KÖSTER 1978). Bei Anwendung dieser Methode braucht vermutlich nicht der Humus- und Tongehalt sowie der pH-Wert bei der Beurteilung des Versorgungsgrades berücksichtigt werden, wie das bei anderen Methoden der Fall ist (VETTER und FRÜCHTENICHT 1973, MUNK 1976).

Für die Untersuchung gärtnerisch genutzter Freilandböden und Erden ist die CAL-, H_2O- oder Formiat-Methode verwendbar. Untersuchungen von JUNGK (1962) zufolge besteht eine enge Beziehung zwischen den Werten, die nach der DL- und Formiat-Methode ermittelt worden sind. Hieraus ist zu folgern, daß die Untersuchung auf P und K bei gärtnerischen Böden und Erden zweckmäßigerweise nach der Formiat-Methode durchgeführt wird, weil dann aus dem gleichen Extrakt N, P und K bestimmt werden kann. Die genaue Methodik ist aus den Mitteilungen des VDLUFA zu entnehmen.

In den Tabellen 30 bis 32 sind die Richtwerte für P und K in Acker- und Mineralböden sowie gartenbaulich genutzten Flächen nach den Empfehlungen des VDLUFA aufgeführt.

Infolge der Erfassung der Nährstoffkapazität nach Extraktion mit gepufferten Lösungen (AL, DL, CAL, Formiat) ist eine exakte Eingruppierung des Versorgungsgrades und eine davon abgeleitete Düngeempfehlung für P und K im Bereich sehr hoher und extrem hoher Versorgung kaum noch möglich. Um in diesem Bereich die Aussagekraft zu erhöhen, ist es erforderlich, die Nährstoffdynamik zu erfassen. Dieses kann z. B. geschehen durch die Methode der Elektroultrafiltration von NEMETH und GRIMME (1972) sowie durch Untersuchung mit radioaktiven Isotopen (^{32}P).

Die von TEPE eingeführte Austauschermethode basiert auf dem Prinzip, daß in Lösung gebrachte Nährstoffe eines Bodens oder Substrates zu einem in die Lösung gehängten Ionenaustauscher hinwandern, von diesem absorbiert werden und nach Desorption im Eluat gemessen werden können. Da einerseits von TEPE (1972)

Tab. 30. Einteilung der P_2O_5-Werte in Gehaltsstufen bzw. -klassen für Acker- und Mineralböden mit <4% Humus, gültig für alle Bodenarten (nach NIESEL-LESSENTHIN 1980)

Gehaltsklasse	mg P_2O_5/100 g Boden nach DL- und CAL-Methode vorwiegend für Norddeutschland	mg P_2O_5/100 g Boden nach DL- und CAL-Methode vorwiegend für Süddeutschland	mg P/l Boden nach der Wassermethode
A niedrig	<11	<11	< 6
B mittel	11–20	11–20	6–10
C hoch	21–30	21–35 (40)	11–15
D sehr hoch	31–40	36–50 (60)	16–20
E extrem hoch	>40	>50 (>60)	>20

Tab. 31. Einteilung der K_2O-Werte in Gehaltsstufen bzw. -klassen für Acker- und Mineralböden mit <4% Humus unter Berücksichtigung der Bodenart (nach Niesel-Lessenthin 1980)

Gehaltsklasse	mg K_2O/100 g Boden nach DL und CAL				
	Ackerland				Grünland für alle Bodenarten
	S	LS+lU	sL−L	tL−T	
	vorwiegend für den norddeutschen Raum				
A niedrig	< 6	< 8	< 9	<11	<11
B mittel	6−10	8−14	9−16	11−20	11−20
C hoch	11−15	15−21	17−24	21−30	21−30
D sehr hoch	16−20	22−28	25−32	31−40	31−40
E extrem hoch	>20	>28	>32	>40	>40
	vorwiegend für den süddeutschen Raum				
A niedrig	< 8		<12	<15	<11
B mittel	8−15		12−24	15−30	11−20
C hoch	16−25		25−40	31−50	21−30 (40)
D sehr hoch	26−50		41−60	51−70	31−50
E extrem hoch	>50*		>60*	>70*	>50

Gehaltsklasse	mg K/100 ml Boden nach $CaCl_2$-Methode für alle Bodenarten auf Acker- und Grünland (nach LUFA Hameln)
A niedrig	< 6
B mittel	6−10
C hoch	11−15
D sehr hoch	16−20
E extrem hoch	>20

* Die unterschiedliche Einstufung sehr hoher bzw. hoher K_2O-Gehalte im Boden wird im süddeutschen Raum durch die dort vorherrschenden schweren, tonigen Lehm- und lehmigen Tonböden, sowie durch hohe Sommertrockenheiten mitbedingt. Eine genaue Abgrenzung der Gehaltsklasse „extrem hoch" ist wegen mangelnder Versuchsergebnisse noch nicht möglich. Die Übergänge sind fließend und richten sich auch nach den Gehaltswerten anderer Nährstoffe.

selbst eine Verbesserung dieser Methode vorgeschlagen worden ist und andererseits die analytische Genauigkeit der Austauschermethode keine sehr exakte Ermittlung der Nährstoffgehalte erlaubt, weil zumeist an der unteren Grenze der Meßgenauigkeit gearbeitet wird, ist es zweckmäßig, den Boden oder das Substrat mit Austauscherharzen zu vermischen und so die Nährstoffgehalte nach Desorption zu bestimmen.

Zu den Vor- und Nachteilen der Austauschermethode von Tepe gegenüber anderen Methoden der Boden- und Substratuntersuchung gibt es Hinweise von Schachtschabel (1961).

Tab. 32. Beurteilung und Einstufung von Phosphat (P_2O_5)- und Kalium (K_2O)-Gehalten in Böden des Feldgartenbaues, Mineralböden < 5 % organische Substanz (nach NIESEL-LESSENTHIN 1980)

Gehaltsklasse	Phosphat (P_2O_5)	Kali (K_2O)	
	mg/100 g Boden nach DL bzw. CAL		
	Bodenarten		
	alle	leicht	mittelschwer
niedrig	<15	<16	<21
mittel	15–30	17–35	21–40
hoch	31–65	36–60	41 80
sehr hoch	66–100 (200)	>60	>80
extrem hoch	>100 (>200)	keine Angaben	

Bestimmung von Ca und Mg

Die Nährelemente Ca und Mg lassen sich, wie zuvor beschrieben, im Formiatauszug bestimmen. Anhaltspunkte für den Ca-Versorgungsgrad der Böden liefert, von Extremen abgesehen, häufig auch der pH-Wert. Er ist insbesondere dann zu überprüfen, wenn mit sehr weichem Wasser gegossen wird. Für die Ermittlung der Mg-Verfügbarkeit ist wie bei K eine Extraktion des Bodens mit einer 0,0125 m $CaCl_2$-Lösung im Verhältnis 1:10 bei einstündiger Schüttelzeit möglich.

Tab. 33. Einteilung der Mg-Werte in Gehaltsklassen für Acker- und Mineralböden mit < 4 % Humus, sowie für Moorböden und anmoorige, sehr stark humose Sande (nach NIESEL-LESSENTHIN 1980)

Gehaltsklassen	mg Mg/100 g Boden				
	Ackerland			Grünland für alle Bodenarten	Moorböden u. anmoorige stark humose Sande
	S–lS	sL–L	tL–T		
	vorwiegend für norddeutschen Raum				
A niedrig	<4	<5	< 6	< 6	<4
B mittel	4–6	5–7	6–12	6–10	4–6
C hoch	>6	>7	>12	>10	>6
	vorwiegend für süddeutschen Raum				
A niedrig	< 4	< 6	< 8	<11	<4
B mittel	4– 6	6–12	8–14	11–20	4–6
C hoch	7–10	13–20	15–25	21–30	>6
D sehr hoch	>10	>20	>25	>30	

Tab. 34. Beurteilung und Einstufung von Mg-Gehalten von Böden des Feldgartenbaues in Gehaltsklassen und Magnesiumdüngergaben in kg/ha Mg (nach NIESEL-LESSENTHIN 1980)

Gehaltsklasse	mg Mg/100 g Boden		
	Bodenart		Magnesiumgabe in
	leicht	mittel–schwer	kg/ha Mg (MgO)
niedrig	< 6	< 8	72–97 (120–160)
mittel	6–12	8–16	36–60 (60–100)
hoch	12–30	17–35	0–24* (0–40)
sehr hoch	>30	>35	0

* Mg-Düngung nur bei sehr weitem K:Mg-Verhältnis im Boden nötig.

Neben den bereits genannten Methoden kann der Mg-Versorgungsgrad auch mit anderen Verfahren ermittelt werden (0,1 m NaCl oder Ammonacetat). Das verfügbare nicht austauschbare Mg kann durch Extraktion mit 0,05 m HCl bestimmt werden (SCHACHTSCHABEL et al. 1982).

In den Tab. 33 und 34 sind die Richtwerte für Mg-Gehalte in Acker- und Mineralböden sowie gärtnerisch genutzter Flächen nach den Empfehlungen des VDLUFA angegeben.

Bestimmung von Mikronährstoffen

Die Bestimmung der Mikronährstoffe B und Mo erfolgt gemäß den Mitteilungen des VDLUFA im Heißwasserextrakt. B wird hierbei mit Dianthrimid (grüne

Tab. 35. Einstufung der B-Gehalte mg B/kg Boden in Gehaltsklassen bei Ackernutzung und B-Gaben in kg/ha Borax (nach NIESEL-LESSENTHIN 1980)

Gehaltsklasse	mg B/kg Boden		Bordüngung in kg/ha Borax*			
	S, lS, hS, tS	sL, L, T	S, lS, tS		sL, L, T	
			Rüben Luzerne	Mais Raps Kohl	Rüben Luzerne	Mais Raps Kohl
A niedrig	<0,31	<0,41	15	8	20–30	10
B mittel	0,31–0,60	0,41–0,80	10	4	10–15	5
C hoch	0,61–1,00	0,81–2,00	5	0	5–10	0
D sehr hoch	1,00–2,00	2,00–3,50	0	0	0	0
E extrem hoch	>2,00	>3,50**				

* 10 kg Borax enthalten etwa 1 kg B.
** Schädigungsgrenze je nach Kulturart erreicht.

Tab. 36. Einstufung der Cu-Gehalte (mg Cu/kg Boden) in Gehaltsklassen bei Acker- und Grünlandböden mit Humusgehalten <4 % und Cu-Düngungsgaben in kg/ha Cu (nach NIESEL-LESSENTHIN 1980)

Gehaltsklasse	Bodenart leicht	Bodenart schwer	Kupferdüngung in kg/ha Cu (einmalige Gabe)
	mg Cu/kg Boden*		
A niedrig	<2,0	<3,0	5–10
B mittel	2,1–4	3,1–6	2– 5
C hoch	>4	>6	0

* Erhöhte Cu-Gehalte, die die Abgrenzung in Gehaltsklassen „sehr hoch" und „extrem hoch" verlangen, findet man nur im Sonderkulturanbau (Wein- und Hopfen, zum Teil auch im Gemüsebau). Im Acker- und Grünland gehen die Werte nicht wesentlich über 6 mg Cu/kg Boden hinaus.

Farbe) und Mo mit Toluol-3,4-Dithiol (grüne Farbe) bestimmt. In Freilandböden kann Mo nach Extraktion mit Ammonoxalat (pH 3,3) ermittelt werden (SCHACHTSCHABEL et al. 1982).

Die Feststellung des Cu-, Fe-, Zn- und Mn-Gehaltes wird nach Extraktion mit 0,025 m Na-ÄDTA (= EDTA) in Böden, gärtnerischen Erden und Torfkultursubstraten vorgenommen.

Daneben gibt es noch eine Reihe weiterer Methoden zur Bestimmung der pflanzenverfügbaren Mikronährstoffgehalte (SOLTANPOUR und LINDSAY 1976).

Wegen des für die vorgenannten Methoden (Fotometrie, Atomabsorption) erhöhten analytischen Aufwandes (Meßgeräte, Sauberkeit, Empfindlichkeit usw.) ist anzuraten, diese Analysen von dafür autorisierten und eingerichteten Stellen durchführen zu lassen.

Wegen der Bedeutung einzelner Spurenelemente, insbesondere im Obstbau, sind in den Tab. 35 und 36 die Richtwerte für Bor und Cu in Mineralböden nach den Richtlinien des VDLUFA aufgeführt.

1.1.4 Versalzung und Überdüngung

1.1.4.1 Allgemeines

Dem Problem der Überdüngung und Versalzung kommt in der gärtnerischen Praxis viel größere Bedeutung zu als dem der Unterversorgung mit Nährstoffen. Dieses gilt in besonderem Maße für den Unterglasgartenbau. In Gewächshäusern herrschen aride Bedingungen deshalb vor, weil infolge der durch die Einstrahlung bewirkten Erwärmung der Luft in der Regel ein hohes Sättigungsdefizit an Wasser in ihr vorhanden ist. Aufgrund dieses hohen Sättigungsdefizites findet eine starke Evapotranspiration von Boden und Pflanze statt. Hierdurch reichern sich, bedingt durch den kapillaren Aufstieg des Wassers und Evaporation, Salze in den oberen Bodenschichten an. Diese Salzanreicherungen bewirken teils Mindererträge durch latente Schädigungen der Salze, teils sogar akute Schäden durch Osmose (Plasmolyse).

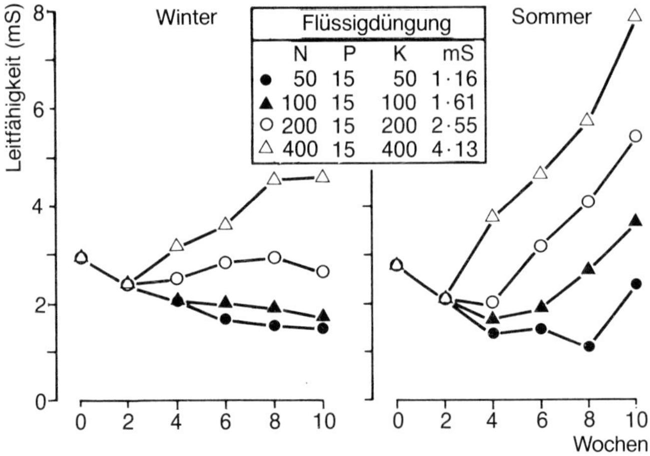

Abb. 38. Leitfähigkeit des Substrates von Topfchrysanthemen in Abhängigkeit von der Kulturzeit bei unterschiedlicher Nährstoffversorgung im Sommer und Winter (nach BUNT 1978).

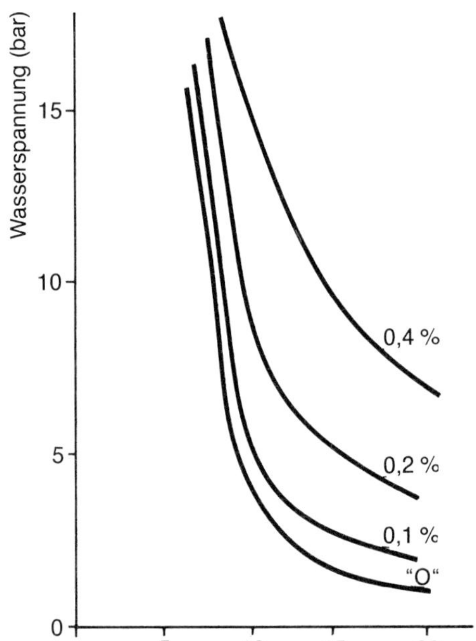

Abb. 39. Bodenwasserspannung in Abhängigkeit von der Bodenfeuchte bei unterschiedlicher Düngeintensität (Konz. der NL) (nach HANAN et al. 1978).

Zur Frage der Substratversalzung bzw. dem Wachstum der Pflanzen in salziger Umgebung existiert eine umfangreiche Literatur, wobei die Monographie von POLJAKOFF-MAYBER und GALE (1975) besondere Aufmerksamkeit verdient.

Die Gefahr der Versalzung von gärtnerischen Kulturpflanzen kann durch die Kulturweise ganz erheblich gesteigert werden. Topfpflanzen, die in der Regel nur über einen geringen Wurzelraum verfügen, können infolge der Evapotranspiration und des geringen Substratpuffervermögens starken Schwankungen der Salzkonzentration unterworfen sein. Dies ist besonders bei wechselnder Witterung der Fall und wenn der Wasserversorgung zu wenig Beachtung geschenkt wird.

Die witterungs- und zeitabhängige Salzanreicherung im Substrat infolge Düngung und Bewässerung läßt sich aus Abb. 38 entnehmen.

Wegen der im Sommer höheren Evapotranspiration von Boden und Pflanze ergeben sich zu dieser Zeit erheblich stärkere Anstiege im Salzgehalt des Substrates als im Winter.

Der Einfluß der Versalzung, hergestellt durch unterschiedlich konzentrierte Nährlösungen, auf die Bodenwasserspannung geht aus Abb. 39 hervor.

Hieraus ist ersichtlich, daß insbesondere bei zu geringer Bodenfeuchte die Wasserspannung auch bei nur niedrigem Salzgehalt rapide ansteigen kann (HANAN et al. 1978).

1.1.4.2 Salzzufuhr und Salzwirkung

Die Zufuhr der Salze erfolgt auf 2 Wegen über die Düngung und das Gießwasser. Wegen der hohen Düngeintensität im Gartenbau ist zumeist ein hoher Mineraldüngeraufwand erforderlich. Die Möglichkeit zur Schädigung der Pflanzen steigt mit zunehmendem Intensitätsgrad deshalb an, weil durch die Unterlassung einer Kulturmaßnahme unter Umständen das Wachstum vermindert und damit die Nährstoffaufnahme verringert wird. Eine Salzanreicherung in Boden oder Substrat wird die Folge sein.

Die Produktivität erfordert auch eine hohe Wasserzufuhr. Die im Gießwasser gelösten Salze vermögen sich nun ihrerseits im Substrat oder an der Substratoberfläche anzureichern.

Die zugeführten Salze können sich zweifach auf das Wachstum der Pflanzen auswirken. Zu unterscheiden ist zwischen

- allgemeiner Salzwirkung (Osmose) und
- spezieller Wirkung einzelner Ionen.

Die allgemeine Wirkung einer Konzentrationserhöhung der Salze läßt sich aus Abb. 40 ersehen.

Es ist die Wirkung der Salzkonzentration verschiedener Lösungen auf die Nettoassimilation und Transpiration in Abhängigkeit von der Einwirkzeit dargestellt worden. Die gleichbleibende Konzentration von 52 mval/l bewirkte keine Änderung von Assimilation und Transpiration. Je höher die Konzentration und je länger deren Einwirkdauer, um so geringer werden Assimilation und Transpiration. Diese Untersuchungen wurden zwar in Nährlösungen durchgeführt, aus ihren Ergebnissen läßt sich jedoch für die Praxis entnehmen, daß bereits kurze Zeit nach Erhöhung der Salzkonzentration die Assimilations- und Transpirationsleistung der Pflanze erheblich abgeschwächt wird. Konzentrationsschwankungen der gezeigten Art können in stark durchwurzelten Substraten in eng begrenzten Töpfen ohne

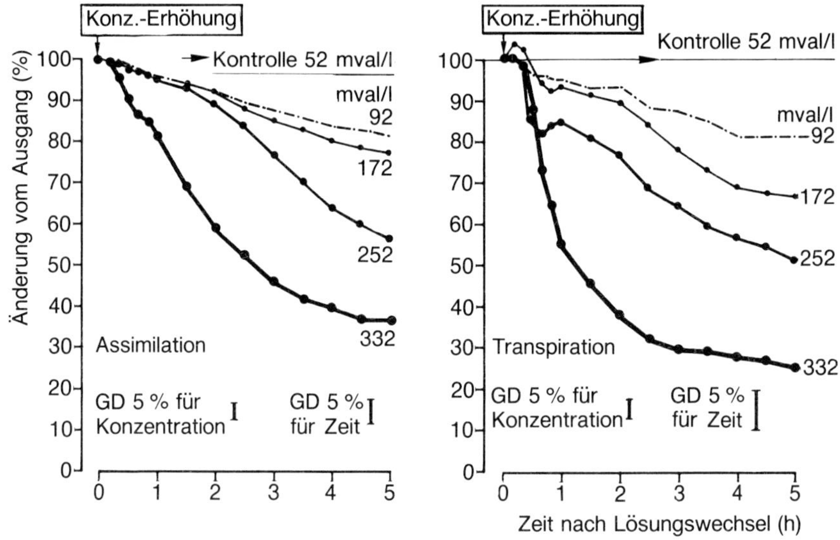

Abb. 40. Wirkung der Salzkonzentration der Sekundärlösung (primär 52 mval/l) auf Nettoassimilation und Transpiration (nach ABED 1973).

weiteres auftreten. Die durch die Konzentrationsänderungen hervorgerufenen Schäden sind zunächst äußerlich nicht sichtbar. Derartige latente Schäden lassen sich nur erkennen, wenn normal behandelte Pflanzen vergleichsweise kultiviert werden. Bei dauernder Einwirkung überhöhter Konzentrationen vermindern sich die Erträge erheblich, wie auch aus Praxiserfahrungen bekannt ist. Die Auswirkungen unterschiedlicher Nährionen und Nährionenrelationen sind sowohl bei verschiedener Temperatur (ALT 1965) und/oder vorwiegend hohen Konzentrationen (HACKBARTH 1963) untersucht worden. Hierbei wurde festgestellt, daß durch Überbetonung einzelner Ionen, d. h. bei einem Ungleichgewicht, Ertragsminderungen und Schäden auftreten können.

Als besonders stark schädigend in hohen Konzentrationen gelten Ammonium- und Phosphationen. Mit zunehmender Gesamtkonzentration und mit steigender Ausgeglichenheit der NL läßt die schädigende Wirkung des NH_4-N nach. Dabei ist es unerheblich, ob es als Sulfat, Chlorid oder Nitrat gegeben wird. Neben dieser stark schädigenden Wirkung des NH_4-N ergibt sich ferner eine postive Wirkung der Ca- und Mg-Salze. Über die entgiftende Wirkung von $MgSO_4$ in Nährlösungen berichteten bereits RATHSACK und ALT (1967).

Die Bedeutung der vorliegenden Ergebnisse für die Praxis liegt darin, daß bei Versalzung für einen Ausgleich der einseitig vorhandenen Nährionen gesorgt werden sollte, auch auf die Gefahr hin, daß die Konzentration erhöht wird. Wie aus der Abb. 41 hervorgeht, nimmt der Ca-Gehalt im Gewebe bei steigendem Salzangebot ab. Dieses Ergebnis ist ein zusätzlicher Hinweis dafür, daß bei Versalzung eine ausreichende Ca-Zufuhr an die Pflanze gewährleistet sein sollte (HANAN et al. 1978).

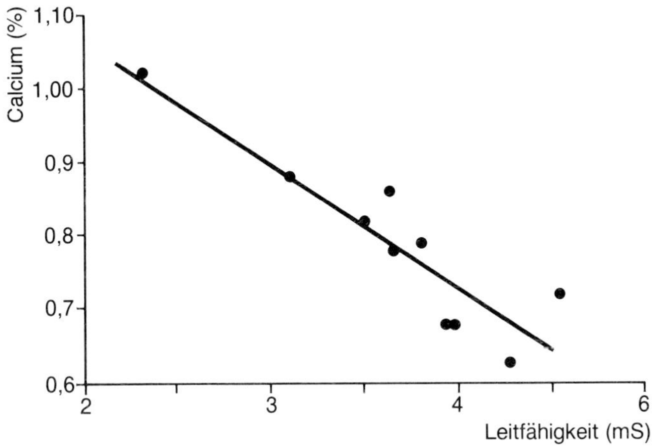

Abb. 41. Einfluß der Substratleitfähigkeit auf den Ca-Gehalt von Nelkenpflanzen (nach HANAN et al. 1978).

In welchem Umfange eine wechselseitige Beeinflussung von den Kationen auf die entsprechende Anionenaufnahme (Chloride) ausgeht, läßt sich aus Abb. 42 ersehen.

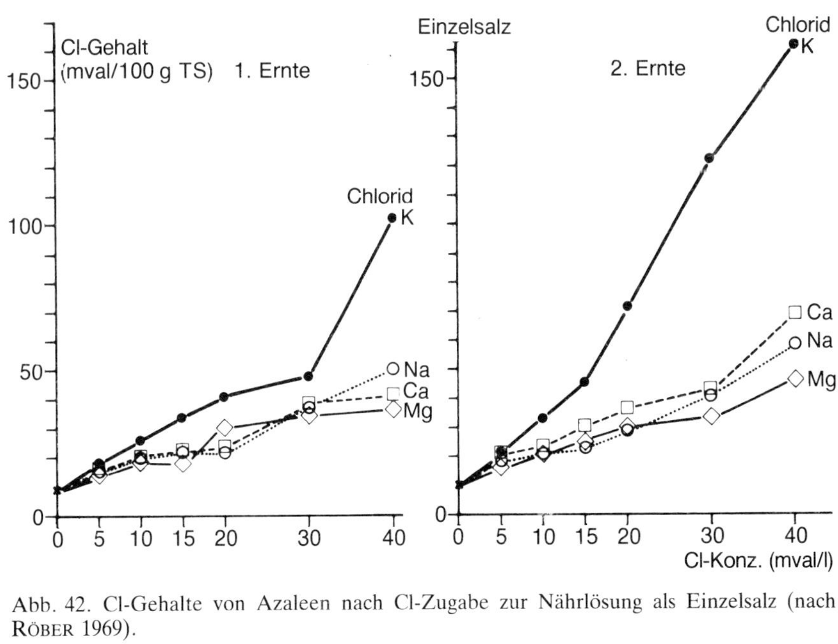

Abb. 42. Cl-Gehalte von Azaleen nach Cl-Zugabe zur Nährlösung als Einzelsalz (nach RÖBER 1969).

Hier ist der Cl-Gehalt von Azaleenblättern nach Zugabe verschiedener Chloride zur Nährlösung 41 und 71 Tage nach Versuchsbeginn gemessen worden. Es zeigt sich, daß durch die einseitige K-Zugabe erheblich höhere Cl-Gehalte zustande kommen als bei den anderen Begleitkationen. Aus diesem Ergebnis läßt sich folgern, daß die Cl-Aufnahme der Azaleen maßgeblich von den vorhandenen Begleitkationen abhängt.

Die bei Nährstoffüberschuß an höheren Pflanzen auftretenden Symptome sind von BUSSLER (1970) beschrieben worden. Die Schadgrenzen bei Zierpflanzenerden sind von DREWS (1968) ermittelt worden. Erklärungen für die Wirkung und Physiologie der Salze und Salzschäden werden von OERTLI (1976) gegeben.

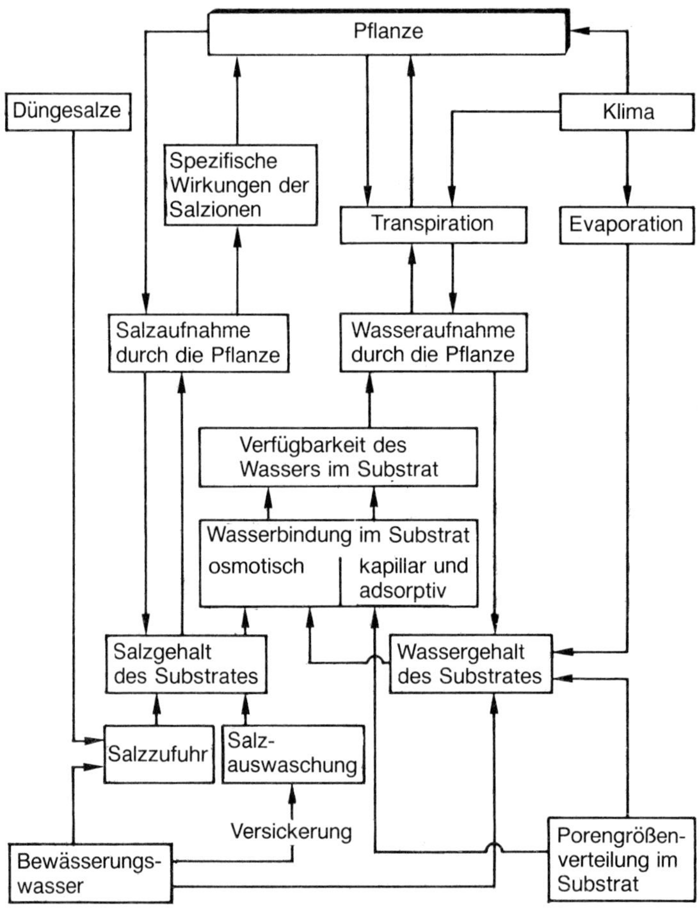

Abb. 43. Schematische Darstellung über Zusammenhänge zwischen Salz- und Wassergehalt des Kultursubstrates sowie Klimafaktoren in Beziehung zur Pflanze (nach PAPENHAGEN 1975).

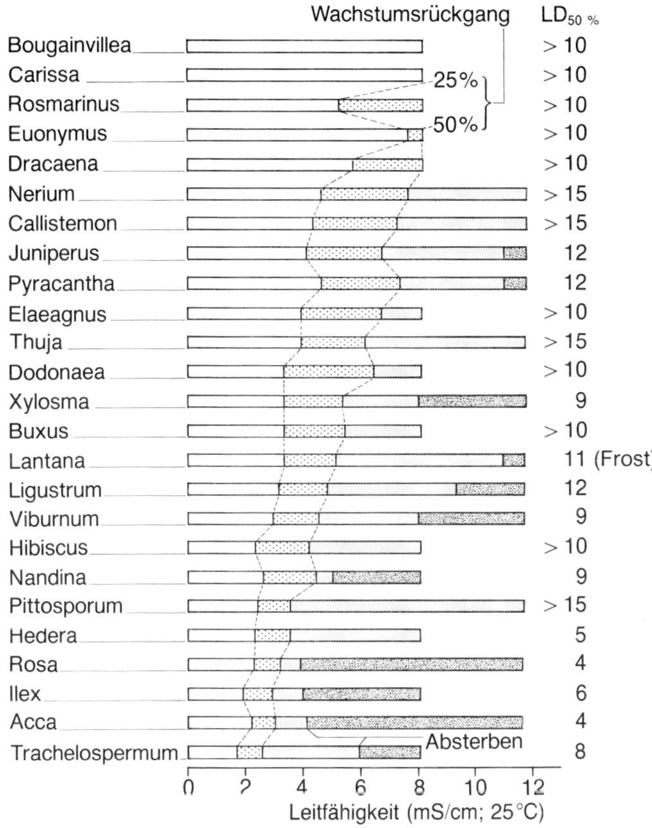

Abb. 44. Salztoleranz verschiedener Gehölzarten und ihr Ertragsrückgang bei steigender Leitfähigkeit des Bodensättigungsextraktes.

Günstige Nährsalzgemische für hohe Düngungsintensitäten hat RATHSACK (1968) zusammengestellt. Neben den genannten gibt es noch eine große Zahl die Versalzung betreffende Veröffentlichungen. In der gärtnerischen Praxis sollte darüber hinaus die Empfindlichkeit von Jungpflanzen und Stecklingen gegenüber hohen Salzkonzentrationen berücksichtigt werden (RAABE und VLAMIS 1966). Außerdem können Salzanreicherungen, insbesondere mit Spurenelementen, in Substraten nach dem Dämpfen (Mn) auftreten. Im Garten- und Landschaftsbau ist das Phänomen „Salzschäden" häufig auf die Verwendung von Auftausalzen im Winter zurückzuführen (ERNST und FELDERMANN 1975, LEH 1975). Besonders stark betroffene Straßen und Wege sollten deshalb mit relativ resistenten Arten bepflanzt werden.

Eine schematische Darstellung der Zusammenhänge zwischen Salz- und Wassergehalt des Kultursubstrates, den Klimafaktoren und der Pflanze, ist von PAPENHAGEN (1975) zusammengestellt und geht aus Abb. 43 hervor. Die Pfeile geben

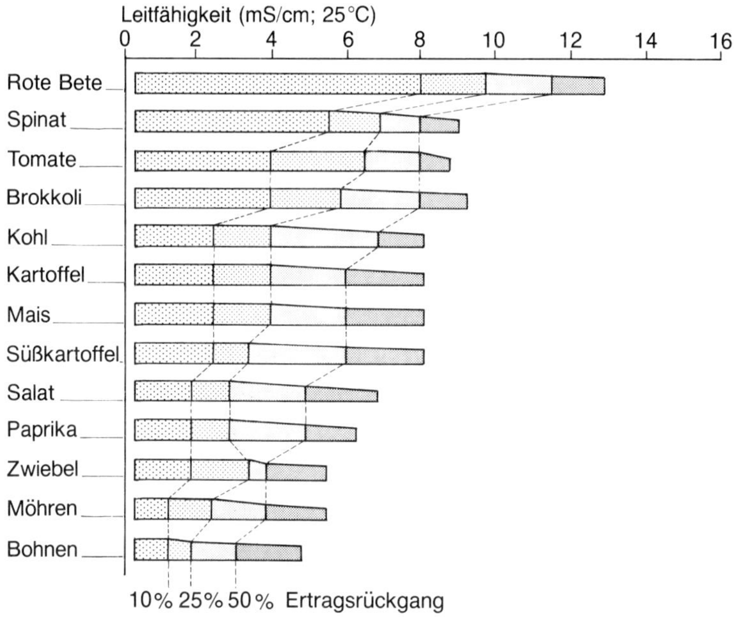

Abb. 45. Salztoleranz verschiedener Gemüsearten und ihr Wachstumsrückgang bei steigender Leitfähigkeit des Bodensättigungsextraktes.

jeweils die Richtung einer Wirkung an. Die zuvor erwähnten Auswirkungen der Salze auf das Wachstum der Pflanzen allgemeiner und spezifischer Art sind hier auch in ihren Wechselwirkungen beschrieben. Die Salztoleranz verschiedener Pflanzenarten ist den Abb. 44 und 45 zu entnehmen.

1.1.4.3 Möglichkeiten zur Verhinderung von Salzwirkungen

Aus vielen Ergebnissen geht hervor, daß die Salze sich mit unterschiedlicher Intensität auf das Wachstum der Pflanzen auswirken. Diese unterschiedliche Empfindlichkeit macht es erforderlich, die Wahl der Gegenmaßnahmen abzustufen.

Unter den Gegenmaßnahmen sind besonders solche zu ergreifen, die in der Hand des Kultivateurs liegen. Am einfachsten wird es sein, durch ausreichende Luftbefeuchtung aride Verhältnisse zu vermeiden. Zweckmäßig ist auch eine Düngung entsprechend dem Wachstumsrhythmus der Pflanzen. Der Nährstoffbedarf einer Pflanze wird in der Jugendphase gering, in der Phase starken Wachstums hoch und nach Triebabschluß wieder gering sein (z. B. Poinsettien). Zur Verringerung von Salzschäden sind auch an die Qualität des Gießwassers gewisse Ansprüche zu stellen (s. Tab. 44). In diesem Zusammenhang ist die Verwendung möglichst salzarmen Wassers anzuraten.

Die Verwendung ballastarmer MND kann ebenfalls dazu beitragen, daß die Pflanzen zwar ein ausreichendes Nährstoffangebot erhalten, jedoch verbunden mit geringer Salzbelastung. Die Anwesenheit von B, Cl und Na in Düngemitteln kann sich, besonders bei sehr empfindlichen Kulturen, langfristig schädigend auf das Wachstum auswirken. Bei Dauerkulturen sind deshalb möglicherweise B-haltige MND mit solchen ohne B im Wechsel zu verabreichen.

Eine bereits eingetretene Schädigung durch Salze muß nicht unbedingt zu Totalausfällen führen, wenn die aus den zuvor genannten Versuchsergebnissen zu ziehenden Schlußfolgerungen auf die Praxis angewendet werden. Die latenten Schäden einer Versalzung können durch die Zufuhr von Kalk zum Substrat gemildert werden. Die Gründe für die positive Wirkung einer Kalkzufuhr sind einmal in der zu erwartenden pH-Erhöhung des Substrates mit allen daraus sich ergebenden Konsequenzen, wie z. B. die Festlegung von schädlichen Ionen (Phosphat, Mangan) und zum anderen in der Ca-Zufuhr zu suchen. Aus dem vorhergehenden Abschnitt ergab sich, daß die Zufuhr von Ca- und/oder Mg-Salzen sowie möglicherweise ausgeglichenen Mehrnährstoffdüngerlösungen nach einseitiger Überdüngung (z. B. mit NH_4-Salzen oder Harnstoff) latente Schäden zu mildern imstande ist. Akute Schäden lassen sich auch durch noch so geschickte Kulturtechnik nicht beseitigen.

Sehr starke Na-Anreicherungen können durch Zufuhr von Gips und anschließendem Auswaschen beseitigt werden.

Eine weitere Möglichkeit zur Milderung der Schadensauswirkungen besteht darin, dem Boden möglichst viel organische Substanz zuzuführen. Hierdurch werden die Austauschkapazität erhöht und die schädigenden Ionen abgepuffert. Je 100 m^2 Gewächshausfläche werden zu diesem Zweck 10 bis 20 Ballen (0,17 m^3) aufgekalkter Weißtorf verteilt und naß eingebracht.

Das letzte zur Verfügung stehende Hilfsmittel gegen die schädigende Wirkung von in zu großen Mengen gegebenen Salzen besteht im Auswaschen von Boden oder Substrat. Dieses Verfahren wird in der Praxis häufig vorbeugend einmal im Jahr angewendet. Hierfür sollte nach Möglichkeit besonders salzarmes Wasser verwendet werden. Die Salze werden mit 200 bis 400 mm Niederschlag in etwa einer Woche in die Tiefe gewaschen. Die Menge des Wassers richtet sich nach der Durchlässigkeit des Bodens; ein leichter Boden benötigt weniger Wasser als ein schwerer. Etwaige im Untergrund liegende Tonschichten müssen zum besseren Wasserabzug durchstoßen werden, damit keine Staunässe auftritt. Es ist zweckmäßig, die Eindringtiefe des Wassers in den Boden auf einer Probefläche zunächst zu überprüfen. Hierzu werden 2 bis 3 m^2 im Beet ausgewählt und mit einer Gießkanne 100 mm Wasser (10 l/m^2 = 10 mm) gegeben. Nach Überprüfung der Eindringtiefe mit Bohrstock oder Spaten (50 cm bei leichten, 30 cm bei schweren Böden) kann dann die gesamte Fläche ausgewaschen werden. Wenn das Wasser auf der Probefläche innerhalb eines Tages nicht versickert ist, ist von einer Auswaschung wegen der schlechten Bodenstruktur abzuraten. Als Faustzahl zur Durchwaschung ist zu bemerken, daß insgesamt etwa die doppelte Wassermenge deren erforderlich ist, die bis 50 cm versickert ist.

Sollte auch die Auswaschung nicht möglich sein oder nicht helfen, so ist die Umstellung auf Verfahren wie die „Peat-Bag“-(Torf-Sack)-Kultur (z. B. auf den Kanalinseln) oder die Hydroponik-Kultur notwendig. Die Anwendung dieser Kulturverfahren ist aber keinesfalls allein vom Versalzungsgrad der Böden abhängig.

1.2 Funktion der Nährelemente

Die Nährstoffe lassen sich ihrer Bedeutung nach in 2 Gruppen unterteilen:
- Nährstoffe, die fest in die Pflanze eingebaut werden wie N und S in Eiweiß oder C in Kohlenhydraten und Fetten,
- Nährelemente, die Funktionen im Stoffwechsel zu erfüllen haben.

Letztere können wiederum in 2 Gruppen unterteilt werden, nämlich solche mit spezifischer und unspezifischer Funktion. Ein Beispiel für einen funktionell wirkenden Nährstoff ist die Bedeutung des K als Aktivator zahlreicher Enzyme. Daneben können unspezifische Funktionen des K, wie die Beeinflussung des Quellungszustandes, von anderen Elementen mit wahrgenommen werden (z. B. Na). Bei den Nährelementen ist nach den Haupt- und Spurenelementen in der Pflanze zu unterscheiden. Wie aus Tab. 37 hervorgeht, zählen zu den Hauptnährelementen N, P, K, Mg, Ca und S und zu den Spurenelementen Fe, Mn, Cu, Zn, B, Mo, Cl sowie zum Teil Na und Si.

Die Baustoffe der pflanzlichen Trockenmasse sind die Elemente C, H und O. Diese kommen in sämtlichen organischen Verbindungen der Pflanze vor.

Das Element N ist in zahlreichen Enzymen und Vitaminen in der Pflanze vertreten. Es kann auch in Form von NO_3-N oder NH_4-N vorkommen. In der Regel ist es jedoch in Eiweiße eingebaut.

Das Element P ist in Nukleotiden, Phytinen und Phosphatiden vertreten. Es spielt im Energiestoffwechsel der Pflanze bei der Aktivierung organischer Stoffe durch Phosphorylierung eine wichtige Rolle. Dem K wird neben der Aktivierung von Enzymen des Kohlenhydratstoffwechsels auch eine allgemeine Wirkung auf den Quellungszustand der Pflanzen zugesprochen (s. oben).

Mg ist als Baustein des Chlorophylls bekannt und darüber hinaus in Phytinen und Pektinen enthalten. Es ist unerläßlich bei Energieübertragungsprozessen.

Ca besitzt im Gegensatz zum K eine entquellende Wirkung. Daneben aktiviert es Enzyme und ist als Baustein von Phytinen und Pektinen (Zellwandstabilisierung) sowie in zahlreichen sekundären Pflanzenstoffen (z. B. Ca-Oxalat) vertreten.

Der S ist ebenso wie N als Baustein in Eiweißen, Vitaminen und Enzymen vertreten. Darüber hinaus befindet er sich in sekundären Pflanzeninhaltsstoffen, z. B. Senfölen. Das Fe aktiviert Enzyme und ist Bestandteil von solchen, die an Redoxreaktionen beteiligt sind. Hierdurch kann es direkt auf Assimilation (Ferredoxin) und Atmung (Cytochromoxydasen) einwirken.

Auch das Mn ist Bestandteil von Redoxsystemen und kann Enzyme aktivieren.

Das Zn ist unerläßlich zur Bildung pflanzeneigener Wuchsstoffe (β-Indolylessigsäure). Daneben dient es auch zur Aktivierung von an der Photosynthese beteiligten Enzymen. Letzteres gilt auch für das Spurenelement Cu.

Dem Nährstoff B werden wuchsstoffregulierende Wirkungen nachgesagt. Es hat außerdem entquellende Eigenschaften und dient ähnlich wie das Ca der Zellwandfestigung.

Mo ist Bestandteil der für die Pflanze wichtigen Nitratreduktase.

Dem Cl wird im Gegensatz zum B eine quellende Wirkung zugeschrieben. Es ist anzunehmen, daß es in der Photosynthese eine Rolle spielt.

1.2.1 Mineralstoffe

1.2.1.1 Mineralstoffaufnahme

Untersuchungen zur Mineralstoffaufnahme haben ergeben, daß die Pflanzen
- Nährionen gegen ein Konzentrationsgefälle anreichern (z. B. K),
- bestimmte, unter Umständen schädigende, Mineralstoffe von der Aufnahme in Wurzel oder Sproß ausschließen (z. B. Na),
- einzelne Nährstoffe aus der Lösung bevorzugt (selektiv) aufnehmen und
- verstärkt Kationen gegenüber Anionen aufnehmen können.

Mineralstoffaufnahme und -transport durch die Pflanze selbst erfolgen auf 4 verschiedenen Wegen, nämlich durch Interzeption, Massenfluß, Diffusion und aktiven Transport. In Abb. 46 sind die für die Nährstoffaufnahme wichtigen Fakten zusammengefaßt.

Als Interzeption wird das Hinwachsen der Pflanzenwurzeln zu verfügbaren Nährstoffen bezeichnet. In der Regel wird das Zusammentreffen von wachsenden Wurzeln und Nährstoff zufällig erfolgen. Im Freiland werden schätzungsweise 5 bis 10% der Nährstoffe durch Interzeption aufgenommen.

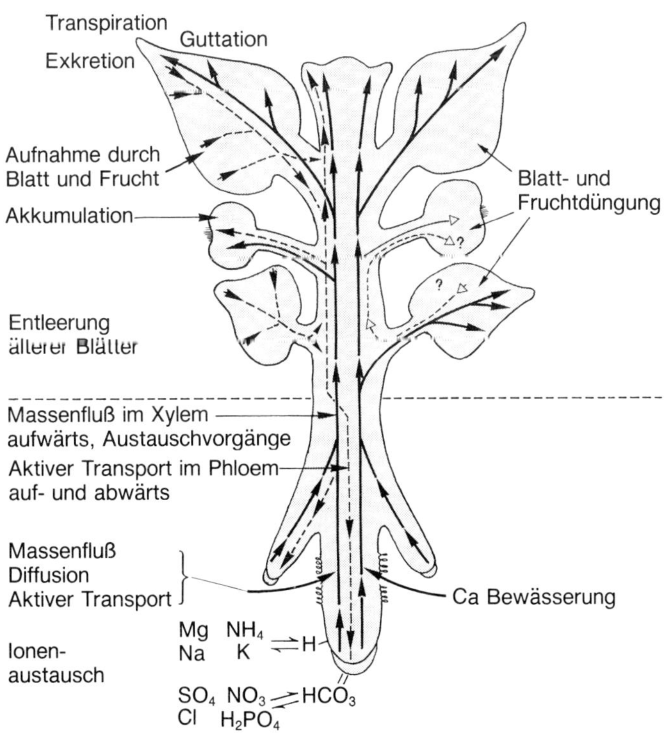

Abb. 46. Aufnahme und Transport von Mineralstoffen durch die Pflanze (nach WEHRMANN 1971, aus SUTCLIFFE 1962).

Tab. 37. Überblick über die Haupt- und Spurennährelemente (nach ISERMANN 1980)

Pflanzennährstoffe Funktion. Gruppe	Makro-nährst.	Mikro-nährst.	Form	Aufnahme Ort	Aufnahme Art	Transport Form	Transport System	Speicherung Form	Speicherung Ort	Mobilität	Physiologische und biochemische Eigenschaften
I	C	–	CO_2 HCO_3^-	Sproß Wurzel	aktiv	CO_2 org. Säuren Disaccharid, HCO_3^-	Interzellularen Xylem, Phloem Phloem	Kohlenhydrate Eiweiß, Fette	Reserve-organe	hoch	Hauptbausteine der organischen Moleküle. Wichtige Elemente funktioneller Gruppen, die bei enzymatischen Vorgängen beteiligt sind. Assimilation erfolgt durch Oxidations/Reduktions-Vorgänge
I	H	–	H_2O HCO_3^-	Wurzel Wurzel	passiv (akt.) aktiv	H_2O org. Säuren Disaccharid, HCO_3^-	Xylem, Phloem Xylem, Phloem Phloem	Kohlenhydrate Fette, Eiweiß H_2O	Reserve-organe	hoch	
I	O	–	O_2 H_2O	Sproß Wurzel	aktiv passiv (akt.)	O_2, CO_2 H_2O, org. Säuren Disaccharid, HCO_3^-	Interzellularen Xylem, Phloem Xylem, Phloem Phloem	Kohlenhydrate Fette, Eiweiß H_2O	Reserve-organe	hoch	
	N	–	NO_3^-, NH_4^+ NH_4OH, NH_3 NH_2-R	Wurzel	aktiv	NO_3^- Aminosäuren Säureamide N_2	Xylem, Phloem Xylem, Phloem Interzellularen	NO_3^- Aminosäuren Säureamide Peptide, Proteine	Reserve-organe	hoch	
	S	–	SO_4^{2-} SO_2	Wurzel Sproß	aktiv	SO_4^{2-} SO_2	Xylem Interzellularen	SO_4^{2-}	unspez.	mäßig	
II	P	–	$H_2PO_4^-$, HPO_4^{2-} (PO_4^{3-})	Wurzel	aktiv	Anorg. Anion Phospholipoid Adenosintriphosphat	Xylem, Phloem Phloem	anorg. Phosphate Phytin	unspez. Samen	hoch	Phosphate, Borate und Silicate bilden Ester mit pflanzeneigenen alkoholischen Gruppen
II	(Si)	–	$Si(OH)_4$ SiO_3^{2-}	Wurzel	passiv	H_2SiO_3 Ester	Xylem	$SiO_2 \cdot nH_2O$ Polykieselsäure	Sproß	gering	
II	–	B	H_3BO_3	Wurzel	passiv	Ester	Xylem	Borat	unspez.	gering	

Pflanzennährstoffe Funktion. Gruppe	Makro-nährst.	Mikro-nährst.	Aufnahme Form	Aufnahme Ort	Aufnahme Art	Transport Form	Transport System	Speicherung Form	Speicherung Ort	Mobilität	Physiologische und biochemische Eigenschaften
III	(Na)	–	Na^+	Wurzel	passiv	Na^+	Xylem, Ploem	Na^+	unspez.	hoch	Bestimmen unspezifisch das osmotische Potential der Pflanzenzelle. Erfüllen spezifische Funktionen bei der Enzymaktivierung. Ermöglichen Brückenbildung bei Reaktionspartnern. Stellen den Ausgleich des Elektropotentials zu (in)diffusiblen Anionen her.
	K	–	K^+	Wurzel	aktiv	K^+	Xylem, Phloem	K^+	unspez.	hoch	
	Mg	–	Mg^{2+}, Chelat	Wurzel	aktiv	Mg^{2+}, Chelat	Xylem, Phloem	org. u. anorg. Mg-Salze	unspez.	hoch	
	Ca	–	Ca^{2+}, Chelat	Wurzel	passiv	Ca^{2+}, Chelat	Xylem	org. u. anorg. Ca-Salze	unspez.	gering	
	–	Cl	Cl^- Cl_2	Wurzel Sproß	aktiv passiv	Cl^- Cl_2	Xylem, Phloem Interzellularen	Cl^-	unspez.	hoch	
	–	Mn	Mn^{2+}(Chelat)	Wurzel	aktiv	Mn^{2+}	Xylem	Mn-oxide	unspez.	mäßig	
IV	–	Fe	$Fe^{2(3)+}$, Chelat	Wurzel	aktiv	$Fe^{2+\ 3-}$, Chelat	Xylem	anorg. Salze Chelat	unspez.	mäßig	Vorwiegend Metallkomponente von Enzymen (prosthetische Gruppe), deren Wirksamkeit häufig auf einem Valenzwechsel des Metalls beruht (Elektronentransport)
	–	Cu	Cu^{2+}, Chelat	Wurzel	aktiv	Cu^{2+}, Chelat	Xylem	anorg. Salze Chelat	unspez.	mäßig	
	–	Zn	Zn^{2+}(Chelat)	Wurzel	aktiv	Zn^{2-}	Xylem	anorg. Salze	unspez.	mäßig	
	–	Mo	MoO_4^{2-}	Wurzel	aktiv	MoO_4^{2-}, Chelat	Xylem	anorg. Salze	unspez.	mäßig	

Tab. 38. Kationenumtauschkapazität (KUK) von Wurzeln verschiedener monokotyledoner und dikotyledoner Spezies (mval/100 g TS) (nach CROOKE 1964)

Monokotyledonen		Dikotyledonen	
Art	KUK	Art	KUK
Arundinaria sp.	5,3	*Viola riviniana*	20,2
Festuca ovina	13,1	*Ilex pyramidalis*	24,0
Iris sp.	21,9	*Helleborus sp.*	37,7
Kniphofia sp.	23,6	*Trollius*	53,2

Ursache des Massenflusses ist der Transpirationsstrom. Infolge der durch die Transpiration ausgelösten Wasserbewegung im Boden zur Pflanze hin und durch sie hindurch werden gleichzeitig Ionen mit befördert. Der Strom des Wassers setzt sich über das Xylem auch in die Pflanze hinein fort und bringt so bestimmte Nährstoffe an die Stellen des Bedarfes. So werden z. B. 70 bis 80 % des Ca auf diesem Wege in die Pflanze transportiert.

Die Diffusion beschreibt Transportvorgänge, die aufgrund eines Konzentrationsgefälles ausgelöst werden. Diffusionsvorgänge können einmal im Bereich Wurzeloberfläche-Bodenlösung stattfinden, aber auch in der Pflanze selbst. Freie Valenzen organischer Säuren verleihen den Pflanzenwurzeln eine gewisse Austauschkapazität. Diese Austauschkapazität kann je nach Pflanzenart variieren (s. Tab. 38) und ist bei Zweikeimblättrigen höher als bei Einkeimblättrigen.

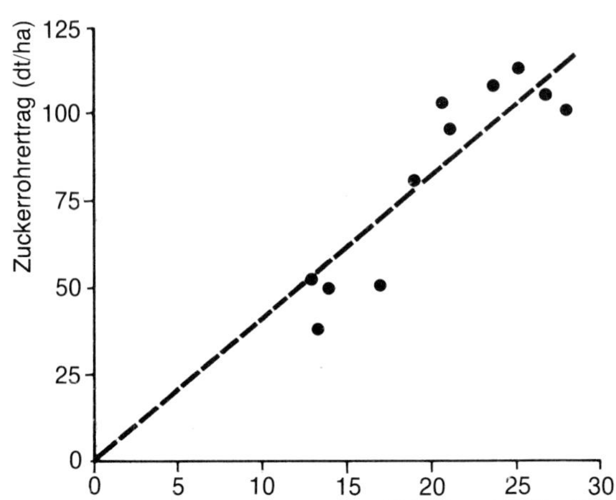

Abb. 47. Zusammenhang zwischen Kationenaustauschkapazität und Ertragsleistung bei Zuckerrohr.

Außerdem werden die Ionen mit unterschiedlicher Stärke an die freien Valenzen adsorbiert (Hofmeistersche Reihe). Zwischen der Kationenaustauschkapazität der Pflanzenwurzeln und der Ertragsleistung der Pflanzen scheint, wie aus Abb. 47 ersichtlich ist, eine enge Beziehung zu bestehen.

Die selektive Aufnahme von Mineralstoffen benötigt den aktiven Transport dieser Ionen in die Pflanze durch die Plasmamembran. Für diesen aktiven Transport ist Energie notwendig, die aus der Atmung gewonnen wird. Der Zusammenhang zwischen Energiebereitstellung und der Ionenaufnahme geht aus Abb. 48 hervor.

Aus Abb. 48 ist ersichtlich, daß die Aufnahme der Nährionen gemäß ihrer Ladung erfolgt. Die in der Membran befindlichen Träger reagieren auch auf den Ionendurchmesser. So ist es erklärlich, daß z. B. die Ionen K^+ und NH_4^+ wegen gleicher Ladung und nahezu gleichen Durchmessers um dieselben Trägerplätze konkurrieren. Als Folgerung für die Praxis ergibt sich, daß bei einem Überangebot an einem der beiden Ionen das jeweils andere voraussichtlich im Mangel vorliegen wird.

Es ist zu erwarten, daß durch die Düngung auch die Aufnahme nichtgedüngter Nährstoffe beeinflußt wird (NEMETH und GRIMME 1974). Neben der Konkurrenz besteht auch die Möglichkeit der Förderung der Mineralstoffaufnahme nach Zugabe bestimmter Ionen. So ist z. B. bekannt, daß nach Ca-Gaben die K-Aufnahme gefördert wird. Dieses als „Viets-Effekt" bezeichnete Phänomen wird durch die Verringerung der durch Ca bewirkten Zellpermeabilität hervorgerufen. Der Verlust von K an die Außenlösung wird hierbei eingeschränkt (s. Abb. 49).

Wie aus dem Schema der Ionenaufnahme (s. Abb. 48) zu ersehen ist, besteht ein Zusammenhang zwischen der Kationenaufnahme und der H_3O^+-Abgabe der Wurzeln an die Lösung. Hieraus ergibt sich eine Beziehung zwischen pH-Wert und Ionenaufnahme. Dieser Zusammenhang, bezogen auf K-Aufnahme und pH-Wert, ist aus Abb. 50 ersichtlich.

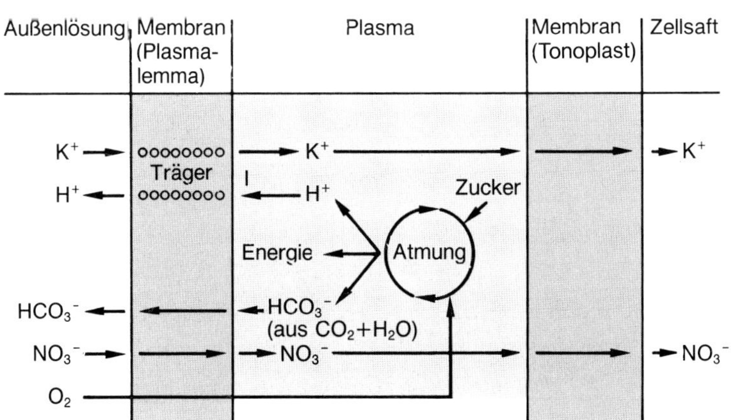

Abb. 48. Schema der Ionenaufnahme (nach FINCK 1976).

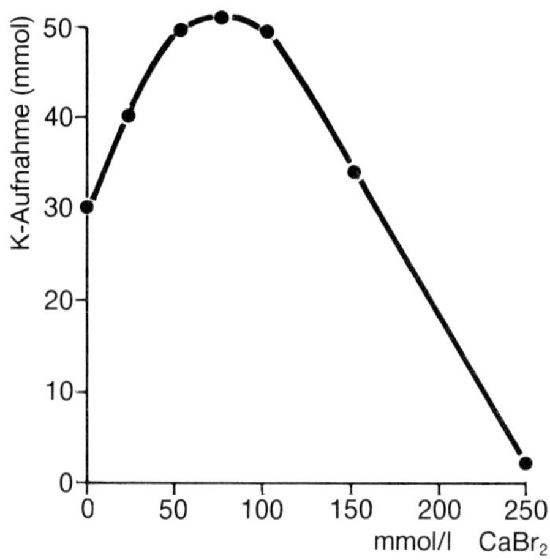

Abb. 49. Viets-Effekt.

Zur Aufnahme, insbesondere aus Böden, sind die Pflanzen in der Lage, Nährstoffe durch Abgabe organischer Säuren in Form von Chelaten aufzunehmen. Dies ist dann von Vorteil, wenn die aufzunehmenden Nährstoffe ausgefällt werden können. Die Chelate vermögen auch den Transport der Nährstoffe in der Pflanze zu beeinflussen, z. B. den des Ca (ISERMANN 1978).

Wie Abb. 51 zeigt, wird z. B. die Fe-Aufnahme durch das von der Wurzel ausgeschiedene Chelat gefördert.

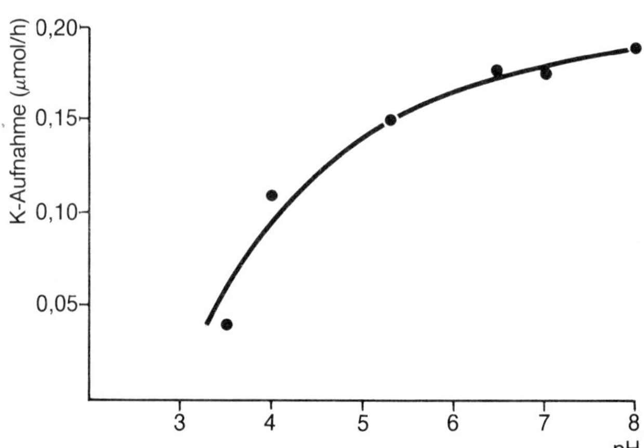

Abb. 50 Zusammenhang zwischen K-Aufnahme und pH-Wert.

Wie Untersuchungen ergaben, ist die Nährstoffaufnahme eng mit dem Wachstum der Pflanzen gekoppelt. Die Aufnahme ist in Phasen großer Substanzproduktion ebenfalls hoch. Hieraus kann für die Praxis der Schluß gezogen werden, daß die Nährstoffe in Zeiten großen Bedarfes (= starkes Wachstum) in ausreichender Menge angeboten werden müssen.

Bei der Ionenaufnahme ergibt sich ein Überschuß an Kationen gegenüber den in geringerer Menge aufgenommenen Anionen. Dieser Überschuß kann durch Produktion organischer Säuren ausgeglichen werden. Die Bestimmung des Gehaltes an organischen Säuren kann durch einfache Differenzbildung zwischen dem Gehalt an Kationen und Anionen erfolgen. Der Gehalt an organischen Säuren steht in Beziehung zum Ertrag und kann durch die Wahl der N-Formen variiert werden (JUNGK 1978).

Da in der gärtnerischen Praxis häufig Nährelementrelationen als Grundlage zur Berechnung des Düngemittelbedarfes herangezogen werden, scheint es erforderlich, dieses Problem hier kurz zu behandeln. Bekanntlich werden die Nährelementrelationen in den Düngemitteln bei P und K als deren Oxide (P_2O_5 und K_2O) angegeben. Andererseits werden die Gehalte in den Pflanzen auf der Basis der Elemente ermittelt (N, P, K usw.). Es ist sicher zweckmäßig, auch bei Düngemit-

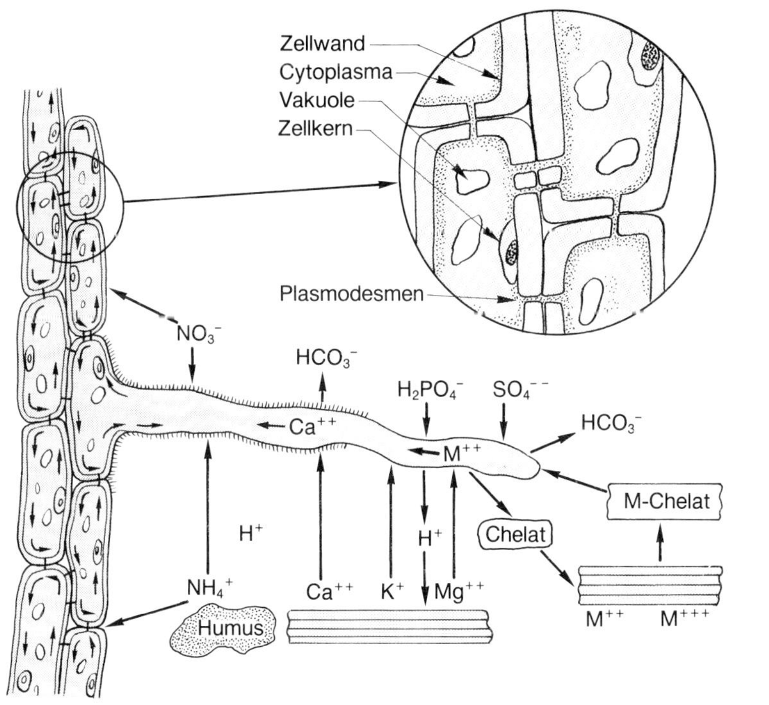

Abb. 51 Bildliche Darstellung der Nährstoffaufnahme durch Pflanzenwurzeln und der Vorgang des „In-Lösung-Bringens“ von Fe.

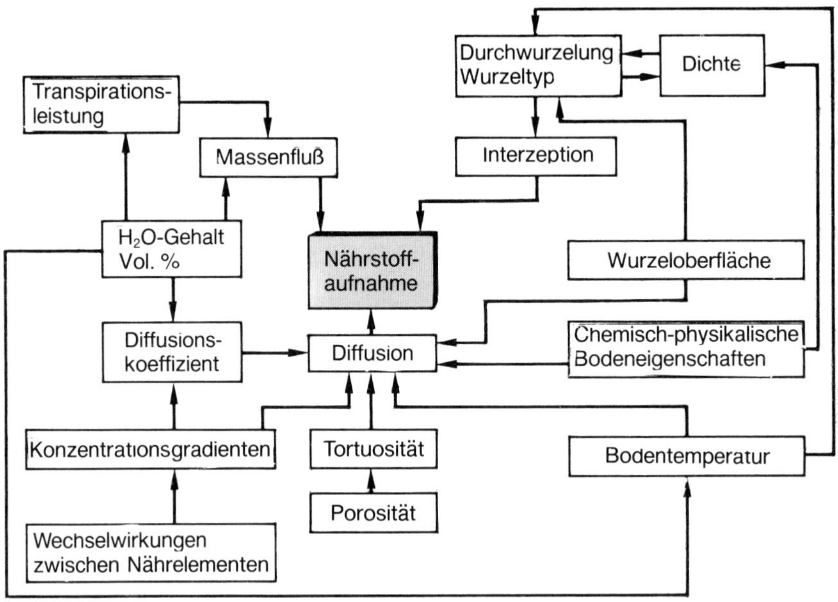

Abb. 52. Zusammenhänge zwischen Nährstoffaufnahme in die Pflanze und verschiedenen Bodenkenngrößen.

teln die Angabe auf Elementbasis durchzuführen. Es gibt aber noch weitere Gründe, die es nahelegen, Nährstoffverhältnisse möglichst nur auf Element- oder besser noch Aquivalentbasis anzugeben. Zu diesen zählen die Aufnahme der Nährelemente in ionogener Form und die Tatsache, daß aus der Nährelementakkumulation in der Pflanze nicht unbedingt auf den Bedarf der Pflanze geschlossen werden kann. Es ist vielmehr zweckmäßig, lediglich von N-, P- oder K-betonten Düngemitteln zu sprechen. Die Komplexität der auf die Nährelementaufnahme der Pflanze aus dem Boden und die auf sie einwirkenden Faktoren vermittelt Abb. 52.

1.2.1.2 Transport und Beweglichkeit in der Pflanze

Wie aus der Abb. 46 zu entnehmen ist, findet der Transport der Nährstoffe
- im Xylem (aufwärts) und
- im Phloem (auf- und abwärts)

statt.

Die beweglichen Ionen wie K oder die organischen Säuren befinden sich überwiegend im Phloem, während die zumeist akropetal zu transportierenden (Mg, Ca) im Xylem anzutreffen sind. Transport und Beweglichkeit spielen bei der Umverteilung in der Pflanze eine große Rolle. So können zu Zeiten eines Spitzenbedarfes Umlagerungen aus älteren Pflanzenteilen in jüngere wachsende stattfinden. Dies ist insbesondere bei Bildung und Entwicklung von Blüten und Früchten der Fall. Die Regulation dieser Umverteilung erfolgt mit Hilfe von

Wuchsstoffen (MIX und MARSCHNER 1976, SATTELMACHER und MARSCHNER 1978).

Auch von außen auf die Blätter aufgebrachte Nährstoffe unterliegen der Umverteilung in der Pflanze. Anders ist eine Wirkung der Blattdüngung nicht möglich. An der Absorption von Nährstoffen durch das Blatt sind Diffusionsvorgänge vorrangig beteiligt (HAYNES und GOH 1977).

Durch spezielle gärtnerische Kulturverfahren (Sprühnebelvermehrung) ist nicht nur eine Einbringung von Nährionen möglich, sondern auch deren Auswaschung. Auf die durch Sprühnebel hervorgerufenen Folgeerscheinungen, wie Auswaschung von Nährstoffen und anderen Stoffwechselprodukten, hat TUKEY (1978) hingewiesen. Zur weitergehenden Information kann z. B. die zusammenfassende Übersicht über den Stofftransport in Pflanzen von LÜTTGE (1973) dienen.

1.2.1.3 Einflüsse endogener und exogener Faktoren

Mineralstoffgehalt und -haushalt der Pflanzen werden von einer Reihe endogener und exogener Faktoren beeinflußt. So sind z. B. das Knollengewicht und die Ca-Verlagerung in Stolonen von Kartoffelpflanzen von der Tag-Nacht-Periode abhängig (KRAUSS und MARSCHNER 1974).

Mineralstoffaufnahme und -gehalte können abhängig sein von der Temperatur (ROSENTHAL et al. 1973), der Tageslänge (SHANMUGAN und MUTHUSWAMY 1974), der Beleuchtungsstärke (HOLCOMB und WHITE 1974), der Anwendung von Wuchs- und Hemmstoffen (PAWLOWSKI et al. 1970) sowie auch möglicherweise von einer Kältebehandlung.

Darüber hinaus ergeben sich Beziehungen zwischen Mineralstoffernährung und dem Befall mit parasitären Krankheiten und Schädlingen (KRAUSS 1969, HUBER und WATSON 1974).

Wie aus Abb. 53 hervorgeht, beeinflussen die Nährstoffe bzw. verschiedene Kombinationen derselben das Auftreten von Mehltau bei Gerste.

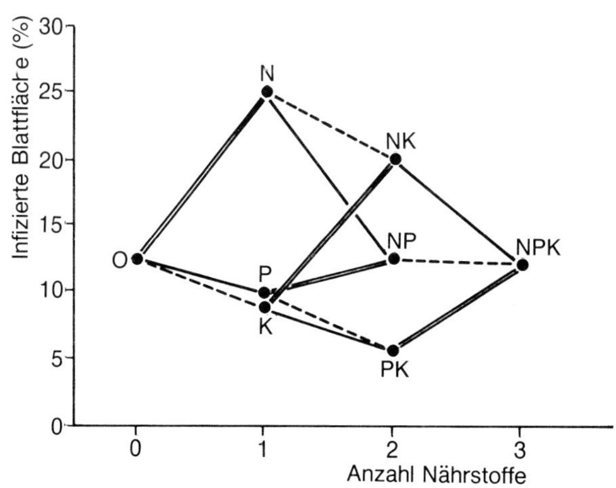

Abb. 53 Infektion von Gerste mit Mehltau nach verschiedenen Düngungen (nach LAST 1962).

Auch das genetische Potential der Pflanzen kann die Nährstoffaufnahme und -akkumulation beeinflussen.

Diese Frage ist für den Gemüsebau insofern von Bedeutung als beispielsweise bei Gurken und Erbsen nur wenig zur NO_3-Akkumulation neigende Sorten angebaut werden könnten (OLDAY et al. 1976). Andererseits wäre es auch von großer Bedeutung, Sorten der Pflanzen anzubauen, die ein besseres Aneignungs- und Verwertungsvermögen für Nährstoffe haben.

1.2.2 Assimilation und Atmung

1.2.2.1 Allgemeine Hinweise

Die in diesem Abschnitt erwähnten stoffwechselphysiologischen Zusammenhänge von Assimilation und Atmung werden nur in ihren Grundzügen dargelegt. Darüber hinaus wird auf Zusammenhänge zwischen Assimilation und sie beeinflussende Faktoren sowie auf die durch die Assimilation bewirkten Syntheseleistungen der Pflanze eingegangen. Eine weitere Information über die genannten Zusammenhänge läßt sich aus dem Buch von HESS (1977) entnehmen.

1.2.2.2 Assimilation

Bei der CO_2-Assimilation oder Photosynthese handelt es sich um den Aufbau von Kohlenhydraten aus CO_2 und H_2O unter Ausnutzung der Lichtenergie. Die Lichtenergie kann unter Zuhilfenahme des Blattgrüns (= Chlorophyll) genutzt werden. Es erfolgt also eine Umwandlung von Lichtenergie in speicherbare chemische Energie, z. B. in Form von Reserve- und Inhaltsstoffen.

Die Photosynthese besteht aus zwei Reaktionsabläufen, nämlich
- der Lichtreaktion und
- der Dunkelreaktion,

bei der die eigentliche CO_2-Assimilation vonstatten geht.

Die Lichtreaktion läßt sich vereinfacht wie folgt darstellen:

Licht → Chlorophyll → Elektronen + ADP + Phosphat → ATP
→ Wasserstoff + NADP → NADP-H
Wasser → Sauerstoff als O_2 ausgeschieden (Abfall)

Das Licht wird vom Chlorophyll zur Induktion eines Elektronenstromes benutzt. Hierdurch entstehen nach Spaltung des H_2O und unter Einbringung von ADP und Phosphat ATP sowie nach Anlieferung von NADP NADPH. Reaktionsprodukte dieser Reihe sind also das für weitere stoffwechselphysiologische Reaktionen erforderliche energiereiche ATP und NADPH sowie der als Gas ausgeschiedene Sauerstoff.

Von dem eingestrahlten Licht kann von der Pflanze nur ein bestimmter Anteil genutzt werden. Das Aktionsspektrum hat, wie Abb. 54 zeigt, je ein Maximum im roten und blauen Bereich. Die Wellenlängen des grünen Lichtes tragen kaum zur Photosynthese bei. Dieses von den Blättern reflektierte Licht läßt den Sproß der Pflanzen für das menschliche Auge dann grün erscheinen.

Für die Produktion von einem Molekül Sauerstoff sind etwa 8 Lichtquanten notwendig. Die Lichtreaktion läßt sich summarisch in den folgenden Formeln zusammenfassen:

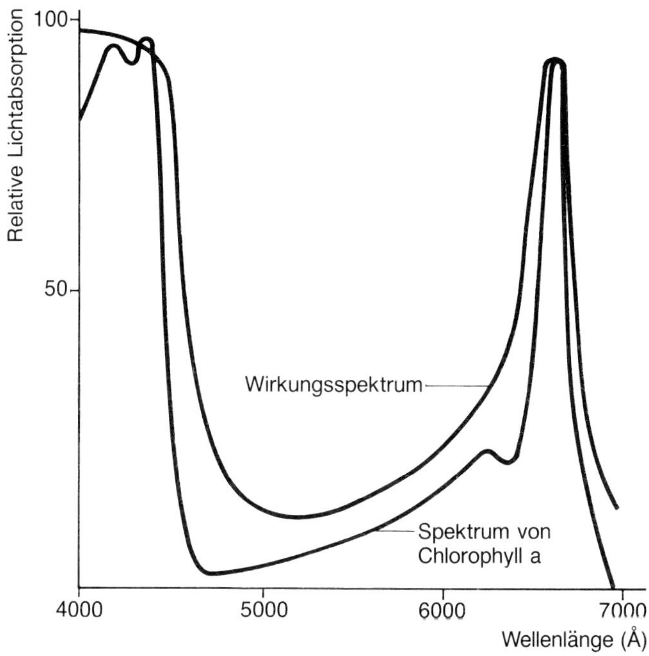

Abb. 54. Absorptionsspektrum von Chlorophyll a und Wirkungsspektrum des Lichtes bei der Photosynthese (aus HESS 1977).

$$2\,H_2O \rightarrow 2\,H^+ + 2\,OH^-$$
$$2\,OH^- \rightarrow 2\,(OH) + 2\,e^-$$
$$2\,(OH) \rightarrow 1\,H_2O + \tfrac{1}{2}\,O_2$$

Summe: $2\,H_2O \rightarrow 2\,H^+ + 2\,e^- + 1\,H_2O + \tfrac{1}{2}\,O_2$ oder

$1\,H_2O \rightarrow 2\,H^+ + 2\,e^- + \tfrac{1}{2}\,O_2$

Die Strukturformel der beiden photosynthetisch wirksamen Chlorophylle a und b ist aus Abb. 55 zu ersehen.

In der Dunkelreaktion erfolgt der eigentliche Einbau des CO_2 für die Bildung von Kohlenhydraten. Die Einzelschritte der Dunkelreaktion ergeben einen Zyklus, der aus Abb. 56 zu ersehen ist.

Es hat sich gezeigt, daß das CO_2 bei seinem Einbau zunächst mit Pentosephosphat zu einem C_6-Körper umgeformt wird. Nach diesem Einbau erfolgt die Spaltung des C_6-Körpers in 2 C_3-Körper, der Phosphatglycerinsäure, die mit den Primärprodukten der Lichtreaktion, ATP und NADPH, zum Phosphatglycerinaldehyd reduziert wird. Die Kondensation von 2 Triosemolekülen ergibt schließlich 1 Molekül Glukose. Der Zyklus muß also zur Produktion von einem Molekül Glukose 6mal durchlaufen werden.

Neben diesem bei den meisten Pflanzen vertretenen Einbau des CO_2 in organische Moleküle (Pentosephosphat- oder Calvinzyklus) besteht für einige Pflanzen,

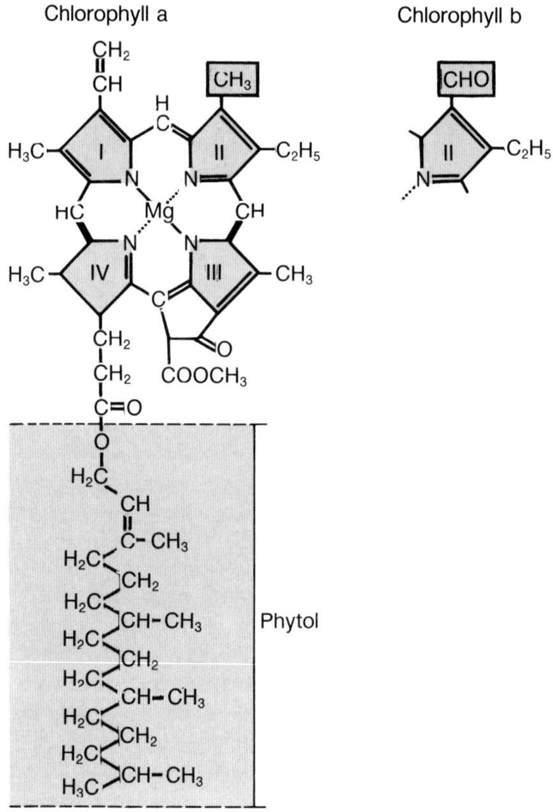

Abb. 55. Strukturformel des Chlorophyll a und b.

z. B. Nutzpflanzen wie Hirse, Zuckerrohr und Mais, die Möglichkeit, CO_2 mit Hilfe des C_4-Zyklus einzubauen. Dabei wird Phosphoenolpyruvat unter Anlagerung von CO_2 in Oxalacetat umgewandelt und über Malat an den normalen Calvin-Zyklus abgegeben. Insbesondere an wasserarmen Standorten können C_4-Pflanzen im Hinblick auf ihre CO_2-Assimilation den C_3-Pflanzen überlegen sein.

Einige sukkulente Pflanzen, aber auch teilweise Orchideenarten, sind darüber hinaus in der Lage, das nachts bei der Atmung entstehende CO_2 vorübergehend zu speichern und tagsüber mit Hilfe des C_4-Zyklus in Kohlenhydrate einzubauen (Diurnalsäurezyklus, Crassulaceen-Säurestoffwechsel)*.

Die CO_2-Assimilation ist summarisch wie folgt darzustellen:

$$CO_2 + 2\ H_2O + 469\ J = (CH_2O) + O_2 + H_2O.$$

---

* Es handelt sich hierbei offenbar um eine Anpassung an Standorte mit sehr hoher Temperatur.

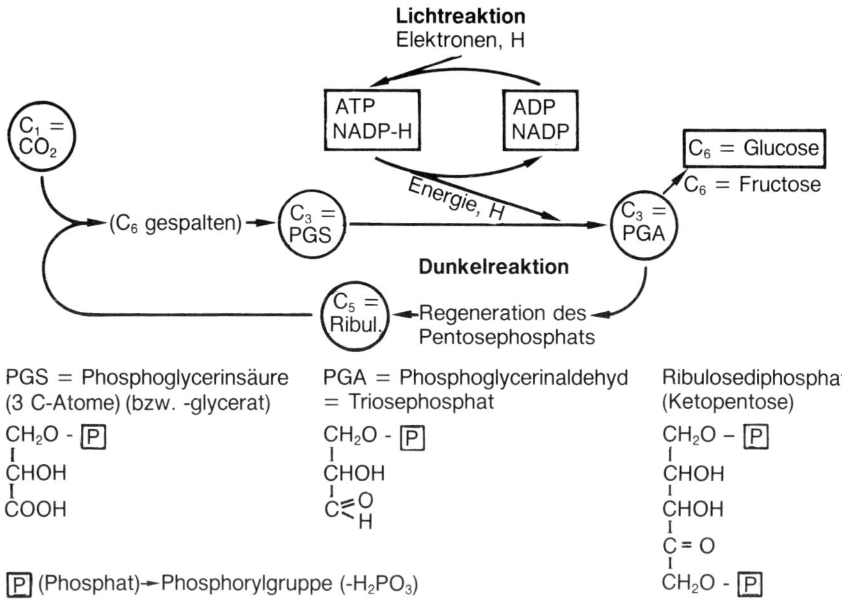

Abb. 56. Licht- und Dunkelreaktion der Photosynthese (aus FINCK 1976).

1.2.2.3 Atmung

Das Gegenteil des Aufbaues energiereicher Substanzen durch die Photosynthese ist der Abbau dieser durch die Atmung. Hierbei findet eine allmähliche Zerlegung höhermolekularer in niedermolekularer Stoffe statt. Während der stufenweisen Zerlegung wird Energie frei (NADH, ATP usw.), die wiederum für die verschiedenen stoffwechselphysiologischen Prozesse verwendet werden kann. Die Endprodukte der Atmung, auch Dissimilation genannt, sind CO_2 und H_2O. Die zahlreichen Zwischenprodukte des Atmungsstoffwechsels dienen auch zur Synthese anderer Stoffe wie Amino- und Fettsäuren.

Die biologische Oxidation (Atmung) verläuft in 4 Abschnitten. Diese 4 Prozesse sind

- die Glykolyse, bei der Glukose bis zum Pyruvat abgebaut wird,
- die oxidative Decarboxylierung des Pyruvates, bei der aus Pyruvat Acetyl-CoA entsteht,
- der Zitronensäure- oder Krebszyklus, bei dem CO_2 ausgeschieden und Wasserstoff an Überträger gekoppelt wird,
- die Endoxydation in der Atmungskette.

Bei der letzteren Reaktion wird Wasserstoff mit Sauerstoff zu H_2O vereinigt und die hier freiwerdende Energie zur Bildung von ATP benutzt.

Ein Schema des Atmungsstoffwechsels ist nachfolgend dargestellt. Wie aus Abb. 57 zu entnehmen ist, können Zwischenprodukte aus dem Atmungsstoffwechsel zu Fettsäuren aus aktivierter Essigsäure und zu Aminosäuren aus Oxalacetat bzw. Ketoglutarat gebildet werden.

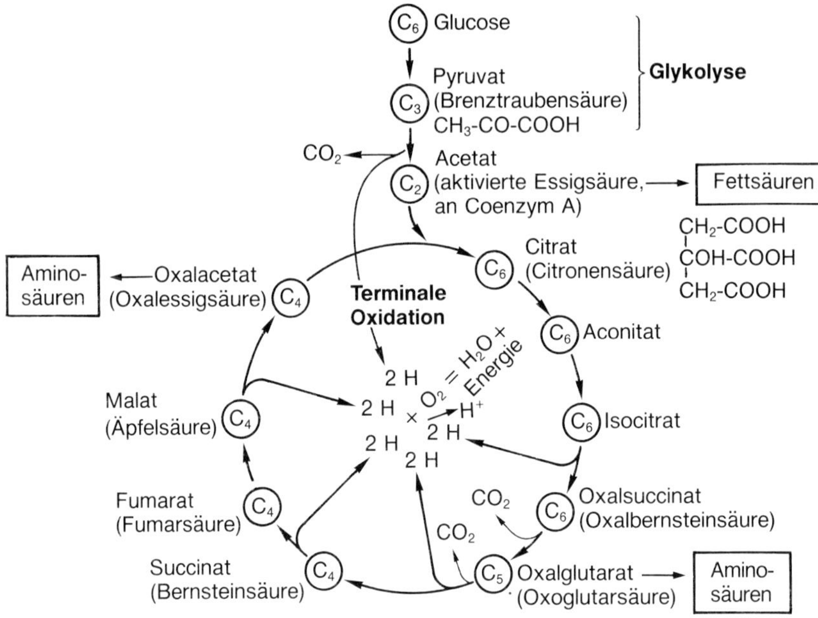

Abb. 57. Schema des Atmungsstoffwechsels (aus FINCK 1976).

Darüber hinaus werden über weitere Intermediärprodukte Fette, Eiweiße, Farbstoffe, Vitamine, Phytohormone, Enzyme und Kohlenhydrate gebildet bzw. gespeichert.

Die Photosynthese der Kulturpflanzen ist von einer Reihe von Klimafaktoren abhängig. Dieses sind in erster Linie Beleuchtungsstärke, Temperatur und Wasserversorgung (Bodenfeuchte und Wasserdampfsättigungsdefizit der Luft). Je nach Pflanzenart ist das Wirkungsoptimum der genannten Faktoren hinsichtlich einer maximalen photosynthetischen Leistung unterschiedlich. So erbringen z. B. Schattenpflanzen ihr Photosynthesemaximum bei niederer Beleuchtungsstärke als Lichtpflanzen.

1.2.2.4 Nettoassimilation und Assimilatverlagerung

Die Differenz zwischen Assimilation und Dissimilation wird Nettoassimilation genannt. Erwartungsgemäß besteht zwischen ihr und dem Pflanzenwachstum eine enge Beziehung (PAPENHAGEN 1975). Die Nettoassimilation selbst kann durch CO_2-Zufuhr erhöht werden. Diese Zusammenhänge nutzt die gärtnerische Praxis bei der CO_2-Düngung. Hierbei werden die Pflanzen mit etwa 1000 ppm (Vol.) CO_2 in der Luft versorgt. Moderne Meßgeräte erlauben eine exakte Steuerung und Dosierung des CO_2-Gehaltes in Pflanzenbeständen.

Neben der Produktion von Assimilaten kommt auch deren Verlagerung an die Stellen des Bedarfes große Bedeutung zu. Die Umlagerung innerhalb der Pflanze erfolgt vorwiegend im Phloem. Die Produkte der Assimilation werden bevorzugt in

Früchte und anderen Reservestofforgane transportiert. In der Literatur werden Assimilatproduktionsstätten „source“ und die Einlagerungsstellen „sink“ genannt (LENZ 1977, AUFHAMMER und SOLANSKY 1976). „Sinks“ sind z. B. die Blüten oder Knollen.

1.2.3 Wasser

1.2.3.1 Wasser im Boden

Das Bodenwasser ist der Wasseranteil, welcher durch Trocknung bei 105 °C aus dem Boden entfernt werden kann. Der Bodenwassergehalt wird durch die Niederschläge, das Grundwasser und in geringem Umfang das Kondensationswasser ergänzt. Nicht vom Boden aufnehmbares Wasser wird als Oberflächen- oder Abflußwasser abgeführt. Die Menge an Abflußwasser richtet sich nach Niederschlagsintensität, der Aufnahmefähigkeit durch den Boden und der Hangneigung. Bei einer ungünstigen Kombination der vorgenannten Faktoren kann es zur Erosion kommen.

Das im Boden vorhandene Wasser läßt sich nach der Bindungsart in 2 Gruppen einteilen:
- Grund- und Stauwasser,
- Absorptions- und Kapillarwasser oder Haftwasser.

Das Niederschlagswasser kann in den Bodenporen sowohl gegen die Einwirkung der Schwerkraft festgehalten werden, als auch in tiefere Bodenschichten versickern (Sickerwasser). Der nicht versickerte Rest wird als Bodenfeuchte oder Haftwasser bezeichnet.

Wenn die Versickerung gehemmt wird, z. B. durch Tonschichten, kann sich über diesen Wasser anreichern und entweder als Grundwasser dauernd oder als Stauwasser zeitweise vorhanden sein. In Anlehnung an die Art der Bindung kann das Bodenwasser in Adsorptions- und Kapillarwasser unterteilt werden.

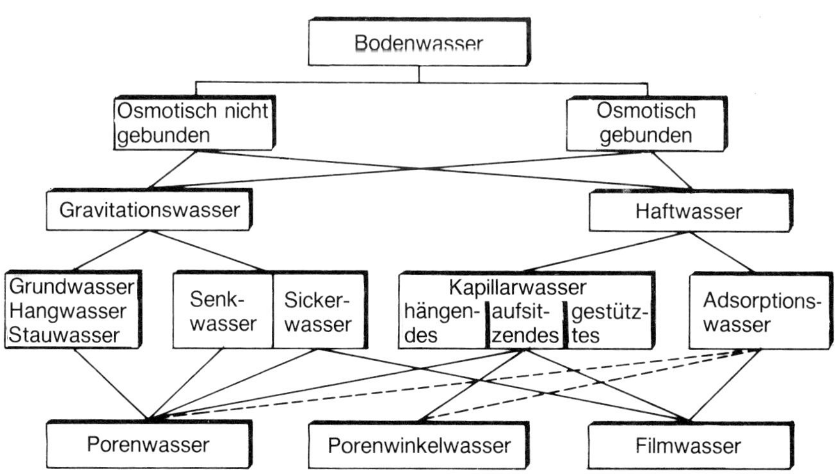

Abb. 58. Bindungsformen des H_2O im Boden.

Das Adsorptionswasser ist das unter dem Einfluß von Adsorptionskräften und osmotischen Kräften stehende Wasser. Das Adsorptionswasser ist an die Oberfläche der Bodenteilchen angelagert. Mit zunehmender Entfernung vom Bodenteilchen nimmt die Bindungskraft ab. Nahe an der Oberfläche liegendes und daher besonders fest gebundenes Wasser bezeichnet man als Hydratationswasser. Für das Adsorptionswasser wird auch die Bezeichnung osmotisch gebundenes Wasser benutzt.

Der Boden enthält Poren unterschiedlichen Durchmessers. Die feinen Poren sind in ihrer Wirkung auf das Wasser Kapillaren gleichzusetzen. Infolge der Tendenz, die Grenzfläche zwischen Wasser und Luft zu verkleinern, wird das Wasser in Kapillaren unter Bildung von Menisken festgehalten. Je geringer der Durchmesser der Kapillaren, um so fester ist die Bindung des Wassers in diesen Hohlräumen. Kapillarwasser kann entweder hängend oder aufsitzend sein. Bei aufsitzendem Wasser handelt es sich um auf einem Staukörper liegendes Wasser, während das hängende Wasser allein durch die Kapillarkräfte gehalten wird. Die Zusammenhänge zwischen den verschiedenen Bindungsformen des Wassers im Boden lassen sich aus Abb. 58 ersehen.

Aus den zuvor genannten unterschiedlichen Bindungsformen des Wassers resultiert eine, je nach Bodenart, unterschiedliche Verfügbarkeit für die Pflanzen.

Aus der Abb. 59 geht die Wasserspannung eines Sand-, Schluff- und Tonbodens in Abhängigkeit vom Wassergehalt hervor. Die Wasserspannung, auch als pF-Wert bezeichnet, gibt den von den Kapillaren ausgeübten Saugdruck, gemessen in cm Wassersäule, an. Aus Abb. 59 ist deutlich erkennbar, daß die Böden infolge der unterschiedlichen Körnung und des Gefüges bei gleicher Wasserspannung unterschiedliche Wassermengen enthalten.

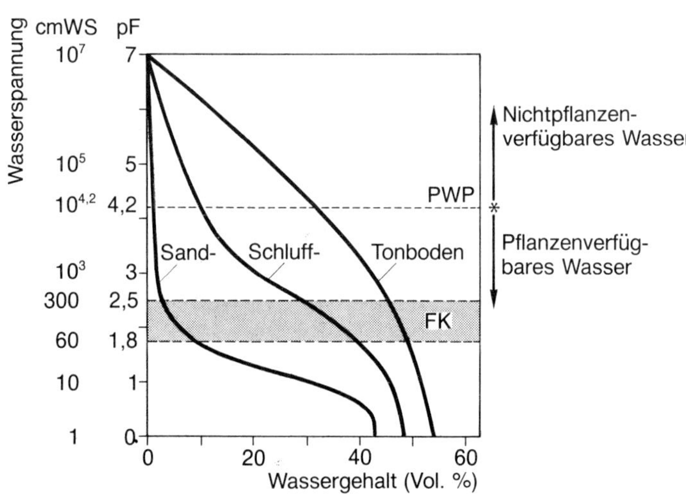

Abb. 59. Beziehung zwischen Wasserspannung und Wassergehalt bei verschiedenen Böden (aus SCHACHTSCHABEL et al. 1982). PWP = permanenter Welkepunkt, FK = Felkapazität, FK-PWP = nutzbares Wasser im Boden.

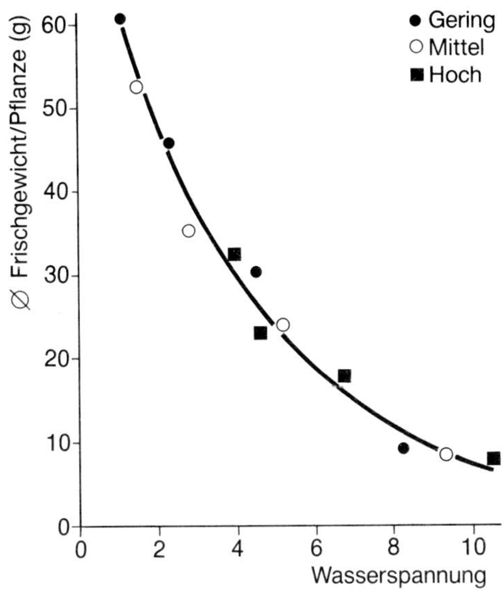

Abb. 60. Einfluß der Wasserspannung (bar) im Substrat auf die Frischmasseproduktion von Gurken.

Definitionsgemäß liegt der permanente Welkepunkt der Pflanzen bei $10^{4,2}$ cm Wassersäule; das entspricht einem Saugdruck von 158 m Wassersäule (= 15,8 bar). Dieser Wert ist ein grober Schätzwert, bis zu dem das Substrat beim gärtnerischen Anbau auf keinen Fall ausgetrocknet werden sollte.

Landwirtschaftliche und gärtnerische Freilandkulturen können im Bereich der Feldkapazität (pF 1,8 bis 2,5) herangezogen werden, d. h. bei Saugdrücken zwischen 60 und 300 cm Wassersäule (≙ 60 bis 300 mbar Wasserspannung). Beim Unterglasanbau ist mitunter eine noch geringere Wasserspannung notwendig (pF 1,0 bis 1,7) (Röber und Hafez 1982). Den Einfluß steigender Wasserspannung im Substrat auf die Trockensubstanzproduktion von Gurken zeigt Abb. 60.

1.2.3.2 Wasser in der Pflanze

Die Zusammenhänge zwischen Wasserversorgung und Wachstum der Kulturpflanzen ergeben sich aus der Kurzbeschreibung des Pflanzenwachstums bei verschiedenen pF-Werten.

Aus Tab. 39 und den vorhergehenden Ausführungen ergibt sich, daß Wasser für sämtliche Stoffwechselvorgänge und das Wachstum der Pflanzen unerläßlich ist. H_2O ist Lösungsmittel für Salze, organische Stoffe und Gase, es dient infolge dieser Lösungsvermittlung als Transportmittel, und mit ihm wird die Quellung der Kolloide aufrecht erhalten. Durch die Aufrechterhaltung des Turgors wird die äußere Form der Pflanze beeinflußt. Über die Wasserversorgung wird zum Teil die Öffnung und Schließung der Stomata reguliert. Die Pflanzen können außerdem durch Verdunstung des Wassers Wärme abgeben und damit die Temperatur

Tab. 39. Wachstum von Freilandpflanzen bei unterschiedlicher H_2O-Versorgung (aus FINCK 1976)

nasser Boden	→ feuchter Boden	→ trockener Boden	→ extrem trockener Boden	
Wachstumsstörung durch Wasserüberschuß, Mangel an Sauerstoff und Wärme	optimales Wachstum, gute Wasserversorgung bei guter Bodenlüftung	kein Wachstum, Welkebereich, vorübergehendes Welken (Mittagswelke); Aufrechterhalten der Lebensfunktion, Erholung in wassergesättigter Luft	kein Wachstum, permanentes irreversibles Welken; keine Erholung der Pflanzen in wassergesättigter Luft, aber durch Bewässerung	Absterben der Blätter, nur Vegetationspunkte überleben zunächst noch, keine Erholung durch Bewässerung
verfügbares Wasser im Boden			nichtverfügbares Wasser im Boden	
FK (Feldkapazität) pF 2,2 0,15 bar	WP (Welkepunkt) pF 3,8	PWP (permanenter Welkepunkt) pF 4,2 15 bar	UWP (ultimativer Welkepunkt) pF 4,5	

regulieren. Weiterhin ist Wasser Bestandteil der organischen Substanz; es wird aber nur zu einem geringen Anteil bei der Wasserspaltung (Photosynthese) benötigt.

Die Wassergehalte von Pflanzen bzw. Pflanzenteilen können sehr unterschiedlich sein. Hohe Gehalte sind z. B. in einigen Gemüsearten (Gurken bis 96%) oder auch in den Spitzen wachsender Pflanzen zu finden. Äußerst geringe Wassergehalte haben hingegen die getrockneten Samen (5%) einiger Kulturpflanzenarten.

Die Intensität der Wasserbindung in Boden und Substrat wird durch das Potential gekennzeichnet. Das Potential wird definiert als „die Arbeit, die notwendig ist, um eine Einheitsmenge (Volumen, Masse oder Gewicht) Wasser von einem gegebenen Punkt eines Kraftfeldes zu einem Bezugspunkt zu transportieren. Immer bewegt sich das Wasser von Stellen höheren Potentials (= höherer spezifischer Energie) zu solchen niedrigeren Potentials, weil bei diesem Vorgang Energie frei wird“ (SCHACHTSCHABEL et al. 1982).

Die Möglichkeit der Wasseraufnahme durch die Pflanze aus dem Boden wird begrenzt durch:
- die Saugspannung (Matrixpotential ≙ Kapillarpotential),
- die osmotischen Kräfte der im Bodenwasser gelösten Salze (osmotisches Potential ≙ Lösungspotential),
- dem Druckgradienten der Schwerkraft (Gravitationspotential).

Da die Strömung des Wassers vom hohen zum niedrigeren Potential verläuft, kann das Wasser von den Wurzeln nur dann aufgenommen werden, wenn die Saugspannung in der Pflanze höher ist als in der Bodenlösung. Die Wasseraufnahme durch die Pflanze wird bei Außerachtlassung des Druckgradienten der Schwerkraft von 2 Mechanismen beeinflußt:
- In den Wurzeln vorhandene Salzlösung besitzt ein niedrigeres Potential als die umgebende Bodenlösung, und das Wasser kann so in die Wurzeln eindringen.

Die Wasseraufnahme wird hiernach um so geringer sein, je höher die Konzentration der Bodenlösung ist.

– Durch die Verdunstung des Wassers über die Pflanze an die Atmosphäre (Transpiration) nimmt der Turgordruck ab, und es entsteht innerhalb der Pflanze ein Potentialgefälle.

Zur Wasseraufnahme muß das Potential in den Blättern so weit fallen, bis der osmotische Druck der Bodenlösung überschritten wird. Wenn die Wasserbewegung zu den Wurzeln wegen der bei geringem Wassergehalt verringerten Durchlässigkeit den Verbrauch der Pflanzen nicht decken kann, beginnt die Pflanze vermindert zu transpirieren, es stellen sich Welkesymptome ein, und das Wachstum wird verringert. Die Beziehung zwischen Transpiration und Ertrag wurde u. a. von PAPENHAGEN (1975) nachgewiesen. Wegen der Steuerung durch die Transpiration ist die Wasseraufnahme indirekt vom Wasserangebot, der Beleuchtungsstärke, dem Sättigungsdefizit der Luft (relative Luftfeuchte und Temperatur) und der Luftbewegung abhängig.

Die Produktivität der Pflanzen wird ganz wesentlich von ihrem Wasserverbrauch bestimmt. Die pro gebildeter Einheit Trockenmasse verbrauchte Wassermenge wird als Transpirationskoeffizient bezeichnet. Üblicherweise wird er in kg Wasser je kg Trockensubstanz angegeben. Er liegt für die Kulturpflanzen des gemäßigten Klimas je nach Witterung und Kulturdauer im Freiland bei etwa 300 bis 800, während im Unterglasanbau Werte von weit über 1 000 wegen der ariden Bedingungen zu erwarten sind.

Der Wasserverbrauch der Pflanzen wird um so geringer sein, je günstiger die Mineralstoffversorgung gestaltet ist. Die Beziehungen zwischen dem Wasserzustand von Pflanze und Boden, dessen Einfluß auf die Ertragsbildung und seine Bestimmung, sind von HARTGE und WIEBE (1977) zusammenfassend beschrieben worden.

1.2.3.3 Wasserversorgung der Pflanze

Erwartungsgemäß ist der Wasserbedarf der einzelnen gärtnerischen Kulturpflanzenarten je nach Anbauintensität, Klima und Boden unterschiedlich. Aus Tab. 40

Tab. 40. Wasserbedarf gärtnerischer Kulturpflanzen (aus WITHERS, VIPOND und LECHER 1978)

	Entnahmemenge in m^3/ha und Jahr		
	leichter	mittlerer	schwerer Boden
Feldgemüsebau	2 000	1 500	1 200
Obst- und Weinbau	4 000	3 500	3 000
Baumschulen	5 000	4 500	4 000
Freilandgemüsebau intensiv	6 000	6 000	6 000
Staudenanbau	6 000	6 000	6 000
Unterglasgemüsebau	20 000	20 000	20 000
Unterglaszierpflanzenbau	20 000	20 000	20 000

geht der Wasserbedarf in m^3/ha und Jahr im Freiland- und Unterglasgartenbau in Abhängigkeit von der Bodenbeschaffenheit hervor.

Diese Entnahmemengen können durch natürliche Niederschläge und Zusatzberegnung ausgeglichen werden. Bei einer mittleren Niederschlagshöhe von etwa 700 mm/Jahr werden 7000 m^3/ha zugeführt. Entsprechend der Speicherkapazität der Böden, der Niederschlagsverteilung und der sonstigen Klimabedingungen, muß in Zeiten starken Wachstums zusätzlich beregnet werden.

Die Beregnungshöhe für die einzelnen Kulturen richtet sich nach Art und Beschaffenheit des Bodens. Infolge der schnelleren Versickerung sind leichte Böden stärker zu beregnen als schwere. Im Feldgemüsebau sind auf leichten Böden Beregnungshöhen von 150 bis 220 mm/Jahr und auf schweren von 80 bis 150 mm/Jahr üblich.

Folgende Zusatzregenmengen sind für Gemüse zu empfehlen (s. Tab. 41):

Der Beregnungserfolg ist abhängig vom aktuellen Wassergehalt des jeweiligen Bodens. Insofern ist die Kenntnis des Feuchtezustandes des Bodens erforderlich. Daneben ist für die Höhe der Bewässerung die Wurzeltiefe der zu bewässernden Kulturen von Bedeutung. Aus Tab. 42 gehen die bei der Bewässerung zu berücksichtigende und von den Pflanzen überwiegend nutzbare Bodenschicht sowie die Wurzeltiefen hervor.

Gemäß der Abb. 59 ist das Bodenwasser im Bereich unterhalb des permanenten Welkepunktes pflanzenverfügbar. Theoretisch müßte ein Pflanzenbestand erst kurz vor Erreichen des permanenten Welkepunktes bewässert werden. Für die

Tab. 41. Zusatzregenmengen für Gemüse (HANKE 1980)

Gemüseart	Beregnungsperiode	Zusatzregenmenge in mm
Blumenkohl	M-Mai – M-Juni	100–120
Bohnen	E-Juni – E-Juli	80–100
Erbsen	E-Mai – M-Mai	40– 60
Gurken	E-Juni – M-Juli	60– 80
Kopfsalat	A-Mai – E-Mai	80–100
Kopfkohl mittelfrüh	A-Juli – M-August	120–140
Kopfkohl spät	M-Juli – M-September	120–140
Knollensellerie	E-Juli – M-September	120–140
Möhren spät	M-Juli – A-September	100–120
Porree	E-Juni – A-September	100–120
Rosenkohl	E-Juli – A-September	60– 80
Rotkohl früh	M-Mai – M-Juli	120–140
Tomaten	M-Juli – E-August	80–100
Weißkohl früh	M-Mai – A-Juli	100–120
Zwiebel	M-Juni – M-Juli	60– 80

A = Anfang, M = Mitte, E = Ende

Tab. 42. Nutzbare Bodenschicht und typische Wurzeltiefe einiger Pflanzenarten (aus WITHERS, VIPOND und LECHER 1978)

Art	nutzbare Bodenschicht (dm)	typische Wurzeltiefe (cm)
Artischocke	3–5	100–300
Blumenkohl	6–8	–100
Bohne	3–5	100
Broccoli	4–6	70
Erbse	4–6	100–130
Erdbeere	2–3	100
Gurke	3–5	100
Karotte	4–6	–100
Kohl	3–5	70
Kopfsalat	2–3	– 30
Mais	4–6	–100
Obstbäume	5–7	200–300
Pastinak	4–6	–100
Spargel	5–7	200–300
Speiserübe	5–7	–100
Spinat	2–3	30– 50
Tabak	5–7	–100
Tomate	3–5	–200
Wassermelone	3–5	–200
Weinrebe	6–8	100–300
Zwiebel	2–4	30– 50

meisten Pflanzen sind jedoch günstige Entwicklungsbedingungen bei 60 bis 80% der Feldkapazität zu finden. In der Praxis hat es sich bewährt, etwa 50% verfügbares Wasser mit der Bewässerung einzuregulieren. Dieses ist in der Regel bei einer Saugspannung von 1 bis 2 bar der Fall. Feldkapazität, permanenter Welkepunkt und nutzbare Feldkapazität sind, wie aus Tab. 43 hervorgeht, von der Bodenart abhängig.

Zur Berechnung der Regenhöhe sind die genannten Werte mit dem Faktor der nutzbaren Bodenschicht (s. Tab. 42), ausgedrückt in dm, zu multiplizieren.

Beispiel: Kopfsalat soll beregnet werden. Die Pflanzen stehen auf einem Lehmboden bei 20% der nutzbaren Feldkapazität. Wieviel mm Wasser müssen beregnet werden, um 70% der Feldkapazität zu erreichen?

Rechnung: $(0{,}7-0{,}2) \times 25{,}5 \times 2{,}5 = 31{,}25$
(Tab. 43) (Tab. 42)

Es müssen etwa 31 mm Wasser beregnet werden, das sind 31 l/m^2 oder 310 m^3/ha.

Tab. 43. Permanenter Welkepunkt (PWP), Feldkapazität (FK) und nutzbare Feldkapazität (FKN) in mm Wasser bei verschiedenen Bodenarten (aus WITHERS, VIPOND und LECHER 1978)

Bodenart	PWP	FK	FKN
Sand	2,5	13,5	11
lehmiger Sand	3	21	18
sandiger Lehm	4,5	25,5	21
Lehm	10,5	36	25,5
Ton	18	40	22
Moor	30	74	44

Die oben erwähnte Regel, die Bewässerung auf der Basis der Einstellung auf 50% der FK vorzunehmen, ist besonders bei schwerem Ton und leichtem Sandboden notwendig, weil erstere das Wasser nur schwer infiltrieren lassen und leichte Sande das verfügbare Wasser schnell abgeben.

In der Bewässerungspraxis ist von überhöhten Regengaben, insbesondere bei Saugspannungen unterhalb der nutzbaren Feldkapazität, abzuraten. Durch häufiges Benetzen der Pflanzen und bei dichten Beständen mit hohen Blattmassen besteht ein hohes Risiko für den Befall mit Pilzen und Bakterien. Daneben ist zu beobachten, daß Pflanzen von sehr feuchten Böden schnell welken (Blattgemüse!), Fruchtanomalien zeigen können (Tomaten, Sellerie) (HARTMANN und WALDHÖR 1977) und in der Regel einen geringeren Gehalt an geschmackgebenden Inhaltsstoffen besitzen (HARTGE und WIEBE 1977).

Eine Bewässerung ist zweckmäßigerweise zu Zeiten geringer Evapotranspiration durchzuführen. Deshalb ist zu empfehlen, Wasser in den frühen Morgen- bzw. späten Abendstunden auszubringen. Eine Ausnahme von dieser Regel ist lediglich dann gegeben, wenn durch Sprühnebel eine Kühlung der Pflanzen (z. B. Cyclamen) erreicht werden soll. Aus Gründen der Wassereinsparung sollte dieses Verfahren im Freiland keine Anwendung finden.

Für die Wasserversorgung der Pflanzen kommen verschiedene Systeme in Frage. Dabei ist nach dem Verwendungszweck und der Bewässerungsart zu unterteilen. So sind für Versuchszwecke beispielsweise Bewässerungssysteme mit sehr genauer Dosierung erforderlich.

In der gärtnerischen Praxis werden unterschiedliche Systeme und Bewässerungsarten angewendet. Neben der Feldberegnung mit Kreisregnern und Tropfschläuchen (Obstbau, Gemüsebau) oder Gießwagen (Anbau von Azaleen und Eriken) spielen verschiedene andere Verfahren der Wasserzufuhr besonders beim Unterglasanbau eine Rolle. Neben der manuellen Wasserzufuhr – früher mit Kanne, heute Schlauch oder Brause –, bei der der Kultivateur die Höhe der Wassergabe direkt bestimmen kann, gibt es unterschiedliche Grade der Automatisierung. Die Automatik kann auf das Wasserverteilersystem beschränkt sein, oder es ist eine komplette Steuerung der Bewässerung nach Parametern wie der Einstrahlung mit Hilfe eines Solintegrators (HARTMANN und ZENGERLE 1982) oder der Substratfeuchte mit Hilfe von Tensiofühlern (FRENZ und RÖBER 1983) möglich. Wenn Schwierigkeiten bei der Steuerung auftreten, so liegen die Probleme wohl vorrangig bei der Wasserverteilung und der Auswahl repräsentativer Zeigerpflanzen. Beide vorgenannten Verfahren werden schon mit Erfolg in der gärtnerischen Praxis eingesetzt. Leider gibt es jedoch noch zu wenig Anhaltspunkte über die jeweils zu verabreichenden Wassermengen (BIERHUIZEN und DE VOS 1959, DE BODT et al. 1974), die je nach Wachstum, Größe, Pflanzenart und klimatischen Bedingungen schwanken können.

Neben der Feldberegnung und Handbewässerung sind in der gärtnerischen Praxis folgende weitere Wasserverteil- oder -ausbringearten üblich:
- Düsenbewässerung (Voll- oder Sektordüsen),
- Tauchverfahren bei Topfpflanzen,
- Sprühschläuche,
- Tropfschläuche,
- Sand- und Mattenanstau (mit und ohne Nadelstichfolie zur Verdunstungsminderung), Beetanstau,
- Rinnenbewässerung (FRENZ 1980, MACKROTH 1978).

Am wenigsten problematisch ist die Wasserversorgung der Pflanzen bei der Hydrokultur. Hier kommt es nur darauf an, qualitativ einwandfreies Wasser zu verwenden.

1.2.3.4 Wasserqualität

An die Wasserqualität sind, sofern es für die Bewässerung gärtnerischer Kulturen vorgesehen ist, hohe Anforderungen zu stellen. Die Qualität des Wassers kann nach dem Gehalt an organischen und anorganischen Stoffen beurteilt werden. Der Gehalt an organischen Stoffen wird beeinflußt von der mikrobiellen Abbaubarkeit dieser Stoffe. Ihre Herkunft ist zumeist auf Abwassereinleitung zurückzuführen. Infolge der zunehmenden Verschmutzung des Wassers ist eine mikrobiologische

Tab. 44. Tolerierbare Höchstgehalte einiger Stoffe im Gießwasser für Unterglaskulturen (JUNGK 1979)

		Salztoleranz der Pflanzen			
Stoff	Einheit	hoch	mittel	niedrig	sehr niedrig
Gesamtsalz	mg/l	1 000	750	500	250
Chlorid	mg Cl/l	300	200	100	50
Natrium	mg Na/l	150	150	100	50
Sulfat	mg SO_4/l	300	250	200	100
Gesamthärte	°dH	30	20	12	6
Karbonathärte	°dH	25	15	8	4
Eisen	mg Fe/l		1		
Bor	mg B/l		0,5		

Tab. 45. Härtegrad und Bezeichnung des Wassers

Gesamthärtegrad °dH des Wassers	Bezeichnung des Wassers
0– 4	sehr weich
4– 8	weich
8–12	mittelhart
12–18	etwas hart
18–30	hart
>30	sehr hart

Untersuchung anzuraten. Das gleiche gilt für die Bestimmung der organischen Bestandteile in Oberflächenwässern.

Von großem praktischen Interesse ist die Beurteilung der Wässer nach ihrem Gehalt an Salzen. Ermittlungen des VDLUFA zufolge sollten die Gießwässer höchstens die in Tab. 44 festgelegten Gehalte an Salzen besitzen (JUNGK 1979).

Außerdem können die Gießwässer nach ihrem Härtegrad eingeteilt werden. Tab. 45 unterscheidet Stufen zwischen sehr weichem und sehr hartem Wasser. Die in Frage kommenden Gießwasserarten können wie folgt eingestuft werden:

Regenwasser	< 100 mg/l	Gesamtsalzgehalt
Oberflächenwasser	< 400 mg/l	Gesamtsalzgehalt
Grundwasser	600 bis 800 mg/l	Gesamtsalzgehalt

Die Qualität des Gießwassers ist abhängig von folgenden Inhaltsstoffen:
Gesamtsalzgehalt: Alle im Wasser gelösten Mineralstoffe fallen hierunter. Ist er zu hoch, wird der osmotische Druck der Bodenlösung zu hoch, die Wasseraufnahme gebremst oder unterboden. Zwischen den Wasserinhaltsstoffen bestehen folgende Zusammenhänge (s. Abb. 61).

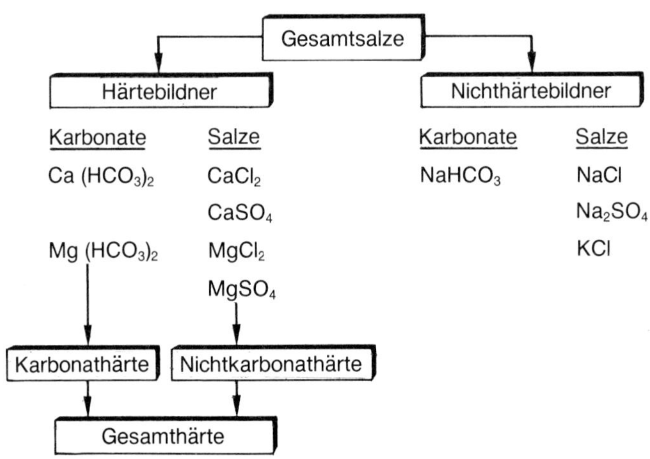

Abb. 61. Härte- und Nichthärtebildner im Wasser.

Gesamthärte und anteilige Karbonhärte: Ca- und Mg-Salze gebendem Wasser „Härte". Neben der Gesamthärte (Sulfate, Chloride, Nitrate, Karbonate) wird die anteilige Karbonathärte (Karbonate) gesondert angegeben. Die Gesamthärte bringt Ca und Mg in den Boden. Die Karbonathärte übt mit steigender Menge eine schädliche Wirkung im Wurzelbereich durch Festlegung von Spurenelementen aus. Die Atmung des Wurzelsystems wird außerdem beeinträchtigt und die Nährstoffaufnahme behindert. 1 °dH entsprechen 10 mg CaO/l H_2O.

In weißtorfartigen Substraten ist damit zu rechnen, daß Gießwasser bis zu 12 °dH Gesamthärte den pH des Substrats kaum verändert. Bei Härtegraden von 12 bis 25 °dH ergeben sich pH-Erhöhungen je nach zugeführter Wassermenge. Wasser mit Härtegraden > 25 °dH Gesamthärte sollte einer Aufbereitung unterzogen werden.

Im internationalen Bereich wird ein Wasserbewertungssystem angewendet, dessen Grundlagen vom U.S. Salinity Laboratory stammen. Das Diagramm ist in Abb. 62 dargestellt. Man kann davon ausgehen, daß Wässer, die nach den Kriterien „Elektrischer Leitwert"; oder „Gesamtsalzgehalt" bzw. „Schädigung durch Natrium" bewertet in die Klassen S1–S2 bzw. C1–C2 fallen, grundsätzlich für Bewässerungszwecke herangezogen werden können.

Ein besonderes Augenmerk sollte noch auf das Magnesium gelegt werden. Ungeachtet seiner Bedeutung als Pflanzennährstoff, kann es bei höherer Konzentration im Wasser das Pflanzenwachstum hemmen. Zur Beurteilung des Magnesiumzustandes bedient man sich des Quotienten

$$\frac{Mg^{++} \cdot 100}{Ca^{++} + Mg^{++}} \text{ (Kationenangabe in mval/l)}$$

Liegt der Quotient über 50, so ist mit einer Schädigung des Pflanzenbestandes zu rechnen.

Richtwerte für die Klassifizierung der Qualität des Bewässerungswassers nach dem Gehalt an B und Cl sind aus den Tab. 46 und 47 zu ersehen.

Tab. 46. Richtwerte für die Klassifizierung der Qualität des Bewässerungswassers nach dem Gehalt an Bor (nach WILCOX und DURUM 1967)

Güteklasse Schädigung durch Borgehalt	Borgehalt im Bewässerungswasser	
	mval/l	mg/l
Gering (1) Wasser geeignet für die Bewässerung nahezu aller Pflanzen	0,03–0,09	0,3–1,0
Mittel (2) Wasser geeignet für die Bewässerung borverträglicher Pflanzen	0,09–0,19	1,0–2,0
Stark (3) Wasser geeignet für die Bewässerung von Pflanzen mit guter Borverträglichkeit	0,19–0,37	2,0–4,0

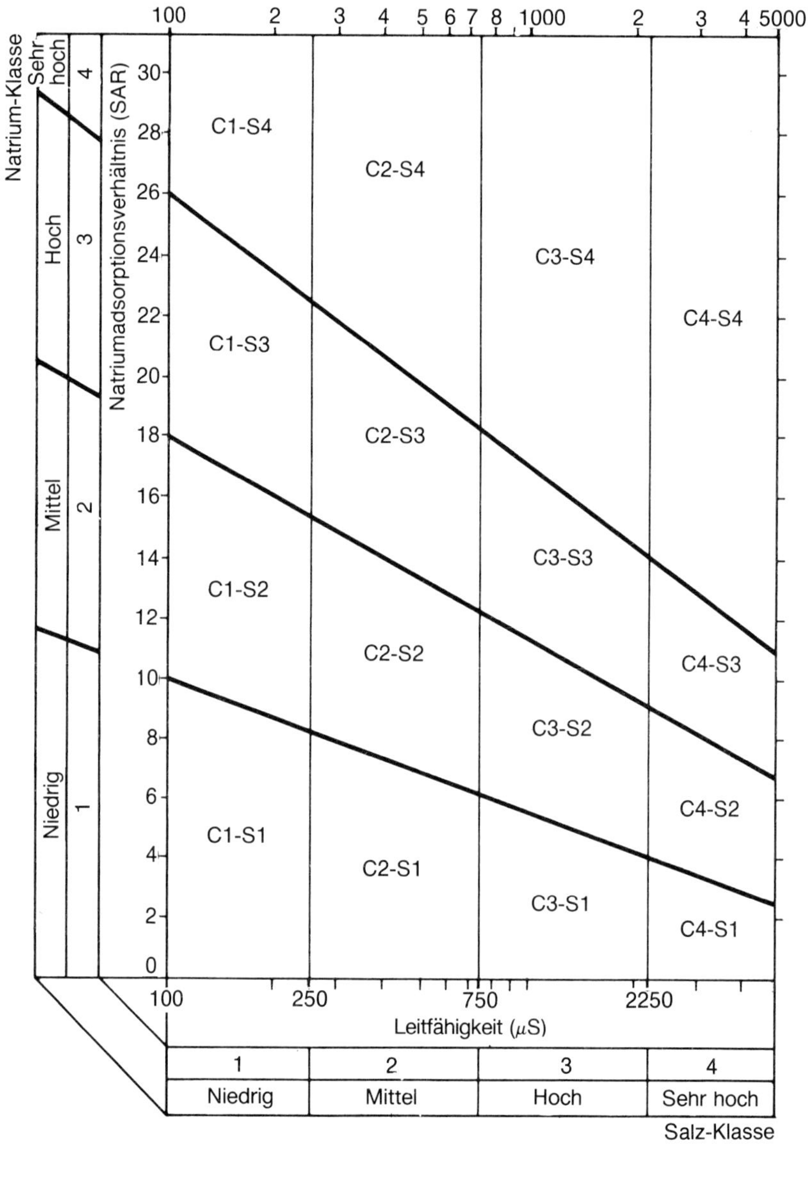

Abb. 62. Einteilung der Gießwässer nach ihrem Salzgehalt und dem Na-Adsorptionsverhältnis ($\frac{Na}{Ca + Mg}$). Gute Wasserqualitäten finden sich links unten, schlechte rechts oben.

Tab. 47. Richtwerte für die Klassifizierung der Qualität des Bewässerungswassers nach dem Gehalt an Chloriden (nach TAYLOR und ASHCROFT 1972, verändert)

Güteklasse „Clorid-Index" Schädigung durch Chloride	Chloridgehalt mval/l	Chloridgehalt mg/l
Gering (1) Wasser geeignet für nahezu alle Pflanzen	<2	<70,9
Mäßig (2) Wasser geeignet für chloridverträgliche Pflanzen. Chloridempfindliche Pflanzen zeigen leichte bis mittlere Schäden.	2–4	70,9–141,8
Mittel (3) Wasser geeignet für gut chloridverträgliche Pflanzen. Weniger chloridverträgliche Pflanzen zeigen leichte bis mittlere Schäden.	4–8	141,8–283,6
Stark (4) Wasser noch geeignet für gut chloridverträgliche Pflanzen, die jedoch leichte bis mittlere Schäden aufweisen können	>8	>283,6

Gießwasseraufbereitung

Beseitigung der Karbonathärte

Umwandlung des Hydrogenkarbonats in Gips: Pro Härtegrad, der entfernt werden soll, werden 10 cm^3 konzentrierte Schwefelsäure auf 1 m^3 Wasser gegeben. Der Gesamtsalzgehalt des Wassers wird dadurch nicht verändert. Der Kalk bleibt in veränderter Bindung (Gips) im Wasser gelöst.

Ausfällung der Hydrogenkarbonate mittels Oxalsäure: Pro Härtegrad, der entfernt werden soll, auf 1 m^3 Wasser 22,5 g Oxalsäure zusetzen. Der Gesamtsalzgehalt verringert sich um den Anteil der entfernten Karbonathärte. Die Kohlensäure bleibt im Wasser zurück.

Teilentsalzung

Mittels Ammoniumoxalat werden beide Härten beseitigt. Pro Härtegrad, der entfernt werden soll, auf 1 m^3 Wasser 25,3 g Ammoniumoxalat zusetzen. Der Gesamtsalzgehalt vermindert sich. Ca-Oxalat fällt aus. Es bildet sich, gelöst in Wasser, schwefelsaures Ammoniak.

Für beide Verfahren gilt: Höchstens bis auf etwa 5 °dH zu enthärten! Dieser Rest sollte bleiben, da sonst im Wasser freie Säure auftritt. Die Folge wären schwere Pflanzenschäden.

Das Wasser soll etwa 30 Minuten gerührt werden. Dies ist möglich mit Hilfe des Wasserstrahls des in das Becken einströmenden Wassers.

Außerdem sind für die Aufbereitung des Gießwassers verschiedene Verfahren üblich. Hierzu zählen die Totalentsalzung durch Ionenaustauscher, die Entkarbonisierung durch Kationenaustauscher, die Aufbereitung durch Na-Austauscher und die Umkehrosmose. Alle durch die vorgenannten Verfahren aufbereiteten Wässer werden vor dem Gebrauch zumeist wieder zurückverschnitten, d. h. mit dem nicht aufbereiteten Wasser definiert vermischt, um die in Tab. 44 genannten Gehalte zu unterscheiden und Aufbereitungskosten zu sparen. Ein Rückverschnitt ist auch deshalb erforderlich, weil die aufbereiteten Wässer kein Ca mehr enthalten. Es kann dann unter Umständen Ca-Mangel an den Pflanzen auftreten. Über Na-Austauscher geleitetes Wasser dürfte für gärtnerische Kulturen wohl kaum in Frage kommen, weil sich hier das abgegebene Na schädigend auswirken kann (RÖBER et al. 1982).

Bei der Bewässerung sind auch die im Wasser enthaltenen Nährstoffmengen zu berücksichtigen. Hier sind insbesondere NO_3-N und Phosphate von Bedeutung, die bei starker Bewässerung in die Düngebilanz eingerechnet werden müssen.

1.3 Düngung und Qualität

1.3.1 Wechselwirkungen zwischen Düngung, Wachstumsfaktoren, Qualität

In der gärtnerischen Praxis kann die Qualität der Ernteprodukte nicht nur durch die Düngung, sondern auch durch Umweltfaktoren beeinflußt werden. So haben frühere Untersuchungen gezeigt, daß sich die Bemessung der Düngung in erheblichem Umfang nach der Beleuchtungsstärke zu richten hat. Wegen der Zusammenhänge zwischen Beleuchtungsstärke, der Temperatur im Freiland und Gewächshaus und der daraus sich ergebenden Wasserversorgung der Pflanzen, ist die Düngung den zuvor genannten Faktoren so weit wie möglich anzupassen.

Auch das genetische Wachstumspotential der Pflanzen sollte mit Hilfe der Düngung in den Zeiten des stärksten Wachstums ausgeschöpft werden. An die insbesondere im Freiland nicht regelbaren Größen, d. h. Temperatur und Beleuchtungsstärke, ist die Wasserversorgung und Düngung anzupassen. Unter Glas kann schließlich auch durch den Einsatz von CO_2 sowie Wuchs- und Hemmstoffen das Wachstum nachhaltig beeinflußt werden. Hier sind außerdem Beleuchtungsstärke, Lichtspektrum, Tageslänge und Temperatur begrenzt regelbar.

Der Einfluß der zuvor genannten Faktoren auf die Erntemenge wird durch eine Reihe von Untersuchungen belegt. Die Einflüsse dieser Faktoren auf die Qualität von vegetativen und generativen Pflanzenteilen verdient gleiches Interesse. Die Entwicklung von Quantität und Qualität kann in einigen Fällen bei Anwendung der genannten Faktoren gegenläufig sein (z. B. Überdüngung, Wasserversorgung). Im Hinblick auf die Bedeutung vieler gärtnerischer Produkte aus ernährungsphysiologischer Sicht und zur Einsparung von Düngemitteln ist der Qualität in zunehmendem Umfange Vorrang vor der Quantität zu geben.

Die Auswirkungen zu geringer und übermäßiger Düngung auf die Qualität gartenbaulicher Produkte geht aus Abb. 63 hervor.

Der Mangel an Nährstoffen kann einerseits die Qualität und andererseits die äußere Beschaffenheit und den biologischen Wert sowie die Lagerfähigkeit der Produkte vermindern. Ein bedeutender Qualitätsfehler kann z. B. ein mangelnder Gebrauchswert bei der Verarbeitung von Industriemöhren sein. Darüber hinaus werden besonders bei zu hoher N-Düngung der Krankheits- und Schädlingsbefall

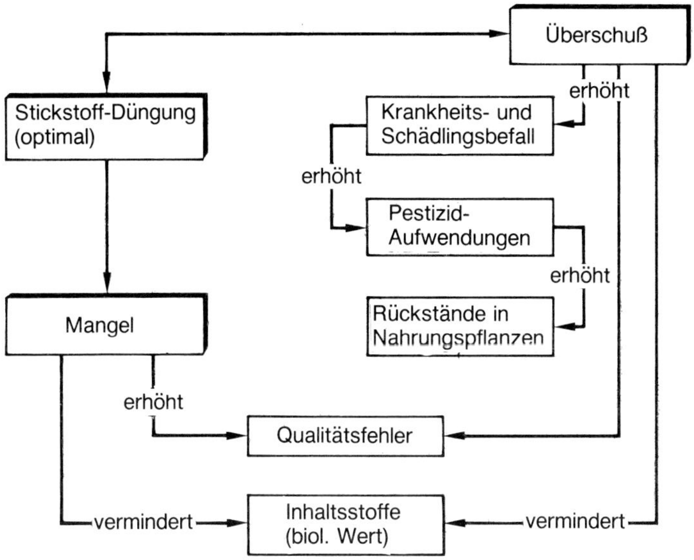

Abb. 63. Einfluß der N-Versorgung auf die Qualität gartenbaulicher Erzeugnisse (nach SCHUPHAN 1970).

ansteigen und dadurch die Aufwendungen für Pflanzenschutz erhöht. Diese höheren Aufwendungen bewirken u. a. auch vergrößerte Rückstandsmengen in den Nahrungsmitteln.

1.3.2 Einfluß von Düngungsmaßnahmen auf die Qualität vegetativer Pflanzenteile

Durch die Düngung können Gewicht, Größe und Zusammensetzung der vegetativ wachsenden Pflanzenteile Wurzeln, Sproß und Blätter beeinflußt werden. Die Parameter Gewicht, Größe und Zusammensetzung der Pflanzenteile kennzeichnen die von SCHUPHAN erwähnten Qualitätsbegriffe pflanzlicher Nahrungsmittel (HENTSCHEL und SCHUPHAN 1975) wie äußere Beschaffenheit (Handelsklassen, Bewertung arteigenen und fremden Geschmacks), Gebrauchswert (Verarbeitbarkeit, Farbstoffgehalt, Konservierbarkeit, Mengenertrag) und biologischer Wert (Inhaltsstoffe, die den Nährwert, die Bekömmlichkeit und Gesunderhaltung bedingen). Der biologische Wert besitzt im erweiterten Sinne nicht nur Bedeutung für Gemüse, sondern auch für Zierpflanzen, wenn es beispielsweise um die Beurteilung der Bewurzelungsfähigkeit von Stecklingen geht.

Untersuchungen von Zierpflanzen haben gezeigt, daß durch die Höhe der Nährstoffgaben Menge und Qualität an Stecklingen beeinflußt werden können. So ist es z. B. bei der Produktion von Azaleenstecklingen im Hinblick auf eine gute Bewurzelungsfähigkeit günstig, geringere N-Mengen anzubieten als zur Erziehung eines hohen Mengenertrages notwendig wären (RÖBER 1974). Ähnliche Verhältnisse deuten sich auch bei anderen Pflanzenarten wie z. B. Chrysanthemen (RÖBER und REUTHER 1982) an.

Tab. 48. Einfluß einer Ammoniumnitrat-Düngung auf Wachstum und verschiedene N-Verbindungen in Gartenrüben (nach MAYNARD 1980)

Ammoniumnitrat (kg N/ha)		Gesamt-N %	NO_3-N %	Glutamin %	Zucker %	Frischgewicht kg/ha	Trockenmasse kg/ha	Gesamt-N kg/ha	NO_3-N kg/ha	Glutamin kg/ha	Zucker kg/ha
breitwürfig	Reihendüngung										
0	0	1,20	0,01	1,37	56,9	17 000	3 360	40	0,3	46	1 910
0	112	2,42	0,11	4,53	48,9	21 100	3 250	79	3,6	147	1 590
112	0	1,79	0,04	2,93	53,9	29 900	5 490	98	2,2	161	2 960
112	112	2,77	0,18	5,36	48,8	28 100	4 930	137	8,9	264	2 410

Aus Ergebnissen von MAYNARD (1980) geht hervor, daß durch die Höhe der N-Gabe und deren zeitlicher Verteilung der Gehalt an wertgebenden Inhaltsstoffen und Ertrag von Roten Rüben wesentlich beeinflußt werden kann (s. Tab. 48).

Eine verhältnismäßig frühe Düngung vor dem Pflanzen bewirkt hiernach sowohl den höchsten Ertrag als auch einen hohen Zuckergehalt bei verminderter Nitratakkumulation im Wurzelgemüse.

Bei zahlreichen Gemüsearten werden die Blätter verzehrt. Infolge des Zusammenhanges zwischen Mineralstoffaufnahme, Mineralstofftransport und Stoffwechsel der Pflanze darf ein Einfluß der Düngung sowohl auf die Menge, als auch auf die wertgebenden Inhaltsstoffe der Blattgemüse erwartet werden.

Andere Untersuchungen zeigen, daß N-Gaben bis zu 150 kg/ha zu Spinat die Anteile von β-Carotin um 81%, von Riboflavin (Vit. B_2) um 205% und von Thiamin (Vit. B_1) um 388% gegenüber ungedüngt zunahmen (s. Tab. 49). Die Erträge stiegen ebenfalls sehr stark an. Aus der Darstellung geht auch hervor, daß mit steigenden Erträgen ebenso die absoluten Vitamingehalte bzw. -erträge zunehmen. Die Vitamin-C-Gehalte gehen jedoch mit steigender N-Düngung meist zurück.

Durch erhöhte N-Gaben kann sowohl der Eiweißgehalt als auch der NO_3-N-Gehalt im Blattgemüse gesteigert werden. Die NO_3-N-Anreicherung infolge

Tab. 49. Einfluß der N-Düngung auf Vitamingehalte in Spinat (Bezugsgröße Trockensubstanz)

N-Düngung	Ertrag dt/ha		% N	Gehalte mg/kg					
				β-Carotin		Thiamin		Riboflavin	
kg/ha	absolut	relativ		absolut	relativ	absolut	relativ	absolut	relativ
0	8,0	100	2,3	320	100	0,8	100	6,0	100
30	13,0	163	3,0	430	134	0,9	113	10,0	166
60	15,0	188	4,2	510	159	1,5	188	15,0	250
90	18,0	225	4,8	530	167	3,8	475	19,5	325
150	22,0	275	5,2	580	181	3,9	488	18,3	305

überhöhter N-Gaben wirkt sich bei den Blattgemüsen, insbesondere beim Spinat, negativ aus. Hier besteht nach Untersuchungen von SIEGEL und VOGT (1975) die Möglichkeit, mit Hilfe von Nitrifikationshemmern den unerwünschten NO_3-N-Gehalt in der Pflanzenmasse zu vermindern. Die Verwendung von N-Formen, die kein NO_3-N enthalten, z. B. schwefelsaures Ammoniak oder einige langsamfließende N-Düngemittel, können vermutlich kaum zur Verminderung der NO_3-N-Gehalte im Gemüse beitragen, weil sie im Boden ohnehin nitrifiziert werden. Hiernach ist es auch unerheblich, ob N in organischer oder anorganischer Bindung vorliegt (BARKER 1975, REUFF 1970).

Durch die Wahl geeigneter Sorten und Anbauverfahren können Inhaltsstoffe erwünschter und unerwünschter Art in ähnlichem Umfang wie durch die Düngung beeinflußt werden. Ferner ist zu beachten, daß die Nitratanreicherung in den Blättern der Pflanzen licht- und temperaturabhängig ist (s. Abb. 64). Weiter ergibt sich ein enger Zusammenhang zwischen den NO_3-N-Gehalten in den Wurzeln, Stielen und Blättern (s. Abb. 65).

Untersuchungen von AWORHET et al. (1978) zufolge wird der NO_3-N- und NO_2-N-Gehalt von frischem Spinat auch durch die Lagertemperatur nach der Ernte beeinflußt. Bei hohen Lagertemperaturen (20 °C) nehmen Gesamt-N- und NO_3-N-Gehalt ab, während im gleichen Zeitraum eine NO_2-N-Anreicherung erfolgt. Daß mittels steigender N-Gaben die Lagerfähigkeit von Blumenkohl und Kohlrabi beeinflußt, d. h. begünstigt werden kann, zeigt Tab. 50. Kohlrabi reagiert auf die N-Düngung stärker als Blumenkohl.

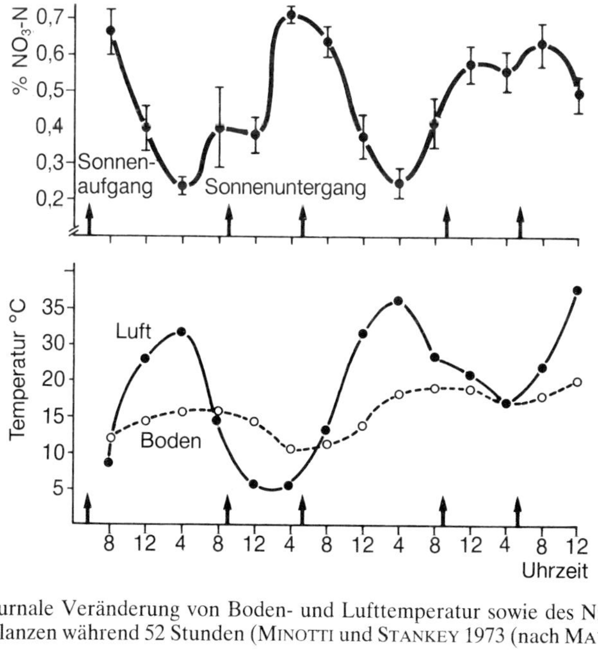

Abb. 64. Diurnale Veränderung von Boden- und Lufttemperatur sowie des Nitratgehaltes von Rübenpflanzen während 52 Stunden (MINOTTI und STANKEY 1973 (nach MAYNARD et al. 1976).

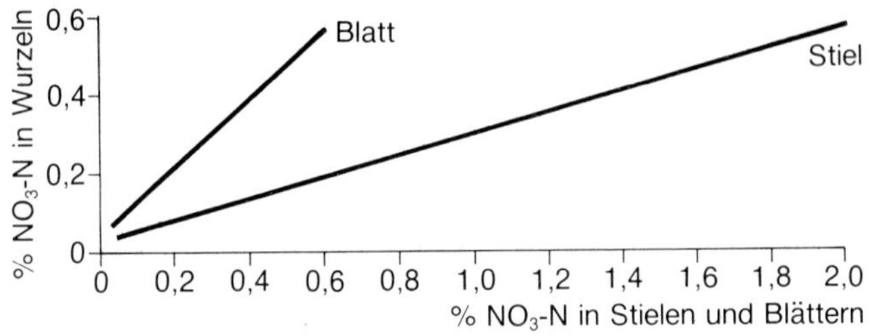

Abb. 65. Einfluß der NO_3-Konzentration in der Wurzel auf die NO_3-Anreicherung in Blättern und Stielen von Zuckerrübenblättern.

1.3.3 Einfluß von Düngungsmaßnahmen auf die Qualität generativer Pflanzenteile

Die Beziehungen zwischen der Düngung und Haltbarkeit von Schnittblumen sind u. a. von CAROW (1981) dargestellt worden. So ist generell bei überhöhter N-Düngung mit einer Verminderung der Qualität, gemessen an der Haltbarkeit der Schnittblumen, zu rechnen. Es wird sogar empfohlen, die N-Düngung gegen Ende der Kultur im Hinblick auf eine bessere Haltbarkeit einzustellen oder zumindest stark herabzusetzen. Diese Ausführungen lassen den Schluß zu, daß hohe Mengen-

Tab. 50. Einfluß der N-Düngung auf Lagerungsverluste bei Kohlarten (nach FRITZ 1976)

Kohlart	N-Düngung (kg/ha)	% Lagerungsverluste (= Schwund)
Blumenkohl	100	1,8
	200	1,6
	300	1,5
Kohlrabi	0	13,4
	100	9,4
	200	8,0

Farbtafel 5
Oben links: Mn-Mangel an Pflaumen. Oben rechts: Mn-Mangel an Chrysanthemen. Unten: Tomatenblätter bei Mn-Mangel und Mn-Überschuß.

10,0
1,0
0,1
0,01
0,001
ppm Mn

NPK
mit S
NPK
ohne S

und Qualitätserträge wohl kaum mit der gleichen N-Düngungsintenistät zu erreichen sind. Andererseits scheinen zusätzliche K-Gaben die Haltbarkeit von Schnittblumen zu verbessern. Dieses ergibt sich allein aus der Tatsache, daß bei ungenügender K-Versorgung Pflanzenteile leicht welken.

Die N- und K-Gehalte von Chrysanthemenblüten sollten etwa von 1,5 bis 2,5 % in der TS liegen, um gut haltbare Schnittblumen zu erzielen. Hinzuweisen ist in diesem Zusammenhang auch auf die Tatsache, daß durch hohe Salzgehalte im Wurzelbereich der Schnittblumenpflanzen, die Haltbarkeit erheblich herabgesetzt werden kann. Dies betrifft besonders zu hohe Cl-Gehalte im Substrat. Es scheint ein Zusammenhang zwischen dem Cl-Gehalt der Schnittblume und der C_2H_4-Produktion zu bestehen. Ferner kann durch Mangel an Struktur-Ca (Ca in den Zellamellen) das Abknicken von Blütenstielen oder -schäften wie z. B. bei *Hippeastrum* (CAROW und RÖBER 1979) hervorgerufen werden. Dieser Mangel wird offenbar begünstigt durch zu hohe relative Feuchte (Verminderung der Transpiration und damit des Ca-Transportes) und Temperatur bei der Treiberei sowie beim Winteranbau in gut isolierten Gewächshäusern.

Darüber hinaus kann durch die zusätzliche Verabreichung von CO_2 (Begasung) die Kohlenhydratbilanz und damit die Haltbarkeit von Schnittblumen verbessert werden. CO_2-Konzentrationen zwischen 500 und 1000 ppm können, insbesondere in lichtarmen Zeiten, eine Qualitätssteigerung bei Rosen, Nelken, Chyrsanthemen und weiteren Arten bewirken.

Durch die differenzierte Zufuhr von Nährstoffen kann die Farbstoffsynthese beeinflußt werden. So wird z. B. die Intensität der roten Blütenfarbe bei Cyclamen durch Überschuß oder Mangel an einzelnen Nährstoffen verstärkt bzw. abgeschwächt (BUSSLER 1969). Bekannt ist auch die Verminderung der Qualität der Blumen von Poinsettien bei Mo-Mangel (JUNGK et al. 1970). Das im gärtnerischen Anbau bekannteste Beispiel der Beeinflussung der Blütenfarbe durch die Düngung ist die Blaufärbung von ursprünglich rotblühenden Hortensien. Hier wird durch Komplexbildung mehrwertiger Metallkationen (Al) mit organischen Verbindungen (Phenolabkömmlinge) im sauren Zellsaft die blaue Blütenfarbe und im neutralen die rote gebildet. Der pH-Wert des Substrates hat zur Blaufärbung zwischen 3,5 und 4,0 zu liegen. Durch die Zugabe von Ammoniak-Alaun oder anderen Al-Verbindungen, in Verbindung mit schwefelsaurem Ammoniak (je 1 g/l) wird eine intensive Blaufärbung erzeugt. Kalkreiches Wasser sollte in jedem Fall

---

Farbtafel 6
Oben links: Fe-Mangel an Brombeere. Oben rechts: S-Mangel an *Chrysanthemum segetum;* links: Volldüngung, rechts Mangel. Mitte links: Fe-Mangel an Wirsing. Unten links: Cu-Mangel an *Gloriosa rothschildiana.* Unten rechts: B-Mangel an *Lathyrus odoratus;* oben verschiedene B-Mangelstadien, unten gesundes Blatt.

enthärtet oder durch Säurezugabe auf einen pH-Wert von etwa 4,0 gebracht werden. Die Untersuchungen von PAWLOWSKI et al. (1970) zeigen, daß durch die Höhe der N-Düngung das Brakteengewicht bei Poinsettien beeinflußt wird.

Eine Unter- bzw. Überversorgung von Pflanzen mit Mineralstoffen kann in jedem Fall die Qualität generativer Teile von Pflanzen beeinflussen. Bekannte Beispiele für die Wirkung einer Unterversorgung mit Mineralstoffen sind Mo- und Ca-Mangel an Blumenkohl (BUSSLER 1970, KRUG et al. 1972). Der Mangel kann sich zunächst äußerlich nicht sichtbar in einer Verminderung der inneren Qualität und später bei Andauern dieses Zustandes auf das äußere Erscheinungsbild auswirken, indem sichtbare Mangelsymptome auftreten. Dieses kann letztlich bis zur vollständigen Zerstörung des Erntegutes führen.

Wenn eine Veränderung des Vitamin- und Mineralstoffgehaltes von Pflanzen durch Züchtung und Anbaumaßnahmen (JUNGK 1976) möglich ist, dann muß auch ein Einfluß der Düngung auf die innere und äußere Qualität von Früchten möglich sein. Wie aus Tab. 51 hervorgeht, kann durch die Höhe der N-Düngung nicht nur der Mengenertrag, sondern auch die Proteinmenge je Flächeneinheit und der Gehalt an NO_3-N im Ernteprodukt beeinflußt werden.

Man erkennt außerdem, daß die Früchte der verschiedenen Gemüsearten NO_3-N in stark variierendem Umfang akkumulieren können. Des weiteren werden die zugeführten N-Mengen in unterschiedlichem Ausmaß zum Proteinaufbau genutzt.

Tab. 51. Einfluß der N-Düngung auf die Gesamtproteinmenge, Frischgewicht und NO_3-N-Gehalte einiger Früchte. Unterschiedliche Buchstaben bedeuten signifikante Differenzen (SPLITTSTOESSER et al., 1974)

Frucht	N-Menge (kg/ha)	Gesamt-Protein (kg/ha)	Frischgewicht (kg/ha)	NO_3-N ppm
Bohnen	22	113,1 a	840 a	160 a
	45	123,1 a	1 030 a	160 a
	112	138,8 a	1 270 a	170 a
	448	183,8 b	1 690 a	290 b
Süßmais	22	17,5 a	140 a	150 a
	45	38,1 b	240 a	140 a
	112	78,9 c	470 b	170 a
	448	123,8 d	660 c	170 a
Tomaten	22	240,6 a	3 940 a	0
	45	260,6 a	4 330 b	0
	112	389,4 b	5 350 c	0
	448	635,6 c	6 660 d	0
Paprika	22	21,3 a	330 a	40 a
	45	36,3 b	470 a	40 a
	112	46,3 c	700 b	60 a
	448	83,1 d	1 500 c	30 a

Sowohl bei Obst- als auch Gemüsefrüchten läßt sich durch die N-Düngung die Qualität verändern. Nach den bisher vorliegenden Untersuchungsergebnissen scheint sich eine knapp bemessene N-Versorgung eher qualitätsfördernd auszuwirken als eine Überversorgung. Dieses ist beispielsweise an Äpfeln (GOODE et al. 1978, LÜDDERS und MANOLAKIS 1977, WEISSENBORN und QUAST 1977), Birnen (FIRUZEH und LÜDDERS 1979) und Schattenmorellen (WERNER 1976), sowie Bohnen (SMITH 1977), Gurken (CANTLIFFE 1977) und Paprika (KNAVEL 1977) festgestellt worden.

Untersuchungen von ADAMS et al. (1978) zeigen, daß neben der N- auch die K- und Mg-Versorgung der Pflanzen Qualität und chemische Zusammensetzung beeinflussen. So wird ein ausreichender Säuregrad in der Tomatenfrucht verbunden mit einem Maximum an einheitlich ausgefärbten Früchten nur dann erreicht, wenn die Blätter $> 6\%$ K und $< 5\%$ N in der TS enthielten. Es kann angenommen werden, daß auch bei anderen Früchten ähnliche Zusammenhänge existieren.

Bekanntestes Beispiel für die Auswirkung der Nährstoffversorgung auf die Qualität von Früchten sind die direkte oder indirekte Beeinflussung der Ca-Versorgung und die durch Ca-Mangel hervorgerufenen Fruchtkrankheiten. Eine zusammenfassende Darstellung über mit Ca in Zusammenhang stehende Ernährungsstörungen wurde von SHEAR (1975) gegeben. Weitergehende Untersuchungen von BÜNEMANN (1972), COOPER und BANGERTH (1976), MIX und MARSCHNER (1976), WIENEKE (1976), (HIU und BOULD (1977) sowie LEWIS et al. (1977) deuten darauf hin, daß die genannten Qualitätsbeeinträchtigungen infolge Ca-Mangels durch eine Reihe von Faktoren, z. B. die N-, K- und Mg-Versorgung und möglicherweise auch die Luftfeuchte verursacht werden. Auch für die Produktion von Samen, insbesondere aber zur Verbesserung der Qualität (Tausendkorngewicht, Keimfähigkeit und Triebkraft) scheint es günstig zu sein, die N-Düngung knapp zu bemessen. Darauf deuten Untersuchungen von TSCHERNEWA-DIMOWA (1975) bei Sommerastern und Erfahrungen aus der Praxis des Samenbaues hin.

1.4 Emissionen und Immissionen

Die aus Industrieanlagen und Haushaltungen in die Atmosphäre abgegebenen festen und gasförmigen Bestandteile werden als Emissionen bezeichnet. Nach ihrer Ausbreitung in der Luft können sie als Immissionen auf die belebte Umwelt und damit auch auf die Pflanzen einwirken. Durch die Ausbreitung in der Luft werden die emittierten Stoffe in der Regel verdünnt, so daß die Konzentration des Schadstoffes am Ort der Emission meist erheblich größer ist als am Ort der Immission. Je weiter Emissionsquelle und Immissionspunkt auseinanderliegen, um so geringer wird die Wirkung der Schadstoffe sein.

Die Emissionen und Immissionen lassen sich durch Angabe der „Maximalen Konzentrationen" charakterisieren. Die „Maximale Emissionskonzentration" wird als MEK-Wert, die „Maximale Immissionskonzentration" als MIK-Wert bezeichnet. Als MIK-Werte sind Schadstoffkonzentrationen in der Luft festgelegt worden, die allgemein für Mensch, Tier und Pflanze unbedenklich sind. Die MEK-Werte hingegen geben an, welche Menge einer Substanz an die Atmosphäre abgegeben

Tab. 52. MIK-Werte für gasförmige Schadstoffe in mg/m^3 Luft (nach TA Luft)

	MIK_D	MIK_K
Kohlenmonoxid (CO)	10,0	30
Stickstoffdioxid	0,10	0,30
Stickstoffmonoxid	0,20	0,60
Schwefeldioxid (SO_2)	0,14	0,40
Chlorgas (Cl_2)	0,10	0,3

werden darf. Die MIK-Werte werden unterteilt in MIK_D, den MIK-Wert für Dauerbelastung und MIK_k, den Wert für Kurzzeitbelastung.

Aus Tab. 52 gehen einige MIK-Werte von umweltbelastenden Stoffen hervor.

1.4.1 Feste Stoffe

Unter den das Wachstum der Pflanzen beeinflussenden festen Stoffen der Luft sind in erster Linie Stäube, d. h. fein verteilte feste Teilchen von etwa 10 bis 100 nm ∅ zu nennen. Sie können nach Metall- und Nichtmetallstäuben unterschieden werden. Unter den Produzenten von Nichtmetallstäuben sind inbesondere Zement- und Kalkhersteller, Stahlwerke, Kohlekraftwerke und andere industrielle Anlagen zu erwähnen. Ein erheblicher Anteil an Nichtmetallstaub wird durch den Straßenverkehr verursacht. Die Auswirkungen der Stäube sind meist auf die nähere Umgebung des Emittenden beschränkt, weil die Staubpartikel aufgrund ihrer Größe sehr rasch zu Boden sinken können. Staub, gleich welcher Art, kann die Pflanzen im Wachstum dann beeinträchtigen, wenn er auf ihren Blättern längere Zeit liegen bleibt. Je nach Herkunft und chemischer Reaktion der Stäube können die Planzen in unterschiedlicher Weise geschädigt werden.

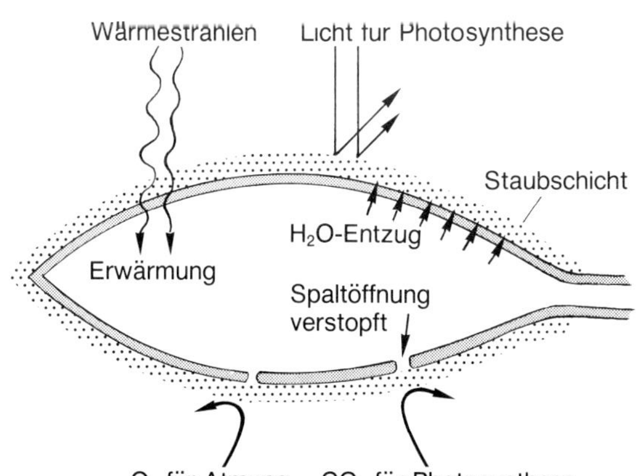

Abb. 66. Wirkung von Staub auf die Laubblätter (nach FELLENBERG 1977).

Tab. 53. Richtwerte 1979 für Blei, Cadmium und Quecksilber in und auf Lebensmitteln pflanzlicher Herkunft (aus KÄFERSTEIN et al. 1979).

Lebensmittel	Richtwert 1979 in mg/kg*		
	Pb	Cd	Hg
Blattgemüse	1,2	0,1	**
Sproßgemüse	1,2	0,1	**
Fruchtgemüse	0,2	0,1	**
Wurzelgemüse	0,5	0,05	–
Kernobst	0,5	0,05	**
Steinobst	0,5	0,05	**
Beerenobst	0,5	0,05	**
Getreide	0,5	0,1	0,03
Kartoffeln	0,2	0,1	0,02

* Werte berechnet als Gesamtelement, bezogen auf die zum Verzehr bestimmten Teile der Lebensmittel in der Angebotsform.
** Da die Gehalte in der Nähe der geräteabhängigen Nachweisgrenze liegen, wird auf die Richtwertangabe verzichtet.

Ein bekanntes Beispiel für die schädigende Wirkung ist die des Zementstaubes, wo bei hoher Luftfeuchtigkeit Ca-Silikate gebildet werden, die die Blätter zusammenhängend bedecken und dadurch möglicherweise den Gasaustausch über die Stomata behindern. Dies gilt insbesondere für Pflanzen, die Stomata auf Blattober- und -unterseite besitzen (z. B. Koniferen), während Pflanzen, die Stomata auf der Blattunterseite haben (z. B. Laubbäume) weniger empfindlich reagieren. Staub, gleich welcher Herkunft, kann die Photosyntheseleistung der Pflanze verringern. Der Grund dafür liegt darin, daß die Staubschicht das Licht des für die Photosynthese wichtigen Spektralbereiches (450 bis 700 nm) überwiegend reflektiert, während Infrarotstrahlen (750 bis 1350 nm) absorbiert werden. Auf diese Weise können verstaubte Blätter stärker erwärmen als nicht verstaubte (FELLENBERG 1977).

Unter den Metallstäuben sind es insbesondere Verbindungen, die auf dem Weg über die Pflanze in die Nahrungskette gelangen können. Unter den Pb-Emittenden ist das Auto sicherlich am bedeutungsvollsten. Daneben spielen noch eine begrenzte Rolle Bleihütten und bleiverarbeitende Industriebetriebe. Da Pb in den Auspuffgasen der Kraftwagen teils als organische Verbindung (Pb-Tetraaethyl) oder reines Pb ausgestoßen wird, kann dieses leicht verteilt und auf nahe an Straßen und Autobahnen liegende Gemüsefelder verweht werden. Eine Schädigung der Pflanzen erfolgt sehr selten, weil diese Pb nur in geringen Mengen direkt aufnehmen können. Gefährlicher sind allerdings die Bleiniederschläge auf Obst und Gemüse, die zwar zum größten Teil mit Detergentienlösungen abgewaschen werden können, aber in der Praxis wohl selten abgewaschen werden. Für den Pb-Gehalt von Obst und Gemüse sind obere Grenzwerte festgelegt worden, die zum Teil aus Tab. 53 hervorgehen.

1.4.2 Gasförmige Stoffe

Unter den gasförmigen Immissionen sind für den gärtnerischen Pflanzenbau folgende von Bedeutung: CO, CO_2, SO_2, O_3, PAN, HF, HCl, C_2H_4 und NH_3.

Der CO_2-Anteil der Luft befindet sich mit den anderen Gasen in einem Gleichgewicht; sein Anteil beträgt 0,03 Vol.-% mit vermutlich steigender Tendenz wegen der anhaltenden Verbrennung fossiler Brennstoffe. Aus pflanzenbaulicher Sicht ist das CO_2 ein bedeutender Wachstumsfaktor, der im Unterglasanbau von Gemüse und Zierpflanzen durch Erhöhung des Gehaltes von etwa 300 auf 1000 ppm ertragssteigernd wirken kann. Bei Überdosierung (>3000 ppm) können allerdings schon Ertragsminderungen und eventuell sogar Schäden auftreten.

Das Gas CO entwickelt sich bei unvollständiger Verbrennung. Unter den Emittenden haben Kraftfahrzeuge wahrscheinlich den größten Anteil. Ein direkter Einbau von CO durch die Photosynthese in die Pflanzen findet kaum statt. Es gibt jedoch eine Reihe von Blütenpflanzen, die CO durch Einbau in die Aminosäure Serin fixieren können. Zu diesen gehören beispielsweise *Fagopyrum, Coleus, Ficus, Daucus* und *Medicago*.

Unter den pflanzenschädigenden Gasen spielt SO_2 eine große Rolle. Es ensteht in erster Linie bei der Eisenerzverarbeitung, in der Düngemittel- und chemischen Industrie und bei der Verbrennung fossiler Brennstoffe. Die SO_2-Emissionen können zu einer spürbaren Versauerung (Bildung von H_2SO_3) des Regenwassers auch über weite Entfernungen hinweg führen. Pflanzen reagieren auf SO_2-Immissionen mit unterschiedlicher Empfindlichkeit. Die hohe Empfindlichkeit der Nadelbäume gegenüber diesen Einflüssen ist darauf zurückzuführen, daß die Spaltöffnungen im Gegensatz zu anderen krautigen Pflanzen und Laubbäumen nicht geschlossen werden können und sich auf Blattober- und -unterseite befinden. Am empfindlichsten reagieren Flechten auf SO_2-Immissionen. SO_2 vermag außerdem die Photosynthese durch Zerstörung der Chlorophylle a und b zu hemmen. Äußeres Zeichen hoher SO_2-Konzentrationen sind unregelmäßig verteilte Nekrosen auf Blättern.

Das pflanzenschädigende Gas Cl_2 wird durch die Feuchtigkeit der Luft mit HCl ins Gleichgewicht gebracht. Insofern ist eine Unterscheidung der Schädigung durch Cl_2 oder HCl nicht möglich. HCl bzw. Cl_2 wird von Düngemittelfabriken, elektrochemischen Werken und bei der Verbrennung von Cl-haltigen Kunststoffen (PVC) freigesetzt. Durch HCl wird die Chlorophyllsynthese und damit die photosynthetische Leistung der Pflanze vermindert. Infolge ihrer quellenden Eigenschaften vermögen Cl-Ionen die Wasseraufnahme der Zellen zu erhöhen.

HF entsteht insbesondere bei Verhüttung von Al und Schwermetallen. Daneben wird es auch von Düngemittelfabriken (Superphosphat), Ziegeleien, Glashütten und Keramikherstellern abgegeben. Die Wirkung von HF und anderen Fluoriden auf die Photosynthese und das Wachstum der Pflanzen sind in ihren Ursachen noch nicht gänzlich geklärt. Von diesem Gas scheint aber eine Hemmung der Photosynthese und der Atmung auszugehen.

Schäden durch HCl und HF sind ebenso wie die von SO_2 an über die Blattspreite unregelmäßig verteilten chlorotischen und nekrotischen Flecken zu erkennen. Zusätzlich treten durch HF an einkeimblättrigen Pflanzen Absterbeerscheinungen der Trieb- und Blattspitzen auf.

Für die Entstehung nitroser Gase oder Stickstoffoxide sind in erster Linie die Auspuffgase der Kraftfahrzeuge verantwortlich. Daneben werden erhebliche Mengen an Stickoxiden bei der Fabrikation von HNO_3 und H_2SO_4 an die Luft abgegeben. Die Permeabilität der pflanzlichen Zellmembran wird durch den Einfluß nitroser Gase erhöht. Die Farbstoffe Chlorophyll und Karotinoid werden durch sie zerstört, so daß die Photosyntheseleistung beeinträchtigt wird.

Infolge der Bildung von O_3 aus NO_2 mit Hilfe des ultravioletten Lichtes, gemäß folgender Formel:

$$NO_2 + O_2 \xrightarrow{h \cdot \nu} NO + O_3$$

wirken nicht nur die Stickoxide an sich schädigend auf die Pflanzen, sondern auch zusätzlich das neu entstandene Ozon. Durch Ozon kann die Öffnung der Stomata verhindert werden. Durch Zerstörung der organischen Substanz infolge der Auflösung von Doppelverbindungen werden die pflanzlichen Gewebe regelrecht zersetzt. Die Folgen des Schadens sind sog. Silberblätter. Das Licht wird von den leeren luftgefüllten Zellen total reflektiert. Weitere chemische Verbindungen enstehen durch die Reaktionsfreudigkeit der Oxidantien, Stickoxide und Ozon. Durch die Reaktion von Ozon mit ungesättigten Kohlenwasserstoffen und NO_2 bildet sich häufig PAN (= Peroxyacetylnitrat) oder andere Alkylverbindungen. Das PAN ist an der Bildung von „Smog" beteiligt. Durch PAN wird das Pflanzenwachstum infolge Schädigung des Photosyntheseapparates gehemmt. Dieser Effekt ist jedoch nur im Licht möglich, weil PAN durch das Licht in seine schädigenden Bestandteile NO_2 und Peroxyacetyl-Rest zerlegt wird.

Unter den weiteren in der Luft enthaltenden Stoffen, die das Wachstum der Pflanzen nachhaltig beeinflussen können, ist C_2H_4 zu nennen. C_2H_4 kommt in Automobilabgasen, in Erd- und Leuchtgas, bei der Erdölverarbeitung und der Koksproduktion vor. Die Pflanzen reagieren zum Teil sehr empfindlich auf geringste Konzentrationen, wobei alte Blätter empfindlicher sind als junge. Zwischen dem Gehalt an β-JES in der Pflanze und C_2H_4 besteht eine antagonistische Beziehung. In einigen Fällen sind C_2H_4 Konzentrationen, die unterhalb der Nachweisgrenze liegen, bereits schädigend. Dies wirkt sich insbesondere dort aus, wo stark C_2H_4 produzierende Früchte (z. B. Äpfel) mit empfindlichen Schnittblumen zusammen lagern. Bekannt ist auch, daß Früchte, die in der Nähe von Schnittblumen reifen, so viel C_2H_4 produzieren können, daß die Schnittblumen welken (z. B. Tomaten neben Nelken). Insbesondere muß aber beim Transport von Schnittblumen darauf geachtet werden, daß möglichst keine C_2H_4-haltigen Abgase von Kraftfahrzeugen zu den Blumen gelangen. Auch besteht die Möglichkeit, daß durch defekte oder schlecht eingestellte Heizungsanlagen erhebliche C_2H_4-Mengen freigesetzt werden. Besonders empfindlich auf die C_2H_4-Zufuhr reagieren Schnittblumen nach der Ernte, aber auch Orchideen und Nelken vor der Ernte. Bei überhöhtem C_2H_4-Angebot entstehen an den Pflanzen Mißbildungen, die denen nach Anwendung von 2,4-D ähnlich sind.

Das unter Umständen schädigende Gas NH_3 wird bei der Düngemittelherstellung produziert. Im Gartenbau sind Schäden in erster Linie durch unsachgemäße Anwendung ammoniumhaltiger Düngemittel (z. B. schwefelsaures Ammoniak, Harnstoff und flüssiges Ammoniak) zu erwarten. Darüber hinaus kann NH_3 in der

Nähe landwirtschaftlicher Betriebe mit Massentierhaltung und in größeren Städten mit starkem Individualverkehr emittiert werden. Schadsymptome nach NH_3-Immission sind dunkle Flecken auf den Blättern oder totales Absterben. Durch NH_3-Einwirkung können außerdem Blatt- und Blütenfarbstoffe zerstört werden. Gas dringt durch die Stomata in die Blätter ein und zerstört infolge der alkalischen Reaktion die Farbstoffe. Auf Früchten kommt es zu einer Aufrauhung der Epidermis. Beobachtet werden auch blasige Auftreibungen der Interkostalfelder.

1.4.3 Reaktionen der Pflanzen

Literaturübersichten über die Reaktion der Pflanzen auf Emissionen und Immissionen wurden von TAYLOR (1975) und REINERT (1975) angefertigt. Aus diesen zusammenfassenden Darstellungen geht hervor, daß Pflanzenarten und -sorten unterschiedlich auf die Einflüsse der Schadstoffe reagieren. Die Reaktion der Pflanzen gegenüber Emissionen und Immissionen zeigt Abb. 67.

Die unterschiedliche Reaktion von Petuniensorten auf Begasung mit SO_2 läßt sich nach Untersuchungen von UHRING (1978) nicht durch Unterschiede in der Blattanatomie erklären. Ergebnisse von OSHIMA et al. (1978) zeigen, daß Pflanzen gegenüber einer O_3-Einwirkung im Jungpflanzenstadium besonders empfindlich sind.

Durch Emissionen und Immissionen kann sich der Wert der Pflanze und/oder ihrer Produkte verändern (s. Abb. 68).

Aus den Tab. 54 bis 57 geht der Empfindlichkeitsgrad einiger gärtnerisch wichtiger Kulturen auf einige zuvor genannte Immissionen hervor.

Die Beschreibung der Schadsymptome durch die vorgenannten Emissionen und Immissionen kann bei TRESHOW (1970) und SORAUER (1975) nachgelesen werden.

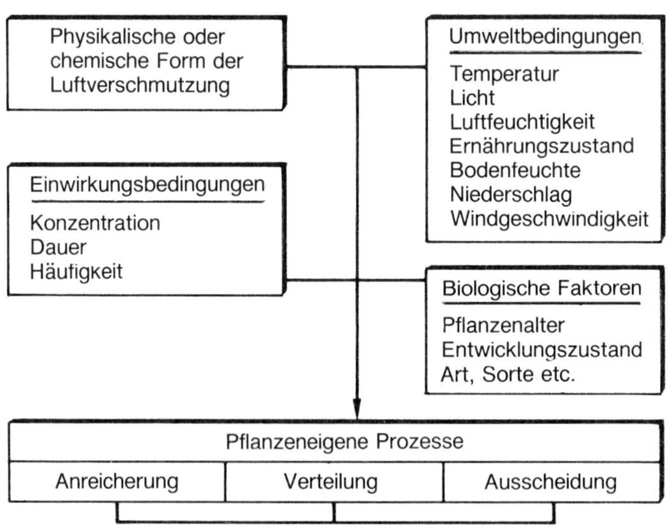

Abb. 67. Einfluß verschiedener Faktoren auf die Reaktion von Pflanzen gegenüber Emissionen und Immissionen.

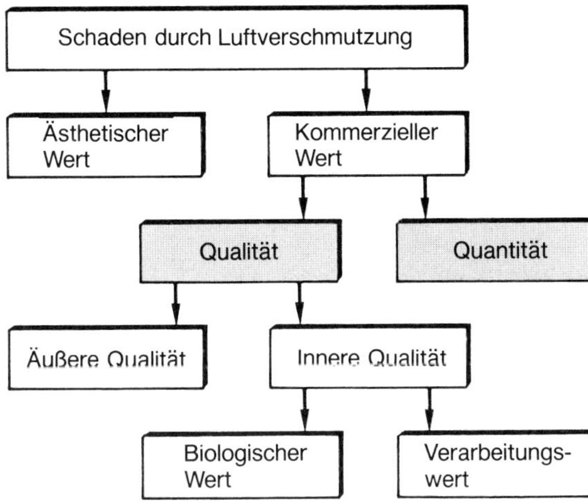

Abb. 68. Einfluß von Luftverschmutzungen auf die Qualität von Pflanzen.

Tab. 54. Empfindlichkeit verschiedener Gattungen gegenüber SO_2 (nach TRESHOW 1970)

Gemüse		**Obst- und Baumschulpflanzen**	
Allium	+	*Acer*	+
Beta	–	*Catalpa*	○
Brassica	○	*Larix*	–
Chenopodium	○	*Malus*	○+
Cichorium	–	*Parthenocissus*	+
Cucumis	+	*Picea*	○
Daucus	–	*Pinus*	○
Lactuca	–	*Platanus*	–
Lycopersicon	○	*Populus*	○
Phaseolus	–	*Prunus*	○
Pisum	○	*Quercus*	+
Raphanus	–	*Rhus*	+
Rheum	–	*Ribes*	+
Rumex	–	*Rosa*	+
Spinacia	–	*Syringa*	+
Taraxacum	○	*Thuja*	+
Zea	+	*Tilia*	○
		Ulmus	○

+ = widerstandsfähig ○ = mäßig empfindlich – = empfindlich

Tab. 54. Empfindlichkeit verschiedener Gattungen gegenüber SO_2 (nach TRESHOW 1970)

Zierpflanzen			
Althaea	–	*Helianthus*	–
Aster	○	*Iris*	○
Chrysanthemum	+	*Portulaca*	+
Gladiolus	+	*Tagetes*	○
		Zinnia	–

+ = widerstandsfähig ○ = mäßig empfindlich – = empfindlich

Tab. 55. Empfindlichkeit verschiedener Gattungen gegenüber O_3 (nach TRESHOW 1970)

Gemüse			
Beta	+	*Ligustrum*	–
Brassica	– ○	*Lonicera*	○
Cichorium	○	*Malus*	–
Cucumis	+	*Parthenocissus*	+
Daucus	○	*Populus gambelii*	–
Lactuca	+	*Prunus*	– ○
Lycopersicon	–	*Pyracantha*	○
Pastinaca	○	*Pyrus*	+
Petroselinum	○	*Quercus*	–
Phaseolus	–	*Quercus macrocarpa*	+
Raphanus	–	*Rhus*	–
Spinacia	–	*Spiraea*	–
Zea	–	*Symphoricarpos*	–
		Syringa	–
Obst- und Baumschulpflanzen		*Tilia*	+
Acer	+	*Ulmus*	+
Betula	+	*Viburnum*	+
Eleagnus	○		
Fagus	+	**Zierpflanzen**	
Fraxinus	–	*Gossypium*	+
Gleditsia	–	*Pelargonium*	+
Juglans	–	*Petunia*	○

+ = widerstandsfähig ○ = mäßig empfindlich – = empfindlich

Tab. 56. Empfindlichkeit verschiedener Gattungen gegenüber PAN (nach TRESHOW 1970)

Gemüse		**Zierpflanzen**	
Allium	+	*Anthurium*	+
Apium	–	*Antirrhinum*	–
Beta	–	*Aster*	–
Brassica	–	*Bromeliaceae*	+
Capsicum	–	*Cactaceae*	+
Cichorium	–	*Calendula*	+
Cucumis	+	*Camellia*	+
Cucurbita	+	*Coleus*	+
Daucus	+	*Cyclamen*	+
Mentha	–	*Dianthus*	+
Ocimum	–	*Fuchsia*	–
Phaseolus	–	*Hedera*	+
Rheum	+	*Impatiens*	–
Rumex	–	*Lilium*	+
Sinapis	–	*Mimulus*	–
Spinacia	–	*Narcissus*	+
Zea	–	*Orchidaceae*	+
		Petunia	–
Obst- und Baumschulpflanzen			
Fragaria	+		

+ = widerstandsfähig ○ = mäßig empfindlich – = empfindlich

Tab. 57. Empfindlichkeit verschiedener Gattungen gegenüber HF (nach TRESHOW 1970, WOLTZ und WATERS 1979a, b)

Gemüse			
Asparagus	+	*Betula*	+
Chenopodium	○	*Fraxinus*	○+
Cucurbita	+	*Juglans*	○
Lycopersicon	+	*Juniperus*	+
Zea	–	*Larix*	–
		Malus	○
		Morus	○
Obst- und Baumschulpflanzen		*Parthenocissus*	+
Acer	–○	*Picea*	–○
Amelanchier	○	*Pinus*	–

+ = widerstandsfähig ○ = mäßig empfindlich – = empfindlich

Tab. 57. Empfindlichkeit verschiedener Gattungen gegenüber HF (nach TRESHOW 1970, WOLTZ und WATERS 1979a, b)

Populus	○	*Dieffenbachia*	+
Prunus	– ○ +	*Dizygotheca*	○
Pseudotsuga	–	*Dracaena deremensis*	– ○
Pyracantha	+	*Dracaena fragrans*	+
Pyrus	+	*Euphorbia*	–
Rhododendron	○	*Gerbera*	–
Rhus	○	*Gladiolus*	–
Ribes	+	*Gypsophila*	○
Rosa	○	*Gynura*	+
Rubus	○	*Helianthus*	+
Salix	+	*Hemerocallis*	–
Sambucus	+	*Hemigraphis*	+
Spiraea	+	*Hippeastrum*	+
Syringa	○	*Howeia*	– ○
Taxus	○	*Hoya*	+
Thuja	○	*Lilium*	–
Tilia	○ +	*Marantha*	○
Ulmus	+	*Nephrolepis*	+
Vaccinium	–	*Paeonia*	○
		Pelargonium	○
Zierpflanzen		*Peperomia*	+
Aglaonema	+	*Phalaenopsis*	+
Allium	–	*Philodendron panduriforme*	–
Amaranthus	+	*Philodendron erubescens* 'Red Emerald'	+
Aphelandra	○ +	*Philodendron scandens*	○
Ardisia	+	*Philodendron selloum*	○
Arecastrum	–	*Phoenix*	○
Araucaria	+	*Pilea*	+
Asparagus densiflorus	–	*Plectranthus*	+
Begonia	–	*Podocarpus*	+
Caladium	+	*Pteris*	–
Cattleya	+	*Rhoeo*	○
Chamaedorea	–	*Sansevieria*	+
Chlorophytum	–	*Schefflera*	+
Chrysalidocarpus	○	*Scindapsus*	+
Chrysanthemum	+	*Sinningia*	+
Codiaeum	+	*Syngonium*	+
Coffea	–	*Tulipa*	–
Cordyline	–	*Vriesea*	+
Dendrobium	+	*Zebrina*	+
Dianthus	○		

+ = widerstandsfähig ○ = mäßig empfindlich – = empfindlich

1.5 Bodenuntersuchung, Pflanzenanalyse und Ertrag

1.5.1 Bodenuntersuchungen

Mit Hilfe der Bodenuntersuchung soll die Verfügbarkeit der essentiellen Pflanzennährstoffe im Boden abgeschätzt werden. Hierzu existieren verschiedene Methoden, die im Abschnitt 1.1.3 erläutert wurden.

Die Schwierigkeit für den Anbauer besteht darin, einerseits Beziehungen zwischen den Bodenuntersuchungswerten und der Mineralstoffaufnahme durch die Pflanze und andererseits zwischen der Mineralstoffaufnahme und dem Ertrag herzustellen. Da die durch Bodenuntersuchung ermittelten Nährstoffgehalte nur Auskunft über die mögliche Wirkung einzelner Faktoren aus einer Reihe von zahlreichen wachstumsbeeinflussenden Faktoren geben, ist die Herstellung einer solchen Beziehung in der Regel schwierig und kann selten allein zu einer vollständigen Erklärung des Ertragsgeschehens führen. Aus diesem Grunde wird die Einteilung des Versorgungsgrades in ein relativ grob gefächertes Raster vorgenommen. Dieses in der Landwirtschaft übliche Verfahren ist im Prinzip auch im Gartenbau anzuwenden.

Durch die Substratuntersuchung kann die mögliche Auswirkung der Nährstoffe auf die Pflanze ermittelt werden. Darüber hinaus können die Substratanalysenwerte während des Wachstums der Pflanzen Aufschluß über den Nährstoffversorgungsgrad geben. Sie sind aber nicht in der Lage, das aktuelle Nährstoffbedürfnis der Pflanze zu charakterisieren. Eine Substratanalyse sollte mindestens zu Beginn der Kulturzeit durchgeführt werden.

Zu beachten ist ferner, daß auch die Vorräte des Unterbodens zur Versorgung der Pflanzen mit Mineralstoffen beitragen können. Das gilt insbesondere für N (Soper et al. 1971, Scharpf und Wehrmann 1976) sowie für P und K (Richter et al. 1977). Unter Berücksichtigung der Bodenhorizonte bei der Nährstoffuntersuchung ist die Angabe von Grenzwerten sicherlich weniger zweckmäßig als die Umrechnung auf die verfügbare Nährstoffmenge.

1.5.2 Pflanzenanalyse

Nährstoffmangel und -überschuß lassen sich in akutem Zustand visuell beurteilen. Hier haben sich die Störungen soweit ausgewirkt, daß an den Pflanzen sichtbare Symptome aufgetreten sind. Anhand von Nährstoffmangel- oder Überschußsymptomen kann auf den fehlenden oder im Überangebot vorhandenen Nährstoff geschlossen werden. In Anlehnung an Bergmann und Neubert (1976) lassen sich nach einem Schlüssel 3 Hauptgruppen von Symptomen unterteilen:

- Die Symptome sind an älteren Blättern besonders ausgeprägt.
- Die Symptome befinden sich vorwiegend an jungen Blättern und Organen.
- Die Symptome treten je nach Pflanzenart und Zeitpunkt an älteren und/oder jüngeren Blättern und Organen auf.

Innerhalb dieser 3 Gruppen kann nun die nachfolgende Unterteilung durchgeführt werden. Aus der Tab. 58 gehen die Symptome und das die Schäden verursachende Element hervor. Es sind lediglich die Mangelsymptome aufgeführt worden, weil durch den Überschuß an Nährstoffen teils unspezifische Blattrandchlorosen und -nekrosen hervorgerufen werden können und teils der Mangel von einem anderen Element induziert wird. So tritt durch N- oder P-Überschuß K-Mangel auf und durch Mg-, K- oder N-Überschuß Ca-Mangel. Bei B-Überschuß kommt es zu interkostalen Blattrandverbrennungen, die mit K- und Mg-Mangel verwechselt werden können. Zu hohe Gaben an Cr, Co, Cu, Mn, Ni oder Zn verursachen neben spezifischen toxischen Effekten Fe-Mangel. Die Symptome bei Mn-Überschuß oder -Mangel sind ähnlich; hier sind zur Unterscheidung zusätzlich die Boden-pH-Werte zu untersuchen. Durch zu hohe Al-Gaben kann P-Mangel ausgelöst werden. Ebenso sind verschiedene Chlorosen und Nekrosen der Blätter infolge Überschusses anderer Schwermetalle möglich LEH 1978a, b).

Tab. 58. Schlüssel zur Bestimmung von Nährstoffmangelsymptomen (nach LEH 1978, BERGMANN und NEUBERT 1976; s. dazu Farbtafeln auf den Seiten 65, 66, 83, 84, 133, 134, 151, 152)

	Symptom	Mangel
1	Ältere oder Basalblätter der Pflanzen am stärksten betroffen. Symptome örtlich begrenzt oder über die Pflanze verteilt. Gesamtpflanzenwachstum verändert.	
1.1	Symptome über die gesamte Pflanze verbreitet. Verfärbung hell- oder dunkelgrün. Basalblätter am stärksten betroffen mit mehr oder weniger Gelb-, Gelbbraun-, Braun- oder Rotbraunfärbungen bzw. Vertrocknen. Starrtracht. Pflanzen klein.	
1.1.1	Pflanze hellgrün. Basalblätter von den Spitzen ausgehend gelb, vertrocknen mit hellbrauner Färbung. Stengel faserig kurz und dünn. Wurzeln im Verhältnis zum Sproß sehr lang mit geringer Seitenwurzelausbildung.	N
1.1.2	Pflanze dunkel- bis blaugrün, oft rot bis purpurfarben (besonders Stengel, Blattstiele und Adern), blattunterseits purpur bis blaugrün gefärbt. Untere Blätter zum Teil gelbbraunrot, vertrocknen mit grünbrauner, zum Teil schwarzgetönter Färbung. Bei Äpfeln schmutzig purpurne und bronzene Färbung. Stengel verholzt, kurz und dünn. Wurzeln lang mit wenigen Seitenwurzeln und rötlich-braun verfärbt. Reifeverzögerung.	P
1.2	Symptome meistens örtlich begrenzt. Chlorotische Fleckenbildung mit oder ohne Nekrosen bzw. abgestorbenen Zonen an den Basalblättern. Mit oder ohne Absterben der Basalblätter. Monokotyle Pflanzen: Perlschnurartige Chlorophyllschuppung längs der Adern (Marmorierung, „Tigerung“) an älteren Blättern, zum Teil rötlich bis purpurfarben (Mais). Manchmal absterbende Zonen innerhalb der Chlorosestreifen. Gelbwerden bis Vertrocknen der Blätter von der Blattspitze ausgehend. Dikotyle Pflanzen: Mehr oder weniger ausgeprägte gelbgrüne bis gelbe Interkostalchlorosen (bei einigen Pflanzen auch rotviolett) der älteren Blätter, zum Teil mit nachfolgenden Nekrosen (bei Obstbäumen oft ohne Chlorosen, fischgrätenartig angeordnete braune Flecken längs der	Mg

	Symptom	Mangel
	Hauptader vor Gelbwerden des Blattes). Blattnerven mit breitem, grünem Saum. Blattränder häufig noch grün. Spitzen und Ränder aufwärts gewölbt. Stengel häufig dünn. Bei Koniferen Gelbwerden der Nadeln („Gelbspitzigkeit"). Wurzeln lang mit wenigen Seitenwurzeln.	
1.2.2	Welketracht: Erstes Symptom fahlgraugrüne Basalblätter. Chlorosen meist von Blattspitze und Blattrand ausgehend mit nachfolgenden braunen, graubraunen, rötlichbraunen bis dunkelbraunen Nekrosen, zunächst fleckenartig, später zusammenfließend flächenartig. Interkostalfelder oft nach oben gewölbt mit bronzeartigen Farbtönungen jüngerer bläulichgrüner Blätter. Blätter vertrocknen mit gelbbrauner bis brauner Verfärbung. Blattränder auf- oder abwärts gebogen, häufig auch massenweises Absterben. Stengel verholzt. Wurzeln lang, gelblich und schleimig mit wenigen Seitenwurzeln.	K
1.2.3	Chlorotische, sich schnell vergrößernde Fleckenbildung mit kleinen oder größeren abgestorbenen Zonen (Aufhellung bis zu weißer Farbe), von den älteren Blättern ausgehend und sich über die ganze Pflanze ausbreitend, allgemein auf die Interkostalfelder begrenzt, zum Teil auch auf sekundäre und primäre Blattnerven ausgedehnt. Vorzeitiger Fall der älteren Blätter. Jüngere Blätter meist dick, spröde und sehr klein (Kleinblättrigkeit) sowie blaßgrün bis gelbweiß bei Mais. Blätter häufig weite Stielbuchten. Auffallend kurze Internodien. Sproß gestaucht (Zwergwuchs) mit büschelartigem Blattwuchs (Rosettenbildung). Wurzelentwicklung schwach gehemmt.	Zn
2	Jüngere oder Spitzenblätter, zum Teil mittlere Blätter stärker betroffen, zum Teil Absterben des Vegetationspunktes. Symptome vorwiegend örtlich begrenzt.	
2.1	Terminalknospe wächst meist weiter. Welken bzw. Chlorose der jüngeren oder Knospenblätter mit oder ohne Nekrosen. Adern hell- oder dunkelgrün.	
2.1.1	Junge Blätter nicht verwelkt. Chlorosen mit oder ohne Nekrosen über das ganze Blatt verteilt.	
2.1.1.1	Monokotyle Pflanzen: Streifen- bis Fleckenchlorosen, häufig in graubraune Flecken mit zum Teil dunklerer Umrahmung übergehend an jüngeren bis mittleren Blättern, die bei stärkerem Mangel zusammenfließen (Dörrfleckenkrankheit bei Hafer). Teils Abknicken der Blattspreite meist im unteren Teil. Blattspitzen häufig normal grün, zumindest anfangs, und schlaff herunterhängend.	Mn
	Dikotyle Pflanzen: Netz- oder mosaikartige Interkostalchlorosen mit grüngesäumten Hauptadern (nadelbaumähnlich) der jüngeren bis mittleren Blätter. Jüngste Blätter zunächst olivgrün. Auch die kleinsten Adern bleiben meist grün. Später Fleckennekrosen, die zum Teil perforieren. Tüpfelchlorosen und -nekrosen. Samen mit Innenverbräunung, Hohlherzigkeit bei Erbsen und Bohnen. Geringe Wurzelbildung, oft mit bräunlicher Verfärbung.	
2.1.1.2	Jüngste Blätter mit Chlorosen meist ohne Nekrosen. Adern entweder hell- oder dunkelgrün. Teilweise Adern ebenfalls chlorotisch.	

	Symptom	Mangel
2.1.1.2.1	Jüngste Blätter zitronengelb bis gelbweiße Interkostalchlorosen mit scharf abgesetzten grünen Hauptadern. Gelegentlich feine Adern noch grün. Stengel dünner und kürzer als normal. Bei starkem Mangel auch Adern chlorotisch und, vom Rand aus beginnend, braune Nekrosen auf den Blattflächen. Kurze, braunverfärbte Wurzeln mit vielen Seitenwurzeln.	Fe
2.1.1.2.2	Jüngste Blätter meist einschließlich der Hauptadern hellgrün bis gelbgrün und gelb. Blattadern oftmals sogar heller als Blattspreite. Ältere Blätter dicker und fester. Gesamte Pflanze hellgrüner und Starrtracht. Ähnlich wie bei N-Mangel. Sproß kurz und zart. Viele reichverzweigte weiße Wurzeln.	S
2.1.2	Monokotyle Pflanzen: Junge Blätter welk (Spitzenwelke) und absterbend meist ohne Chlorose und Fleckenbildung unter Weißverfärbung (Weißspitzigkeit), Rollen, bzw. Verdrehen und Abknicken (Wegweiserstellung der Blätter). Starke Bestockung (Nachschosser) der im Basalteil grünen bis dunkelgrünen Pflanzen. Stengel dünner. Ährenbildung stark gehemmt oder unterbunden. Meist taube, weiß verfärbte Ährchen (Weißährigkeit). Dikotyle Pflanzen: Junge Blätter hängen wie welk herab, zum Teil mißgestaltet. Aufhellung der Interkostalfelder nach hellgelb mit häufig gelbweißen bis braungelben Nekrosen. Generatives Wachstum stärker benachteiligt als das vegetative. Blütenstände mißgestaltet. Vertrocknen und Verkahlen der Zweigenden (Spitzendürre bei Obstbäumen). Neuaustriebe an der Basis hexenbesenartig. Wurzelwachstum mäßig gehemmt, lange dünne, weiße Seitenwurzeln.	Cu
2.2	Nach dem Erscheinen von Verformungen an den jüngsten Blättern, von der Spitze oder vom Basalende beginnend, Absterben der Terminalknospen.	
2.2.1	Junge Blätter der Spitzentriebe haken- bzw. krallenförmig an der Spitze abgebogen. Eintrocknen und Aufreißen (flattriges Aussehen) der Blattspreite, beginnend an Spitzen und Rändern mit hell- bis weißgrüner, teils auch graubrauner Verfärbung: neu austreibende Blätter chlorotisch, geringe Turgeszenz. Der gelegentlich violett verfärbte Stengel knickt unterhalb der Blüten- oder Sproßspitze ab, oder der gestauchte Sproß stirbt ab. Blütenendfäulen bei Früchten. Stippigkeit bei Äpfeln. Wurzeln bleiben kurz, zeigen ein struppiges, schleimiges Aussehen und sind dunkelbraun bis schwarz verfärbt.	Ca

Farbtafel 7
Oben links: Ca-Mangel an Tomaten; Blütenendfäule. Oben rechts: Apfel mit Ca-Mangel. Dieses Symptom wird „Stippigkeit“ genannt. Unten: Ca-Mangel an *Cyclamen*.

oCa
Ca

+Mo
-Mo

–Mo

	Symptom	Mangel
2.2.2	Verdicken der Endknospe. Verfärben der jungen Blätter der Terminalknospe vom Basalende ausgehend nach hellgrün. Blätter verformt, mißgestaltet, verdreht und verkümmert, häufig verdickt, starr und spröde. Verkürzte Internodien. Gestauchter Sproß. Stengel der Terminalknospen und Vegetationspunkte sterben unter Braun- und Schwarzwerden ab (Herz- und Trockenfäule bei Rüben). In Stengeln und Strünken hohle Stellen. Gelegentlich auch Seitenblatt- und -triebbildung. Wurzeln dürftig und struppig. Viele sehr kurze Seitenwurzeln mit keulenartig verdickter Spitze. Wurzeln braun verfärbt. Verkorkte Mißbildungen an Früchten.	B
3	Ältere und/oder jüngere Organe der Pflanzen am stärksten betroffen.	
3.1	N-Mangel ähnliche Symptome bei Leguminosen. Blaßgrüne Blätter oder Gelbfleckigkeit bei anderen Kulturpflanzen (z. B. Poinsettien). Blattspitzen und Blattränder zeigen Nekrosen ähnlich NO_3-Überschußsymptomen nach starken N-Gaben. Graugrün- bis Blaugrünfärbung von Blattflächen bei *Brassica*-Arten. Gescheckte und an den Rändern aufgerollte gekräuselte Blätter. Schöpfkellenartige Blätter. Auftreten chlorotischer und nekrotischer Flecken in den Blättern. Interkostalflächen perforieren. Mittelrippen wachsen mit reduzierten Blattspreiten (Peitschenstiel- bzw. Whiptail-Erkrankung bei Blumenkohl). Vegetationspunkt stirbt unter Verdrehen der Herzblätter ab (Klemmherzigkeit bei Blumenkohl). Symptome an älteren und jüngeren Blättern zu beobachten.	Mo

Latente Ernährungsstörungen lassen sich oft mit Hilfe der Pflanzenteilanalyse ermitteln. Bei diesem Verfahren geht es meist um die Bestimmung von Mineralstoffgehalten in Pflanzenteilen (Blätter) oder ganzen Sprossen (Stengel-Blätter-Blüten) und den Vergleich der erhaltenen Meßwerte mit vorher festgelegten Standards (BATES 1971). Eine Analyse der Wurzeln kann darüber hinaus bei Hydrokulturpflanzen durchaus sinnvoll sein. Die Pflanzenteilanalyse hat Eingang gefunden in den Obstbau, den Gemüsebau und teilweise auch in den Zierpflanzenbau.

Bei der Erkennung von suboptimaler Mikronährstoffversorgung ist eine Pflanzenteilanalyse zur Kennzeichnung des Ernährungszustandes der Substratuntersuchung sicherlich überlegen. Eine Pflanzenanalyse ist aber nur dann zur Ermittlung des Versorgungszustandes der Pflanzen geeignet, wenn verläßliche Grenzwerte

Farbtafel 8
Oben: Ältere Poinsettienblätter mit Mo-Mangel. Unten: Junge Blumenkohlblätter mit starkem Mo-Mangel.

vorliegen. Es darf angenommen werden, daß durch die Pflanzenanalyse ermittelte Nährelementgehalte ebenfalls ein brauchbares Maß für den Nährstoffbedarf sind. Die Ermittlung des Nährstoffbedarfes anhand der Pflanzenanalyse erfordert auch die genaue Ausarbeitung von Grenzwerten zu bestimmten Jahreszeiten. Dieses ist deshalb besonders wichtig, weil die Nährstoffkonzentration im Laufe der Zeit in den Pflanzenteilen abnimmt (z. B. N, P, K) oder größer wird (z. B. Ca, Fe, Mn).

Bei den Elementen, deren Gehalt mit der Zeit infolge Immobilität zunimmt, ist häufig eine Bestimmung des mobilen Anteiles sinnvoller als des Gesamtgehaltes. Die Probenahme zur Pflanzenteilanalyse hat nach Möglichkeit zu Beginn der Kultur zu erfolgen, damit nach Vergleich mit Standards eine Korrektur der Düngemaßnahmen möglich ist. Der Nährelementgehalt eines Pflanzenteils ist von einer Vielzahl von Faktoren, die in Abb. 69 dargestellt werden, abhängig.

Durch die in Abb. 69 genannten Faktoren sind die Grenzen der Aussagekraft der Pflanzenteilanalyse zu erkennen. Darüber hinaus können die angezeigten Wechselwirkungen zwischen den Faktoren den Nährelementgehalt eines Pflanzenteiles zusätzlich verändern.

1.5.3 Pflanzenertrag

Der Ertrag eines Pflanzenbestandes wird gekennzeichnet durch Menge und Qualität an verwertbarer organischer und anorganischer Substanz sowie dem äußeren Erscheinungsbild der Pflanzen und -teile, soweit es sich nicht um der Ernährung dienende handelt, und der Früchte.

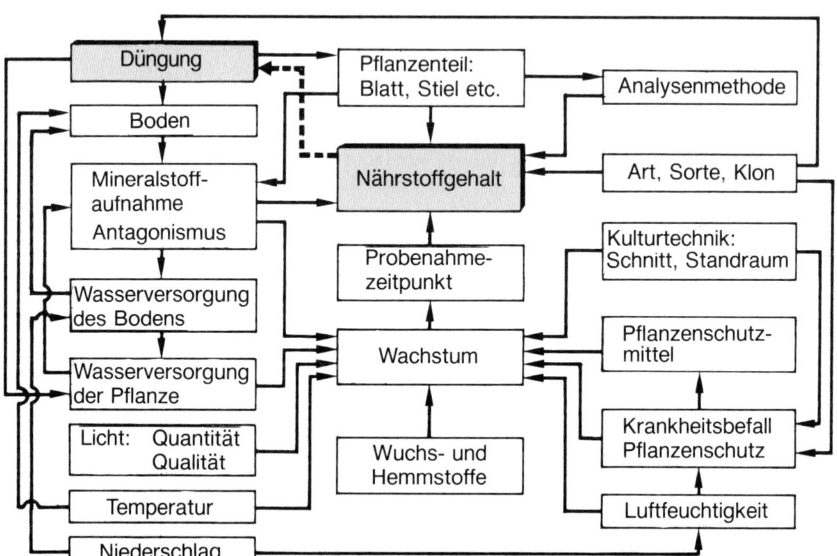

Abb. 69. Abhängigkeit des Nährelementgehaltes in Pflanzen von endogenen und exogenen Einflüssen.

Die Höhe des Ertrages ist abhängig von der Intensität der einwirkenden Wachstumsfaktoren. Wachstumsfaktoren sind physikalische, chemische und biotische Faktoren, die das Wachstum der Pflanzen von der Keimung bis zum Absterben beeinflussen können. Die Wachstumsfaktoren werden in konstante und variable Faktoren unterteilt. Konstante Faktoren sind z. B. die Schwerkraft und elektromagnetische Felder. Zu den variablen Faktoren zählen Klima- und Bodeneinflüsse.

Bei den Klimafaktoren sind für den gärtnerischen Anbau bedeutungsvoll das Licht in seiner Zusammensetzung nach Dauer und Stärke, die Temperatur sowie stoffliche Faktoren wie CO_2, O_2 und Immissionen. Über den Boden wirken variabel das Wasser, die Mineralstoffe und eine Reihe organischer Stoffe. Gegebenenfalls sind Pflanzenschutzmittel, Wuchs- und Hemmstoffe auch den Wachstumsfaktoren zuzurechnen. Durch das Zusammenwirken endogener (pflanzeneigene Stoffe – Genetik) und exogener Faktoren wird die Höhe des Ertrages mit festgelegt.

Das Wachstum der Pflanzen selbst wird nach Streckungs- und Teilungswachstum unterschieden. Beim Teilungswachstum erfolgt die Zunahme pflanzlicher Substanz durch Zellteilung. Streckungswachstum ist dagegen durch Volumenzunahme der Zellen gekennzeichnet, z. B. durch Vakuolenvergrößerung und Wasseraufnahme.

Im Hinblick auf den Ertrag kann ferner nach System- und Produktwachstum unterschieden werden. Diese von LINSER (LINSER et al. 1968) entwickelte Betrachtungsweise spricht dann von Systemwachstum, wenn sich das lebende System der Pflanze vermehrt (Teilungswachstum). Das Produktwachstum hingegen ergibt sich aus der Einlagerung von Reservestoffen in pflanzliche Organe, z. B. Knollen, Zwiebeln, Früchte, Blüten und Samen. Hierbei erfolgt lediglich eine Zunahme der Trockensubstanzmenge.

Wachstum und Ertragsbildung unterliegen bestimmten Regeln. Es gibt dabei zahlreiche mathematische Formulierungen zur Kennzeichnung der Wachstums- und Ertragsgesetze. Das Wachstum in Abhängigkeit von der Zeit kann, wie aus Abb. 70 hervorgeht, als eine S-Kurve dargestellt werden.

Wie sich aus Abb. 70 entnehmen läßt, ist das Wachstum zu Beginn der Kultur (Jungpflanzen) bedeutend geringer, als im mittleren Abschnitt, in der Hauptwachstumsphase. Bei Triebabschluß (z. B. Blüte) wird der Zuwachs verlangsamt und schließlich ganz eingestellt. Da die Nährstoffaufnahme mit dem Wachstum parallel verläuft, haben sich die Düngungsmaßnahmen nach der jeweiligen Wachstumsintensität zu richten.

Der Ertrag wird zumeist als Funktion der Wachstumsfaktoren dargestellt. Mit steigendem Aufwand nimmt der Ertrag zwar zu, der Ertragszuwachs wird immer geringer. Dieses zuerst von TURGOT formulierte Gesetz wird das „Gesetz vom abnehmenden Ertragszuwachs" genannt. Der Ertrag wird in der Regel von dem im Minimum befindlichen Faktor festgelegt. Dieses Minimumgesetz ist von LIEBIG formuliert und als „Minimumtonne" dargestellt worden.

Der im Minimum befindliche Faktor ist um so stärker ertragswirksam je mehr die anderen Faktoren im Optimum sind (Optimumgesetz von LIEBSCHER). Der Ertrag wird meist als Funktion eines Wachstumsfaktors dargestellt. Dieses Wirkungsgesetz der Wachstumsfaktoren ist von E. A. MITSCHERLICH als Gesetz vom abnehmenden Ertragszuwachs formuliert worden. Hiernach erhöht die Steigerung eines Wachstumsfaktors den Pflanzenertrag proportional zu dem am Höchstertrag fehlenden Ertrag.

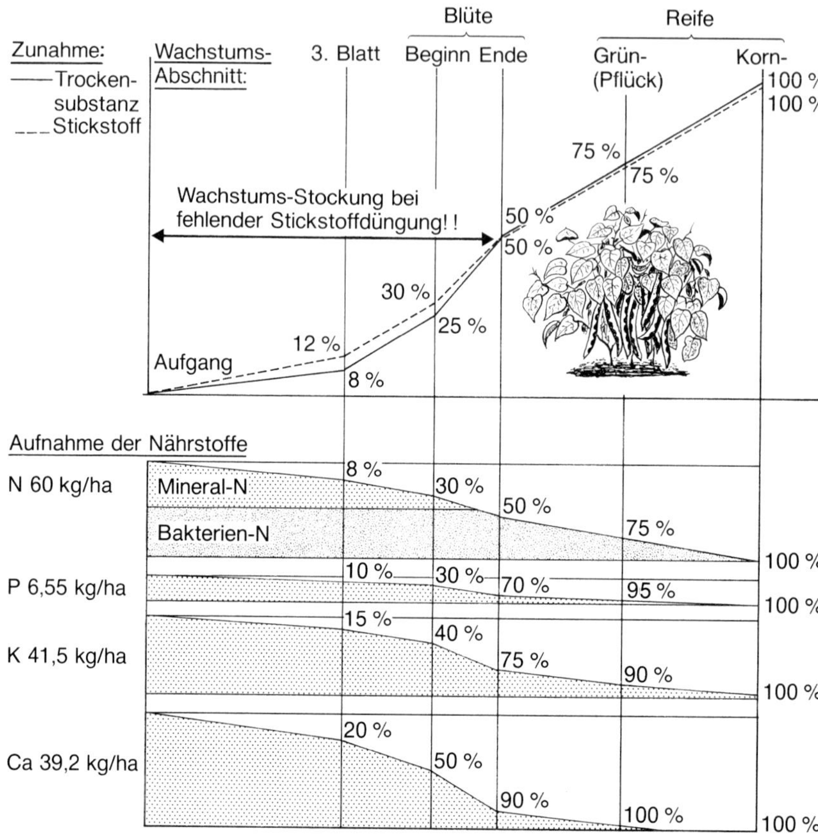

Abb. 70. Wachstum bei Abhängigkeit von der Zeit. Dargestellt bei Buschbohnen (nach BECKER-DILLINGEN 1938). Die Nährstoffaufnahme eilt der Trockensubstanzbildung der Pflanzen voraus.

Formelmäßig läßt sich dieser Zusammenhang folgendermaßen darstellen:

$\log (A-y) = \log A - c \cdot x$

A = Höchstertrag

y = gemessener Ertrag

x = Menge des Wachstumsfaktors

c = Wirkungswert (Konstante für Wachstumsfaktor)

Die Größe der Wirkungswerte ist unterschiedlich und beträgt beispielsweise für

N = 0,2 P_2O_5 = 0,6

K_2O = 0,4 Mg = 2.

Weitergehende mathematische Formulierungen, insbesondere den Ertragsabfall bei Überdüngung betreffend, sind v. BOGUSLAWSKI und SCHNEIDER (1964) entwickelt worden (s. auch Abschnitt 1.8).

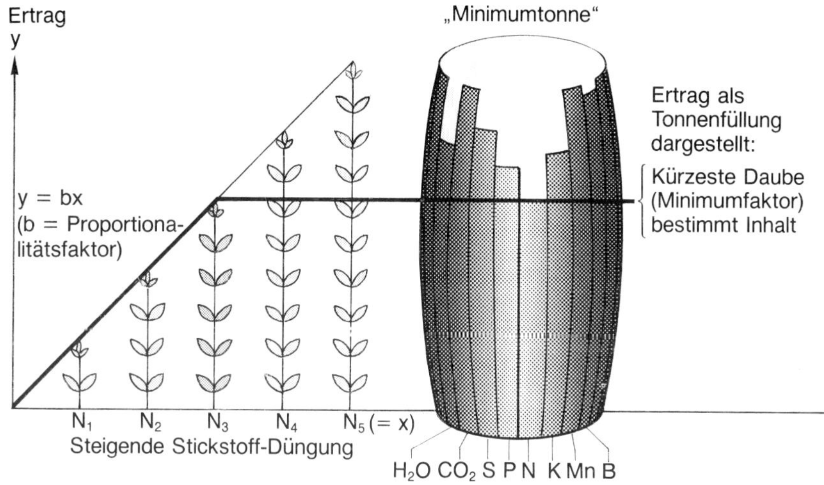

Abb. 71. Darstellung des Minimumgesetzes (aus FINCK 1976).

Pflanzenbaulicher und ökonomischer Höchstertrag können vor allem dann stark voneinander abweichen, wenn die aufzuwendenden Mittel für einen Wachstumsfaktor einen großen finanziellen Aufwand erfordern. Das Ertragspotential läßt sich andererseits durch die Pflanzenzüchtung stark beeinflussen, z. B. durch Züchtung auf geringe Chloroseanfälligkeit oder Resistenz gegenüber bestimmten Pflanzenkrankheiten. Die Höhe des Ertrages richtet sich auch nach den Möglichkeiten der Pflanze, Krankheiten in bestimmten Entwicklungsstadien abwehren zu können. Gerade in diesem Zusammenhang ist eine dem Wachstum der Pflanzen angepaßte Düngung erforderlich.

Der Ertrag ist nicht nur der Menge nach, sondern auch nach der Qualität der Ernteprodukte zu beurteilen. Der Qualität des Ertrages kommt insofern eine große Bedeutung zu, als in Ländern mit hoher landwirtschaftlicher Produktion die Ernährung der Bevölkerung nicht allein mengenmäßig, sondern auch nach der Qualität der Nahrungsmittel beurteilt werden muß. Bei den der Ernährung dienenden Produkten des Gartenbaues ist die Qualität abhängig von einer Reihe von Faktoren, wie z. B. äußere Beschaffenheit, Gehalt an Inhaltsstoffen schädigender und nichtschädigender Art, Geschmack und Geruch sowie Transport- und Lagerfähigkeit.

Bei nicht der Ernährung dienenden Ernteprodukten kommen z. B. Bewurzelungsfähigkeit von Stecklingen, Blütendurchmesser und -farbe sowie die Wuchsform hinzu. Die Qualität des Ertrages kann in 2 große Gruppen unterteilt werden, nämlich nach innerer und äußerer Qualität. Durch die Düngung ist möglicherweise das Maximum des Mengen- und Qualitätsertrages nicht immer im gleichen Sinne zu beeinflussen. So hat z. B. ein Anstieg des N-Gehaltes von Chrysanthemen eine blühverzögernde Wirkung (BUNT 1973), während das Gewicht der Pflanzen unter Umständen noch zunimmt (ARNOLD BIK 1966).

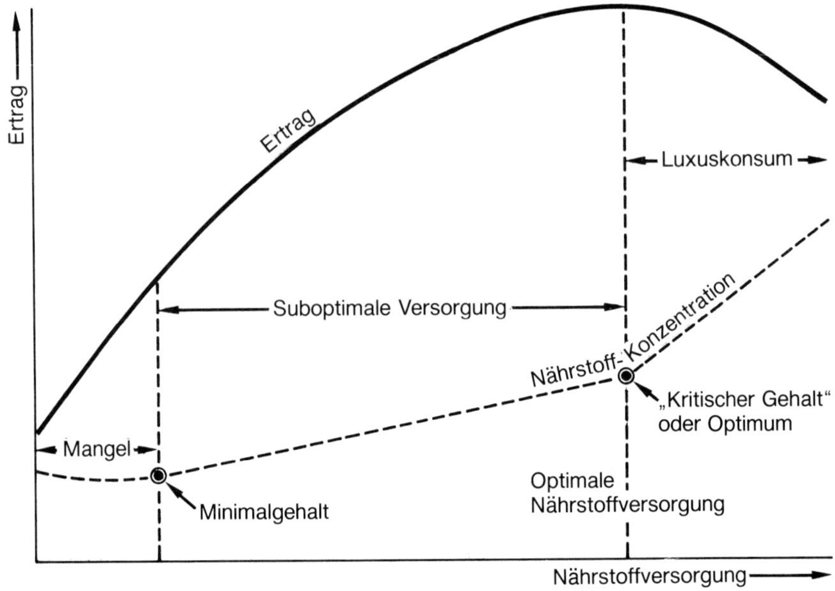

Abb. 72. Beziehungen zwischen Nährelementgehalt in Pflanzen und Ertrag.

1.5.4 Beziehung zwischen Bodenuntersuchung, Pflanzenteilanalyse und Ertrag

Die Ergebnisse der Bodenuntersuchung werden mit denen der Pflanzenanalyse in Beziehung gesetzt. So wird z. B. von SCHACHTSCHABEL und KÖSTER (1976) eine enge Beziehung zwischen Meßwerten von Bodenuntersuchungsmethoden auf P und den P-Gehalten junger Pflanzen zur Beurteilung der Aussagekraft einer Bodenuntersuchungsmethode herangezogen. Aus dieser zusammenfassenden Darstellung geht aber auch hervor, daß die enge Korrelation zwischen dem P-Gehalt junger Pflanzen und den Werten der Bodenuntersuchung allein noch kein Maßstab ist zur Abschätzung des zu erwartenden Ertrages. Dieses gilt insbesondere beim Vergleich zwischen Meßwerten der Bodenuntersuchung und Ergebnissen der Pflanzenanalyse (LASKE 1972). Bereits bei KNAUER (1963) ergibt sich, daß das P-Düngebedürfnis der Pflanze nicht mit Erfolg aus der Pflanzenanalyse abgelesen werden kann.

Die Beziehung zwischen Nährstoffversorgung und Ertrag bzw. Nährelementgehalt der Pflanze läßt sich aus Abb. 72 ersehen.

Dieser Tatsache trägt die Blattanalyse im Obstbau bereits Rechnung (Gruppe 1961, Naumann 1961, Bünemann, Lüdders, Chapmann 1967, Bould 1972, Eaton 1973, Wallace 1961, Wehrmann, Kenworthy 1950, Bergmann und Neubert 1976, Johnson 1973). Hier wird bei verschiedenen Arten versucht, mit Hilfe der Blattanalyse den zu erwartenden Ertrag abzuschätzen.

Die Brauchbarkeit von Bodenuntersuchungsmethoden sollte nach Möglichkeit an den Beziehungen zwischen dem Bodenuntersuchungsergebnis und dem Ertrag gemessen werden. Der Ertrag wird indirekt durch den geringen Mineralstoffgehalt begrenzt und direkt durch Anlieferungsraten für einzelne Mineralstoffe, die niedriger sein können, als es der Assimilationsrate entspricht. Die Verfügbarkeit an Nährstoffen, z. B. K, zu verschiedenen Jahreszeiten, wirkt sich auch auf den Mineralstoffgehalt von z. B. Äpfeln aus (LÜDDERS et al. 1975).

Untersuchungen von RÖBER und MUNK (1975) an Weizen haben gezeigt, daß zum Teil enge Beziehungen zwischen dem Systemwachstum, d. h. Teilungswachstum und dem P_2O_5-Gehalt im Boden, untersucht nach der H_2O-Methode, bestehen. Dieser Zusammenhang läßt sich aus Abb. 73 entnehmen.

Es ist zu erkennen, daß hohen Phosphatgehalten im Boden, hohe Phosphataufnahmen und Systemwachstum folgen.

Zusammenhänge zwischen den Gehalten des Bodens an N, P und K und dem Ertrag sind mehrfach festgestellt worden (SOPER et al. 1972, SCHÜLLER et al. 1975, GRIMME und NEMETH 1976). Die Beziehungen zwischen den Mehrerträgen von Gemüse und den Ergebnissen der Bodenuntersuchung sind nicht sehr eng, wie RATHSACK und SCHACHTSCHABEL (1963) sowie RATHSACK und JUNGK (1968) festgestellt haben. Aufgrund der bodeneigenen Nährstoffdynamik können auch keine engen Beziehungen bei Freilandböden erwartet werden.

Recht enge Beziehungen zwischen den Nährstoffgehalten der Substrate und dem Wachstum der Pflanzen bzw. dem Ertrag lassen sich bei Topfpflanzen unter Berücksichtigung des Wachstums herstellen. Untersuchungen von FISCHER (1974) haben gezeigt, daß eine Analyse des Topfsubstrats offenbar nur vor und zu Beginn der Kultur von Chrysanthemen sinnvoll ist. Die Pflanzen vermögen den Vorrat aus dem Substrat bei starkem Wachstum relativ schnell auszuschöpfen, so daß eine Substratanalyse auf N, P und K in der Mitte oder gegen Ende der Kulturzeit nur

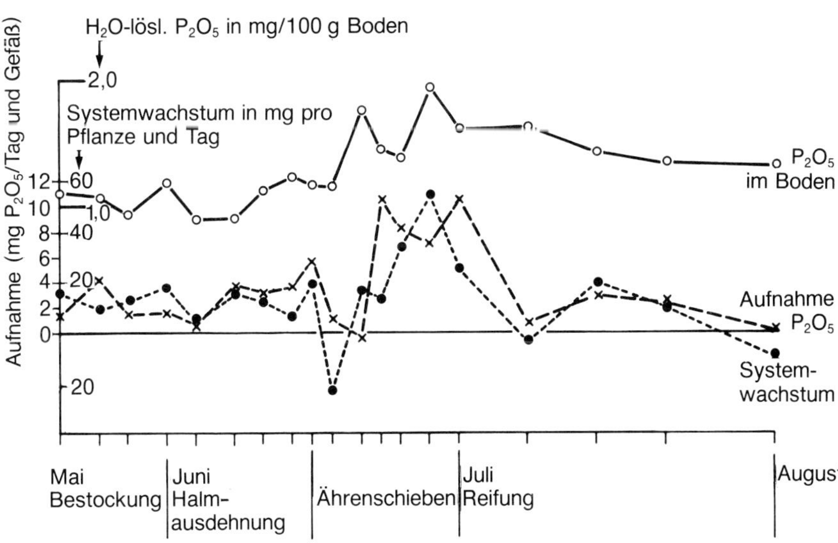

Abb. 73. Bodenphosphatgehalt (H_2O), Systemwachstum und Phosphataufnahme in Abhängigkeit von der Zeit (aus RÖBER und MUNK 1975).

noch eine geringe Aussagekraft besitzt. Hier scheint dann die Untersuchung des pH-Wertes und der Leitfähigkeit sinnvoller zu sein (RÖBER und HECKER 1978). Der Ertrag der Pflanzen ist offensichtlich in starkem Maße abhängig von der Mineralstoffaufnahme zu Zeiten hohen Bedarfes, wie zuvor bereits angedeutet wurde.

1.6 Hydrokultur

Die Gründe dür den Anbau von Pflanzen in Nährlösungen (Hydrokultur) sind recht verschiedenartig. Wesentlich scheint zu sein, in kurzen Zeiträumen hohe Erträge zu erzielen. Dieses ist dadurch zu erreichen, daß die Pflanzen ständig ausreichende Mengen an Nährstoffen für ihr Wachstum zur Verfügung gestellt bekommen. Um die Nährstoffe aber nach Menge, Konzentration und Form den Pflanzen anzubieten, ist beim Anbau in Hydrokultur eine Reihe von Spezialkenntnissen erforderlich (RÖBER 1978).

Die Hydrokultur wird angewendet

- zu wissenschaftlichen Zwecken als NL-Kultur,
- zur Anzucht und Kultur von Obst- und Gemüsepflanzen, Schnittblumen und Mutterpflanzen in Nährfilmtechnik (= NFT = Nutrient Film Technique),
- beim Anbau von Topfpflanzen.

Dabei kommen unterschiedliche Substrate zum Einsatz.

1.6.1 Zusammensetzung der Nährlösung (NL)

Die Zusammensetzung einer Nährlösung richtet sich in erster Linie nach dem Bedarf der Pflanzen. Der Bedarf der Pflanzen an Nährstoffen ist wiederum von einer Reihe von Faktoren abhängig, die dem Kultivateur von Hydrokulturpflanzen stets bewußt sein sollten: Witterungsbedingungen, Temperatur, Tageslänge, Beleuchtungsstärke, Alter der Pflanzen, Wachstum und das Aufnahme- und Anreicherungsvermögen. Ein Wechsel der Nährlösungen sollte in regelmäßigen Zeitabständen erfolgen (STEINECK 1962), wenn nicht die von den Pflanzen verbrauchten Nährstoffe nachgegeben werden. Wegen der eventuellen Anreicherung der NL mit von den Pflanzen abgegebenen giftigen Stoffen ist auch bei stetem Nachfüllen von NL ein kompletter Wechsel etwa alle 6 bis 8 Wochen anzuraten.

Der einseitigen Überdüngung mit schädigend wirkenden Ionen kann durch Verdünnung mit H_2O entgegengewirkt werden. Die Verwendung ausgeglichener NL und realtiv hohe Ca- und Mg-Konzentrationen in den NL können Fehler bei der Düngergabe zwar nicht ausgleichen, aber doch dazu beitragen, daß die Schäden nach Betriebsfehlern geringer bleiben.

Die Konzentration der Salze in einer NL ist meßbar durch die elektrische Leitfähigkeit. Eine NL sollte eine Leitfähigkeit von etwa 1500 bis 2000 μS besitzen. Für Jungpflanzen ist die Leitfähigkeit nur etwa halb so hoch zu wählen. Sie ist relativ leicht bestimmbar und sollte am besten kontinuierlich, mindestens aber alle 3 bis 4 Tage, kontrolliert werden. Diese Kontrolle ist deshalb nützlich, weil bereits in den genannten kurzen Zeiträumen Veränderungen der NL-Konzentrationen, die über die Leitfähigkeitsbestimmung nachweisbar sind, stattfinden können.

Tab. 59. NL-Konzentrationen und Leitfähigkeiten

Stufe	Konzentration der NL in ‰	Leitfähigkeit (in entsalztem H_2O) in μS
empfindlich	0,25–0,5	330– 650
verträglich	0,5 –1 (1,5)	650–1 270 (1910)
bedürftig	1 –2	1 270–2 460

N kann bei der Hydrokultur in verschiedenen Formen angeboten werden. Von der Verwendung des Harnstoffes ($CO(HN_2)_2$) als Düngemittel ist in diesem Zusammenhang abzuraten, denn er wirkt, wenn er zu hoch dosiert wird, ähnlich wie NH_4-N stark schädigend auf die Pflanzen und ist als Nichtelektrolyt bei der Leitfähigkeitsmessung nicht erfaßbar. Für die Praxis der Hydrokultur bleiben im Grunde die beiden N-Formen NH_4- und NO_3-N zur Verwendung.

Auch Phosphat kann zur NL in 2 verschiedenen Formen verabreicht werden. Je nach dem pH-Wert der NL lassen sich primäres Phosphat ($H_2PO_4^-$), das überwiegend im sauren Bereich (pH 5) vorliegt, und sekundäres Phosphat (HPO_4^{2-}), das im alkalischen Bereich (pH 8,0) vorkommt, unterscheiden. Eine Mischung gleicher Anteile beider Phosphatformen bewirkt einen pH-Wert der NL von etwa 6,8. Da die angebotenen Phosphatkonzentrationen in der Regel niedrig sind, ist mit dem Gemisch von primärem und sekundärem Phosphat zwar das pH einzustellen, jedoch nicht konstant zu halten.

An dieser Stelle sollen 3 Beispiele stellvertretend für eine Vielfalt von in der Pflanzenernährung üblichen NL stehen. Diese Beispiele mögen deshalb genügen, weil verhältnismäßig geringe Informationen über die speziellen Ansprüche einzelner Pflanzenarten vorliegen. Am ehesten wird man den Anforderungen der Praxis dadurch gerecht, indem die NL lediglich in der Konzentration den Ansprüchen der Pflanzen entsprechend variiert werden. Zweckmäßigerweise ist zwischen empfindlichen, verträglichen und bedürftigen Pflanzenarten zu unterscheiden. Entsprechend dieser Einteilung sind Jungpflanzen in der Regel der Gruppe der empfindlichen Pflanzen zuzuordnen. Aus Tab. 59 lassen sich abgeschätzte Konzentrations- und Leitfähigkeitsbereiche für die genannten 3 Gruppen entnehmen.

Die in der Tabelle genannten Werte sind Anhaltspunkte. Die Leitfähigkeit ist hier in einer MND-Lösung gemessen worden (Zusammensetzung N : P_2O_5 : K_2O : MgO = 15 : 7 : 22 : 6). Die Werte sind je nach Jahreszeit, Größe und Wachstum der Pflanzen zu variieren. In der lichtarmen Jahreszeit sind zweckmäßigerweise stets die niedrigen Konzentrationen anzubieten. Wird für den Ansatz einer NL anstelle von entsalztem H_2O-Leitungswasser verwendet, so erhöht sich die Leitfähigkeit der angesetzten NL entsprechend um die Leitfähigkeit des Leitungswassers.

1.6.2 Beispiele für Nährlösungen

Die Nährlösung 1 ist hinsichtlich der Konzentration 1 ‰ig. Sie enthält 1 g/l eines für die Hydrokultur vorgesehenen MND. Hierin sind pro l enthalten: 150 mg N = 10,7 mmol N, 183 mg K = 4,7 mmol K, 30,6 mg P = 1 mmol P, 36 mg Mg = 1,5 mmol Mg. Die Versorgung mit Ca erfolgt über das Leitungswasser, das je nach gemessenem

Härtegrad unterschiedliche Ca-Mengen enthält. Dabei entspricht 1 °dH ungefähr 7 mg Ca. Ein Wasser mit 12 °dH enthält demnach 86 mg Ca im Liter, das sind 2,15 mmol Ca/l. Wird das genannte Düngemittel in diesem Wasser gelöst, so enthält die NL die erwähnte Ca-Konzentration, welche in der Regel zur Versorgung der Pflanzen ausreichen dürfte. Die im Leitungswasser enthaltenen Salzmengen erhöhen natürlich die Leitfähigkeit der NL entsprechend der Salzgabe. Im Prinzip können auch andere wasserlösliche MND zur Herstellung von NL verwendet werden.

Die Nährlösung 2 wird mit entsalztem H_2O angesetzt, da sie alle Nährstoffe als Salze zugeführt bekommt. Hierzu werden 4 Stammlösungen hergestellt, die folgende Nährelementgehalte besitzen:

Stammlösung Nr.	Salz	mmol/l	g Salz / 10 l
1	KH_2PO_4	100	136,09
	K_2HPO_4	100	174,18
	KNO_3	400	404,44
2	$Ca(NO_3)_2 \cdot 4\ H_2O$	400	944,60
3	$MgSO_4 \cdot 7\ H_2O$	300	739,41
	$(NH_4)_2SO_4$	200	264,28
4	Fetrilon (oder anderes Fe-Chelat)		20,00
	Spurenelemente: $MnCl_2 \cdot 4\ H_2O$		3,89
	H_3BO_3		6,11
	$ZnSO_4 \cdot 7\ H_2O$		0,98
	$CuSO_4 \cdot 5\ H_2O$		0,55
	$Co(NO_3)_2 \cdot 6\ H_2O$		0,55
	$Na_2MoO_4 \cdot 2\ H_2O$		0,47

Zur Herstellung der Stammlösung Nr. 4 ist eine Feinwaage erforderlich. Die Lösung Nr. 4 ist im Dunkeln zu lagern und nur begrenzt haltbar. Alle übrigen Stammlösungen sind praktisch unbegrenzt haltbar. Die verwendeten Salze sind unter der Bezeichnung „technisch“ oder „chemisch rein“ im Chemikalienhandel zu beziehen. Zum Gebrauch sind die Stammlösungen im Verhältnis 1 : 100, d. h. je 1 l jeder Stammlösung mit entsalztem H_2O auf ingesamt 100 l auffüllen, zu verdünnen.

Die NL mit 2 ‰ (pH etwa 6,5) enthält:

Nährelement	mg/l ≙ ppm	mmol/l
N	224	16
P	62	2
K	274	7
Ca	160	4
Mg	72	3
S	160	5
Fe	1	0,018

dazu Spurenelemente gemäß Stammlösung 4

Um Ausfällungen zu vermeiden, sind die Lösungen nur vorverdünnt zu vermischen. Die Gebrauchslösung (NL) hat eine Konzentration von ungefähr 2 ‰ und kann, z. B. für verträgliche Pflanzen nochmals 1 : 1, d. h. 1 Vol.-Teil entsalztes H_2O mit 1 Vol.-Teil NL verdünnt werden. Für empflindliche Pflanzen und Jungpflanzen ist eine weitere Verdünnung auf ¼ der Ausgangskonzentration (0,5‰) erforderlich.

Diese NL wurde aufgrund vorausgegangener Ergebnisse an Blütenpflanzen erprobt (RÖBER und FISCHER 1978).

Die Zusammensetzung der Nährlösung 3 wird von HEWITT (1966) angegeben und ist von ABBOTT entwickelt worden. Die NL eignet sich besonders zum Anbau von Schnittblumen in Hydrokultur (NFT). Sie ist ebenfalls aus im Handel erhältlichen Chemikalien zusammenzustellen. Ihre Zusammensetzung ergibt sich wie folgt (pH etwa 6,5):

Nährelement	mg/l ≙ ppm	mmol/l
N (NO_3-N)	150	10,5
P	186	6
K	200	5,1
Ca	210	5,25
Mg	50	2,1
S	147	4,6
Fe	5,6	0,1
Mn	0,55	–
Cu	0,064	–
Zn	0,065	–
B	0,5	–
Mo	0,05	–

Die Zusammensetzung dieser NL hinsichtlich der Spurenelemente entspricht etwa der der NL 2. Die NL 3 ist ebenfalls aus 100fach konzentrierten Stammlösungen herzustellen. Die zu verwendenden Salze sind Ca $(NO_3)_2$, $MgSO_4$ und K_2SO_4 sowie Fe-Zitrat, $MnCl_2$, $CuSO_4$, $ZnSO_4$, H_3BO_3 und Na_2MoO_4. Phosphat wird als Orthophosphorsäure (H_3PO_4) zugegeben. Weitere Beispiele für NL sind den Tab. 60 und 61 sowie aus Büchern von HEWITT (1966), HARRISS (1976) und PENNINGSFELD (1982) zu entnehmen (s. auch Tab. 60, 61).

1.6.3 pH-Wert der Nährlösung

Der pH-Wert gibt die H_3O^+-Konzentration einer Lösung an. Je niedriger er ist, um so höher ist die Konzentration an H_3O^+. Die meisten Pflanzen bevorzugen zum Wachstum einen pH-Bereich von etwa 5,5 bis 7,0. Das Optimum des pH kann je nach Pflanzenart sehr unterschiedlich sein (FISCHER und LEINFELDER 1980, RÖBER et al. 1983). Die Pflanzen vermögen vom Optimum abweichende pH-Werte nur in begrenztem Umfang zu tolerieren (FIETZ und ALT 1979). Dabei ist die Toleranz gegenüber zu hohen pH-Werten ($pH > 7,5$) möglicherweise geringer als gegenüber zu niedrigen ($pH < 5$). Die Erklärung dafür liegt in der mit wechselndem pH variierenden Nährstoffverfügbarkeit. Das Wachstum der Pflanzen kann demnach durch vom Optimum abweichende pH-Werte unter Umständen nachhaltig negativ beeinflußt werden.

Tab. 60. Nährlösungen für erdelose Kulturverfahren (aus JANSEN et al. 1984)

	+ Gurken	○ Tomaten	○ Paprika	○ Salat	+ Nelken	+ Rosen	+ Gebera	○ Chrysanthemum	+ Cymbidium	+ Blattpflanzen	Umrechnung	
in mmol/l											1 mmol/l	= mg/l
NO_3	11,75	10,5	12,25	9,5	11,5	10,5	9,0	10,5	7,5	10,0	62,0 NO_3	= 14 N
H_2PO_4	1,25	1,5	1,25	1,0	1,5	1,5	1,0	1,0	1,0	1,5	69,9 H_2PO_4	= 31 P
SO_4	1,0	2,25	1,25	0,5	1,0	0,75	1,0	1,0	0,75	1,0	96,1 SO_4	= 32 S
NH_4	0,5	0,5	–	0,5	0,25	0,25	0,75	0,5	0,5	0,5	18,0 NH_4	= 14 N
K	5,5	7,0	6,5	5,0	6,25	5,75	5,75	5,0	4,5	5,5		39,1
Ca	3,5	3,5	3,5	2,25	3,5	3,0	2,0	3,0	2,0	3,0		40,1
Mg	1,0	1,0	1,25	0,75	0,75	0,75	0,75	1,0	0,5	0,75		24,3
in μmol/l											1 μmol/l	= mg/l
Fe	10	35	30	35	35	35	55	60	35	35		0,056
Mn	10	20	20	5	7,5	20	10	20	20	10		0,055
Zn	4	4	4	3	3	2,5	3	3	3	3		0,065
B	20	20	25	20	20	20	15	20	20	20		0,011
Cu	0,5	0,5	0,5	0,5	0,5	0,5	1	0,5	0,5	0,5		0,064
Mo	0,5	0,5	0,5	0,5	0,5	0,5	0,5	0,5	0,5	0,5		0,096

+ auf Steinwolle, ○ zirkulierende Nährlösung

Tab. 61. Mögliche Nährlösungszusammensetzung für Tomaten und Gurken in erdeloser Kultur (nach COOPER 1976)

	Tomate			Gurke		
	g/1000 l	ppm		g/1000 l	ppm	
Lösung A						
Calciumnitrat $Ca(NO_3)_2 \cdot 4H_2O$	988	168 Ca	117 N	637	108 Ca	76 N
Kaliumnitrat KNO_3	658,1	254 K	91 N	250	97 K	35 N
Ammoniumnitrat NH_4NO_3				40		14 N
Sequestrene 138-Fe (50% Fe-EDDHA)	84	5,3 Fe		5,6	0,4 Fe	
Lösung B						
Monokaliumphosphat KH_2PO_4	272	78 K	62 P	125	36 K	28 P
Kaliumsulfat K_2SO_4				261	117 K	
Magnesiumsulfat $MgSO_4 \cdot 7\,H_2O$	496,6	49 Mg		128	13 Mg	
Mangansulfat $MnSO_4 \cdot H_2O$	6,154	2 Mn		1,6	0,5 Mn	
Kupfersulfat $CuSO_4 \cdot 5\,H_2O$	0,275	0,07 Cu		0,12	0,03 Cu	
Zinksulfat $ZnSO_4 \cdot 7\,H_2O$	0,308	0,07 Zn		1,1	0,25 Zn	
Ammoniummolybdat $(NH_4)_6Mo_7O_{24} \cdot 4H_2O$	0,092	0,05 Mo				
Natriummolybdat $Na_2MoO_4 \cdot H_2O$				0,12	0,047 Mo	
Borsäure H_3BO_3	1,714	0,3 B		1,7	0,3 B	

Die zuvor gemachten Ausführungen verdeutlichen, daß der pH-Wert der NL auf etwa 6,0 einreguliert werden sollte. Zur Regulierung des pH-Wertes gibt es verschiedene Möglichkeiten, die im folgenden kurz erwähnt werden.

Durch den Zusatz von Säure zur NL wird der pH-Wert erniedrigt, durch den von Lauge erhöht. Zur Einstellung der pH-Werte durch vorherige Titration sind Kalilauge (KOH) oder Salpetersäure (HNO_3) zu empfehlen. Mit beiden Lösungen führt man bei der pH-Korrektur Nährelemente zu, mit der ersten K und mit der zweiten NO_3-N.

In der Praxis wird der pH-Wert wie folgt eingestellt: Eine genau abgemessene Menge an NL (z. B. 500 ml) wird mit genau eingestellter Säure oder Lauge aus einer Bürette auf den gewünschten pH-Wert unter ständigem Rühren titriert. Die Molarität (Konzentration) der Säure oder Lauge sollte 0,1 betragen. Der Verbrauch an Säure oder Lauge richtet sich nach dem pH-Wert der NL und ihrer Pufferung. Aus dem Verbrauch an 0,1 m Säure oder Lauge bis zur Einstellung des gewünschten pH-Wertes mit Hilfe eines pH-Meßgerätes läßt sich die zur Einstellung einer großen Menge NL erforderliche Säure- oder Laugemenge berechnen. Bei einem Verbrauch von beispielsweise 5 ml 0,1 m HNO_3 pro 500 ml NL zur Einstellung eines pH-Wertes von 7,5 auf 6,0 würden für 1 m^3 der genannten NL folgende Menge einer 14,5 m technischen HNO_3 (65%ig, Dichte = 1,39) erforderlich sein:

Verbrauch:	≙	5 ml	0,1 m HNO_3 pro 0,5 l NL
	≙	10 ml	0,1 m HNO_3/l NL
	≙	1 ml	1 m HNO_3/l NL
		1 l	1 m HNO_3/m^3 NL
berechnete Gabe:		69 ml	14,5 m HNO_3/m^3 NL

Es müssen also 69 ml 14,5 m HNO_3/m^3 NL zur Einstellung eines pH-Wertes von 6,0 gegeben werden, wenn die erwähnten Mengen an Säure titriert worden sind. Die Berechnung für die Laugezugabe hat bei Veränderung eines zu niedrigen pH-Wertes auf einen höheren in entsprechender Weise zu erfolgen.

Denkbar ist auch die direkte Zugabe von Säure oder Lauge zur jeweils angesetzten Menge NL. Dieses Verfahren, das zwar weniger genau als das geschilderte ist, aber sicher das praktikablere, erfordert die dosierte Zugabe von Lauge oder Säure unter ständigem Rühren der gesamten Lösung und gleichzeitig die pH-Wert-Bestimmung. Da die Beschaffenheit des Leitungswassers in kurzen Zeiträumen meist nur geringen Schwankungen unterliegt, wird man nach einiger Zeit den Lauge- oder Säurezusatz nach Erfahrungswerten vornehmen können.

Wie bereits zuvor beschrieben, läßt sich der pH-Wert einer NL aus entsalztem H_2O durch die Zugabe gleichwertiger (aequivalenter) Mengen an primärem ($H_2PO_4^-$) und sekundärem (HPO_4^{2-}) Phosphat auf etwa 6,8 einstellen. Diese Einstellung bleibt jedoch wegen der Abgabe von Wurzelausscheidungen der Pflanze an die NL meist nur kurze Zeit (in der Regel nur wenige Stunden) bestehen. Die Pufferwirkung der geringen P-Konzentration einer NL reicht nicht aus, um von der Pflanze hervorgerufene pH-Veränderungen abzufangen. Durch P-Formen lassen sich deshalb die pH-Werte nur für kurze Zeiträume, insbesondere bei NL-Wechsel, einstellen.

Die Wirkung der N-Formen auf die pH-Werte der NL nach der Aufnahme des N durch die Pflanzen ist bei NH_4-N versauernd und bei NO_3-N alkalisierend. Unter Beachtung der Tatsache, daß NH_4-N stärker versauernd als NO_3-N alkalisierend wirkt, ist eine mittelfristige pH-Regulierung einer aus entsalztem H_2O hergestellten NL dadurch möglich, daß den Pflanzen ⅓ des N als NH_4-N und ⅔ als NO_3-N angeboten werden. Auch hier ist darauf zu achten, daß beide N-Formen auf der Basis der Gleichwertigkeit (aequivalente Mengen) angeboten werden. Dieses ist die praktische Konsequenz aus der Tatsache, daß die Pflanze die Nährstoffe überwiegend nach Ladungseinheiten aufnimmt. Je nach dem Wachstum der Pflanzen hält diese pH-Regulierung etwa eine Woche, teilweise länger, zum Teil aber auch erheblich kürzer vor.

Die zuvor gemachten Ausführungen sollten jedoch nicht dazu veranlassen, eine ständige pH-Korrektur vorzunehmen. In der Regel reicht eine Korrektur pro Woche aus. Die Gründe dafür sind, daß mit jeder Korrektur auch Änderungen in der Leitfähigkeit (zumeist ein Anstieg) verbunden sind, die für die Pflanzen unter Umständen schädlicher wirken als die unterlassene pH-Korrektur. Auch sind Tagesschwankungen des pH in der NL zu beobachten, die durch automatische pH-Regulationseinrichtungen zwar kompensiert werden können, dadurch aber stets auch einen Anstieg der Leitfähigkeit bewirken. Von der Zugabe sogenannter pH-Stabilisatoren ist im praktischen Gartenbau abzuraten, weil diese, wie z. B. Dizyandiamid, in wirksamen Konzentrationen angewandt, Wachstumsminderungen und möglicherweise sogar Schäden an den Pflanzen hervorrufen können (RÖBER et al. 1983).

1.6.4 Technische Einrichtungen zur Kontrolle der Nährlösung

Geräte und Reagenzien, mit denen sich die NL untersuchen lassen, sind von FISCHER (1978a, b) beschrieben worden. Dabei geht es vor allem um die Messungen von pH-Wert, Leitfähigkeit und der Konzentration einzelner Nährstoffe in der NL.

Auf die Bedeutung des pH-Wertes und damit seiner Kontrolle ist zuvor hingewiesen worden. Insbesondere muß erwähnt werden, daß die pH-Wertmessungen deshalb mindestens zwei- bis dreimal wöchentlich erforderlich sind, weil die Pflanzen pH-Veränderungen hervorzurufen in der Lage sind.

Eine exakte Messung der pH-Werte ist mit elektrischen Geräten bei Stromversorgung über Netz oder Batterie möglich. Größere Betriebe für Hydrokulturen sollten sich ein solches Gerät anschaffen. Der Betrieb dieser Geräte muß von Zeit zu Zeit überprüft und die Elektroden nachgeeicht werden. Genaue Hinweise lassen sich aus der Gebrauchsanweisung der Geräte entnehmen.

Neuerdings besteht auch die Möglichkeit der hinreichend genauen pH-Kontrolle mit Indikatorpapieren oder -stäbchen. Hierbei zeigt die Farbe des Papiers oder Stäbchens den pH-Wert vergleichend an. Die Genauigkeit dieser Verfahren ist für den praktischen Einsatz groß genug, wenn auf etwa 0,3 bis 0,5 pH-Einheiten abgelesen werden kann. Eine vergleichende Untersuchung verschiedener pH-Meßmethoden (FISCHER 1978a) hat ergeben, daß sogenannte nicht blutende Indikatorstäbchen oder -papiere für die Praxis der Hydrokultur ausreichend sind.

Die Möglichkeiten zur Kontrolle der Leitfähigkeit einer NL sind insofern begrenzt, als zur Leitfähigkeitskontrolle stets ein elektrisch betriebenes Meßgerät mit einer sogenannten Meßzelle erforderlich ist. Von FISCHER (1978b) werden hierzu detaillierte Angaben gemacht. Für die Praxis ist die Anschaffung eines solchen Leitfähigkeitsmeßgerätes, das es batteriebetrieben und mit Netzanschluß gibt, lohnend, da die Kontrolle der Leitfähigkeit der NL zum frühzeitigen Erkennen von Konzentrationsänderungen erforderlich ist.

Zur Kontrolle der Konzentration einzelner Nährstoffe sind in letzter Zeit einige Neuentwicklungen von seiten der chemischen Industrie erfolgt (FISCHER 1978b). Nach dem gegenwärtigen Stand der Technik lassen sich mit Indikatorstäbchen N (NO_3-N und NH_4-N) und P für praktische Zwecke mit hinreichender Genauigkeit bestimmen. Für den Nährstoff K gibt es ein solches Verfahren zwar auch, jedoch ist die analytische Genauigkeit zu gering. Die Ermittlung der NO_3-N-Gehalte erlaubt eine gleichzeitige Kontrolle des NO_2-N-Gehaltes der NL. Da NO_2-N zumeist nur dann entsteht, wenn die NL ungenügend durchlüftet ist, sollte das Vorhandensein dieser N-Form als Zeichen für ungünstige Wachstumsbedingungen verstanden werden. Der Gehalt an NO_2-N muß stets vom NO_3-N-Gehalt abgezogen werden, da bei Anwesenheit von NO_2-N wegen des Nachweisverfahrens zu hohe NO_3-N-Gehalte in der NL vorgetäuscht werden.

1.6.5 Anforderungen an das Wasser

An die Qualität des bei der Hydrokultur verwendeten Wassers sind vom Kultivateur hohe Ansprüche zu stellen. Das Wasser sollte hinsichtlich der Keimanzahl Leitungswasserqualität besitzen und darüber hinaus einen geringen Gehalt an

Tab. 62. Gewünschte Wasserqualität zur Herrichtung von Nährlösungen* (PENNINGSFELD 1982)

Karbonathärte	< 5° dH**
Gesamthärte	< 15° dH
pH	< 5–6,5
Leitfähigkeit (18° C)	< 720 μS
Salzgehalt, berechnet als KCl	< 450 mg/l
Ca	< 100 mg/l
Mg	< 25 mg/l
SO_4	< 80 mg/l
Cl	< 30 mg/l
Na	< 30 mg/l
F	–

* Bei Einsatz von Ionenaustauscherdüngern kann das Wasser härter sein und darf mehr an gelösten Salzen enthalten, da diese am Austauscher gegen Nährstoffionen eingetauscht werden.

** Wesentlich mehr Karbonathärte verursacht pH-Anstieg und Ausfällungen, deshalb muß die Nährlösung bei Verwendung von härterem Wasser häufiger erneuert werden.

Eigensalzen. Für den oberen Gehalt an Eigensalzen läßt sich deshalb nur schwierig ein fester Wert angeben, weil je nach dem Gehalt an einzelnen Ionen und Salzen der schädigende Einfluß, wie vorher gezeigt worden ist, unterschiedlich sein kann. Anzustreben ist eine Leitfähigkeit von weniger als 500 μS. Jedoch ist die Kultur der Pflanzen bei höheren Werten durchaus noch möglich. Grenzwerte für die Wasserqualität bei der Hydrokultur lassen sich aus Tab. 62 entnehmen.

1.6.6 Sauerstoffversorgung der Wurzeln

Für die Nährstoffaufnahme durch die Wurzeln ist O_2 in der NL erforderlich. Die O_2-Versorgung kann in der Praxis durch verschiedene Methoden aufrecht erhalten werden. Das O_2-Bedürfnis der einzelnen Pflanzenarten ist aber auch unterschiedlich. Verholzende Pflanzen benötigen unter Umständen mehr O_2 als weniger zur Verholzung neigende Pflanzenarten (z. B. *Hibiscus rosa-sinensis* und *Begonia*-Elatior-Hybriden). Entsprechend diesen Bedürfnissen ist der Wasserstand in den Gefäßen einzustellen und nachzuregulieren. Bei zur Verholzung neigenden Arten ist er deshalb niedrig (2 bis 3 cm), bei anderen höher (3 bis 4 cm) einzuhalten. In der Praxis und aufgrund zahlreicher Versuche haben sich zur Anzucht von Zierpflanzen NL-Stände von 3 bis 4 cm Höhe als besonders günstig herausgestellt (LEINFELDER und RÖBER 1982, SCHENK 1982). Für die O_2-Versorgung der Wurzeln ist es am günstigsten, die NL umzuwälzen oder umfließen (wie bei der Nährlösungsfilmtechnik) zu lassen. Der O_2-Gehalt in einer NL kann bei unterlassener Belüftung und sonstigen ungünstigen Bedingungen schon nach etwa 2 bis 3 Stunden auf Werte absinken, die im Bereich der Unterversorgung liegen. Solche möglichen Nachteile sind für den Praktiker häufig deshalb nicht erkennbar, weil die Schäden lediglich latent, d. h. symptomlos, sind. Ergebnisse von ABED (1973) lassen den Schluß zu, daß das Absenken des NL-Spiegels (zur Belüftung der Wurzeln) auf die Hälfte und weniger des ursprünglichen NL-Standes eine beachtliche Wachstumsverzögerung infolge Konzentrationserhöhung hervorruft.

Bei 20 °C können etwa 8 mg O_2/l NL gelöst werden. Für die meisten Pflanzen sind wahrscheinlich O_2-Gehalte in der NL von weniger als 4 mg/l zu gering (FÖLSTER 1973). Mit steigender Temperatur der NL nimmt die Löslichkeit des O_2 ab. Das leicht nachweisbare NO_2-N ist zumeist ein sicheres Zeichen von O_2-Mangel in der NL.

Im Zusammenhang mit der Algenbekämpfung in Anzuchtbecken erfolgt häufig eine Abdeckung mit Folie oder anderen Materialien. Die NL unter diesen Abdeckungen kann, sofern sie nicht umgewälzt wird, an O_2 verarmen und so einen Minderwuchs der Pflanzen verursachen. Die aus vornehmlich ästhetischen Gründen vorgenommene Algenbekämpfung erscheint aus 2 Gründen nicht immer sinnvoll: erstens, weil die Algen mit zur O_2-Versorgung der Pflanzen beitragen, und zweitens, weil zur Bekämpfung eingesetzte Chemikalien auch das Wachstum der Pflanzen hemmen (HÖRNIS und RÖBER 1982).

1.6.7 Ansprüche an das Substrat

In diesem Abschnitt folgen einige Hinweise zur Verwendung von Anzuchtsubstraten. Anzucht und Kultur in reinen NL ohne das die Pflanzen haltende Substrat sind in erster Linie bei Dauerkulturen, wie Obst (Erdbeeren), Gemüse (Salat, Tomaten, Gurken), Schnittblumen und Mutterpflanzen durchzuführen (COOPER 1978). Hierfür sind Methoden verbessert und in der Praxis unter Zuhilfenahme von Steinwolle als Haltemittel eingesetzt worden (Nutrient Film Technique = Nährlösungssfilmtechnik = NFT). Diese Art der Fließkultur scheint nach inzwischen zahlreichen Untersuchungen für die Nährstoffversorgung der Pflanzen und damit für deren Wachstum gut geeignet zu sein (WIERSUM 1973).

Die für die Hydrokultur geeigneten Substrate sollten arm an Nährstoffen sein und in wässriger Lösung einen pH-Wert aufweisen, der möglichst im zuvor genannten Bereich liegt. Daneben ist wünschenswert, daß das Substrat weitgehend keimfrei und inert (chemisch neutral) ist. Diese Bedingungen werden von den praxisüblichen Hydrokultursubstraten in der Regel erfüllt, zumal wenn vor der Verwendung eine gründliche Auswaschung der Materialien (Blähtone, Blähschiefer) erfolgt ist.

Aus Tab. 63 gehen die von Blähton der Körnung 8 bis 16 mm gewünschten Eigenschaften hervor.

Die übliche Verwendung von grobem Blähton oder Blähschiefer erfordert solche Substrate zur Anzucht, die ein direktes Umpflanzen in diese möglichst ohne Wachstumsunterbrechung zulassen. Versuchsweise wurden deshalb die Substrate Polyurethanschaum (Oasis), Steinwolle, Vulkanasche (Perlite), feinkörniger Blähton und Blähschiefer zur Anzucht erprobt. Aus pflanzenbaulicher Sicht sind alle geprüften Substrate als geeignet zu beurteilen. Unter Einbezug von praktischen Gegebenheiten sind Perlite zur Bewurzelung und Blähton oder -schiefer zur Weiterkultur am günstigsten (RÖBER und FISCHER 1980). Der Vorteil der Verwendung feinkörnigen Blähtons oder -schiefers besteht darin, daß nur eine geringe Wachstumsverzögerung nach dem Umpflanzen in grobkörnigen auftritt. Nachteilig ist jedoch der häufig relativ hohe Salzgehalt, der nur durch Auswaschen verringert werden kann. Deshalb ist die Bewurzelung von Stecklingen salzempfindlicher Pflanzen in feinem Blähton nur nach dessen entsprechender Vorbehandlung beim Hersteller oder Gärtner möglich. Der zumeist salzärmere Blähschiefer scheint für die genannten Zwecke geeigneter zu sein. Weitergehende Untersuchungen zur physikalischen Beschaffenheit der Blähtone sind von LIESEKE (1978) durchgeführt worden.

Tab. 63. Gewünschte Blähton-Eigenschaften (FISCHER und PENNINGSFELD 1979)

Wasseraufnahme (Körnung 8–16 mm)	80–150 ml/l Blähton
pH-Wert (im H_2O-Auszug des gemahlenen Materials)	5–7
lösliche Salze (berechnet als KCl)	<250 mg/100 g Blähton
Ca	< 85 mg/100 g Blähton
Na	< 11 mg/100 g Blähton
Mg	< 15 mg/100 g Blähton
Cl	< 10 mg/100 g Blähton
F	< 1,2 mg/100 g Blähton

Aus Tab. 64 sind die wasserlöslichen Bestandteile von Blähtonen in gemahlenem Zustand zu ersehen. Zwischen den einzelnen Proben bestehen teilweise beachtliche Differenzen. Dies ist insbesondere bei den pflanzenschädlichen Stoffen Na und F der Fall.

Die Vorteile von Steinwolle und Vulkanasche (Perlite) zur Anzucht sind in ihrem geringen Salzgehalt zu suchen. Nachteile ergeben sich besonders bei Steinwolle dadurch, daß sie relativ stark durchfeuchtet werden kann und dann die Bewurzelung der Stecklinge ebenfalls behindert. Nach dem Umtopfen der in Steinwollewürfeln bewurzelten Stecklinge besteht außerdem die Möglichkeit, daß der Würfel bei zu tiefem Eintopfen in direkte Verbindung mit der NL (Kapillarität) kommt und H_2O ansaugt. Hierdurch ist es nach Praxiserfahrungen zu Schäden am Wurzelhals der Pflanzen gekommen. Diese Schwierigkeiten scheinen durch Verwendung einer Mischung aus Steinwolle und Blähton umgangen werden zu können. Anzustreben ist stets ein möglichst störungsfreier Übergang vom Anzucht- in das Kultursubstrat, um die durch den Wechsel hervorgerufenen Unterbrechungen des Wachstums in der Auswirkung gering zu halten.

Gebrochene Substrate mit verhältnismäßig großer Oberfläche und Kapillarität sind für den Anbau von Pflanzen in Töpfen deshalb weniger geeignet als die herkömmlichen Blähtone und -schiefer, weil sie

– den Wurzelraum unter Umständen mit Wasser (NL) überversorgen und
– beim Transport durch ihre rauhe Oberfläche die Wurzeln empfindlicher Pflanzen schädigen.

Daneben können sie auch in stärkerem Maße (je nach Herkunft) als herkömmliche Substrate Salze freigeben.

1.6.8 Kulturabschnitte

Bekanntlich läßt sich das Wachstum der Pflanzen in mehrere Abschnitte unterteilen. Entsprechende Abschnitte mit hohem oder niedrigem Nährstoffbedürfnis der Pflanzen sind somit abgrenzbar (DARTIGUES 1976). Unter Einbezug dieser Gesichtspunkte kann man weiter in die 3 Abschnitte Vermehrung und Anzucht, Kultur während des Hauptwachstums im Gartenbaubetrieb und schließlich die Zeit beim Verbraucher unterteilen.

Im Kulturabschnitt Vermehrung und Anzucht sind salzarme und relativ feinporige, d. h. langfristig wasserhaltende Substrate zu verwenden. Hierfür kommen feine Blähtone und Blähschiefer, Steinwolle, Steinwolle-Blähton-Gemische, Polyurethanschaum (Oasis) und Vulkanasche (Perlite) in Frage. In der Phase der Vermehrung können den Pflanzen Nährstoffe über das Substrat erst nach der Bewurzelung in sehr geringer Konzentration (z. B. 0,1 bis 0,3 ‰ einer MND-Lösung) zugeführt werden. Bei der Vermehrung unter Sprühnebel können erhebliche Mengen leicht beweglicher Nährstoffe (z. B. K oder N) aus den Blättern ausgewaschen werden, so daß unter Umständen Nährstoffe über das Sprühwasser zugeführt werden müssen. Diese Zufuhr von Nährstoffen über das Blatt kann je nach Empfindlichkeit der Pflanzen mit Konzentrationen von weniger als 0,2 ‰ eines N-betonten MND (z. B. 20/5/10) erfolgen. Bei diesem Verfahren ist allerdings darauf zu achten, daß sich keine Salze durch Verdunstung an der Substratoberfläche anreichern. Die Substrate müssen also eine gute Dränagewirkung aufweisen.

Tab. 64. H_2O-lösliche Bestandteile von Blähtonen (aus FISCHER und PENNINGSFELD 1979)

Bezeichnung		Zahl d. Proben	pH	Salz (g/100 g)	Ca (mg/100 g)	Mg (mg/100 g)	Na (mg/100 g)	F (mg/100 g)	SO_4 halbquant. (≈ mg/100 g)	Cl halbquant. (≈ mg/100 g)
Ton A Probe 1			7,3	0,61	243	6	22	1,4	500–800	0
Probe 2			6,1	0,68	291	15	35	n. b.	500–800	0
Probe 3			6,2	0,69	353	16	25	n. b.	500–800	0
Ton B (Deutschl.)	x̄	14	6,6	0,11	21	5	5	1,2	<200	< 5
	min.		5,2	0,06	9	1	1,5	0,4	0	0
	max.		7,3	0,20	61	9	11	2,6	300–400	7
Ton B (Land 1) Probe 1			8,8	0,15	46	2	4	0,3	<200	0
Probe 2			7,5	0,21	67	4	4	0,9	300	0
Ton B (Land 2)	x̄	5	8,3	0,14	30	2	11	0,6	<200	< 5
	min.		7,5	0,06	15	1	3	0,5	0	0
	max.		9,1	0,23	44	2	23	0,7	300–400	10
Ton C (Werk 1)	x̄	9	9,0	0,73	393	3	11	2,0	900	0
	min.		7,7	0,62	319	1	3	0,7	800	0
	max.		10,4	0,88	504	5	26	2,6	>900	0
Ton C (Werk 2) Probe 1			6,7	0,47	184	n. b.	9	n. b.	500–800	0
Probe 2			7,7	0,36	104	4	10	1,4	300–400	0
Ton D	x̄	8	8,0	0,46	141	17	27	2,0	500–800	7
	min.		6,4	0,38	71	12	10	1,6	300–400	0
	max.		8,8	0,53	199	19	37	2,8	500–800	30
verschiedene Tone aus Europa und Übersee	x̄	14	7,2	0,20	58	5	11	0,8	<200	< 5
	min.		4,2	0,02	0,7	0	0,7	0,4	0	0
	max.		10,3	0,92	329	12	47	1,6	900	10

An 19 Proben wurde außerdem der K-Gehalt bestimmt:
x̄ 12,5 mg K/100 g
min. 3,3 mg K/100 g
max. 30 mg K/100 g

x̄ = Mittelwert
min. = minimaler Wert
max. = maximaler Wert

Die Kulturzeit sollte bei Topfpflanzen schon aus betriebswirtschaftlichen Gründen relativ kurz sein. Die Nährstoffe müssen deshalb auch bei der Hydrokultur entsprechend dem Wachstum der Pflanzen zu jedem Zeitpunkt der Kultur nach Menge, Konzentration und Form ausreichend angeboten werden. Zur Kultur sind also speziell für die Hydrokultur formulierte Düngemittel auf Salzbasis einzusetzen und dem Bedürfnis der Pflanzen entsprechend anzubieten. An dieser Stelle kann nur gesagt werden, daß das Nährstoffbedürfnis vieler Pflanzenarten abgeschätzt werden muß, weil hinreichend genaue Unterlagen häufig fehlen. In der Praxis der Hydrokultur dürfte es jedoch nicht extrem schwierig sein, die Pflanzenarten dem zuvor genannten Schema (Tab. 59) zuzuordnen und danach die Versorgung mit Nährstoffen auszurichten.

Die Qualität und Haltbarkeit von in Hydrokultur herangezogenen Pflanzen beim Verbraucher ist, das wurde aus dem zuvor Gesagten sicherlich deutlich, von der Vorgeschichte, d. h. der Vorkultur, in starkem Maße abhängig. Der Qualitätserhaltung und der Haltbarkeit entgegen kommen deshalb alle Informationen und die Beratung über die richtige weitere Pflege der Pflanzen an den Verbraucher. Von der Industrie entwickelte MND auf Kunstharzbasis sind in der Lage, die Pflanzen beim Verbraucher ausreichend lange (etwa ½ Jahr) mit Nährstoffen zu versorgen (PENNINGSFELD 1977). Mit den genannten Düngemitteln lassen sich die Pflanzen zwar in ihrer Qualität weitgehend erhalten, aber der Zuwachs ist geringer als bei mit herkömmlichen Düngern herangezogenen Pflanzen. Die Aufwandmenge beträgt 25 ml pro Pflanze und 6 Monate bei einem Austauscherdünger auf Kunstharzbasis in der Zusammensetzung 18/7/15 (Lewatit HD 5).

1.7 Düngemittel

Nach dem Düngemittelgesetz wird ein Düngemittel wie folgt definiert: „Düngemittel sind Stoffe, die dazu bestimmt sind, unmittelbar oder mittelbar Nutzpflanzen zugeführt zu werden, um ihr Wachstum zu fördern, ihren Ertrag zu erhöhen oder ihre Qualität zu verbessern."

Düngemittel sind wegen ihrer ertragssteigernden Eigenschaften von großer volkswirtschaftlicher Bedeutung. Aus diesem Grunde wird der Verkehr mit Düngemitteln in den meisten Staaten gesetzlich geregelt. Das Düngemittelgesetz dient mit seinen Durchführungsverordnungen für die Bundesrepublik Deutschland zur Harmonisierung von hier gültigen Vorschriften mit EG-Vorschriften.

Im neuen Düngemittelgesetz sind im § 1 Begriffe erläutert worden. Hiernach lassen sich die Düngemittel in 3 Kategorien unterteilen. In der 1. Gruppe befinden sich die meisten mineralischen und organischen Handelsdünger. Düngemittel dieser Gruppe müssen zugelassen, gekennzeichnet und überwacht sein. Die 2. Gruppe enthält Düngemittel, die keiner Zulassung bedürfen. Diese werden auch als Natur- und Hilfsstoffe bezeichnet. Hierunter fallen Wirtschaftsdünger, Bodenhilfsstoffe und Kultursubstrate. Die 3. Gruppe umfaßt Düngemittel, die von dieser gesetzlichen Regelung ausgenommen sind, nämlich Abfälle und Abwässer sowie

Tab. 65. N-Dünger

Handelsbezeichnung	Hauptbestandteile	wichtige Nebenbestandteile	N in %	andere Nährstoffe in %	äquivalente Azidität (−) bzw. Basizität (+) in kg basisch wirksames Ca/kg N*	Aktivitätsindex (AI)**
Nitrat-Dünger (Salpeterdünger)						
Natronsalpeter	$NaNO_3$	–	16	27 Na	+0,7	–
Kalksalpeter	$5Ca(NO_3)_2+NH_4NO_3$	–	15,5	20 Ca	+0,5	–
Kalisalpeter	KNO_3	–	13	37 K	+0,7	–
Ammoniumdünger						
Ammoniakwasser	NH_3, NH_4OH	–	18	–	−0,7	–
wasserfreies Ammoniak	NH_3	–	82	–	−0,7	–
Ammoniumsulfat	$(NH_4)_2SO_4$	–	20–21	20 S	−2,1	–
Ammoniumchlorid	NH_4Cl	–	24–26	–	−2,1	–
Ammoniumphosphate	(s. Mehrnährstoffdünger)	–				
Ammoniumpolyphosphate	(s. Mehrnährstoffdünger)	–				
Ammoniumnitratdünger (Ammonsalpeterdünger)						
Ammonsalpeter	NH_4NO_3	–	34	–	−0,7	–
Kalkammonsalpeter	NH_4NO_3	$CaCO_3$	26	16–10 Ca	±0–−0,3	–
Ammonsulfatsalpeter	$1(NH_4)_2SO_4+2NH_4NO_3$	–	26	13 S	−1,4	–
Kaliammonsalpeter	KNO_3+NH_4Cl	–	14–16	23 K	−0,7	–
Ammoniumnitrat-Ammoniak-Lösungen (Ammoniakate)	$NH_4NO_3+NH_3$	–	41	–	−0,7	–

Handelsbezeichnung	Hauptbestandteile	wichtige Nebenbestandteile	N in %	andere Nährstoffe in %	äquivalente Azidität (−) bzw. Basizität (+) in kg basisch wirksames Ca/kg N*	Aktivitätsindex (A/J)**
Ammoniumnitrat-Harnstoff-Lösungen (druckfreie Stickstofflösungen)	$NH_4NO_3+CO(NH_2)_2$	–	28–32	–	−0,7	–
Amiddünger						
Kalkstickstoff	$CaCN_2$	CaO	20–23	39 Ca	+1,20	–
Harnstoff, Granulat	$CO(NH_2)_2$	–	45–46	–	−0,7	–
Harnstoff-Lösung	$CO(NH_2)_2$	–	20	–	−0,7	–
Langsam wirkende Stickstoffdünger						
Ureaform	–	–	38	–	?	40
Crotonylidendiharnstoff (Crotodur)	$C_6H_{12}O_2N$	–	32,5	–	?	99,8
Isobutylendiharnstoff	$C_6H_{14}O_2N_4$	–	32	–	?	99
Oxamid	$C_2H_4O_2N_2$	–	32	–	?	–

* Die äquivalente Azidität bzw. Basizität gibt an, wieviel kg Ca pro zugeführtem kg N mit dem jeweiligen Düngemittel im Boden verbraucht bzw. angereichert werden.
** Aktivitätsindex s. Text.

Klärschlamm und Fäkalien. Diese Düngemittel sind im Abfallbeseitigungsgesetz erfaßt, welches dann in Kraft tritt, wenn Wirtschaftsdünger wie Jauche, Gülle oder Stallmist, über das in Landwirtschaft und Gartenbau übliche Maß hinaus verwendet werden.

Im §2 wird die Zulassung der Düngemittel geregelt. Nur einem zugelassenen Düngemitteltyp entsprechende Düngemittel dürfen in den Verkehr gebracht werden. Die Typen werden nach wertgebenden Bestandteilen und ihrer Zusammensetzung gekennzeichnet. Es werden nur solche Düngertypen zugelassen, deren Wirkung gegenüber „ungedüngt" im Versuch nachgewiesen ist.

Nach der Definition des Gesetzes hat ein Düngemittel das Wachstum, den Ertrag und die Qualität der Pflanzen zu erhöhen, die Bodenfruchtbarkeit und die Gesundheit von Mensch und Tier sollen jedoch nicht geschädigt werden. Düngemittel für den Export, für Forschungszwecke sowie für die Düngung von Rasen und Zierpflanzen unterliegen nicht der Zulassungspflicht.

Mit den §§ 3 bis 6 werden die Kennzeichnung der Dünger, die Toleranzen der wertgebenden Bestandteile, die Verkehrsbeschränkungen und das Probenahmeverfahren geregelt. Der §7 behandelt die Strafbestimmungen. Da die Verstöße gegen das Düngemittelgesetz Ordnungswidrigkeiten sind, ist eine Ahndung solcher mit begrenzten Geldbußen möglich. Gemäß § 8 wird der Verkehr mit Düngemitteln durch die Düngemittelverkehrskontrolle der Bundesländer überwacht. Hiermit sollen die zugesicherten Werteigenschaften kontrolliert werden. Die Zulassung der Düngemitttel wird durch die Düngemittelverordnung geregelt.

Aus der Düngemittelverordnung läßt sich eine Düngemitteltypenliste entnehmen, die im Jahre 1982 115 Typen enthielt. Hierzu gehören:

66 mineralische Einnährstoffdünger,
20 mineralische Mehrnährstoffdünger,
14 organische und organisch-mineralische Düngemittel,
15 Düngemittel mit Spurennährstoffen sowie
6 Bodenimpfmittel und Bodenwirkstoffe.

Wachstumsregulatoren sind dem Pflanzenschutzgesetz zugeordnet. Die Zahl der Düngertypen ist mit der Anpassung an die EG-Typenliste erheblich verringert worden, weil nur noch Mindestgehalte festgelegt wurden und für den gesamten EG-Raum zugelassen sind.

Die Gehaltsangaben der wertgebenden Stoffe in Düngemitteln erfolgt auf der Basis der Oxide (z. B. P_2O_5, K_2O). In Zukunft werden sich Gehaltsangaben auf der Basis der Angabe in % des jeweiligen Elementes durchsetzen, weil, wie beispielsweise beim Kalium, die Bezeichnung K_2O schon deshalb unzweckmäßig ist, da es weder im Boden, in Pflanzen noch in Düngern als K_2O vorkommt.

1.7.1 Einnährstoffdünger

1.7.1.1 N-Dünger

Als N-Dünger sind Stoffe zu bezeichnen, die N in den aufnehmbaren Formen NH_4- oder NO_3-N enthalten oder die diese Formen nach ihrer Umsetzung liefern.

Aus Tab. 65 lassen sich die verschiedenen N-Dünger, ihre Hauptbestandteile, wichtige Nebenbestandteile, ihr N-Gehalt und Gehalt an anderen Nährstoffen, sowie ihr Einfluß auf die Bodenreaktion entnehmen.

Ammoniumdünger

Ammoniumdünger enthalten N als NH_4-Ion. Die Wirkung der NH_4-Ionen im Boden ist etwas langsamer als die von NO_3-N, weil NH_4-Ionen an Bodenkolloide gebunden werden können und NH_4-N durch Mikroorganismen bevorzugt aufgenommen wird. NH_4-Dünger wirken versauernd. Es ist deshalb auf eine Ausgleichskalkung zu achten (s. Tab. 65). Ein weiterer NH_4-N enthaltender Dünger ist NH_3, das entweder als wasserfreies NH_3 (83 % N) unter Druck in den Boden gebracht wird, sowie NH_3-Wasser (18 bis 22 % N), welches drucklos in den Boden gelangen kann. Beim Einbringen von NH_3 entstehen örtlich pH-Erhöhungen, die jedoch nach kurzer Zeit einer Versauerung des Bodens weichen. Der wichtigste Ammoniumdünger ist Ammoniumsulfat (schwefelsaures Ammoniak) mit 21 % N.

Ammonnitratdünger

Ammoniumnitratdünger stellen Mischformen aus NH_4- und NO_3-Düngern dar und enthalten den N sowohl in NO_3- als auch in NH_4-Form. Sie haben den Vorteil der schnellen Wirkung der NO_3-Dünger und der nachhaltigen Wirkung der NH_4-Dünger. Die wichtigsten Ammoniumnitratdünger sind Ammoniumnitrat (35 % N), Kalkammonsalpeter (27,5 % N) und Ammonsulfatsalpeter (26 % N). Daneben gibt es Ammonnitrat-Harnstoff-Lösungen und Ammonnitrat-Ammoniak-Lösungen. Die Ammonnitrat-Dünger wirken im Boden leicht versauernd.

Amiddünger

Amiddünger werden im Boden durch mikrobielle Umsetzungen in NH_4- oder/und NO_3-N umgewandelt. Die Wurzeln nehmen den N der Dünger erst auf, wenn diese Umsetzung vonstatten gegangen ist. Unter normalen Bedingungen des gemäßigten Klimas verläuft die Umsetzung so schnell, daß Amid den NH_4- und NO_3-Düngern in seiner Wirkung auf den Ertrag nahezu gleich ist. Die wichtigsten Amiddünger sind Kalkstickstoff (21 % N) und Harnstoff (46 % N).

Kalkstickstoff, der zu etwa 60 % aus Cyanamid besteht, wirkt alkalisierend, während Harnstoff, infolge seiner Umwandlung in NH_4 H, eine versauernde Wirkung besitzt. Das für die Umwandlung des Harnstoffes im Boden verantwortliche Enzym ist die Urease. Die Ausbringung von Kalkstickstoff hat etwa 10 bis 14 Tage vor der Aussaat zu erfolgen, um Schäden am auflaufenden Saatgut zu vermeiden. Das bei der Umsetzung im Boden entstehende Cyanamid (H_2CN_2) entfaltet seine Giftwirkung insbesondere gegen Unkräuter vor der Aussaat und gegen eine Reihe tierischer und pflanzlicher Schädlinge im Boden.

Langsamwirkende N-Dünger

Sie enthalten N in organischer Bindung als Ring oder Kettenverbindung. Hier sind insbesondere Formaldehyd-Harnstoff, Crotonylidendiharnstoff, Isobutylidendiharnstoff und Oxamid zu nennen.

Weitere langsam lösliche N-Dünger sind umhüllte (Kunststoffhülle) N-Dünger sowie Metallammoniumphosphate oder auch ammonisierte, organische Stoffe. Der Grundgedanke zur Herstellung langsam wirkender N-Dünger ist der, daß diese Düngemittel den N dem Wachstum der Pflanzen angepaßt freisetzen. Bei diesen Düngemitteln kann man verschiedene N-Fraktionen unterscheiden:

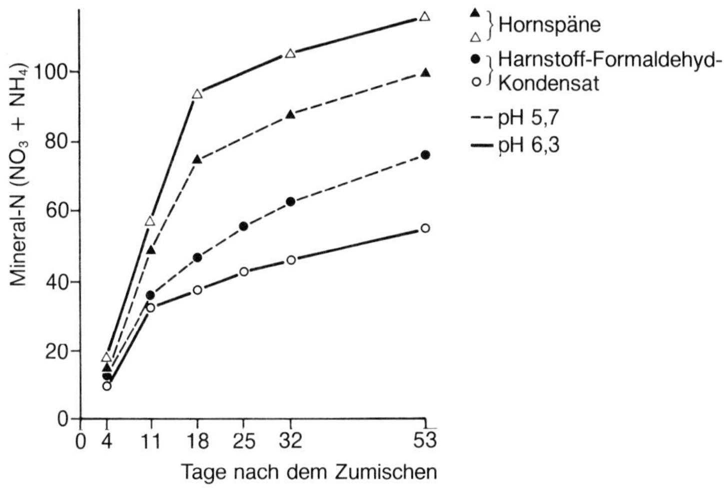

Abb. 74. Abbau von Harnstoff-Formaldehydkondensat in Vergleich zu Hornspänen bei verschiedenen pH-Werten in Praxiserden.

– die schnell wirkende kaltwasserlösliche Fraktion,
– die langsam wirkende heißwasserlösliche Fraktion,
– die extrem langsame oder gar nicht zur Wirkung kommende heißwasserunlösliche Fraktion.

Die langsam wirkenden N-Dünger können mit Hilfe des Aktivitätsindexes (= Ai) beurteilt werden. Dieser Index macht eine Aussage über den wirklich verfügbaren Depotstickstoff. Er läßt sich nach folgender Formel berechnen (JÜRGENSGSCHWIND 1974):

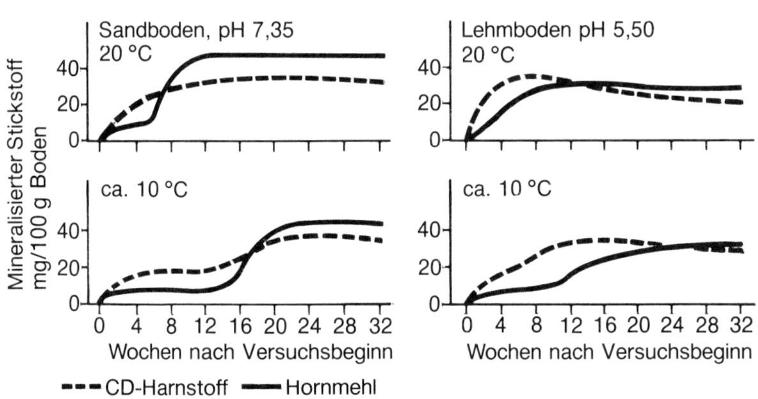

Abb. 75. Abbau von Crotonylidendiharnstoff (CD-Harnstoff) im Vergleich zu Hornmehl in 2 verschiedenen Böden und 2 Temperaturstufen.

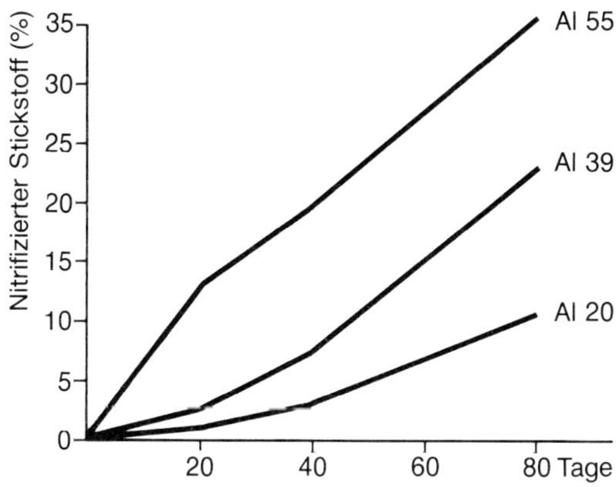

Abb. 76. Abbau langsamfließender N-Dünger mit verschiedenem „Aktivitätsindex".

$$AI = \frac{(\%\ N\ \text{kaltwasserlöslich} - \%\ N\ \text{heißwasserlöslich})}{\%\ N\ \text{kaltwasserlöslich}} \times 100$$

Über die Wirksamkeit und Wirkungsweise von langsam N freigebenden Düngemitteln geben die Abb. 74 bis 77 Auskunft.

Die Freisetzung von Mineral-N durch verschieden langsam wirkende N-Düngemittel zeigt Abb. 74.

Aus Abb. 75 geht die zeitabhängige mineralisierte N-Menge bei unterschiedlichen pH-Werten und Temperaturen des Bodens hervor.

Der %-Anteil nitrifizierten N in Abhängigkeit von der Zeit bei verschiedenen Aktivitätsindizes ist Abb. 76 zu entnehmen.

Die Nährstofffreigabe aus einem langsam wirkenden N-Dünger läßt sich aus Abb. 77 ersehen.

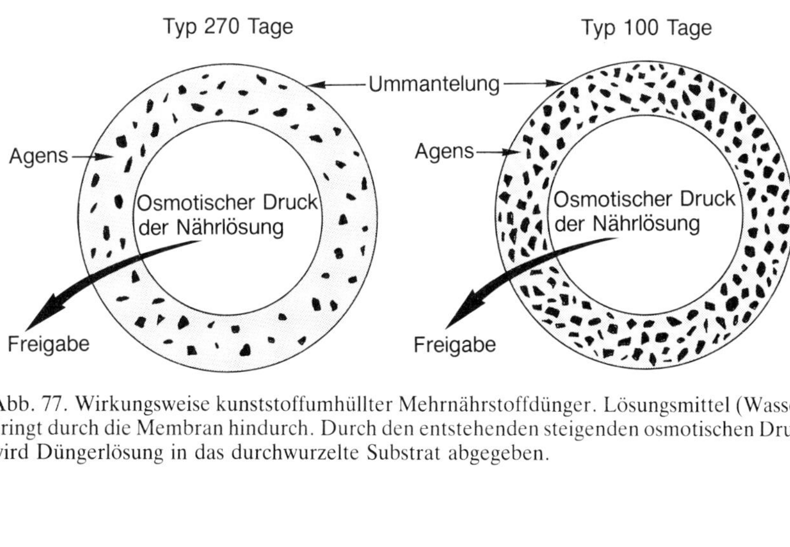

Abb. 77. Wirkungsweise kunststoffumhüllter Mehrnährstoffdünger. Lösungsmittel (Wasser) dringt durch die Membran hindurch. Durch den entstehenden steigenden osmotischen Druck wird Düngerlösung in das durchwurzelte Substrat abgegeben.

1.7.1.2 Anwendung der N-Düngemittel

Die Auswahl der N-Dünger richtet sich nach einer Reihe von Faktoren. Die zuvor genannten vielfältigen Formulierungen der verschiedenen N-Dünger lassen eine gezielte Auswahl für die meisten Kulturen und Kulturansprüche zu. Da Düngemittel im Erwerbsgartenbau zu den preisgünstigsten Betriebsmitteln gehören, sind preisliche Gründe für die Auswahl des Düngers weniger ausschlaggebend als arbeitswirtschaftliche. Dieser Gesichtspunkt und der des Umweltschutzes (Vermeidung von Auswaschungsverlusten, s. unten) ist besonders bei der Anwendung von Depotdüngern zu beachten. Für die Kulturen selbst ist darauf zu sehen, daß eine den Erfordernissen angepaßte Nährstofform ausgewählt wird. So sollte z. B. Spinat nach Möglichkeit mit NH_4-N-haltigen Düngemitteln versorgt werden. Bedeutungsvoll ist daneben auch die Wirkungs- oder Umsetzungsgeschwindigkeit der Dünger, die zusätzliche Ausnutzung von Rest-N im Boden sowie mögliche Nebenwirkungen, wie z. B. S-Zufuhr bei Ammoniumsulfat oder Ca-Zufuhr bei Kalksalpeter. Die Auswirkungen der N-Düngung sowie die Umsetzung der N-Dünger im Boden sind dem nachfolgenden Schema zu entnehmen (s. Abb. 78).

Wegen der möglichen Auswaschung von NO_3-N durch Niederschläge und Beregnung aus dem Boden ist es zweckmäßig, die Düngergaben aufgeteilt anzuwenden oder die N-Düngerwirkung zu verlangsamen. Zur Verlangsamung der Nitrifikation ergeben sich 3 verschiedene Möglichkeiten:

- der Einbau des N in schwer abbaubare Moleküle (Depotdünger),
- Verminderung der Wanderungsgeschwindigkeit der Nährstoffe aus dem Düngerkorn (Umhüllung der Granulate),
- Hemmung der Nitrifikation mit Nitrifikationshemmern (z. B. Dicyandiamid).

Die Düngemittel sind zwar im Gartenbau ein relativ preiswürdiges Betriebsmittel, trotzdem sollte aus Gründen des Umweltschutzes darauf geachtet werden, daß die zugeführten N-Dünger in hohem Maße ausgenutzt werden. Im Freiland liegen die Ausnutzungsarten der Mineraldünger zwischen 40 und 80%. Im Unterglasgartenbau können bei sachgemäßer Anwendung 100% Ausnutzungsgrad erreicht werden. Andererseits können Verluste auch auftreten durch Entweichen gasförmigen NH_3, z. B. nach Anwendung von NH_4-N-haltigen Düngemitteln bei pH-Werten >7,5 sowie durch Denitrifikation in nassen und staunassen Böden durch Umwand-

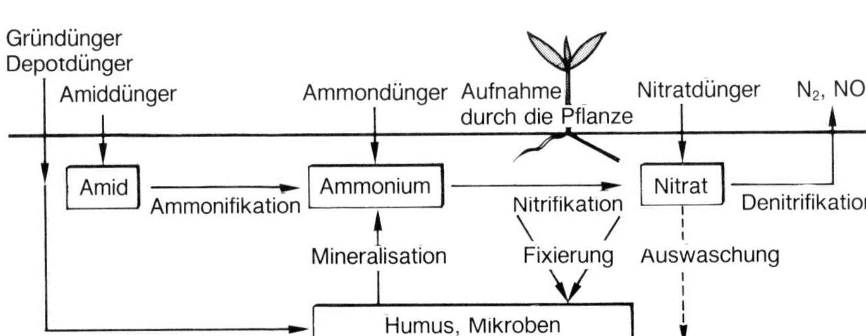

Abb. 78. Stickstoffdüngung und Umsetzung der Dünger im Boden.

lung von NO_3-N in Stickoxide und elementaren N. Die N-Verluste liegen im Freiland bei 5 bis 40 kg N/ha, können aber im Unterglasgartenbau bis zu ⅔ der zugeführten N-Menge betragen.

Die Höhe der N-Düngung ist abhängig von der Pflanzenart und den weiteren Wachstumsfaktoren. Da im Gartenbau die N-Düngerbemessung in der Regel eher viel zu hoch als zu niedrig ist, soll auf einige Folgeerscheinungen von N-Überdüngung hingewiesen werden. Die Pflanzen wachsen über die normale Kulturzeit hinaus und gelangen ungleichmäßig zur Verkaufsreife. Neben dieser Verlängerung der Kulturzeit ergeben sich Nachteile dadurch, daß die Stützgewebe schwach und schwammig ausgebildet sind, die Pflanzen zu wenig Schutzgewebe ausbilden und dadurch gegen Krankheiten anfälliger werden, ein Teil des N nicht zu Eiweiß verarbeitet wird und sich in Form schädlicher Reservestoffe anreichert sowie Reserveassimilate für die Eiweißsynthese verbraucht werden und damit an den gewünschten Ablagerungsstellen, z. B. Früchten, fehlen. Die optimale Höhe der jährlichen N-Düngung kann in weiten Grenzen schwanken. Die N-Düngung sollte im unteren Bereich der später anzugebenden Empfehlung liegen, damit Überdüngungsschäden vermieden werden, wenn

- der Boden reich an N-haltigem Humus ist,
- infolge hoher Frühjahrstemperaturen eine starke Mineralisierung des Boden-N stattgefunden hat,
- durch Gründüngung N-reiche Rückstände verbleiben,
- N-reicher Bestandsabfall (Kohlblätter usw.) zurückbleibt,
- der Winter trocken-kalt war und damit die Auswaschung herabgesetzt wurde und das Vorjahr trocken war, wodurch bei sorptionsstarken Böden nicht verbrauchter N weiter zur Verfügung steht.

Hohe N-Gaben sind nur anzuwenden, sofern die übrigen Wachstumsfaktoren optimal gestaltet werden können (KUNDLER 1970).

Zweckmäßig ist es in jedem Fall, eine Untersuchung der Freilandböden auf N_{min} im zeitigen Frühjahr und bei Unterglasflächen vor dem Beginn einer neuen Kultur durchführen zu lassen.

1.7.1.3 P-Dünger

Phosphatdünger enthalten das Nährelement P und sollten dieses auch in Form von pflanzenaufnehmbaren Phosphat-Anionen oder nach Umsetzung im Boden für die Pflanzen anliefern. Unter den P-Düngern gibt es hinsichtlich der Formen eine Reihe verschiedener Formulierungen, die teils wasser- bzw. unlöslich und nur unter besonderen Bedingungen leicht mobilisierbar sind.

Die Herstellung der P-Düngemittel geschieht durch Vermahlung von weicherdigen Rohphosphaten oder Aufschluß von Rohphosphaten, durch Aufschluß P-haltiger Erze und durch alkalischen Aufschluß. Die Phosphatrohstoffe sind relativ knapp. In jedem Fall erfordert die Verwendung sogenannter harterdiger Rohphosphate einen chemischen Aufschluß. Zur Herstellung von Super- oder Triplesuperphosphat wird im Apatit das Ca zum Teil durch H ersetzt. Bei teilweisem Ersatz dieses Ca durch Na spricht man von Rhenaniaphosphat und beim thermischen Aufschluß in der Metallschmelze wird die Struktur der P-Verbindungen weitgehend verändert. Dieses bei der Stahlherstellung anfallende P-Düngemittel (Ca-Silikocarnotit) wird als Thomasphosphat bezeichnet.

Tab. 66. P-Dünger (P-haltige Mehrnährstoffdünger) (nach KUNDLER 1970)

Bezeichnung	Hauptbestandteile	wichtige Nebenbestandteile	% P	(% P_2O_5)	Löslichkeit der P-Komponente in	andere Nährstoffe	Äquivalent-Azidität (−) bzw. Basizität (+) in Ca/kg P
Monocalciumphosphatdünger normales Superphosphat	$CaH_4(PO_4)_2 \cdot H_2O$	$CaSO_4$	7– 9	(16–21)	90% wasserlöslich	17–22% Ca 8–12% S	0
konzentriertes Superphosphat (Triple-Superphosphat)	$CaH_4(PO_4)_2 \cdot H_2O$		19–21	(44–48)	wasserlöslich	12–16% Ca	0
Thermophosphate Alkalisinterphosphat oder Rhenaniaphosphat*	$NaCaPO_4$	Ca_2SiO_4	11–12	(25–28)	ammoniumzitratlöslich	30% Ca	+2,4
Dicalciumphosphatdünger Dicalciumphosphat	$CaHPO_4 \cdot 2H_2O$		11–15	(25–35)	ammoniumzitratlöslich	23% Ca	+0,7
Hochbasische Calciumphosphatdünger, Thomasphosphat**	$Ca_5(PO_4)_2SiO_4$	CaO	5– 7	(12–16)	zitronensäurelöslich	1,2– 3% Mg 30 –35% Ca 2 – 4% Mn	+4,4
Rohphosphate Hyperphos	$Ca_{10}(PO_4)_6(OH,F)_2$		9–15	(20–35)	70% ameisensäurelöslich	20–35% Ca	+

* seit 1981 nicht mehr im Handel
** seit 1982 nicht mehr im Handel, nur noch als P-K-Mischdünger

Weicherdige Rohphosphate können nach extrem feiner Vermahlung (90% <0,063 mm) auf sauren Standorten (pH <6) sowie gut durchfeuchteten und biologisch aktiven Böden in ihrer Düngerwirkung den aufgeschlossenen Phosphaten nahekommen. Die Bewertung der P-Düngemittel geschieht durch Lösung in H_2O und neutralem Ammonzitrat für Superphosphate, alkalischem Ammonzitrat (2,2%ig) für Rhenaniaphosphat, durch Zitronensäure (2 %ig) für Thomasphosphat und durch Ameisensäure (2%ig) für Rohphosphate. Zusätzlich ist damit zu rechnen, daß Rohphosphate eine je nach Boden und Ausgangsphosphat unterschiedliche Basizität besitzen. Die P-Dünger enthalten neben dem wertgebenden Bestandteil P noch eine Reihe weiterer Nährelemente, wie z. B. S bei Superphosphat sowie bei Thomasphosphat Kalk, Mg und Mn. Die Basizität und die Zusammensetzung der weiteren P-Düngemittel läßt sich aus Tab. 66 entnehmen.

Nach Tab. 66 ist die Kalkwirkung von Rhenania- und Thomasphosphat bei der Bemessung der Kalkgaben zu berücksichtigen. Thomasphosphat ist nur noch als PK-Mischdünger erhältlich. Die Produktion von Rhenaniaphosphat ist in der Bundesrepublik eingestellt.

Neben den genannten P-Düngern existieren verschiedene teilaufgeschlossene Phosphate. Bei der Herstellung dieser Düngemittel werden weich- oder harterdige Rohphosphate mit Mineralsäure zum Teil aufgeschlossen. Besonders bei der Verwendung harterdiger Rohphosphate mit Teilaufschluß ist der nicht in Mineralsäure gelöste Anteil kaum pflanzenverfügbar.

1.7.1.4 Anwendung der P-Düngemittel

Phosphatdünger werden von den Pflanzen im Freilandgartenbau meist mit etwa 10 bis 25% ausgenutzt, während unter Glas unter Umständen höhere Raten möglich sind. Durch Plazierung der P-Dünger in die Nähe der Pflanzenwurzeln kann eine Verbesserung der Ausnutzung erreicht werden. Die Plazierung ist besonders dann erforderlich, wenn

- die P-Versorgung des Bodens niedrig ist,
- wenig Niederschläge fallen,

Tab. 67. Wichtige K-Dünger

Dünger	Hauptbestandteile	% K	(% K_2O)	wichtige Nebenbestandteile
Kalidüngesalz 40*	KCl, NaCl	31,5–35	(40)	
Kalidüngesalz 50*	KCl, NaCl	40 –43	(50)	
Kalidüngesalz 60* (für Export und Mehrnährstoffdünger)	KCl	49,8	(60)	
Kalimagnesia, Patentkali	K_2SO_4, $MgSO_4$	20 –25	(25–30)	3–4% Mg, 4–5% S
Kaliumsulfat	K_2SO_4	40 –43	(50)	chloridfrei, 17% S
Kainit	NaCl, KCl, $MgSO_4$	10 –13,3	(18)	14% S
Kaliumnitrat	KNO_3	37	(43)	chloridfrei, 13% N

* bezieht sich auf Oxidwert

- die Pflanzabstände weit sind,
- der Boden zur Immobilisierung von P neigt,
- geringe Düngergaben als Startdüngung verabreicht werden,
- die Pflanzen tief wurzeln und
- wie in der Regel im Gartenbau die Pflanzen nur eine kurze Vegetationszeit besitzen.

Hohe Anfangs-P-Versorgungsgrade sind nämlich die Voraussetzung für das weitere zügige Wachstum der Pflanzen.

Die Wirkung der einzelnen P-Dünger ist besonders vom pH-Wert des Bodens oder Substrates abhängig. Wasserlösliche P-Dünger zeigen im neutralen pH-Bereich eine bessere Wirksamkeit, wohingegen die Wirkung nicht-wasserlöslicher P-Dünger im sauren Bereich besser zu sein scheint. Zur Erhaltung der Wirksamkeit werden wasserlösliche P-Dünger in der Regel granuliert, während nichtwasserlösliche möglichst feinvermahlen ausgebracht werden sollten.

1.7.1.5 K-Dünger

Die K-Dünger sind größtenteils wasserlöslich und enthalten das Nährelement K in aufnehmbarer Form als Kation K^+. Die Kalirohsalze, aus denen die K-Dünger hergestellt werden, sind vor etwa 200 Mio. Jahren durch das Eintrocknen von Meerwasser entstanden. Kalirohsalze werden bergmännisch abgebaut. Die Vorräte an Kali auf der Welt sind groß.

Die Herstellung der K-Dünger erfolgt durch Vermahlen und durch Abtrennung von Begleitstoffen mit Hilfe der Flotation aus den Kalirohsalzen.

Aus Tab. 67 sind einige wichtige K-Dünger und ihr Gehalt an wertgebenden Bestandteilen zu ersehen.

Unter den angegebenen Düngemitteln sind für den Freilandanbau die Cl-haltigen die bedeutungsvollsten. Wegen der ariden Bedingungen und der Cl-Empfindlichkeit zahlreicher Pflanzen sind im Unterglasgartenbau Cl-freie K-Salze zu bevorzugen. Neben diesen relativ schnell wirksamen K-Düngemitteln gibt es auch einige langsam wirkende K-Düngemittel, wie z. B. Glasfritten (feingemahlenes K-haltiges Glas), Kali-Doppelsalze, die weniger gut löslich sind und umhüllte Düngemittel. Die Nebenwirkungen von K-Düngemitteln werden entweder durch die in ihnen enthaltenen Nebenbestandteile verursacht oder durch bei der Herstellung nicht entfernte geringe Mengen an Spurennährstoffen. Die Wirkung der Kalisalze auf die Bodenreaktion ist weitgehend neutral.

1.7.1.6 Anwendung der K-Düngemittel

Wie bereits zuvor erwähnt, ist für die Auswahl der Kalidünger die Cl-Verträglichkeit der Pflanzen maßgebend. Der Ausnutzungsgrad der Düngemittel beträgt im Freiland etwa 60 bis 65 % im ersten Jahr, während unter Glas höhere Raten zu erwarten sind. Die K-Verluste aus dem Boden sind abhängig von der Sorptionsfähigkeit der Bodenkolloide und können, je nach Niederschlag und Tonmineralzusammensetzung, stark schwanken. Die Sorption der Tonminerale kann durch regelmäßige K-Gaben, die etwa 50 % über dem Entzug liegen, ausgeglichen werden.

Die Ausbringung der K-Dünger als Einzeldünger kann breitwürfig erfolgen, da Versuche zwischen Reihendüngung und normaler Ausbringung keine Unterschiede erbrachten. Für den gärtnerischen Anbau, insbesondere dem Unterglasanbau, sind K_2SO_4 und KNO_3 zu bevorzugen. Letzterer verursacht eine sehr geringe Salzbelastung, weil keine Nebenbestandteile vorhanden sind.

Bei zu hohem K-Angebot neigen die Pflanzen zu einem unnötigen Luxuskonsum. Bei Ausbringung großer Mengen auf nicht allzu sorptionsstarken Böden kann es zu K-Verlusten durch Verlagerung und nachfolgende Auswaschung kommen.

1.7.1.7 Mg-, Ca- und S-Dünger

Mg-Dünger enthalten das Nährelement Mg in für die Pflanze aufnehmbarer Form. Ferner können sie Mg-Ionen nach Umsetzung im Boden anliefern. Die zur Düngerherstellung vorhandenen Mg-Vorräte sind sehr groß. Mg-Salze kommen zumeist mit K- und Ca-Salzen vor. Aus Mg-haltigem Kalk (Dolomit) werden die sogenannten Mg-Kalke hergestellt. Entsprechend Tab. 68 sind Mg-Dünger in wasserlösliche bzw. wenig wasserlösliche zu unterteilen.

Unter den wasserlöslichen sind es vor allem $MgCl_2$ und $MgSO_4$, die als Düngemittel ausgebracht werden können. Für den Gartenbau geeigneter erscheint $MgSO_4$, wenn über das Blatt gedüngt werden soll. Unter den wenig wasserlöslichen Mg-Düngern sind vor allem MgO und die Mg-Kalke zu nennen. Mg-Kalke besitzen darüber hinaus eine dem normalen Kalk ähnliche Basizität. Außerdem spielt im Gartenbau das im Mg-Ammoniumphosphat und im Thomasphosphat enthaltene Mg eine gewisse Rolle.

Das Nährelement Ca ist in den Ca-Düngern in pflanzenverfügbarer Form enthalten. Mit Hilfe dieser Düngemittel kann der Ca-Ernährungszustand der Pflanzen verbessert werden. Für die Ca-Dünger werden Kalke entweder direkt verwandt oder durch chemische Verfahren hergestellt. Die Ca-Vorräte sind sehr groß. Auch die Ca-Dünger können entsprechend ihrer Löslichkeit in wasserlösliche

Tab. 68. Wichtige Mg-haltige Dünger

Mg-Dünger	Mg enthalten als	% Mg	Löslichkeit in Wasser
gemahlener Kalkstein	$MgCO_3$	0 – 6	schwer
dolomitischer Branntkalk	MgO	16 –20	schwer
Mg-Mergel	$MgCO_3$	9 –10	schwer
Patentkali (Kalimagnesia)	$MgSO_4$, ($MgCl_2$)	3 – 4	leicht
Kalidüngesalz 40*	$MgCl_2$	1 – 2	leicht
Kainit	$MgSO_4$, $MgCl_2$	3,5– 4	leicht
Thomasphosphat		1 – 5	schwer
Kieserit	$MgSO_4 \cdot H_2O$	18	leicht
Magnesiumsulfat (Bittersalz)	$MgSO_4 \cdot 7H_2O$	9,5	leicht
Magnesia	MgO	55 –60	schwer

* bezieht sich auf den Oxidwert

Tab. 69. Ca-Gehalt von N- und P-Düngern

Dünger	Ca enthalten als	% Ca	Neutralisations-wirkung
Kalkammonsalpeter	$CaCO_3$	8–12	vorhanden
Kalkstickstoff	$CaCN_2$, CaO	etwa 43	vorhanden
Superphosphat	$CaSO_4$		
	$Ca(H_2PO_4)_2$	etwa 19	keine
Doppelsuperphosphat	$Ca(H_2PO_4)_2$	etwa 14	keine
Rhenaniaphosphat	Ca_2SiO_4		
	$CaNaPO_4$	etwa 29	vorhanden
Thomasphosphat	$Ca_5(PO_4)_2SiO_4$	28–32	vorhanden
Feingemahlenes Rohphosphat	$Ca_{10}(PO_4)_6F_2$	etwa 36	keine
NPK 13/13/21	$CaHPO_4$	6–7	keine
Kalksalpeter	$Ca(NO_3)_2$	20	keine
Calciummetaphosphat	$Ca(PO_3)_2$	18	keine
Dicalciumphosphat	$CaHPO_4$	23	keine

und nicht wasserlösliche unterteilt werden. Unter den wasserlöslichen sind es insbesondere $CaCl_2$ und $Ca(NO_3)_2$, welche zumeist für die Blattdüngung verwendet werden. $Ca(NO_3)_2$ ist außerdem ein schnell wirkender N-Dünger. Unter den wenig wasserlöslichen Ca-Düngern sind $CaSO_4$ (Gips), Kalkdünger und Ca-haltige Phosphate zu nennen. Durch die Zugabe von Gips zum Boden wird eine Verbesserung der Struktur angestebt. Bei den Kalk- und einem Teil der Phosphatdünger kommt dazu eine pH-erhöhende Wirkung.

Aus Tab. 69 ist der Ca-Gehalt von einigen N- und P-Düngern zu entnehmen.

S-Dünger enthalten das Nährelement S in pflanzenaufnehmbarer Form als Sulfat. Die Höhe des S-Bedarfes der Pflanzen ist etwa der des P-Bedarfes gleichzusetzen. Eine Reihe von Düngemitteln enthalten S als Nebenbestandteil und sorgen so für eine ausreichende Ernährung der Pflanze (s. Tab. 66 bis 70).

Gewisse Mengen können den Pflanzen auch durch Immissionen zugeführt werden. S kommt in Salzlagerstätten und als Gips in Bergformationen vor. Die S-Dünger sind zumeist Sulfate. Ein S-Dünger mit stark bodenversauernder Wirkung ist elementarer Schwefel. Daneben spielt Al-Sulfat eine gewisse Rolle.

1.7.1.8 Anwendung der Mg-, Ca- und S-Düngemittel

Steigende Aufwandmengen an ballastarmen Mehrnährstoffdüngern und N-Düngern sowie hohe Erträge und damit verbundene hohe Mg-Entzüge der Pflanzen lassen der Mg-Düngung in Zukunft besonders im Gartenbau eine starke Bedeutung zukommen. Im Freiland richtet sich die Höhe der Mg-Düngung nach dem Gehalt des Bodens an pflanzenverfügbarem Mg.

Starke Ertragsausfälle sind zu erwarten, wenn der Gehalt des Bodens an Mg <1 mg/100 g Boden beträgt ($CaCl_2$-Methode). Hinsichtlich der Wahl der Mg-

Formen ist danach zu unterscheiden, ob mit dem Düngemittel gleichzeitig Kalk zugeführt werden soll oder nicht. Bei Böden mit Kalkbedarf sind Mg-haltige Kalke zu empfehlen, während bei Böden ohne Kalkbedarf die schnellwirkenden Mg-Salze angewendet werden können. Bezogen auf die Düngerwirkung sind beide Formen etwa gleich.

Zur direkten Beseitigung von akuten Mangelerscheinungen eignen sich Blattspritzungen mit schnellöslichen Mg-Salzen. Die Konzentration der Spritzlösungen von Bittersalz ($MgSO_4 \cdot 7\ H_2O$) kann bei der Verwendung im Obstbau etwa 2 bis 3% betragen. Eine Überdüngung mit Mg-Salzen ist selten zu erwarten, da Mg-Salze wenig toxisch sind. Mg-Dünger werden zu etwa 50 bis 60% von der aufgebrachten Menge im Freiland ausgenutzt, während unter Glas die Ausnutzungsgrade höher sind.

Auch bei den Ca-Düngemitteln ist in wenig und gut wasserlösliche zu unterscheiden. Die in der Regel schwer löslichen Kalkdüngemittel dienen neben der Verbesserung der Ca-Versorgung des Bodens auch zur pH-Anhebung.

Wasserlösliche Ca-Dünger sind $CaCl_2$ und $Ca(NO_3)_2$. Hierbei ist $Ca(NO_3)_2$ als N-Dünger einzustufen. Beide Düngemittel können auch zur Blattdüngung eingesetzt werden. Die Konzentration zur Blattdüngung sollte höchstens 1 bis 2% betragen, um Verbrennungen zu vermeiden. Ca-Gaben über das Blatt sind deshalb erforderlich, weil auftretender Ca-Mangel der Pflanzen selten durch einen absoluten Ca-Mangel hervorgerufen wird, sondern vielmehr durch Umstände, die den Ca-Transport innerhalb der Pflanze zu den Stellen des Bedarfes behindern (z. B. geringes Sättigungsdefizit).

In der Praxis des Obstbaues werden zur Verminderung der Lagerstippe Früchte in eine hochgereinigte $CaCl_2$-Lösung ($CaCl_2 \cdot 2\ H_2O$ nach DAB 8) getaucht. Die Konzentration der Lösung beträgt etwa 2% (1,5 bis 3%). Bei der Blattdüngung mit Ca-Salzen ist es wenig sinnvoll, $Ca(NO_3)_2$ zu verwenden, da durch die N-Zufuhr das Wachstum gefordert und dadurch das Ca weiter verdünnt wird. Die Beseitigung von Ca-Mangel, äußerlich sichtbar an der Stippigkeit der Äpfel, Innenblattnekrose beim Kohl oder Blütenendfäule bei Tomaten, hat deshalb zweckmäßigerweise über den Boden mit Kalkdüngern oder $CaSO_4$ bzw. über das Blatt mit $CaCl_2$ zu erfolgen.

Die S-Dünger sind in der Mehrzahl nur gering in Wasser löslich. Sie sind zum Teil in anderen Düngemitteln enthalten und müssen deshalb nicht gesondert zugeführt werden. Neben dieser Sulfatgabe aus S-haltigen Düngemitteln kann der S-Bedarf der Pflanzen aus anderen Quellen gedeckt werden. Hierzu zählen in der Nähe von Industriegebieten die SO_2-Mengen aus Industrieabgasen, mit denen jährlich 10 bis 30 kg S/ha zugeführt werden. Akuter S-Mangel ist unter den hiesigen Anbaubedingungen sowohl im Freiland als auch unter Glas kaum zu erwarten, da der S-Bedarf der Pflanzen bereits überwiegend aus der Zufuhr durch SO_2-haltige Abgase gedeckt werden kann.

1.7.2 Mehrnährstoffdünger

1.7.2.1 Mehrnährstoffdünger mit Haupt- und Spurennährstoffen

Mehrnährstoffdünger (= MND) sind solche Düngemittel, die 2 oder mehr Nährstoffe in pflanzenverfügbarer Form enthalten. Häufig werden Mehrnährstoffdünger irreführend als „Volldünger“ bezeichnet. Bei Verwendung dieser Bezeichnung müßten dann aber alle für die Pflanze notwendigen Nährstoffe enthalten sein. Je nach Herstellungsverfahren ist bei den MND zwischen Misch- und Komplexdüngern zu unterscheiden. In den Mischdüngern sind einzelne Bestandteile nur zu Gemengen vermischt und granuliert worden, während bei den Komplexdüngern Reaktionen ablaufen, die zur chemischen Verbindung von Nährstoffen führen. Zu den Komplexdüngern gehören z. B. Kaliumnitrat, Kaliumphosphat und Ammoniumphosphat. Die Angabe der Nährstoffgehalte erfolgt in Gewichts-% N, P_2O_5, K_2O, MgO, CaO und der der Restbestandteile meist auf Elementbasis. Sinnvoller wäre auch hier, wie bei den Einnährstoffdüngern, die Angabe der Gehalte in Element-%. Die Herstellung der Mischdünger wird zumeist nach dem Naß-Trockengranulierverfahren vorgenommen. Bei den Mischdüngern ist eine

Tab. 70. Misch- und Komplexdünger in fester Form (aus FINCK 1979)

Gehalt des Düngers in %														
N	P_2O_5							K_2O						
	a	b	c	d	e	f	g	a	b	c	d	e	f	g
3	10							15						
4	12	20						16	$\underline{32}$					
5	5	10	10					$\underline{20}$	15	20				
6	8	10	12	17				$\underline{10}$	18	18	6			
7	8	40						$\underline{10}$	$\underline{8}$					
8	8	12	14	15	16			$\underline{8}$	16	$\underline{18}$	$\underline{20}$	24		
9	9	9	11					9	15	6				
10	5	8	10	10	10	12	15	$\underline{20}$	18	5	10	15	$\underline{18}$	20
12	6	11	12	12				$\underline{12}$	16	17	$\underline{20}$			
13	7	13	13					$\underline{13}$	13	21				
14	7	10	10	12	12			$\underline{14}$	$\underline{14}$	24	$\underline{14}$	$\underline{17}$		
15	5	9	9	11	12	15		20	5	15	15	24	15	
16	8	8	10	12				$\underline{12}$	$\underline{16}$	16	18			
17	13	17						20	17					
18	6	6	8	9	18	22		$\underline{12}$	$\underline{18}$	16	18	9	12	
19	6							$\underline{6}$						
20	5	5	8	10	10			$\underline{8}$	$\underline{10}$	12	10	$\underline{15}$		
22	8							12						
24	8							8						

Beispiele: 5+5+$\underline{20}$; 5+10+15; 5+10+20

Die unterstrichenen K_2O-Gehalte bedeuten, daß K als Sulfat oder vereinzelt als Nitrat vorliegt. Die angegebenen 3 Düngemittel enthalten zum Teil Mg in größeren Mengen und Spurenelemente.

Tab. 71. NPK-Dünger mit Farbkennzeichnung (aus FINCK 1979)

Farbkennzeichnung	Gehalt $N+P_2O_5+K_2O+MgO$	K-Form	Bemerkung
violett	10+15+20	alternativ	für Pflanzen, die
rot	13+13+21	KCl	Chlorid
gelb	15+15+15	KCl	vertragen
blau	12+12+20	K_2SO_4	z. T. mit Spuren-
	12+12+17+2	K_2SO_4	elementen als blau
	15+ 5+20+2	K_2SO_4	extra oder blauspur

Granulatgröße von 0,5 bis 2,5 mm mit dem Hauptanteil zwischen 1 und 2 mm anzustreben. Granulierte Mischdünger haben eine geringere Anfangswirkung als staubförmige. Wegen ihrer größeren Nachwirkung ist die Gesamtwirkung in der Regel jedoch gleich.

Aus Tab. 70 sind eine Reihe von Misch- und Komplexdüngern zu ersehen.

Tab. 72. Gebräuchliche feste und flüssige NPK-Dünger für den Gartenbau*

fest	N	P_2O_5	K_2O	Handelsname	Hersteller
	4	20	32	Hortal	Gebr. Maier
	8	12	16	Hakaphos rot	Compo
	8	14	18	Polyfertisal	Schering AG
	8	15	20	Flory 4	Planta
				Floraktiv	Günther
	14	12	14	Mairol	Gebr. Maier
	15	7	22	Flory 9 (f. Hydrokultur)	Planta
	15	11	15	Flory 3	Planta
				Hakaphos blau	Compo
				Polycresal	Schering AG
				Terraktiv S	Günther
	18	6	12	Alkrisal	Schering AG
	20	5	10	Flory 1	Planta
				Hakaphos grün	Compo
				Plantaktiv	Günther
	20	0	16	Alkril	Schering
				Flory 8	Planta
				Hakaphos gelb	Compo
				Plantaktiv	Günther

Fortsetzung nächste Seite

Tab. 72. Gebräuchliche feste und flüssige NPK-Dünger für den Gartenbau*

flüssig	N	P_2O_5	K_2O	Handelsname	Hersteller
	5	8	10	Kamasol rot	Compo
				Complesal „fluid“	Höchst AG
	8	8	6	Hornoska flüssig	Günther
				Kamasol blau	Compo
				Mannalin F	Manna-Düngerwerk
				Wuxal super	Schering AG
				Complesal	Höchst AG
	10	4	7	Gabi Plus	Gabi-Werk
				Kamasol grün	Compo
	12	4	6	Complesal „fluid“	Höchst AG
				Wuxal normal	Schering AG
	12	8	11	Gabi plus	Gabi-Werk
	13	8	7	Gabi „Tropfdünger“	Gabi-Werk

* Die meisten Dünger enthalten Mg in unterschiedlichen Mengen und Spurenelemente. Die Liste erhebt keinen Anspruch auf Vollständigkeit.

Tab. 73. NPK-Dünger-Lösungen und -Suspensionen (Düngertypen 1976) (aus FINCK 1979)

	Gehalte in Gew.-%			Nährstofform		
	N +	P_2O_5 +	K_2O	N	P	K
Lösung (spez. Gew. = 1,2–1,3)	5 +	8 +	10	Carbamid	Ammonium-	alternativ
	8 +	8 +	6	NH_4, NO_3	phosphate	(KCl, K_2SO_4, KNO_3)
	9 +	9 +	7	NH_4, NO_3	Kaliphosphate	
	10 +	4 +	7			
	12 +	4 +	6	Carbamid		
	12 +	8 +	11	NO_3		kein Cl
	13 +	8 +	7			
	15 +	6 +	9	Carbamid		
				Carbamid		alternativ
				NO_3		
Suspension (spez. Gew. = 1,5)	3 +	10 +	30	NH_4	Polyphosphate (bis	
	12 +	12 +	18	Carbamid	60% des P-Anteils)	KCl
	13 +	13 +	13	NH_4, NO_3	Ammonphosphate	
	6 +	10 +	16	Carbamid		alternativ
				NO_3		
	20 +	4 +	8		Polyphosphate	kein Cl
	16 +	16 +	12	Carbamid		
	25 +	6 +	20	NH_4, NO_3	Ammonphosphate	alternativ

Wegen der Vielzahl der Handelsnamen der Düngemittel bei gleichem Nährelementgehalt ist auf eine namentliche Nennung verzichtet worden.

Die Düngemittel lassen sich nicht allein nach ihrem Nährelementgehalt, sondern auch durch Farbkennzeichnungen in ihrer K-Form unterscheiden. Die Dünger wurden zum Teil gefärbt. Heute ist auf eine Einfärbung zugunsten eines farbigen Aufdrucks auf dem Düngersack verzichtet worden.

Aus Tab. 71 gehen einige NPK-Standarddünger und deren Farbkennzeichnung hervor.

Für die im Gartenbau verwendeten empfindlicheren Kulturen sind Düngemittel mit Sulfat- oder Nitrat-K-Formen zu bevorzugen. Einige im Gartenbau verwendete Mehrnährstoffdünger in flüssiger und fester Form sind der Tab. 72 zu entnehmen. Es ist erkennbar, daß bei gleichem Nährelementgehalt eine Reihe verschiedener Produkte angeboten werden.

Die unter der Rubrik „flüssig" zusammengefaßten Düngemittel sind in der Regel stabile Suspensionen, die insbesondere zur automatischen Beimischung von hochkonzentrierten Düngerlösungen geeignet sind. Nach entsprechender Verdünnung sind sie auch für die Blattdüngung einsetzbar.

Aus Tab. 73 gehen die Nährelementgehalte, Nährstofformen und das spezifische Gewicht einiger Düngerlösungen und -suspensionen hervor.
In der Wirkung sind die flüssigen MND den festen gleichwertig.

1.7.2.2 Depotdünger

Bei den im Gartenbau üblichen Depotdüngern wird in der Regel N in langsamfließender Form angeboten. Hierbei ist vom Typ her zwischen den mit einer Kuststoffmembran umhüllten Düngemitteln und solchen zu unterscheiden, die N in einer organischen Bindungsform enthalten. Bei den umhüllten Düngemitteln werden die Nährstoffe unter dem Einfluß des Substrates durch Osmose freigesetzt. Bei den Düngemitteln, die N in organischer Bindung enthalten, erfolgt der Abbau durch Hydrolyse mit Hilfe der Bodenmikroorganismen. Auch hier ist die Abbaugeschwindigkeit von Bodentemperatur und -feuchte sowie pH-Wert und Granaliengröße abhängig. Die Depotdünger können nur unter günstigen Bedingungen die Wirksamkeit von wasserlöslichen Düngemitteln erreichen.

Aus Tab. 74 lassen sich einige im Gartenbau verwendete Depotdünger entnehmen.

1.7.2.3. Anwendung der Mehrnährstoffdünger

In der gartenbaulichen Praxis wird sich die Anwendung in erster Linie nach dem N-Gehalt richten. Die Auswahl eines MND richtet sich nach dem Versorgungsgrad des Bodens oder Substrates. Substrate mit hohem Ausgangsgehalt an P oder K sollten zweckmäßigerweise mit P- oder K-freien MND gedüngt werden. Die Entscheidung darüber, ob feste, flüssige oder Depotdünger zu verwenden sind, hängt im wesentlichen von arbeitswirtschaftlichen und preislichen Gegebenheiten sowie der Wirksamkeit des Düngemittels ab. Es darf bezweifelt werden, ob geringe Abweichungen in der Formulierung und im Gehalt dazu berechtigen, hieraus gravierende Wirkungsunterschiede abzuleiten. Die Auswahl der MND sollte vielmehr den Ansprüchen der Pflanzen entsprechend erfolgen. Diese Ansprüche sind in Tabellen in den jeweiligen Abschnitten angeführt. In Abb. 79 sind die im

Tab. 74. Gebräuchliche Depot-Mehrnährstoffdünger für den Gartenbau

Gehalt								
N	P_2O_5	K_2O	MgO	N-Depotform	Handelsname	Hersteller	Bemerkung	Wirkungsdauer
15	9	15		Isodur (org.)	Nitrophoska permanent	BASF	gekörnt	2–3 Monate
15	12	15		umhüllt	Osmocote	Spiess-Urania	gekörnt schnellwirkend	3–4 Monate
16	8	12		Crotodur	Triabon	BASF	gekörnt	3–4 Monate
16	10	13		umhüllt	Osmocote	Spiess-Urania	gekörnt langsamwirkend	8–9 Monate
18	7	15		Ionenaustauscher	Lewatit HD5	Bayer	Gehaltsangabe in g/l, für Hydrokultur	≤6 Monate
31	12	33		Ionenaustauscher	Lewaterr 80	Bayer		≤6 Monate
20	10	15		unbekannt organisch	Plantosan 4D	Schering AG	Grobgranulat 2,5–5 mm Feingranulat 0,3–2,5 mm	2–3 Monate
16	10	10		umhüllt	Nutricote	Euflor (Vertrieb)		100 Tage 180 Tage 270 Tage
14	14	14		umhüllt	Nutricote	Euflor (Vertrieb)		100 Tage
16	11	14	2	umhüllt + organisch	Plantocote 4M	Schering AG		3–4 Monate

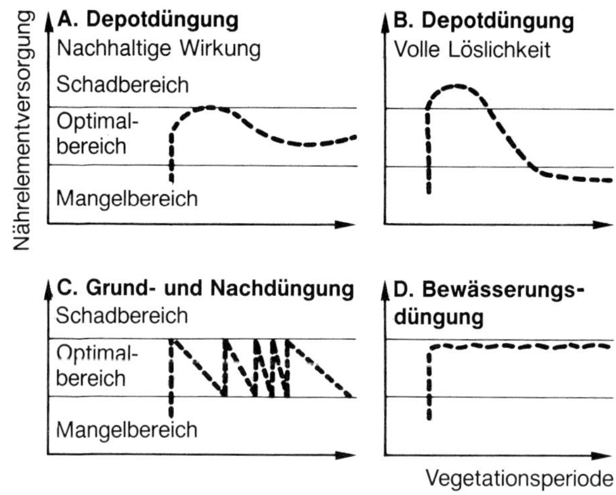

Abb. 79. Methoden der Düngung (nach WEHRMANN 1974).

Gartenbau üblichen Methoden der Düngung vergleichend gegenübergestellt worden.

Es ist der Nährelementversorgungsgrad, dargestellt durch einen Mangel-, Optimal- und Schadbereich des jeweiligen Nährelementgehaltes, in Abhängigkeit von der Zeit aufgezeichnet. Die unter (A) erwähnte Depotdüngung mit nachhaltiger Wirkung kann von Düngemitteln nur unter sehr günstigen Voraussetzungen erreicht werden. Normalerweise ist bei der Depotdüngung die unter (B) gezeigte Wirkung zu erwarten. Die Löslichkeit der Nährstoffe ist zu Beginn der Kultur so hoch, daß die Pflanzen latent geschädigt werden und kann im Verlauf der Kultur so stark absinken, daß Mangel auftritt.

Diesem Verfahren ist die Grund- und Nachdüngung vorzuziehen (C). Mit der Nachdüngung kann in Anpassung an den Wachstumsrhythmus dem Bedarf der Pflanzen entsprochen werden. Für das Wachstum der Pflanzen am günstigsten ist die ständig im Optimalbereich zu haltende Bewässerungsdüngung (D).

Aus Abb. 80 ist die Durchführung der Düngung in Abhängigkeit vom Versorgungsgrad des Bodens (Substrates) bei 4wöchigem Untersuchungsrhythmus zu ersehen. Dieses Verfahren ist nur eingeschränkt auf Topfkulturen anwendbar.

Bei der Verwendung von MND ist zudem darauf zu achten, daß durch den Einfluß der in den Düngern enthaltenen N-Formen der pH-Wert verändert werden kann. Die meisten MND wirken substratversauernd.

1.7.3 Boden- und Substratverbesserungsmittel, organische Düngemittel

Bodenverbesserungsmittel werden in erster Linie angewendet, um die chemischen und physikalischen Eigenschaften im Hinblick auf ein verbessertes Pflanzenwachstum zu verändern. So kann z. B. mit Bodenverbesserungsmitteln die Aktivität der Bodenlebewesen erhöht werden. Die Rentabilität der Anwendung von Bodenver-

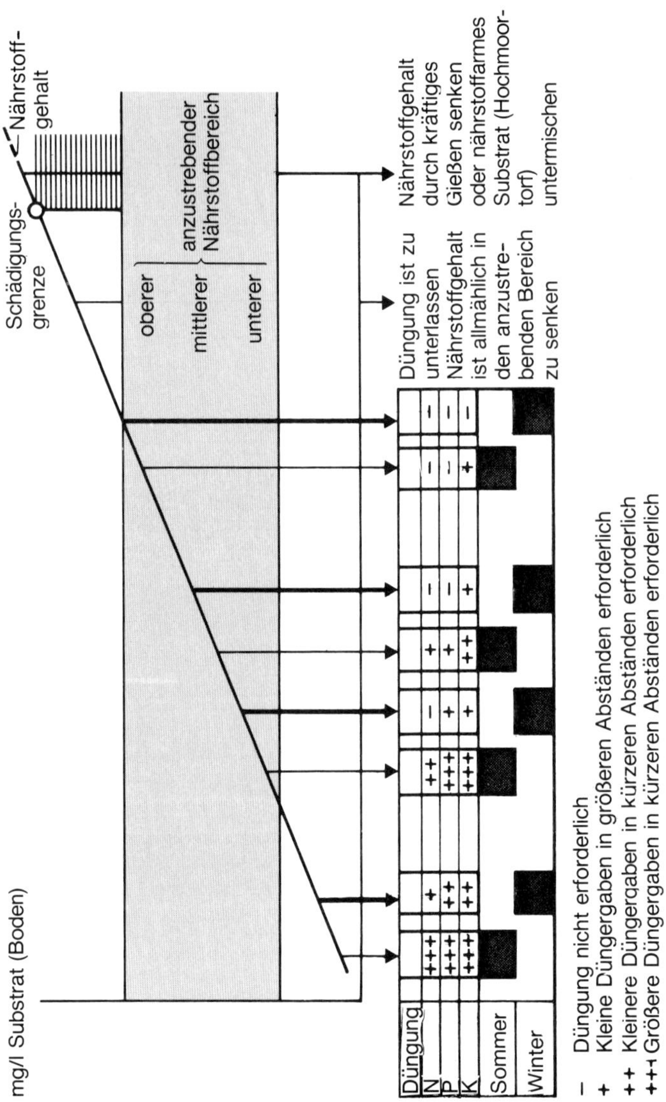

Abb. 80. Durchführung der Düngung in Abhängigkeit vom Versorgungszustand des Bodens bei einem 4wöchigen Untersuchungsrhythmus.

besserungsmitteln steigt mit zunehmendem Intensitätsgrad im gärtnerischen Anbau an.

Im gärtnerischen Anbau beschränken sich Boden- und Substratverbesserungsmaßnahmen im wesentlichen auf die Einstellung und Veränderung des pH-Wertes und die Strukturverbesserung sowie den Einsatz organischer Düngemittel.

Die Veränderung der Bodenreaktion kann durch basisch und versauernd wirkende Düngemittel hervorgerufen werden. Unter den basisch wirksamen Düngemitteln sind insbesondere die Kalkdüngemittel zu nennen. Hierunter fallen kalkhaltiges Bodenmaterial, z. B. Mergel, Naturkalke, kohlensaurer Kalk, Algenkalk, Branntkalk, Löschkalk sowie Mischkalk, ferner Industriekalk wie Hüttenkalk, Konverterkalk und Rückstandskalke wie Scheideschlamm (Carbokalk).

Daneben gibt es eine Reihe von weiteren alkalisch wirksamen Düngemitteln. Zu diesen zählen z. B. Magnesiumkarbonate oder Kalksalpeter. Die Kalkdüngemittel sind nach ihrem wirksamen Kalkanteil zu bewerten. Es ist darauf hinzuweisen, daß die Kalke noch eine weitere Reihe wirksamer Nebenbestandteile besitzen, wie z. B. Spurenelemente. Die Anwendung der Kalk-Düngemittel hat im Hinblick auf die Wirkung nach 2 verschiedenen Methoden zu erfolgen, nämlich der Gesundungs- und Erhaltungskalkung.

Bei mittleren und schweren Böden kann die Gesundungskalkung mit schnell wirkenden Kalken (Branntkalk, eventuell Lösch- und Mischkalk) erfolgen, während auf leichten Böden zur Erhaltungskalkung langsam wirkende Kalke angebracht sind (Hüttenkalk, Konverterkalk oder kohlensaurer Kalk).

Die vielfältige Wirkung von Kalkungsmaßnahmen auf Nährstoffverfügbarkeit und Bodenleben läßt sich aus Abb. 81 entnehmen.

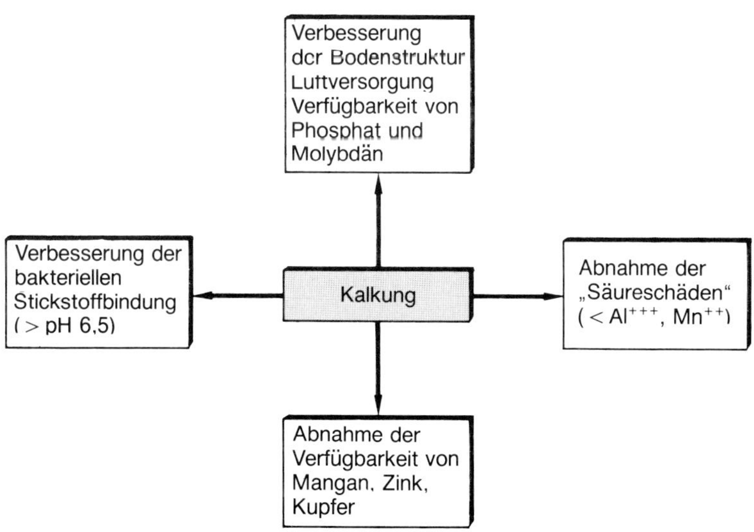

Abb. 81. Einfluß der Kalkung eines Bodens auf die Nährstoffversorgung der Pflanzen (nach FINCK 1979).

Die Höhe der Kalkgaben läßt sich für Böden nach dem Verfahren zur Kalkbedarfsermittlung nach SCHACHTSCHABEL sowie für Weißtorfe nach JUNGK berechnen (s. Tab. 9).

Für Freilandböden sollten als einmalige Gabe die folgenden Höchstmengen nicht überschritten werden:

- für leichte Böden 20 dt kohlensaurer Kalk ($CaCO_3$)/ha,
- für mittlere und schwere Böden 30 bis 50 dt Branntkalk (CaO)/ha.

Im Gartenbau häufig benutzte Weißtorfe können erfahrungsgemäß mit 3 kg $CaCO_3/m^3$ von einem Ausgangs-pH von 3,8 auf etwa 5,5 aufgekalkt werden.

Im gärtnerischen Unterglasanbau kann durch die überhöhte Zufuhr karbonathaltigen Wassers der pH-Wert der Substrate in erheblichem Umfange ansteigen. Hierdurch wird die Verfügbarkeit der meisten Spurenelemente vermindert und das Wachstum der Pflanzen geringer. Diese negativen Auswirkungen können durch die Anwendung von Bodenversauerungsmitteln (z. B. physiologisch saure Düngung) ausgeglichen werden. Beim Anbau von Azaleen und Eriken ist eine pH-Erniedrigung in jedem Falle erforderlich.

Eine relativ langsame und damit bei Ausbringungsfehlern weniger gefährliche Methode stellt die Anwendung physiologisch saurer Dünger wie Ammoniumsulfat dar. Ein weiteres Verfahren mit Säurewirksamkeit ist das Ausbringen elementaren Schwefels, der sich mit dem Wasser und Sauerstoff des Bodens unter Mithilfe bestimmter Bakterien zu Schwefelsäure umsetzt.

Gemäß Tab. 75 können zur pH-Wert-Erniedrigung definierte S-Mengen verwendet werden.

Eine sofortige pH-Wert-Absenkung kann durch die Zugabe von Schwefelsäure zum Gießwasser erreicht werden. Da die Wässer sich in ihrem Härtegrad unterscheiden, sind die Mengen an zuzugebender Schwefelsäure variabel. Zur Einstellung des Gießwassers ist eine genau abgemessene Wasserprobe zunächst mit genau eingestellter Schwefelsäure auf den gewünschten pH-Wert zu titrieren und hiernach

Tab. 75. Mengen elementaren, gepulverten Schwefels zur Senkung des pH-Wertes von Sand- oder Lehmböden ($l/100\ m^2$ und 20 cm Tiefe) (aus Soil, 1957 Yearbook of Agriculture)

	l Schwefel für pH									
Ausgangs-pH	4,5		5,0		5,5		6,0		6,5	
	Sand	Lehm	Sand	Lehm	Sand	Lehm	Sand	Lehm	Sand	Lehm
5,0	3,4	10,1								
5,5	6,8	20,2	3,4	10,1						
6,0	10,1	27,8	6,8	20,2	3,4	10,1				
6,5	12,7	40,5	10,1	27,8	6,8	20,2	3,4	10,1		
7,0	15,2	50,6	12,7	40,5	10,1	27,8	6,8	20,2	3,4	10,1

durch Umrechnung die zur pH-Wert-Erniedrigung notwendige Säuremenge pro Einheit Wasser zu bestimmen (Berechnung s. Hydrokultur, Abschnitt 1.6.3).

Wie eingangs erwähnt, werden die Bodenverbesserungsmittel zur Optimierung der Bodenstruktur hinsichtlich Wasser- und Lufthaushalt der Böden eingesetzt. Die Anwendung dieser Mittel ist deshalb erforderlich, weil für das Wachstum der Pflanzen neben der Nährstoffversorgung auch die Wasser- und Luftversorgung sowie die Durchwurzelbarkeit verbessert werden. Hierzu ist zunächst für eine Verbesserung der Bodenkrümelung zu sorgen. Die Krümelstruktur des Bodens wird durch den Einsatz einer Reihe von anorganischen und organischen Stoffen verbessert. Auf einfache Weise kann die Krümelung des Bodens durch die Zugabe von Gips verbessert werden. Die dafür erforderlichen Mengen betragen je nach Boden 20 bis 100 dt/ha. Eine pH-Wert-Veränderung des Bodens erfolgt nicht. Bei Unterglaskulturen ist die Anwendung der Gipsdüngung dann notwendig, wenn mit relativ stark Na-haltigem Gießwasser gegossen wird. Die Wirkung des Gipses beruht darauf, daß Na-Ionen von den Austauschern des Bodens durch Ca-Ionen verdrängt werden.

Weitere Bodenverbesserungsmittel auf anorganischer Basis sind Ammoniumeisensulfat („Flotal", „Glotal") mit etwa 85 % $(NH_4)_2SO_4 \cdot FeSO_4 \cdot 6\,H_2O$ und 10 % organischer Substanz. Die entstehenden Eisenoxidüberzüge wirken auf die Bodenteilchen verkittend.

Weiter können Stoffe aus der Gruppe der Silikatkolloide die Speicherfähigkeit des Bodens für Wasser und Nährstoffe erhöhen. Sie bestehen aus Natriumhydrosilikat und Phosphat (z. B. Agrosil LR mit 36 % SiO_2 und 71 % P). Dieses Mittel wird trocken oder als Suspension in einer Aufwandmenge von etwa 15 dt/ha ausgebracht. Neben den anorganischen Bodenkrümlern gibt es auch eine Reihe organischer Verbindungen zur Bodenstabilisierung. Hierfür kommen zahlreiche Polymerdispersionen in Frage. Bekannte Beispiele sind das Krilium (Polyacrylsäure), Acronal (Polyacrylsäureester), Curasol, VAMA, Weimulsion und Alginure (pflanzliches Polyuronid). Die genannten Mittel werden als Dispersion auf den gelockerten Boden gespritzt oder pulvrig ausgestreut und dann eingeregnet. Zur dauerhaften Verbesserung sind Aufwandmengen von 1 bis 20 dt/ha erforderlich. Die Wirksamkeit aller genannten Mittel ist zeitlich begrenzt. Wegen der hohen Preise ist die Anwendung der Mittel beschränkt. Eine bedeutende Verbesserung der Bodendurchlüftung kann durch Einbringen von Styroporflocken in den Boden oder das Substrat erreicht werden. Zur Erhöhung der Wasserhaltekraft, insbesondere auf leichten Böden, kann aufgeschäumtes Formaldelyd-Harnstoffharz (Hygromull) verwendet werden. Die Aufwandmengen von Stryromull betragen etwa 1 bis $3\,m^3/100m^2$ und die von Hygromull 2 bis $4\,m^3/100\,m^2$.

Eine weitere Möglichkeit der Strukturverbesserung von Böden und Substraten besteht in der Zugabe von Aktivierungsmitteln. Bei diesen Mitteln handelt es sich um Stoffe, die die Bodenlebewesen, vor allem die Mikroben, zu erhöhter Aktivität veranlassen. Es besteht die Möglichkeit, frei lebende N-bindende Mikroorganismen wie *Azotobacter* oder Symbiosebakterien, wie die Knöllchenbakterien der Leguminosen oder Bakterien zum Aufschluß schwer löslicher Nährstoffe den Böden oder Substraten zuzugeben. Die Wirksamkeit der Knöllchenbakterien von Leguminosen ist außerordentlich groß und kann unter den hiesigen Klimabedingungen einen Gewinn von bis zu etwa 100 bis 200 kg N/ha bedeuten. Die

Tab. 76. Mineralstoffgehalt von Stallmist

	Gehalte in % (FS)		Gehalte in ppm (FS)
N	0,2 –0,6 (∅ 0,5)	Mn	30 –50
P	0,04–0,3 (∅ 0,1)	Zn	10 –20
K	0,1 –0,8 (∅ 0,5)	B	3 – 5
Ca	0,07–1,0	Cu	1 – 3
Mg	0,06–0,3	Mo	0,1–0,2

Wirksamkeit der anderen genannten Bakterien ist erheblich geringer als die der Knöllchenbakterien und zudem von einer Reihe äußerer Bedingungen abhängig.

Eine weitere Möglichkeit, die Struktur der Böden und Substrate sowie ihren Nährstoffversorgungsgrad zu verbessern, besteht in der Zufuhr organischer Düngemittel. Die organischen Düngemittel sind nach den wirtschaftseigenen Düngern, die im Betrieb anfallen, sowie den im Handel vertriebenen Düngern, zu unterteilen. Die bekanntesten organischen Dünger sind Stallmist, Jauche und Gülle. Im gärtnerischen Freilandanbau hat der Stallmist, dessen Mineralstoffzusammensetzung aus Tab. 76 hervorgeht, die größte Bedeutung.

Durch die Stallmistzufuhr kann besonders der Dauerhumusanteil des Bodens erhöht werden.

Abb. 82 veranschaulicht den Gewinn an Dauerhumus durch Stallmist. Durch Gründüngung und Kalkung bzw. Kalkung allein treten langfristig Verluste von durchschnittlich 20%, bezogen auf den hier vorgegebenen Versuchszeitraum von 7 Jahren, auf.

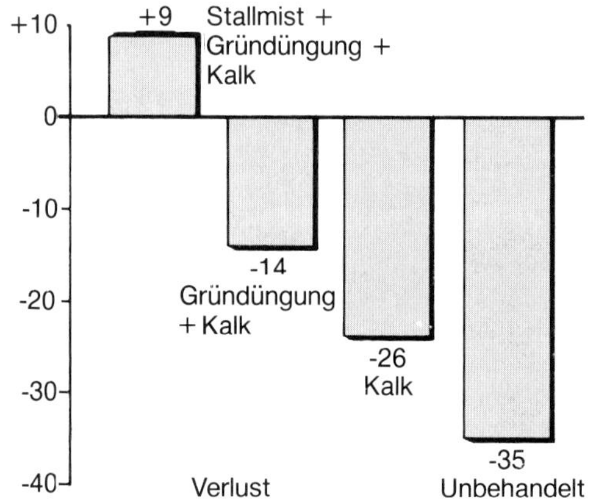

Abb. 82. Gewinn und Verlust an Dauerhumus bei unterschiedlicher Bodenpflege.

Tab. 77. Einfluß von Stallmist auf den laktatlöslichen P_2O_5- und K_2O-Gehalt des Bodens

Düngung	mg P_2O_5/100 g Boden			mg K_2O/100 g Boden		
	0–20 cm	20–40 cm	40–60 cm	0–20 cm	20–40 cm	40–60 cm
NPK	23	19	6	15	13	4
NPK + 200 dt/ha Stallmist	33	28	12	36	36	12
NPK + 300 dt/ha Stallmist	40	36	18	40	40	21

Neben der Verbesserung des Humushaushaltes wird durch die Stallmistzufuhr der Nährelementgehalt des Bodens erhöht. Aus Tab. 77 geht der Einfluß von Stallmist auf den laktatlöslichen P_2O_5- und K_2O-Gehalt des Bodens hervor.

Die Nährelementgehalte im Boden steigen je nach Höhe der Stallmistgabe auch in tieferen, nicht gedüngten Bodenschichten an. Jauche und Gülle sind wegen ihrer stark schwankenden Nährstoffgehalte und aus hygienischen Gründen für den gärtnerischen Anbau nicht zu verwenden. Die Verwendung von Komposten ist im Gartenbau seit langen Zeiten üblich. Kompost ist das Endprodukt der Verrottung pflanzlicher und tierischer Abfälle. Die Variation der wertgebenden Stoffe des Kompostes ist außerordentlich groß. Bei der Kompostierung erfolgt eine Vererdung der organischen Substanz. Der Abbau der organischen Stoffe geschieht durch Mikroben. Die Tätigkeit der Mikroben kann durch Feuchtigkeit und Durchlüftung erhöht werden. Durch den Zusatz von Erde, Kalk und Mineralstoffen kann die Kompostumsetzung beschleunigt und seine Qualität verbessert werden. Der Einfluß von Kompoststartern und sonstigen Kompostierungshilfsmitteln ist umstritten.

Im Mittel enthält ein Kompost etwa:

30–50	%	Trockensubstanz
10–15	%	org. Substanz
	0,3 %	N
	0,1 %	P
	0,3 %	K

Komposte können sowohl zur Substratverbesserung als auch direkt als Substrat verwendet werden. Wie aus der nachfolgenden Abb. 83 hervorgeht, besitzt der Kompost gute strukturstabilisierende Eigenschaften. Diese werden schon mit Gaben von 70m^3/ha und Jahr erreicht.

Im Freilandgartenbau, insbesondere im Obstbau, kann durch eine Gründüngung die Bodenbeschaffenheit verbessert werden. Unter den Gründüngungspflanzen kommt den Leguminosen wegen ihrer N-bindenden Bakterien die größte Bedeutung zu. Möglich ist auch der Anbau von Raps, *Seradella* und einigen Getreidearten. Einige wichtige für den Gartenbau geeignete Gründüngungspflanzen gehen aus Tab. 78 und 79 hervor. Hieraus sind auch die erforderlichen Aufwandmengen zu entnehmen.

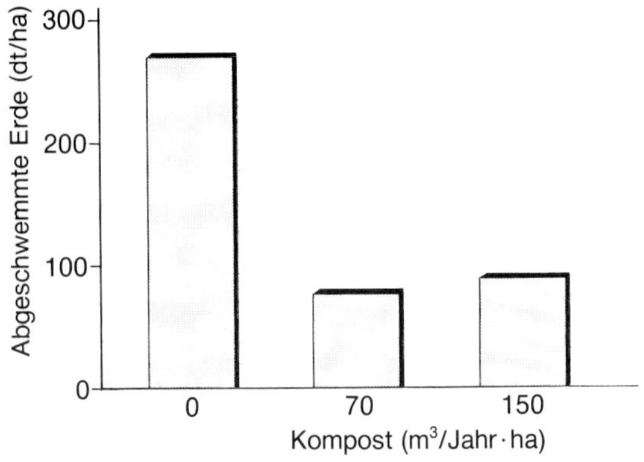

Abb. 83. Einfluß steigender Müllkompostgaben auf die Erosionsrate im Steilhang.

Tab. 78. Gründüngungspflanzen für den Gemüsebau

Gründüngungspflanzen* und Mischungen in %		Saatmenge g/a	Kulturdauer** in Wochen	Bemerkungen
Saattermin** März/April bis 25. September				
Grünschnitterbsen	100	2 500	6– 9	Besonders für kalkreiche, leichte Böden. Als Vorkultur zu Bohnen und Erbsen nicht geeignet.
Sommerwicken	100	2 000	6– 8	Nicht für saure Böden. Als Vorkultur zu Bohnen und Erbsen nicht geeignet.
Alexandrinerklee Perserklee	50 50	500	6– 9	Als Vorkultur zu Bohnen und Erbsen nicht geeignet.
Sommerwicken Grünschnitterbsen	70 30	2 000	8– 9	Als Vorkultur zu Bohnen und Erbsen nicht geeignet.
Sommerwicken Saathafer	50 50	2 500	8–12	Als Vorkultur zu Bohnen und Erbsen nicht geeignet.
Sommerwicken Grünschnitterbsen Saathafer	22 22 56	2 500	8–12	Als Vorkultur zu Bohnen und Erbsen nicht geeignet.

Gründüngungspflanzen* und Mischungen in %		Saatmenge g/a	Kulturdauer** in Wochen	Bemerkungen
		Saattermin** März/April bis 10. September		
Phacelia	100	120–150	6–8	Für mittlere Lagen. Schnelles Wachstum, große Grün- und Wurzelmasse, unempfindlich gegen Trockenheit, Bienenweide. Muß auf leichten Böden im Winter nicht untergepflügt werden.
Ölrettich	100	300	6–9	Tiefwurzler. Als Vorkultur bei Kohlarten und Rettich nicht geeignet.
Chinakohlrübsen	100	200–250	6–9	Eigentlich winterhart. Im Herbst aber unterpflügen, da sonst störendes Wiederaustreiben im Frühling. Als Vorkultur bei Kohlarten und Rettich nicht geeignet.
		Winterharte Gründungungspflanzen mit spätestem Saattermin** 10. September		
Zottelwicken	100	2 000	Herbst bis Ende April/Anf. Mai	Als Vorkultur zu Bohnen und Erbsen nicht geeignet.
Winterroggen	100	1 800	Herbst bis Ende April/Anf. Mai	
Zottelwicken 48, Inkarnatklee 32, Ital. Raygras 20	Landsberger Gemenge	700–800	Herbst bis Ende April/Anf. Mai	Als Vorkultur zu Bohnen und Erbsen nicht geeignet.
		Saattermin** März/April bis Ende September		
Gelbsenf	100	300	4–5	Im Sommer etwa 3 Wochen Kulturzeit. Muß bei leichtem Boden im Winter nicht untergepflügt werden. Als Vorkultur bei Kohlarten und Rettich nicht geeignet.

* Im Handel bei vielen Gründüngungspflanzen verschiedene Sorten erhältlich.
** Kulturdauer und Saattermin variabel je nach Witterung, Boden, Höhenlage und Anbaumethode. Kulturzeit im Sommer bei allen Einsaaten kürzer als angegeben. Bewässerung evtl. notwendig.

Tab. 79. Gründüngungspflanzen im Obstbau

Pflanzenart	besonders geeignet für	Ansaatmenge kg/ha
Raps	alle Böden	10– 14
Winterwicke	alle Böden	140–180
Senf	alle Böden	15– 25
Weißklee	alle Böden	10– 12
Weidelgras	feuchtere Standorte	15– 18
Ölrettich	feuchtere Standorte	20– 25
Felderbse	feuchtere Standorte	180–200
Sonnenblume	feuchtere Standorte	30– 40
Stoppelrübe	feuchtere Standorte und Junganlagen	5– 6
Lupine	trockenere Standorte	160–190
Seradella	trockenere Standorte	30– 50
Phacelia	trockenere Standorte	12– 18

Tab. 80. Düngewert organischer Hof- und Abfalldünger

Dünger	Wasser-gehalt in %	Reinnährstoffgehalte* in kg/m^3 für Flüssigdünger bzw. in kg/Tonne für Mist und Komposte					
		N kurz-fristig wirksam	P (P_2O_5)	K (K_2O)	Ca	Mg	organische Substanz
Kuhmist verrottet Stapelmist	77	2	1,3 (3)	5,0 (6)	5	1,2	170
Hühnermist aus Bodenhaltung	24	10	12,2 (28)	13,3 (16)	38	4	600
Pferdemist	75	2,4	1,7 (4)	5,0 (6)	4	1,6	200
Rindergülle, Vollgülle, unverdünnt	88	3,3	0,9 (2)	5,8 (7)	2,6	0,7	100
Schweinegülle, Vollgülle, unverdünnt	92	3,5	1,4 (3,2)	1,9 (2,3)	2	0,6	60
Champignonmist	60	2	1,7 (4)	3,3 (4)	4	1,6**	200
Gärtnereikompost	40	2	2,2 (5)	4,2 (5)	25	3	100
Müllkompost	40	1	1,3 (3)	3,3 (4)	40	5	175
	Untersuchung verlangen!						
Klärschlamm	95	0,6	0,5 (1,2)	0,2 (0,2)	3	0,4	23
	Untersuchung verlangen!						

* Die Ausnutzbarkeit und Wirkung der organischen Dünger ist mit Ausnahme des Stickstoffes gleich angenommen wie bei mineralischen Düngern. Beim Stickstoff wird nur der kurzfristig wirksame Anteil – nicht der Totalgehalt – angerechnet. Alle Gehaltsangaben sind großen Schwankungen unterworfen.

** Schätzung.

Tab. 81. Humusdünger

	Nährstoffgehalt (kg/dt) N	P_2O_5	K_2O	wirksame organische Substanz kg/dt	Menge in dt/ha	Mineralstoffe kg/ha N	P_2O_5	K_2O
1. Cofuna	1	–	–	50	20	20	–	–
2. Floracorn	7	2,8	1,5	75	25	175	63	38
3. Biohum	1,9	0,8	0,5	36	100	190	80	50
4. Huminal	2	1	1,5	35	80	160	80	120
5. Nettolin	3	2	4	35	50	150	100	200
6. Wichtel	8	5	13	35	20	160	100	260
7. Düngetorf	–	–	–	15*	250*	–	–	–
8. Combihum Spezial 1	2,8	2,4	4	36	60	168	144	240
9. Combihum Spezial 2	2,8	2	4	48	60	168	120	240
10. Combihum Natur 1	1,8	2,7	0,3	41	60	108	162	16
11. Combihum Natur 2	2,8	2,4	0,2	56	60	168	144	14
12. Lorisan	0,7	1	0,3	30	65	46	65	20
13. Forestina	0,2	0,0	0,03	53	100	20	6	3
14. Forestina Spezial	0,5	0,3	0,1	46	100	50	30	10
15. Perlhumus	0,7	0,6	0,1	52	100	70	60	8
16. Hornamon Spezial	4	4	6	35	20	80	80	120
17. Hornoska	7	5	8	45	20	140	100	160
18. Hornoska Spezial	8	5	8	45	20	160	100	160
19. Kama Orga	8	7	10	50	11	88	77	110
20. Kama Orgamin	10	5	5	50	7	70	35	35
21. Mannamin S	7	6	10	50	11	77	66	110
22. Mannafix	4	4	6	50	11	44	44	66
23. Manna Spezial	7	7	9	50	11	77	77	99
24. Oscorna	6	6	1	60	20	120	120	20
25. Troma-Dünger	6	6	–	60	15	90	90	–
26. Fellmanns Troma	7	5	8	50	15	105	75	120
27. Cux	5,5	3,5	2,5	75	25	138	88	63
28. Guano	6	12	12			je nach Kulturanspruch		
29. Stallmist	0,5	0,3	0,6	20	200	100 (40)	60 (30)	120 (120)***
30. Müllklärschlammkompost	0,7	0,4	0,6	20	300	210 (30)	120 (90)	180 (120)***
31. Klärschlamm	0,5	0,7	0,1	30	25**	10	7	10

* Sack à 15 kg organische Substanz
** Menge in m^3
*** Anteil leicht aufnehmbarer Nährstoffe

Tab. 82. Die wichtigsten Eigenschaften des Humus für Boden und Pflanze

1. Langsame Freisetzung von N und P
2. Löst Pflanzennährstoffe aus Bodenmineralien
3. Verbessert die Ernährung der Pflanze mit Spurenelementen
4. Hat eine hohe Austauschkapazität für Kationen
5. Verbessert die Bodenstruktur
6. Verbessert die Wasserhaltekraft des Bodens
7. Dunkle Bodenfarbe verbessert die Erwärmbarkeit des Bodens
8. Größere biologische Aktivität
9. Bestimmte Humusbestandteile haben Wuchsstoffcharakter
10. Vermindert die Toxizität natürlicher giftiger Substanzen und auch von Pestiziden
11. Erhöht die Pufferkapazität eines Bodens

Der Düngewert von organischen Abfall- und Hofdüngern ist aus Tab. 80 ersichtlich.

In Tab. 81 sind eine Reihe von Humusdüngern mit ihren Gehalten an Mineralstoffen (N, P, K) sowie der wirksamen organischen Substanz aufgeführt. Daneben ist die für die erfolgreiche Anwendung erforderliche Aufwandmenge und die hierdurch bedingte Nährstoffzufuhr zu ersehen.

Die Humusstoffe besitzen eine Reihe von Einflüssen auf physikalische und chemische Bodeneigenschaften. Einige wesentliche gehen aus Tab. 82 hervor.

Infolge der Heterogenität und Vielzahl der Humusstoffe ist kein einheitliches Bild aller positiven und negativen Wirkungen zu zeichnen.

2 Düngung im gärtnerischen Anbau

2.1 Die Praxis der Düngung – Allgemeines

In den folgenden Abschnitten sollen Hinweise zur Versorgung verschiedener gärtnerischer Kulturen mit Nährstoffen gegeben werden. Hierbei ist weniger an Anbauempfehlungen gedacht, als vielmehr an Richtlinien zur praktischen Anwendung der Düngung nach Boden-, Substrat- und Pflanzenuntersuchung. Besondere Düngeempfehlungen können außerdem den verschiedenen Handbüchern des Erwerbsgärtners entnommen werden (s. Seite 2).

Die später folgende Unterteilung in Freilandanbau und Anbau unter Glas und Folie ergibt sich aus der unterschiedlichen Anbau- und damit Düngungsintensität.

2.1.1 Ausgewogene Düngung

Eine Pflanze ausgewogen („harmonisch") zu düngen, heißt, für sie alle benötigten Nährstoffe in der richtigen Zusammensetzung bereitzustellen und, vor allem in Zeiten größeren Bedarfs, auch in ausreichender Menge und Löslichkeit.

Die einzelnen Kulturen stellen verschiedene Ansprüche. Um diese zu befriedigen, können grundsätzlich 2 Wege eingeschlagen werden. Entweder stellt man aus Einzeldüngern eine Mischung nach dem jeweiligen Bedarf zusammen oder man wählt einen Spezialdünger aus, der in seiner Zusammensetzung dem Bedarf der Pflanzen nach Art, Zustand und Alter am nächsten kommt. Notfalls ist ein einzelner Nährstoff in Form eines Einzeldüngers dazuzumischen.

Ausreichendes Puffer- und Sorptionsvermögen vorausgesetzt, können einem gärtnerischen Substrat bis 3 g MND/l in leicht löslicher Form oder bis 4,5 g MND/l in Depotform zugemischt werden. Es kann in keinem Fall damit gerechnet werden, daß die Nährstoffe entsprechend dem Bedarf der Pflanze angeliefert werden. Vielmehr ist zu erwarten, daß aufgrund dieses ungleichmäßigen Nährstoffangebotes der Ausnutzungsgrad sinkt und daß auch die anderen Wachstumsfaktoren, die häufig im intensiven Gartenbau optimal gehalten werden, wie z. B. Wasser, Temperatur, Beleuchtungsstärke und CO_2, nicht voll zur Wirkung kommen können.

Will man im Freilandanbau einen Zustand hohen Nährstoffversorgungsgrades aufrechterhalten, ohne daß ein einzelner Nährstoff vorübergehend ins Minimum gerät, dann muß der Nährstoffzustand des Bodens von Zeit zu Zeit mit Hilfe von Bodenuntersuchungen überprüft werden. Dabei sollten die Spurenelemente (Mikronährstoffe) nicht vergessen werden. Auch für die in geringen Mengen wirksamen Spurenelemente gilt die bei den Hauptnährstoffen leicht erkennbare Ertragssteigerung bei zunehmendem Aufwand.

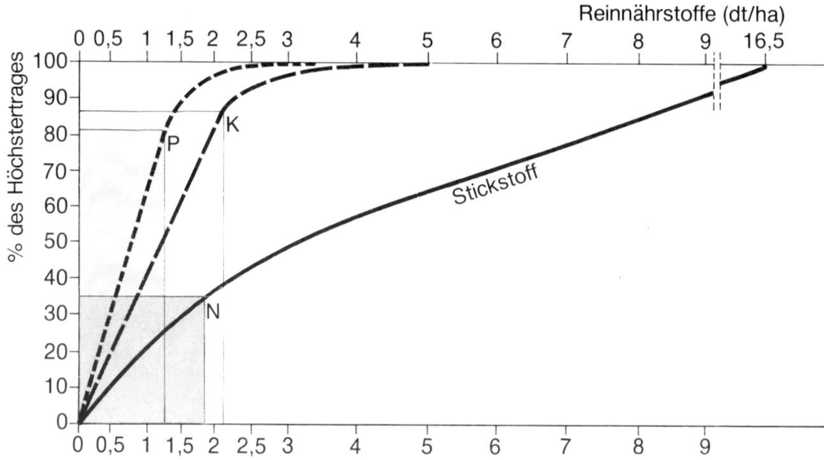

Abb. 84. Ertragssteigernde Wirkung der 3 Hauptnährstoffe (nach MITSCHERLICH). Jeder Nährstoff hat seinen bestimmten und nur ihm eigentümlichen „Wirkungswert", der z. B. für Stickstoff kleiner ist als für Kali und Phosphat. Die durch Kali- oder Phosphatgaben höchstmögliche Ertragssteigerung wird daher früher erreicht als bei einer Stickstoffdüngung.

Aus Abb. 84 geht die ertragssteigernde Wirkung der 3 Hauptnährstoffe N, P und K hervor (s. auch Abschnitt 1.5.3). Der durch K- und P-Gaben höchstmögliche Ertrag wird früher erreicht als bei einer N-Düngung. Bei der Steigerung der Gaben einzelner Spurenelemente wird der Höchstertrag bei noch geringeren Gaben erreicht. Während MND in der vorgenannten Menge den Substraten zugemischt werden, sind Spurenelementdünger einmalig in Höhe von etwa 100 mg/l (≙ 100 g/m^3) Substrat zuzugeben.

Hohe Erträge sind also nur bei einer harmonischen Versorgung mit allen Nährstoffen möglich (s. Abb. 85).

In diesem Zusammenhang ist auf eine andere Gesetzmäßigkeit hinzuweisen, die häufig nicht beachtet wird: Düngt man mit einem bestimmten Nährstoff stark oder ist dieser im Boden bereits reichlich vorhanden, dann hemmt er häufig die Aufnahme anderer Nährstoffe. Das bekannteste Beispiel stellt der Kalk dar: In einer kalkreichen Erde kann die Pflanze z. B. die Nährstoffe K und Mg geringer aufnehmen und damit weniger ausnutzen. Es muß also stärker gedüngt werden, als dies sonst nötig wäre. Dieser Antagonismus gilt auch für zahlreiche andere Elemente und ist bei der Düngerbemessung durch entsprechend höhere Gaben und pflanzenverfügbare Formen (z. B. Chelate bei Fe) zu berücksichtigen.

Nicht zu verwechseln mit dem Antagonismus ist eine verminderte Verfügbarkeit (infolge von Festlegung) einer Reihe von Mikronährstoffen in Boden und Substrat nach hoher Aufkalkung. Auch ein Überangebot an K kann z. B. die Aufnahme des Mg hemmen; überreichlich vorhandenes Phosphat vermag die Zn-Aufnahme zu beeinträchtigen. Es besteht also aller Anlaß auf diese Zusammenhänge zu achten, denn in der Praxis des Gartenbaues kommen solche Fälle häufiger vor als ein

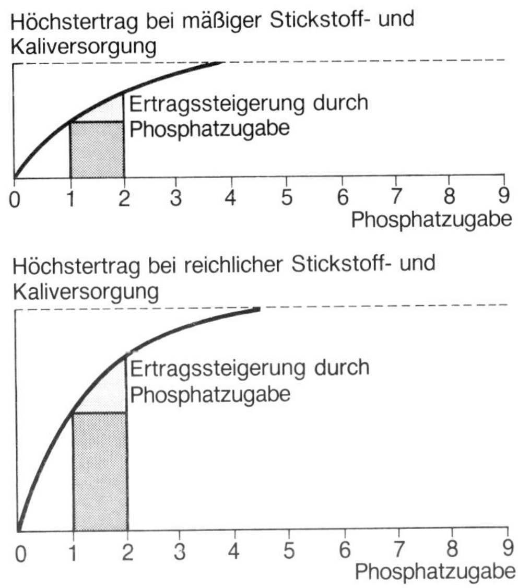

Abb. 85. Hohe Erträge sind nur bei einer harmonischen Versorgung mit allen Nährstoffen möglich.

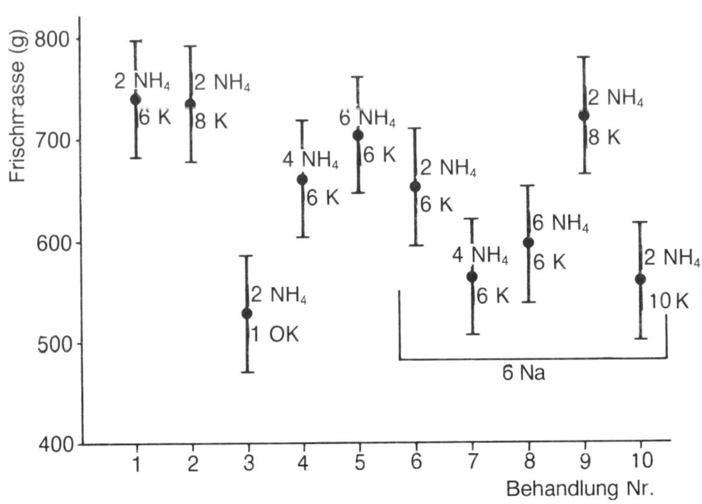

Abb. 86. Ionenantagonismus zwischen Kali und Ammonium. Unterschiedliche Konzentrationen an Kalium und Ammonium bzw. Verhältnisse beeinflussen die Frischmasseproduktion von Nelkenpflanzen erheblich.

allgemeiner Nährstoffmangel. Menge und Güte der Erzeugnisse leiden aber darunter genauso.

Die Wirkung unterschiedlicher Nährstoffverhältnisse, insbesondere NH_4 : K, zeigt Abb. 86. Aus dem rechten Teil der Abbildung geht die Wirkung einer zusätzlichen Na-Gabe auf den Ertrag hervor. Höchsterträge werden auch hier bei verhältnismäßig hohem K-Angebot erzielt.

Schon länger bekannt sind die Folgen der einseitigen Überdüngung mit N, die in ihrer Wirkung auf den Ertrag ebenfalls aus Abb. 86 hervorgeht. Auf längere Sicht leiden sowohl die Pflanzenqualität als auch die Widerstandskraft gegen Krankheiten und Frost.

Im Freiland ist ein schädlicher Überschuß des N nicht allzu häufig, weil dort dessen leicht lösliche Salze je nach Klima und Bodenart eher ausgewaschen werden und eine starke Düngung bald unrentabel wird. Dagegen geht im Gewächshaus bei eben ausreichender Wasserzufuhr kaum N verloren, und die übliche hohe Düngung kann zu einer störenden N-Anreicherung führen. Das betrifft natürlich auch die anderen Düngesalze und speziell die in Düngemitteln enthaltenen Ballaststoffe.

Die überhöhte Düngung mit einem einzelnen Nährstoff führt zu keiner Steigerung des Ertrags mehr. Der Abfall der Ertragskurve beginnt bei N zwar bei höheren Gaben als bei P oder K, wird dafür aber wesentlich steiler oberhalb eines je nach Pflanzenart unterschiedlichen Schwellenwertes (s. Abb. 87).

Die Harmonie der Ernährung hängt auch davon ab, wie der Boden die gegebenen Dünger speichert. Ein Mangel an speicherfähigen Ton- und Humusteilchen ist immer gleichbedeutend mit geringeren Nährstoffreserven. Von den 3 Hauptnährstoffen wird das Phosphat in der Regel am stärksten im Boden festgehalten und deshalb kaum ausgewaschen, auch wenn wasserlösliche Dünger angewendet werden. Kali nimmt hierbei eine mittlere Stellung ein; es lagert sich zumeist an Tonkolloide an und wird bei Garemangel von diesen sogar festgehalten. Eine Zufuhr von Humus und Kalk trägt dazu bei, daß K besser verfügbar wird. Nicht gespeichert wird dagegen N und hier besonders NO_3-N. Die NO_3-haltigen Dünger

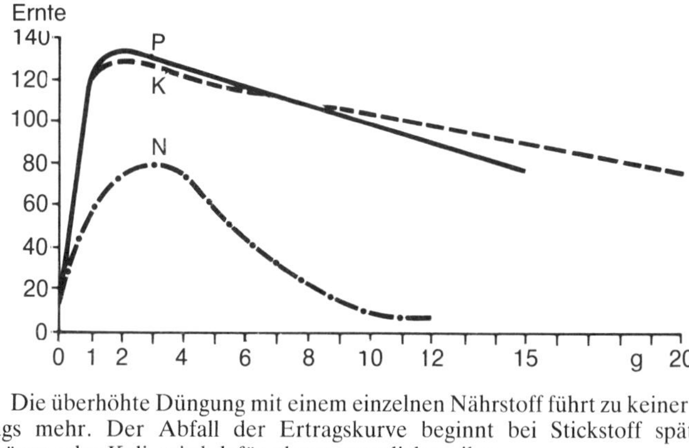

Abb. 87. Die überhöhte Düngung mit einem einzelnen Nährstoff führt zu keiner Steigerung des Ertrags mehr. Der Abfall der Ertragskurve beginnt bei Stickstoff später als bei Phosphorsäure oder Kali, wird dafür aber wesentlich steiler.

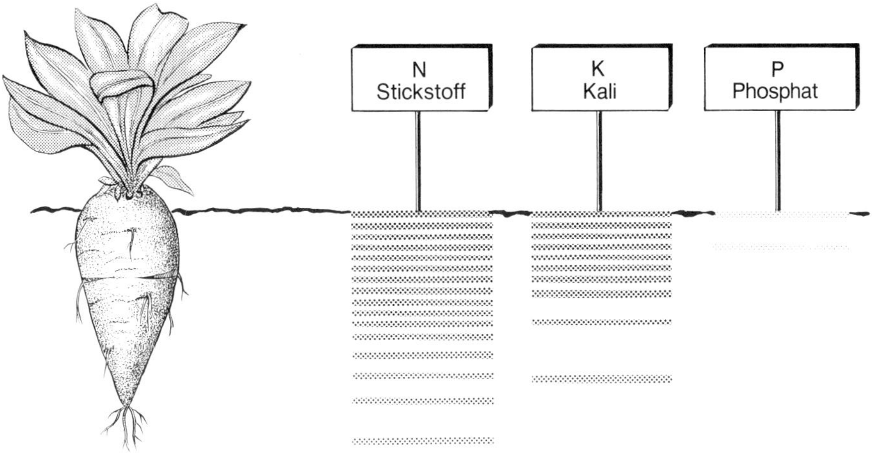

Abb. 88. Die einzelnen Nährtoffe einer flach gegebenen Düngung wandern durch die Niederschläge recht unterschiedlich in die tieferen Bodenschichten.

sind daher nicht als Vorratsdünger geeignet, sondern nur als raschwirkende sogenannte Kopfdünger zu allen Kulturarten.

NH_4-N vermag vom Ton-Humus-Komplex des Bodens gebunden zu werden, vor allem aber an den Dauerhumus. Die Dauerfruchtbarkeit vieler alter Gartenböden ist vielleicht darauf zurückzuführen, daß in ihrem Humus ansehnliche leicht mobilisierbare N-Reserven gespeichert sind. Sie fließen den Pflanzen allmählich zu, sind andererseits aber weniger durch Auswaschung gefährdet, solange die Bodengare erhalten bleibt. Die Hauptnährstoffe N, P und K wandern nach einer flach eingebrachten Düngung durch Niederschläge unterschiedlich stark in die tieferen Bodenschichten (s. Abb. 88).

Der N ist auch ein gutes Beispiel dafür, daß der Gesamtvorrat eines Bodens weniger wichtig ist als der von den Pflanzen leicht aufnehmbare Anteil. Torf aus Hochmooren enthält relativ viel N; er ist aber in die organische Substanz so fest eingebaut, daß er zunächst kaum abgegeben werden kann. Die in Sand- und Gesteinsböden oft reichlich vorhandenen Mineralien Glimmer und Feldspat enthalten fast immer viel K, können es aber erst allmählich abgeben, nachdem sie durch die Verwitterung in Tonteilchen umgewandelt sind. Dasselbe gilt für die Phosphate; sie sind von Natur aus im Boden sehr spärlich vorhanden und dazu noch in einer schwerlöslichen Form. Es ist deshalb wohl kein Zufall, daß die ersten Handelsdünger, die in die Praxis eingeführt wurden und sich bewährt haben, einen hohen Phosphatanteil enthalten: Knochenmehl und Guano.

Auch wer es ablehnt, seine Kulturen mit Hilfe der direkten Zugabe von Mineralsalzen zu ernähren, bleibt von der Ausgewogenheit der Düngung abhängig und kann darüber hinaus auf Mineralstoffe nicht verzichten. Die Anhänger einer mineralsalzfreien Düngung verwenden deshalb in ihrem Kompost zugekauftes Phosphat, z. B. Rohphosphate. Wenn daneben die Böden kalkarm sind, wird aus den gleichen Gründen auch Kalk zugesetzt werden müssen. Das geschieht allerdings weniger wegen des Ca als Nährstoff, sondern zugunsten der Bildung von Dauerhumus, Gare und Bodenreaktion (pH).

Im Gartenbau sind von altersher die organischen Düngemittel aus tierischen Abfällen beliebt: Horn-, Knochenmehle und ähnliche. Sie liefern den Pflanzen P und langsam wirkenden N. Dagegen fehlt oft K. Manchen Handelsdüngern dieser Art wird daher Kalisalz beigemischt. Denn viele Kulturen, besonders im Gemüsebau, benötigen ein größeres Angebot an K als an P oder N.

Organische Wirtschaftsdünger wie Stallmist, Jauche und Gülle werden im Gartenbau ebenfalls angewandt. Hierbei ist eine ausgewogene Düngung wohl nur mit Stallmistgaben (in Grenzen) möglich, während Jauche und Gülle durch ihren relativ hohen K-Anteil gerade unausgewogene Verhältnisse schaffen.

Zu diesen allgemeinen Richtlinien einer ausgewogenen Düngung treten nun die besonderen Nährstoffansprüche der einzelnen Kulturen. Bezüglich der 3 Hauptnährstoffe N, P und K gilt die Regel, daß im frühen Wachstumsstadium N überwiegen kann. Später, mit fortlaufender Entwicklung wird dann relativ mehr P und K benötigt, d. h., es ist vornehmlich K-betont zu düngen.

2.1.2 Technik des Düngens

Das Ausstreuen der gekörnten Düngemittel übernehmen auf großen Flächen Schleuderstreuer (s. Abb. 89), die es in verschiedenen Ausführungen gibt. Dabei

Abb. 89. Schleuderstreuer beim Einsatz. Er wird zur Ausbringung granulierter Mineraldünger verwendet. Er zeichnet sich durch hohe Streugenauigkeit aus.

Abb. 90. Stalldungstreuer in Schmalspurausführung. Dieser Typ ist besonders für kleine Parzellen geeignet und zum Einsatz in Sonderkulturen mit schmalen Gassenbreiten wie z. B. Obst- und Weinbau.

wird menschliche Arbeitskraft gespart, und die Verteilung des Düngers ist gleichmäßiger. Die Streuaggregate lassen sich auf verschiedene Streudichten einstellen.

Wenn große Mengen auszubringen sind, beispielsweise Kompost oder vererdeter Mist, so können entsprechende Streuer, wie sie z. B. aus den Abb. 90 und 91 ersichtlich sind, eingesetzt werden. Auch hier wird der Dünger relativ gleichmäßig verteilt.

Das zusätzliche Einmischen von Düngemitteln in Komposte oder Erden geschieht mit Maschinenhilfe leicht und gründlich. In den Betrieben werden hierfür sogenannte Trommelmischer verwendet, die definierte Substrat- und Düngermengen mit für praktische Zwecke hinreichender Genauigkeit mischen. In größeren Gärtnereien werden mit Hilfe dieser Geräte aus arbeitswirtschaftlichen und anbautechnischen Gründen Spezialsubstrate nach eigenen Rezepten hergestellt.

Abb. 91. Beladen eines Schmalspurdungstreuers mit dem Frontlader.

Neben der gleichmäßigen Verteilung der Düngemittel auf dem Feld mit Schleuderstreuern besteht die Möglichkeit, die Düngung durch die plazierte Reihen- oder Ringdüngung in größerer räumlicher Nähe zur Pflanze durchzuführen. Der Dünger kann z. B. teilweise bereits mit der Saat eingedrillt werden. Dieses Verfahren der plazierten Düngung hat daneben den Vorteil, daß die Nährstoffestlegung nicht so schnell erfolgt. Die plazierte Düngung ist auf nährstoffarmen Böden in der Regel wirksamer als auf nährstoffreichen. Diese Art der Düngung hat allerdings bei uns noch relativ wenig Eingang gefunden.

Gelegentlich wird im Freiland eine Tiefendüngung durchgeführt. Man sticht zu diesem Zweck eine Düngelanze, ein unten zugespitztes und mehrfach gelochtes Stahlrohr, mit Hilfe einer Fußraste in den Boden ein und treibt eine Düngerlösung unter Druck hindurch. Die Lösung verteilt sich strahlenförmig und kann von den Wurzeln erreicht und genutzt werden. Schäden infolge hoher Salzkonzentrationen sind kaum zu erwarten, selbst wenn man zur Wasserersparnis eine 10%ige Lösung verwendet. Wachsende Kulturen düngt man aber besser nur mit 2- bis 5%iger Lösung (≙ 2 bis 5 kg Dünger/100 l). Wie tief die Lanze einzustechen ist, hängt von der Bodenart und -struktur ab: schwere und dichte Böden mindestens 25 cm, leichte und lockere Erde 15 bis 20 cm. Das Verstopfen der Einspritzlöcher mit Erde kann durch einen kurzen Spritzstoß behoben werden. Die Düngerlösungen werden in der Regel mit Hilfe von Pflanzenschutzgeräten injiziert. Die Dichte der Einstichstellen pro Flächeneinheit richtet sich nach der Lösungskonzentration und nach dem Nährstoffbedarf der Kulturen. Bei 2 Löchern/m^2 und jeweils 0,5 l 5%iger Lösung je Einstich werden 5 kg Dünger auf 100 m^2 gebracht. Im Obstbau sind je Baum und 2 cm Stammumfang 1 Einstich und je Einstich 1 l 2%ige Lösung (z. B. MND 8/15/24/2) in 30 cm Tiefe im Bereich der Kronentraufe einzubringen (s. Abb. 92 bis 94).

Zur Tiefendüngung werden allgemein MND verwendet. Reine N-Salze kommen nicht in Frage, denn sie wandern ohnehin auch aus einer Oberflächendüngung leicht in die Tiefe. Auch P-Einzeldünger sind für dieses Verfahren der Ausbringung ungeeignet, weil sich die Lanzenöffnungen relativ leicht zusetzen können.

Die Lanzendüngung ist ebenfalls zur Beseitigung von Spurenelementmangel in Obstkulturen geeignet. Entsprechende Lösungen (1%ig) von Fe- und Zn-Chelaten können so wirkungsvoll in den Wurzelbereich eingebracht werden.

Im Gewächshausbereich können mit Hilfe entsprechender Dosiereinrichtungen (Gewa-Düngermischer, Fert-o-ject u. ä.) Stammlösungen mit dem Gießwasser automatisch auf die jeweilige Salzkonzentration verdünnt und in gewünschter Konzentration verwendet werden.

2.1.3 Blattdüngung und andere Spezialverfahren

Bei der Blattdüngung werden in Wasser gelöste Düngemittel über das Blatt in die Pflanze gebracht. Dieses Verfahren hat auf einem nährstoffarmen Boden naturgemäß bessere Erfolge, als wenn dort reichliche Vorräte in leicht aufnehmbarer Form

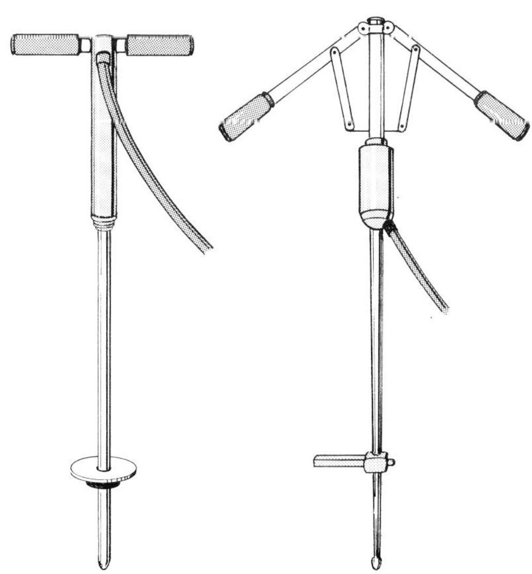

Abb. 92. Düngelanze.

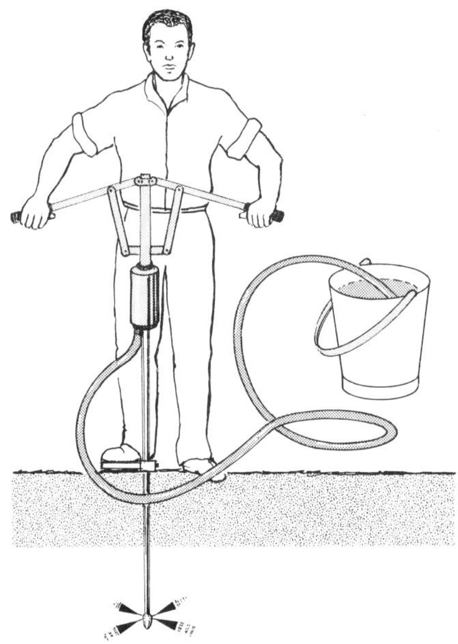

Abb. 93. Das Arbeiten mit der Düngelanze.

verfügbar wären. Daneben kann es auch angewendet werden, um vorübergehende Mangelsituationen schnell zu überbrücken und kurzfristig zu beheben. So spielt z. B. das Spritzen mit Eisenchelatlösungen gegen Chlorose eine wichtige Rolle. Gegen plötzliche Ernährungsstörungen sind auch gelöste, speziell für die Blattdüngung formulierte MND wirksam. Von größerer praktischer Bedeutung ist ebenfalls das Spritzen mit reinen N-Düngern, wobei NH_4-N sich als ungeeignet erwiesen hat.

Zur Anwendung von Harnstoff als Blattdünger liegen eine Reihe positiver Erfahrungen vor. Sein hoher N-Gehalt gestattet, bei gleicher Konzentration der Lösung mehr als doppelt soviel N wie bei den übrigen N-Formen zu verabreichen. Auch die ätzende Wirkung auf grüne Pflanzenteile ist geringer als bei vielen anderen N-Düngern.

Der auf das Blatt gespritzte Harnstoff wird verhältnismäßig schnell von den Blättern aufgenommen. Nach 24 Stunden sind 85 % des Harnstoffes absorbiert. Die Aufnahme ist von der relativen Feuchte abhängig und bei hoher Luftfeuchte in der Nacht und in den Morgenstunden besonders hoch.

Die bei einzelnen Kulturen anzuwendenden Konzentrationen an Harnstoff sind in Tab. 83 aufgeführt.

Auch bei verschiedenen Zierpflanzenarten sind durch die Behandlung mit Harnstofflösungen Erfolge zu erzielen. Durch eine wiederholte Harnstoffspritzung (2- bis 5mal) mit Konzentrationen von 3,0 bis 5,0 ‰ ist ein kurativer Effekt zu erzielen. Höhere Konzentrationen sind wegen der zu erwartenden Blattverbrennungen nicht zu empfehlen.

Abb. 94. Die Wirkung der Düngelanze: Die Lösung wird durch vielfachen Strahl in den Boden eingespritzt.

Tab. 83. Mögliche Harnstoffkonzentrationen zu verschiedenen Kulturen als Blattdünger

Kultur	Konzentration in ‰
Apfel Kirsche Pflaume	6,0–10,0
Pfirsich	15,0–20,0
Bohne Gurke	3,0– 4,0
Tomate	4,0– 6,0
Sellerie	8,0–10,0
Kohl	8,0–16,0
Karotten	12,0–30,0
Zwiebel	16,0–25,0

Eine alleinige Versorgung der Pflanzen mit Nährstoffen über das Blatt kommt für die Praxis nicht infrage. Wohl können aber, wie bei der Anwendung von Harnstoff, für die Blattdüngung geeignete MND (vom Hersteller als solche ausgewiesen) in Konzentrationen von 0,5 bis 2,0 ‰ unter Glas und 2,0 bis 4,0 ‰ im Freiland zusätzlich zur normalen Düngung über den Wurzelraum ausgebracht werden. Fe-Chelate zur kurativen Bekämpfung von Fe-Mangel sind in Konzentrationen von 1 bis 2 ‰ einsetzbar.

Mit den Blattdüngern können in der Regel Schädlingsbekämpfungsmitel kombiniert werden, soweit die chemischen Bestandteile sich gegenseitig nicht stören. Das termingerechte Spritzen vereinfacht sich auf diese Weise.

Eine spezielle Form der Spurenelementzufuhr zu Pflanzen stellt das Präparat „Dynamalt" dar: Gleichzeitig mit der Saatgutbezeichnung werden Spurenelemente verabreicht, die den Anfangsbedarf der Jungpflanzen decken helfen. Ein ähnliches Prinzip wird verfolgt, wenn pilliertes Saatgut hergestellt wird: Die Sämereien werden mit einer Masse umhüllt, die neben Pflanzenschutzmitteln auch eine kleine Menge an Nährstoffen enthält, die eine optimale Anfangsentwicklung gewährleisten.

Eine besondere Form, gärtnerische Substrate mit Spurenelementen zu versorgen, stellt die Verwendung von sogenannten Fritten dar. Nach einem patentierten Verfahren werden Spurenelemente in eine Glasschmelze eingebracht. Diese wird dann „gefrittet", d. h. sehr schnell abgekühlt, so daß sie in sehr kleine Glasteilchen mit einer relativ großen Oberfläche zerfällt. Eingemischt in ein Substrat lösen sich dann unter dem Einfluß der Wurzelausscheidungen der Pflanze beständig Spurenelemente. In der Regel kann damit der Spurelementbedarf der meisten Pflanzen gedeckt werden.

2.1.4 Unterbodendüngung

Die Düngung des Unterbodens als Maßnahme zur Verbesserung der Nährstoffversorgung der Pflanzen verliert ihre Bedeutung und natürlich auch ihre Wirksamkeit umso mehr, je flachgründiger der Standort, je geringer die Durchwurzelungsintensität der jeweiligen Kultur, je höher das austauschbare K und das leichtlösliche P im Oberboden sowie die Düngung und das Feuchtigkeitsregime des Oberbodens sind.

Keineswegs verzichtet werden kann auf eine Nährstoffanreicherung bei tief wurzelnden Dauerkulturen, wie z. B. Obst, Reben, Spargel und andere.

Die notwendigen Nährstoffmengen werden mit dem vor der Neuanlage dieser Kulturen notwendigen Tiefpflügen in den Unterboden eingemischt.

P-Dünger werden in Mengen bis zu 20 dt/ha ausgebracht. Zusammen oder getrennt von der P-Düngung können je nach Bodenart 8 bis 10 dt/ha schwefelsaures Kali bzw. 15 bis 18 dt/ha Kalimagnesia verabreicht werden. Eine notwendige Kalkdüngung sollte vorzugsweise mit Mg-haltigen Kalken durchgeführt werden.

Der Stickstoff gelangt durch die Niederschläge (oder eine Beregnung) leicht in den Untergrund. Eine Vorratsgabe in den Unterboden ist also unnötig und unwirtschaftlich, von der Umweltbelastung ganz abgesehen. Bei N wird deshalb nur der Bedarf einer Kultur dem Wachstum angepaßt gegeben.

2.1.5 Düngung durch Einfütterung, Anstau und Fließrinnen

Die früher übliche Versorgung der Pflanzen mit Nährstoffen über das Einfütterungssubstrat wird nur noch selten gehandhabt. Das Verfahren ist z. B. geeignet für die langsame Anlieferung von Nährstoffen an Jungpflanzen und an salzempfindliche ältere Pflanzen. Die Wirkung einer Düngung über das Einfütterungssubstrat zeigt Abb. 95.

Versuchsergebnisse an Topfpflanzen bestätigen die gezeigte positive Wirkung (von HENTIG und PAWLOWSKI 1962). Die Topfpflanzendüngung über das Einfütterungssubstrat ist an die Verwendung von Tontöpfen gebunden und darüber hinaus verhältnismäßig arbeitsaufwendig. Aus diesen Gründen ist das Verfahren heute praktisch bedeutungslos.

Die Versorgung von Topfpflanzen mit Wasser und Nährstoffen über das Anstauverfahren hat in neuerer Zeit durch die Verwendung von sogenannten Fließrinnen und Neukonstruktionen von Anstautischen wieder an Bedeutung gewonnen. Hierbei werden Rinnen aus verschiedenen Materialien (Aluminium, Kunststoffe) verwendet. Je nach Rinnenbreite werden 1 oder 2 Wasserzuläufe pro Rinne angebracht. Die Höhe des Rinnenrandes beträgt etwa 1 bis 2 cm. Die Töpfe werden in Reihe oder versetzt in der Rinne aufgestellt. In der Regel sind die Fließrinnen lose auf Tischen montiert, so daß verschiedene Abstände auf diese Weise hergestellt werden können. Durch Anbringung von Untertischheizungen ist gleichzeitig gewährleistet, daß Wärme von unten an die Pflanzen herangeführt wird. Neuerdings werden auch Rolltische mit Fließrinnen kombiniert angeboten. Die Höhe der durchfließenden Nährlösung sollte nur 1 bis 2 mm betragen.

Abb. 95 Düngung über die Einfütterungserde, rechts mit 150 g MND/m^2. Die linke Seite ohne Düngung.

Durchflußzeit oder Anstauzeit können auf verschiedene Weise geregelt werden. Hierfür sind automatische Regler im Handel erhältlich. Normalerweise reichen bei mehrmaligem Durchlauf am Tage (im Sommer) Durchflußzeiten von 20 bis 30 Sekunden je Pflanze aus, um den Wasser- und Nährstoffbedarf abzudecken. Die Fließrinnen werden mit 1 % Gefälle verlegt, so daß die überschüssige Nährlösung durch die Rinnen laufend in bereitstehenden Becken aufgefangen werden kann. Aus dem Auffangbecken wird mit Hilfe einer Sumpfpumpe die Nährlösung bei Bedarf wieder an den Einlauf zurückgepumpt.

Bei schmalen Fließrinnen empfiehlt es sich, die Töpfe direkt hintereinander aufzustellen, während bei breiteren Fließrinnen eine versetzte Anordnung der Töpfe zu empfehlen ist, damit alle Pflanzen Wasser und Nährstoffe in ausreichender Menge erhalten. Das Verfahren der Düngung in Fließrinnen läßt sich sowohl bei Verwendung von Kunststofftöpfen als auch bei der von Tontöpfen durchführen.

Die im Auffangbecken befindliche Nährlösung ist mindestens im wöchentlichen Abstand auf pH und Leitfähigkeit hin zu untersuchen. Die Konzentration der Nährlösung ist je nach Jahreszeit, Zustand, Empfindlichkeit und Alter der Pflanzen im Bereich von 0,25 bis 1,00 ‰ zu variieren. In den Sommermonaten können hierfür ausgeglichene MND verwendet werden, während im Winter leicht K-betonte Dünger zu empfehlen sind. Die den jeweiligen Konzentrationen entsprechenden Leitfähigkeiten lassen sich aus Tab. 59 entnehmen. Zu diesen Leitfähigkeitswerten ist jedoch die Eigenleitfähigkeit des verwendeten Wassers von in der Regel 500 bis 700 μS zu addieren. Empfehlenswert ist auch eine genaue Kontrolle der von den Pflanzen aufgenommenen Nährlösungsmenge. Dies ist insofern notwendig, als von bestimmten Pflanzenarten, wie Chrysanthemen, innerhalb relativ kurzer Zeit hohe Nährstoffmengen für das Wachstum aufgenommen werden müssen. Das ist ebenso in der lichtarmen Jahreszeit der Fall. Wenn hier bei verhältnismäßig geringem Wasserverbrauch gleichzeitig relativ wenig Nährstoffe angeliefert werden, so ist mit verminderter Wuchsleistung der Pflanzen zu rechnen. Aus diesen Gründen muß unter Umständen zeitlich gestaffelt die Nährlösungskonzentration in den Wintermonaten höher sein als im Sommer, damit ausreichende Gesamtdüngermengen an die Pflanzen herangeführt werden können. Diese Vorgehensweise ist auch bei der Verwendung von Anstaubeeten möglich. Hier bleiben die Pflanzen allerdings längere Zeit (mehrere Minuten) als bei den Fließrinnen in der Nährlösung stehen, weil das Einfüllen und Ablassen des Wasses oder der NL mehr Zeit erfordern.

Die Regelung der Wasserzufuhr kann entweder von Hand oder automatisch erfolgen. Als gut geeignet hat sich die Regelung der Wasserzufuhr mit Hilfe von Tensiometern erwiesen. Die sonst mögliche Wasserüberversorgung fällt bei diesem Verfahren insofern weg, als der Topfballen mit Hilfe des Saugdruckes nur soviel Nährlösung aufnehmen kann, wie die Kapillarität zuläßt. Die Dauer einer Bewässerungs- oder Düngungsphase läßt sich auf einfache Weise dadurch regulieren, daß das Tensiometer verschieden tief in das Substrat der Zeigerpflanze eingeführt wird. Bei flachem Einstecken wird verhältnismäßig lange bewässert und bei sehr tiefem Einstich ergeben sich nur kurze Bewässerungszeiten von höchstens 20 bis 30 Sekunden pro Bewässerungsphase in den Fließrinnen. Diese Art der Wasser- und Nährstoffzufuhr gestattet eine vollautomatische Regelung, so daß lediglich, wie zuvor erwähnt, pH und Leitfähigkeit der Nährlösung überwacht werden müssen.

Die Einregulierung der pH-Werte erfolgt in gleicher Weise, wie in Abschnitt 1.6.3 (Hydrokultur) beschrieben, mit Säure oder Lauge.

Bei der Bewässerung und Düngung durch Anstau oder mit Fließrinnen sind an die Substratqualität hohe Ansprüche zu stellen. Wichtig ist vor allem ein genügend hoher Feinporenvolumenanteil, der eine entsprechende Wasser- und Nährlösungsaufnahme gestattet, und eine hohe Strukturstabilität der Substrate. Die Verwendung von Rindenhumus ist wegen seines relativ hohen Anteils am Grobporenvolumen kaum zu empfehlen.

Wegen der Kürze der Bewässerungs- und Düngungszeiten geht verhältnismäßig wenig Wasser durch Verdunstung von der Rinnenoberfläche verloren. Eigene Untersuchungen haben allerdings ergeben, daß insbesondere bei länger dauernden Kulturen die Möglichkeit der Salzanreicherung vor allem in der oberen Substrathälfte des Topfes gegeben ist. Hier können Salzgehalte im Substrat auftreten, die weit über dem zulässigen Maß liegen (s. Tab. 29, Seite 81). Pflanzen mit verhältnismäßig kurzer Kulturzeit und hoher Salzverträglichkeit zeigen allerdings keine Ertragseinbußen. Durch die ständige Wasser- und Nährstoffzufuhr können die Pflanzen unter Umständen sehr stark wachsen und dadurch in der Qualität, z. B. bei Alpenveilchen oder bei der Treiberei von Hortensien, vermindert werden. Dieser Nachteil läßt sich möglicherweise dadurch umgehen, daß für die Regelung der Wasser- und Nährstoffzufuhr Tensiometer mit hohem Saugdruck (90 oder 120 mbar) verwendet werden (RÖBER et al. 1983, FRITZSCHE et al. 1983.)

2.1.6 Beregnung und Düngung

Zwischen Wachstum, Wasserverbrauch und Nährstoffbedarf von Pflanzen besteht ein enger Zusammenhang. Nach der Keimung verläuft das Wachstum zunächst langsam, nimmt dann von Woche zu Woche bis zur Periode des Massenwachstums zu und geht später langsam wieder zurück. Dem zeitlichen Verlauf der Nährstoffaufnahme muß sich die Wassergabe angleichen. Der Spitzenbedarf an Nährstoffen kann nur bei der Möglichkeit einer Beregnung gesichert werden. Die Wirksamkeit der Kopfdüngung wird durch die Beregnung entscheidend beeinflußt. Dabei wird zum Beispiel eine häufige Unterteilung der N-Gaben zu ihrer besseren Ausnutzung beitragen. Die N- und K-Ausnutzung können durch die Beregnung je nach Boden, Pflanzenart und Witterung um etwa 10% erhöht werden. Auch die P-Aufnahme wird durch die gleichmäßige Feuchtigkeit bei ausreichender Beregnung begünstigt. Die Unterteilung der N-Düngung, teilweise auch der K-Düngung, beugt darüber hinaus Auswaschungsverlusten vor, z. B. wenn starke Niederschläge unmittelbar auf eine intensive Beregnung folgen.

Die Beregnung ist auch insofern mit der Düngung zu koppeln, als ausgestreute Düngerkörner leicht auf Blättern liegen bleiben und dort Verbrennungen verursachen können. Diese werden durch eine der Düngung folgende Beregnung abgespült. Auch können dem Beregnungswasser direkt MND oder Einzeldünger beigemischt werden. Im Freiland ist dabei, bedingt durch die Ausbringetechnik, die Verteilung jedoch oft unregelmäßig. Hinzukommt, daß bei der Verregnung von Oberflächenwasser zum Teil beachtliche Mengen an N und/oder P mit ausgebracht werden, die bei der Düngerbemessung unbedingt zu berücksichtigen sind.

Durch die Beregnung sind im Freilandgemüsebau Ertragssteigerungen von 30% ohne weiteres möglich. Das liegt vor allem an den in den Sommermonaten bei uns bestehenden Niederschlagsdefizit von 200 bis 400 mm je nach angebauter Pflanzenart, Witterung und Bodenart. Von Juni bis August verdunstet ein voll bestandenes Feld z. B. täglich 4 bis 5 mm H_2O.

Beregnet wird am besten abends oder nachts, weil die Wassernutzung dann günstiger ist als am Tage.

Beim Anbau unter Glas, insbesondere von Gemüse, hat die Verregnung von Nährstoffen auch eine gewisse Bedeutung. Der Beregnungs- und Düngungseffekt ist hier gleichmäßiger als im Freiland, weil der Einfluß des Windes auf die Wasserverteilung wegfällt. Pro Beregnungsvorgang (15 bis 20 mm) kann Dünger in die Wasserverteilung eingespeist werden. Die Konzentration beträgt dann 1 bis 2‰ oder sogar mehr bei zusätzlicher Nachberegnung mit Wasser. Pro Düngeberegnung (20 mm) werden demnach bei 2‰ und einem Dünger der Zusammensetzung 15/5/25 60 kg N, 20 kg P_2O_5 und 100 kg K_2O/ha ausgebracht.

2.1.7 Düngung bei der Anzucht

In der Anzuchtphase sind die Pflanzen infolge ihres geringen Wachstums gegenüber hohen MND-Gaben relativ empfindlich. Aus diesem Grund werden Anzuchtsubstrate und -erden nur wenig aufgedüngt. Dazu ergeben sich verschiedene Möglichkeiten:

- Saatgut kann bereits mit geringen Nährstoffmengen, besonders Mikronährstoffen, und einem Trägerstoff pilliert werden (siehe 2.1.3).
- Düngemittel können in Vorratsform in das Substrat eingebracht werden. Hierzu sind neben den bereits genannten Depotdüngern auch sogenannte Fritten (s. Abschnitt 2.1.3) geeignet.
- Anzuchterden werden mit geringen Gaben von MND versorgt, damit die darin wachsenden Pflanzen in der Anfangsphase ihres Wachstums ausreichende Nährstoffmengen erhalten.

Die zuletzt genannte Methode ist die am häufigsten angewandte. Für ein Anzuchtsubstrat ist ein P-Gehalt von 18 bis 26 mg und ein K-Gehalt von 33 bis 66 mg/100 g Boden oder Substrat anzustreben. Bei einem Volumengewicht von 0,4 sind das 72 bis 104 mg P (165 bis 238 mg P_2O_5) und 132 bis 264 mg K (159 bis 318 mg K_2O)/l Substrat. Liegen die Werte darüber, dann erübrigt sich die PK-Düngung, und die Nährstoffzufuhr ist während der Anzucht auf N beschränkt. Entsprechend diesen vorstehenden Werten ist das Substrat mit MND aufzudüngen. Hierfür kommen höchstens bis zu 3 kg MND/m^3 infrage, meist jedoch nur bis zu 1,5 kg/m^3. Die zugegebenen MND sollten Cl-frei sein. Bei hohem Torfanteil sind bevorzugt spurenelementhaltige MND anzuwenden. Kann sich die Grunddüngung auf N beschränken, so verdient Kalkammonsalpeter mit 2 bis 3 kg/m^3 den Vorzug.

Eine in der Praxis des Gemüsebaus gehandhabte Düngemaßnahme in der Anzuchtphase ist die sogenannte Startdüngung. Sie besteht darin, daß den Jungpflanzen kurz vor dem Auspflanzen eine konzentrierte Düngerlösung (MND oder nur N-Dünger) verabreicht wird, um dadurch das Anwachsen auf dem Feld zu erleichtern. Diese Methode hat sich besonders bei verschiedenen Kohlarten und Tomaten bewährt. Man düngt am besten flüssig, z. B. 2 x 110 g Kalksalpeter oder 2 x

Abb. 96. Aussaat von Blumenkohl in Torf, oben mit 2 g $CaCO_3$/l, unten ungekalkt. Die beiden linken Schalen blieben ungedüngt, in der Mitte wurde 1 g MND/l Torf zugegeben, rechts 3 g. Beste Entwicklung in der gekalkten und nur schwach gedüngten Schale.

150g MND (15/11/15) auf den Pflanzenbestand von 2,5 m^2 Fläche (etwa 500 Jungpflanzen). Nach dieser Düngung dürfen die behandelten Pflanzen auf keinen Fall ballentrocken werden, auch nicht auf dem Feld. Ferner sollten sie anschließend möglichst bald gepflanzt werden.

2.1.8 Vorratsdüngung und Nachdüngung

2.1.8.1 Vorratsdüngung

Die Bevorratung eines Substrates kann mit organischen oder anorganischen Düngemitteln erfolgen. So kommen z. B. bei hohen Nährstoffansprüchen auf 1 m^3 Erde 4kg Hornspäne oder Hornmehl, 3kg Knochenmehl, 2kg Patentkali. Bei salzempfindlichen Kulturen ist die K-Gabe zu halbieren. Die organische Grunddüngung gibt ihre Nährstoffe nur allmählich frei, eignet sich also mehr für langsam wachsende Pflanzen. Zu den übrigen Kulturen werden nur die halben Mengen der Horn- und Knochendünger gegeben, der fehlende Rest als mineralischer MND in der laut Bodenuntersuchung notwendigen Höhe.

Die Grunddüngung mit mineralischen Einzeldüngern oder MND erfolgt meist schon beim Substrathersteller (s. Abschnitt 1.1.2.3). Daneben ist sie auch zur Zumischung nach vorheriger Analyse der Erde möglich. Beispiele für die Berechnung der Grunddüngung sind nachstehend aufgeführt.

Soweit der Analysenbefund sich auf 100 g bezieht, ist er zunächst für alle Erden, deren Volumengewicht unter 1 liegt, auf die Volumeneinheit umzurechnen. Man multipliziert mit dem tatsächlich vorhandenen Volumengewicht; als Beispiel für 25 mg Nährstoffgehalt in 100 g:

bei
0,8 Volumengewicht: 0,8 x 25 = 20 mg/100 cm^3 = 200 mg/l
0,6 Volumengewicht: 0,6 x 25 = 15 mg/100 cm^3 = 150 mg/l
0,4 Volumengewicht: 0,4 x 25 = 10 mg/100 cm^3 = 100 mg/l

Will man den vorhandenen Nährstoffvorrat um 100 mg/l erhöhen, so entspricht dies einer Menge von 100 g Reinnährstoff/m^3 Substrat. Je nach dem Gehalt der betreffenden Düngemittel wären danach folgende Gaben anzuwenden.:

0,833 kg bei 12% Reinnährstoff, z.B. N im MND 12/12/17
0,500 kg bei 20% Reinnährstoff, z.B. P_2O_5 im Superphosphat
0,500 kg bei 20% Reinnährstoff, z.B. N in vielen Stickstoffdüngern
0,333 kg bei 30% Reinnährstoff, z.B. K_2O im Patentkali
0,250 kg bei 40% Reinnährstoff, z.B. K_2O im 40%igen Kalisalz
0,200 kg bei 50% Reinnährstoff, z.B. K_2O im Kaliumsulfat.

2.1.8.2 Nachdüngung

Auch wenn der Nährstoffgehalt des Substrates bei Kulturbeginn günstig lag, wird der Erfolg erst durch eine der Kultur angepaßte Nachdüngung gesichert. Je nach Bedarf, Alter und Zustand der Pflanzen wird man 2- bis 3mal pro Woche mit gering konzentrierten MND-Lösungen (etwa 0,5‰) nachdüngen. Daneben kann auch einmal wöchentlich mit höheren Konzentrationen (s. Tab. 6) gearbeitet werden.

Mit der flüssigen Nachdüngung kann häufig auch einem einseitigen Nährstoffmangel oder -überschuß abgeholfen werden. Es ist dies häufig bei organischer Grunddüngung notwendig, wenn deren N zur Unzeit abgegeben wird. Eine rechtzeitige Nachdüngung mit Kaliphosphat kann die Wirkung des einseitigen

Abb. 97. Monstera deliciosa verträgt eine verstärkte N-Gabe. Gegenüber der Normaldüngung (1) wurde bei 2 das Doppelte, bei 3 das Dreifache an N gedüngt.

Abb. 98. Düngungsversuch mit Mg zu Azaleen bei einheitlicher NPK-Versorgung.

N-Überschusses mildern. Manche Topferden mit geringer Sorptionskraft erleiden durch die Auswaschung recht hohe Nährstoffverluste, die bis zum 3fachen des normalen Pflanzenbedarfs ansteigen können. Auch hier kann die Flüssigdüngung ausgleichend wirken.

Bei der Nachdüngung im Anstauverfahren ist kaum mit Auswaschungsverlusten zu rechnen, eher mit erhöhten Salzgehalten. Man spart somit etwas Dünger, wird aber in der warmen Jahreszeit zweckmäßig die Töpfe ab und zu mit Wasser gründlich durchspülen und das überflüssige Salz auswaschen.

Die Nährstoffaufnahme ist in der Zeit des stärksten Wachstums zumeist sehr hoch. Die Nachdüngung muß dabei Schritt halten, aber auch rechtzeitig aufhören, sobald die Pflanze für ihre weiteren Aufgaben genügend Reserven hat.

Art und Höhe der jeweils erforderlichen Nachdüngung sind in vielen Betrieben aus langer Erfahrung bekannt. Bei Kulturen mit geringer Salzempfindlichkeit sowie bei Erden mit guter Pufferung kommen bei diesen Erfahrungswerten seltener Fehlgriffe vor als bei empfindlichen Pflanzen und in grobfaserigen oder sandigen Erden von geringer Pufferkraft. Hier lohnt sich eine laufende Kontrolle, die zunächst die Änderungen im pH-Wert und im Salzgehalt verfolgt. Dadurch wird bereits auf grobe Mängel aufmerksam gemacht. Der tatsächlich erforderliche Düngerbedarf läßt sich am sichersten durch die Bodenuntersuchung, deren Kosten sich rasch bezahlt machen, ermitteln. Das bewährt sich besonders für Spezialkulturen wie Moorbeetpflanzen, weil hier die letzten Düngergaben für den Zeitpunkt und die Qualität der Blüte mitbestimmend sind. Wichtig ist dabei, daß nur wenige Tage zwischen der Entnahme der Proben und dem Empfang des Untersuchungsergebnisses bzw. der Düngungsempfehlung liegen sollen.

Die Höhe der Nachdüngung aufgrund des Ergebnisses der Boden- oder Substratuntersuchung kann mit Hilfe von Tab. 84 berechnet werden.

Für die Flüssigdüngung eines Topfes von 1 l Erdinhalt (13-cm-Topf) ist gewöhnlich ein Gießrand von etwa 100 cm^3 Fassungsraum vorhanden.

Aus Tab. 84 kann entnommen werden, daß bei einem einmaligen Gießvorgang in Abhängigkeit von der Konzentration der Düngerlösung und dem Düngertyp unterschiedliche Nährstoffmengen eingebracht werden.

Tab. 84. Nährstoffgaben bei Flüssigdüngung

Konzentration der Lösung g/l	Düngemittel	Es entfallen					
		auf 1000 cm^3 Substrat*			auf 600 cm^3 Substrat**		
		N mg	P_2O_5 mg	K_2O mg	N mg	P_2O_5 mg	K_2O mg
1‰		15	11	15	7,5	5,5	7,5
3‰	15/11/15	45	33	45	22,5	16,5	22,5
5‰		75	55	75	37,5	27,5	37,5
1‰		8	14	18	4,0	7,0	9,0
3‰	8/14/18	24	42	54	12,0	21,0	27,0
5‰		40	70	90	20,0	35,0	45,0

* Gießrand 100 cm^3 ≙ 13er Topf
** Gießrand 50 cm^3 ≙ 11er Topf

Soll z. B. der N-Gehalt in einem Substrat von 120 mg/l auf 180 mg/l angehoben werden, d. h., es sind 60 mg/l N aufzudüngen, so kann in einem 13er-Topf mit einer 4‰igen Lösung eines MND (15/11/15) mit einer einmaligen Düngung der gewünschte Gehalt erreicht werden. Infolge des bei Topfpflanzen begrenzten Substratvolumens ist zu beachten, daß die Substratuntersuchung auf N, P oder K während des Hauptwachstums der Pflanzen keine genauen Anhaltswerte mehr liefert. In der gärtnerischen Praxis wird bei Topfkulturen häufig nach einem vorher festgelegten Plan gedüngt.

2.2 Anbau im Freiland

Bodenuntersuchung und Bedürftigkeit der Kulturpflanzen bestimmen in erster Linie Menge und Art der zuzuführenden Düngemittel. Infolge der zwischen den aufgeführten Kulturpflanzengruppen unterschiedlichen Ansprüche an die Versorgung mit Nährstoffen sind allgemeine Angaben zur Anwendung wenig nutzbringend. Innerhalb eines Anbaubereiches (Gemüsebau, Obstbau) bestehen außerdem große Unterschiede in bezug auf die Nährstoffbedürftigkeit. Diesem Punkt trägt eine möglichst weitgehende Aufgliederung nach Arten innerhalb der folgenden Kapitel Rechnung.

2.2.1 Gemüsebau

Der Nährstoffversorgung der Gemüsepflanzen kommt insofern eine große Bedeutung zu, als die Entzüge im Vergleich zu landwirtschaftlichen Kulturpflanzen hoch sind. Es ist anzunehmen, daß bei Gemüsepflanzen der Entzug zu verschiedenen Zeiten der Vegetation unterschiedlich ist. Eine Berücksichtigung des Wachstums der Pflanzen bei der Düngung ist vor allem in der Jungpflanzenphase notwendig.

2.2.1.1 Ernährung bei der Jungpflanzenanzucht

Anzucht und Vorkultur der Gemüsepflanzen beeinflussen den Erntezeitpunkt, die Höhe und die Qualität des Ertrages. Zur Vorkultur kann man sich der Startdüngung und der weiteren Nachdüngung der Jungpflanzen bedienen. Zur Startdüngung kann den Substraten ein MND, wie zuvor beschrieben (s. Abschnitt 2.1.7), beigemischt werden. Die weitere Versorgung kann mit MND im Konzentrationsbereich von 1 bis 2‰ im wöchentlichen Abstand erfolgen. Die Grunddüngung ist mit 1,5 bis 3 g/l Substrat eines MND je nach Bedürftigkeit der Pflanze vorzunehmen.

Die Jungpflanzen können vor dem Auspflanzen im Feld eine Startdüngung erhalten. Hierzu wird den Topfpflanzen kurz vor dem Auspflanzen eine konzentrierte Düngerlösung verabreicht. Es ist zu überlegen, ob durch die Anwendung der Startdüngung die Konzentration an Salzen im Wurzelballen das verträgliche Maß überschreitet und dadurch eher Schaden als Nutzen für die Pflanze hervorgerufen wird. Es wird empfohlen, 16 g MND/l Wasser zu lösen und 4 l Lösung/m^2 Pflanzenbestand aufzubringen. Die Ausbringung dieser hohen Düngermengen erfordert die nachträgliche Zugabe von Wasser. Im Anschluß an die Startdüngung sollten die Jungpflanzen sofort auf das Feld ausgebracht werden. Auch auf dem Feld ist eine Bewässerung notwendig, um Schäden durch Plasmolyse zu vermeiden (MAPPES und WILL 1965).

Die Anforderungen an Erden und Substrate zur Gemüsejungpflanzenanzucht bestehen darin, daß deren Struktur dauerhaft ist und bei voller Sättigung der Wasserkapazität noch eine hohe Luftkapazität (> 20 Vol.-%) vorhanden ist. Wegen der Empfindlichkeit der Jungpflanzen sollten die Anzuchtsubstrate außerdem frei von Krankheitserregern, Schädlingen und pflanzenschädlichen Stoffen sein, ein hohes Pufferungsvermögen besitzen, verbunden mit einer großen Sorptionsfähigkeit. Die Ausgangsnährstoffgehalte der Substrate besitzen keine so große Bedeutung, weil sie durch die Düngung in den jeweils anzustrebenden Bereich gebracht werden können. Zu beachten ist jedoch, daß die im folgenden aufgeführten oberen Grenzbereiche der Nährstoffversorgung und der Salzkonzentration nach Möglichkeit nicht überschritten werden. Für die Jungpflanzenanzucht sind die nachstehenden Gehalte und Eigenschaften anzustreben:

NO_3-N	100 – 200 mg/l Substrat
K_2O	150 – 400 mg/l Substrat
P_2O_5	180 – 260 mg/l Substrat
Wasserlösliche Salze	$\leq$ 3 g/l
pH	6,0 – 7,0
Volumengewicht	500 g/l
Porenvolumen	80 – 90 Vol.-%
Luftkapazität	25 – 35 Vol.-%
Wasserkapazität	50 – 60 Vol.-%

Früheren Untersuchungen zufolge wird das Wachstum der älteren Pflanzen entscheidend von der Versorgungslage mit Nährstoffen im Jungpflanzenstadium, insbesondere P, beeinflußt. Diesen erhöhten P-Bedürfnissen der Pflanzen kann

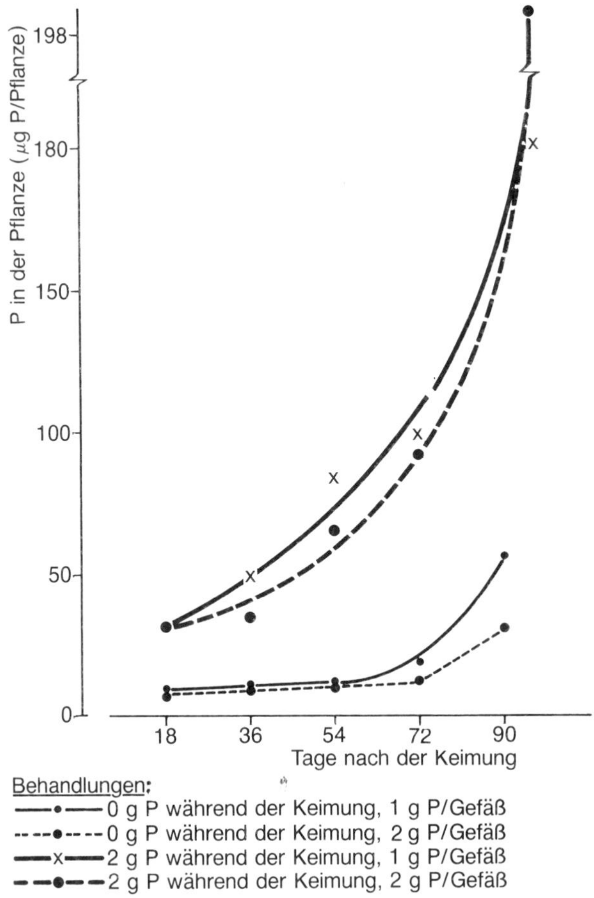

Abb. 99. Einfluß einer P-Gabe während Keimung und Anzucht von Salat auf P-Anreicherung und Aufnahmegeschwindigkeit.

Rechnung getragen werden durch zusätzliche Gabe von Superphosphat in der Anzuchterde.

Aus der nachfolgenden Tab. 85 sind die erforderlichen Superphosphatzusätze in kg/m^3 Anzuchterde zur Erreichung der notwendigen P-Menge von 22 kg P (= 50 kg P_2O_5) bei unterschiedlicher Topfgröße und Pflanzenanzahl/ha ersichtlich.

Dieser Erfahrungswert von 22 kg P/ha nach dem Anpflanzen hat sich für eine günstige Ausnutzung der P-Düngung bewährt. 35 kg Superphosphat/m^3 Anzuchterde dürfen deshalb nicht überschritten werden, weil infolge der pH-Wert-Absenkung Wachstumshemmungen auftreten können. Anstelle von Superphosphat können auch andere P-Dünger, außer Rohphosphat zugesetzt werden.

Tab. 85. Erforderlicher Superphosphatzusatz in kg/m³ Anzuchterde zur Erreichung von 22 kg P/ha nach dem Anpflanzen bei unterschiedlichen Topfgrößen und unterschiedlicher Pflanzenanzahl/ha (aus BIELKA 1976)

Pflanzenanzahl/ha in 1000 Stück	dem entspricht beim	Benötigte Erdsubstratmenge in ml/Topf						
		130	180	210	280	320	430	540
	Tontopf ∅ (cm)	6	–	7	8	–	9	10
	Erdtopf ∅ (cm)	4	5	–	–	6,6	–	–
20		+	+	+	+	+	32,3*	25,7
40		+	+	33,1	24,8	21,7	16,2	12,9
60		35,6	25,7	22,1	16,5	14,5	10,8	–
80		26,7	19,3	16,5	12,4	10,8	–	–
100		21,4	15,4	13,2	9,9	–	–	–
120		17,8	12,9	11,0	–	–	–	–
140		15,3	11,0	–	–	–	–	–
160		13,4	9,6	–	–	–	–	–

* Die angegebenen Zahlen sind Durchschnittswerte für humose Jungpflanzenanzuchtsubstrate. Bei stark tonhaltigen Erden und bei Erdtöpfen sollten die Werte um 15% vermindert, bei sehr tonreichen Erden um 15% erhöht werden.
\+ = Diese Kombinationen sind zu vermeiden, da die Höchstmenge überschritten wird.
– = Diese Kombinationen treten in der Praxis nicht auf.

2.2.1.2 Versorgung mit Hauptnährstoffen in der Wachstumsperiode

Infolge der hohen Anbauintensität bei der Gemüseproduktion ist es erforderlich, die zur Ertragsbildung notwendigen Nährstoffmengen sowie deren zeitliche Verteilung unter Berücksichtigung des Nährstoffgehaltes des Bodens zu kennen. Dadurch können größere Ertragsschwankungen vermieden werden.

Die Nährstoffaufnahme der Gemüsepflanzen ist in der Regel sehr hoch und beeinflußt direkt die Ertragshöhe. Da nach der Ernte der Gemüsepflanzen nur geringe Ernterückstände auf dem Acker verbleiben, muß selbst bei regelmäßig durchgeführter organischer Düngung die Nährstoffzufuhr mit Hilfe von Mineraldünger mindestens ergänzt werden.

Bei der intensiven Gemüseproduktion sind, abhängig von der Kultur und einer Reihe weiterer Faktoren, jährlich etwa 500 bis 1200 kg Nährstoffe/ha in mineralischer Form zuzuführen. Es ist anzuraten, zur Bemessung der Düngergaben Nährstoffbilanzen zu erstellen. Solche Bilanzen haben sich nicht nur an den Nährstoffentzügen durch die Pflanzen zu orientieren, sondern müssen Verluste wie durch Auswaschung und/oder Festlegung mit beinhalten. Daneben sollten auch die durch die organische Düngung und Ernterückstände zugeführten Mineralstoffe berücksichtigt werden. Weiter ist die Beachtung des Nährstoffgehaltes des Bodens wichtig. Zur sparsamen Anwendung der Düngemittel scheint es nützlich zu sein, in Anlehnung an Hinweise von GEISSLER eine „Ertragsbezogene Düngung“ durchzuführen. Die Düngungsempfehlungen werden in Holland nach ähnlichen Methoden ausgesprochen.

Diese Berechnung ist anwendbar für die Bemessung der N-, P-, K- und Mg-Zufuhr und erfolgt nach der Formel:

$$(N, P, K, Mg)kg/ha = a \cdot E \cdot A + b - OD \cdot S$$

Hierbei bedeuten:

a = (N-P-K-Mg) · Entzug in kg/dt,
E = voraussichtlicher Marktertrag in dt/ha,
A = Faktor für Art und standortspezifisches Aneignungsvermögen,
b = kg/ha Zuschlag (Gemüse- bzw. Düngungsgruppenspezifisch),
OD = im Anwendungsjahr eingesetzter organischer Dünger in dt/ha,
S = Mineraldüngeräquivalent des organischen Düngers in kg/dt Frischmasse.

Tab. 86. Mittlere Mineraldüngeräquivalente (= S) der wichtigsten Düngestoffe, bezogen auf das 1. Nutzungsjahr in kg/dt Frischmasse (aus KORIATH 1975)

Art	N	P	K	Mg	dt/m^3
Stallmist	0,14	0,08	0,4	0,07	9,5**
Gülle* (7,5–10% TS)	0,2	0,077	0,24	0,028	10
Gülle* (2,7–3,4% TS)	0,085	0,028	0,084	0,014	10
Gülle* (1,8% TS)	0,04	0,014	0,035	0,007	10
Kotkomposte	0,22	0,16	0,28	0,04	8,5–10
Müllkomposte****	0,15	0,10	0,08	0,016	8,5–10
Wirtschaftskomposte	0,11	0,06	0,24	0,011	8,5–10
Klärschlamm****	0,24	0,09	0,06	0,014	8 –10
Niedermoortorf (grubenfeucht)	0,025	0,05	0,27	0,006	5 – 8
Entrindungsabfälle*** (Nadelholz)	0	0,015	0,033	0,017	3
Getreidestroh***	0	0,06	0,6	0,07	0,5–1,5
Gründungungsanbau (Leguminosen)	0,2	–	–	–	–

* Mittelwerte für Rinder- und Schweinegülle bei Herbstausbringung.
** Gerottet, nicht gestapelt. Bei Stapelmist bis zu 18 dt/m^3.
*** Bei Stoffen mit weitem C/N-Verhältnis kann im Anwendungsjahr eine N-Festlegung auftreten, die durch zusätzliche Zufuhr von 50 kg N/ha in mineralischer Form auszugleichen ist.
**** Anwendung nur bei unbedenklichem Gehalt an Schadstoffen, vorherige Untersuchung notwendig!

Tab. 87. Mittlere Nährstoffentzugskoeffizienten für N, P, K, Mg (= a) der Gemüsearten im Freilandanbau (Nährstoffentzug in kg, bezogen auf Marktertrag in dt) und Zuschlag (= b) für N (aus BIELKA 1976)

Gemüseart	gültiger Ertrags-bereich (E) dt/ha	a für K	a für P	a für Mg	a für N	b für N (kg/ha)
Blumenkohl	200–400	0,85	0,09	0,045	0,4	35
Bohne (Gemüse)	60–120	0,85	0,11	0,09	0,75	–10
Chicoree (Wurzel)	150–300	0,80	0,15	0,07	0,6	–15
Chinakohl	150–400	0,55	0,12	0,04	0,45	–10
Erbse (Gemüse)	20– 50	2,2	0,4	0,3	1,5	25
Feldsalat	40– 80	0,50	0,08	0,15	0,4	30
Gemüsekürbis	150–400	0,55	0,10	0,08	0,3	55
Grünkohl	150–350	0,50	0,08	0,05	0,4	60
Gurke	200–500	0,28	0,06	0,03	0,25	–25
Kopfsalat	250–500	0,40	0,045	0,025	0,3	–30
Kopfsalat	300–800	0,45	0,06	0,035	0,4	–15
Kohlrabi	150–350	0,60	0,09	0,06	0,4	15
Knollensellerie	150–350	0,85	0,10	0,07	0,6	10
Meerrettich	80–160	0,85	0,10	0,04	0,45	70
Petersilie (Wurzel)	150–250	0,40	0,06	0,05	0,3	20
Petersilie (Schnitt)	75–150	0,40	0,12	0,05	0,4	50
Porree	150–450	0,50	0,10	0,03	0,4	80
Radies	75–150	0,33	0,09	0,08	0,5	–15
Rettich	100–250	0,40	0,12	0,06	0,55	–20
Rote Rübe	200–400	0,45	0,06	0,07	0,4	10
Rhabarber	300–800	0,50	0,06	0,05	0,25	65
Rosenkohl	60–180	2,02	0,35	0,18	1,17	70
Schnittlauch	100–250	0,33	0,06	0,04	0,5	35
Speisemöhre	250–800	0,50	0,07	0,03	0,33	20
Schwarzwurzel	150–250	0,70	0,11	0,04	0,5	15
Speisekohlrübe	250–450	0,45	0,08	0,04	0,4	10
Speisezwiebel	250–450	0,40	0,08	0,03	0,4	–20
Spargel	20– 60	5,5	0,8	0,35	2,0	50
Spinat	100–300	0,50	0,09	0,06	0,4	20
Tomate	200–600	0,33	0,03	0,035	0,3	–15

Tab. 88. PKMg-Zuschläge (= b) für Gemüse je nach Versorgungsstufe in kg/ha (s. auch Tab. 32 und 34) (aus BIELKA 1976)

Versorgungsstufe	Düngungszuschläge		
	P	K	Mg
sehr hoch/extrem hoch	–	–	–
hoch	+ 15	+ 50	+ 20
mittel	+ 22	+ 75	+ 30
niedrig	+ 30	+ 100	+ 40

Tab. 89. Faktoren zur Berücksichtigung des spezifischen Aneignungsvermögens (= A) der einzelnen Gemüsearten für N-Dünger (aus BIELKA 1976)

A = 1,7	1,4	1,2	1,1
Blumenkohl	Chinakohl	Bohne	Chicorée
Gurke	Gemüsekürbis	Feldsalat	Erbse
	Kopfsalat	Knollensellerie	Grünkohl
	Kopfkohl	Radies	Kohlrabi
	Porree	Rettich	Meerrettich
	Rosenkohl	Schnittlauch	Petersilie
	Spinat	Spargel	Rote Rübe
			Rhabarber
			Speisemöhre
			Schwarzwurzel
			Speisekohlrübe
			Speisezwiebel
			Tomate

Tab. 90. Faktoren zur Berücksichtigung des spezifischen Aneignungsvermögens (= A) bei P, K, Mg für Gemüse (aus BIELKA 1976)

	Stark aneignungsfähige Gemüsearten		Normal aneignungsfähige Gemüsearten	
Bodenart	Sand und lehmiger Sand	übrige Böden	Sand und lehmiger Sand	übrige Böden
K und	1,25	1,1	1,4	1,25
Mg, P	1,3		1,7	
	Blumenkohl		Bohne (Gemüse)	
	Grünkohl		Chicorée	
	Knollensellerie		Chinakohl	
	Kohlrabi		Erbse (Gemüse)	
	Kopfsalat		Feldsalat	
	Porree		Gemüsekürbis	
	Rhabarber		Gurke	
	Rosenkohl		Kopfsalat	
	Rote Rübe		Meerrettich	
	Schwarzwurzel		Petersilie (Wurzel und Schnitt)	
	Spargel (Ertragsanlagen)		Radies	
	Speisekohlrübe		Rettich	
	Speisemöhre		Schnittlauch	
			Spargel (Junganlagen)	
			Speisezwiebel	
			Spinat	
			Tomate	

Tab. 91. Pauschale Richtwerte für die Höhe der P-, K- und Mg-Düngergaben im Freilandgemüsebau (aus BIELKA 1976)

Nährstoffzustand des Bodens	Stark bedürftige Gemüsearten bzw. Gemüse mit Vor- oder Nachfrucht kg/ha			Normal bedürftige Gemüsearten im Alleinanbau kg/ha		
Versorgungsstufe	P	K	Mg	P	K	Mg
hoch und sehr hoch	35	240	20	25	120	10
mittel	50	290	40	40	170	30
niedrig*	65	340	60	55	220	50

* Auf solchen Böden sollte ein Gemüseanbau nach Möglichkeit ganz unterbleiben. Erfolgt er doch, so ist bei P eine P-Erdballendüngung bzw. Reihendüngung, bei K eine Aufteilung der K-Gabe in eine Grunddüngung von nicht mehr als 220 kg/ha auf leichten, von 300 kg/ha auf schweren Böden vorzunehmen und der Rest als Kopfdüngung zu verabfolgen.

Tab. 92. Richtwerte für die Höhe der N-Düngergaben (aus BIELKA 1976)

Gruppe	(1) sehr stark bedürftig	(2) stark bedürftig	(3) mittel bedürftig	(4) schwach bedürftig
Düngungs-richtwerte	220–300 kg N/ha	150–200 kg N/ha	100–140 kg N/ha	50–80 kg N/ha
Gemüse arten	Blumenkohl Kürbis Porree Rhabarber Rosenkohl Rotkohl Spargel Speisemöhre (spät) Weißkohl (Herbst)	Brokkoli Chicorée Chinakohl Grünkohl Kohlrübe Mangold Meerrettich Neuseeländer Spinat Rote Rübe Schnittlauch Sellerie Speisemöhre (früh) Weißkohl (früh u. Dauer) Wirsing Zuckermais	Gurke Knoblauch Knollenfenchel Kohlrabi Kopfsalat Petersilie Puffbohne Rettich Schwarzwurzel Spinat Stangenbohne Tomate Winterendivie Zwiebel	Buschbohne Erbse Feldsalat Radies Zwiebel (Steck- und Lauch)

Die Berechnung der Düngerhöhe kann anhand eines Beispieles demonstriert werden:

Blumenkohl soll auf sandigem Lehm angebaut werden. Die Bodenuntersuchung der für die Kultur vorgesehenen Flächen erbrachte folgende Ergebnisse:

P = sehr hoch (s. Tab. 32)
K = mittel (s. Tab. 32)
Mg = sehr hoch (s. Tab. 34)

Die notwendigen Nährstoffzuschläge lassen sich der Tab. 88 entnehmen.

Die Höhe der organischen Düngung beträgt 300 dt/ha Stallmist (s. Tab. 86). Erwartet wird ein Ertrag von 350 dt/ha. Die erforderlichen Mineraldüngermengen errechnen sich dann wie folgt:

1. Für N
   a = 0,4 (s. Tab. 87)
   E = 350
   A = 1,7 (s. Tab. 89)
   b = 35 (s. Tab. 87)
   OD = 300
   S = 0,14 (s. Tab. 86)

$(0{,}4 \cdot 350) \cdot 1{,}7 + 35 - 300 \cdot 0{,}14 = 231$ kg N/ha.

2. Für P
   a = 0,09 (s. Tab. 87)
   E = 350
   A = 1,3 (s. Tab. 90)
   b = 0 (s. Tab. 88)
   OD = 300
   S = 0,08 (s. Tab. 86)

$(0{,}09 \cdot 350) \cdot 1{,}3 + 0 - 300 \cdot 0{,}08 = 17$ kg P/ha (≙ 39 kg P_2O_5/ha)

3. Für K
   a = 0,85 (s. Tab. 87)
   E = 350
   A = 1,25 (s. Tab. 90)
   b = 75 (s. Tab. 88)
   OD = 300
   S = 0,4 (s. Tab. 86)

$(0{,}85 \cdot 350) \cdot 1{,}25 + 75 - 300 \cdot 0{,}4 = 327$ kg K/ha (≙ 392 K_2O/ha)

4. Für Mg
   a = 0,045 (s. Tab. 87)
   E = 350
   A = 1,3 (s. Tab. 90)
   b = 0 (s. Tab. 88)
   OD = 300
   S = 0,07 (s. Tab. 86)

$(0{,}045 \cdot 350) \cdot 1{,}3 + 0 - 300 \cdot 0{,}07 = 0$ kg Mg/ha.

In die Berechnung der N-Düngergabe einzuschließen ist selbstverständlich der N_{min}-Gehalt des Bodens, d.h. der vorher ermittelte N_{min}-Gehalt ist von der errechneten N-Gabe abzuziehen*.

* Sollte man nicht bereit sein, die zugegebenermaßen etwas kompliziert erscheinenden Berechnungen durchführen zu wollen, so können für überschlagsmäßige Berechnungen der Düngungshöhe die Tab. 91 und 92 herangezogen werden.

Tab. 93. Maximale Höhe der N-Teildüngergaben zu Gemüse in kg N/ha (aus BIELKA 1976)

Bodenart	Startdüngung		Weitere Teilgaben zur Kopfdüngung	
	normal	sehr stark	normal	sehr stark
	N-bedürftige Gemüse		N-bedürftige Gemüse	
Sand, lehmiger Sand	60	100	50	75
sandiger Lehm Moorböden	80	125	60	85
Lehm- und Tonböden	100	150	75	100

Die N-Düngung wird im Freilandgemüsebau in der Regel in Teildüngergaben ausgebracht. Wie aus Tab. 93 hervorgeht und zuvor schon erwähnt worden ist, kann die Düngung in eine Start- und Kopfdüngung unterteilt werden. Die Höhe der N-Düngung richtet sich auch nach der Bedürftigkeit des Gemüses. Je nach Bodenart sind die N-Gaben für Start- und Kopfdüngung unterschiedlich.

Denkbar ist auch eine weitere Unterteilung dieser Düngermenge, angepaßt an das Wachstum der Pflanzen. Selbstverständlich spielen die speziellen örtlichen Verhältnisse dafür eine wesentliche Rolle, inwieweit diese Terminabfolgen eingehalten werden können. Die Terminierung der Kopfdüngungsgaben kann Tab. 94 entnommen werden.

Tab. 94. Kopfdüngungstermine für verschiedene Gemüsearten (aus GEISSLER 1980)

Gemüseart	1. Kopfdüngung	2. Kopfdüngung	3. Kopfdüngung
Blumenkohl	3 Wochen nach Pflanzung	Beginn der Blumenbildung	1–2 Wochen nach 2. Kopfdüngung
Bohne	3- bis 4-Blatt-Stadium	–	–
Chicorée	nach dem Vereinzeln	kurz vor Bestandesschluß	nur bei Düngerverregnung spätestens 4–6 Wochen vor Ernte
Chinakohl	nach dem Vereinzeln	während der Kopfbildung	1–2 Wochen nach 2. Kopfdüngung
Erbse	bei 20 cm Wuchshöhe	–	–
Gemüsekürbis	bei 1. Fruchtansatz	4–5 Wochen nach 1. Kopfdüngung	–
Grünkohl, gedrillt	6–8 Wochen nach Aufgang	3–4 Wochen nach 1. Kopfdüngung	3–4 Wochen nach 2. Kopfdüngung
gepflanzt	4 Wochen nach Pflanzung		

Tab. 94. Kopfdüngungstermine für verschiedene Gemüsearten (aus GEISSLER 1980)

Gemüseart	1. Kopfdüngung	2. Kopfdüngung	3. Kopfdüngung
Gurke	bei Umlegen der Pflanzen	bei Bestandesschluß	–
Kopfsalat	Beginn der Kopfbildung	1–2 Wochen nach 1. Kopfdüngung	1–2 Wochen nach 2. Kopfdüngung nur bei Düngerverregnung
Kopfkohl, gedrillt gepflanzt	6- bis 8-Laubblatt-Stadium nach dem Anwachsen	zu Beginn der Kopfbildung	während der Kopfbildung, spätestens 4–6 Wochen vor Ernte
Kohlrabi, gedrillt	6- bis 8-Blatt-Stadium	Beginn der Knollenbildung	nur bei Düngerverregnung 1–2 Wochen nach 2. Kopfdüngung
gepflanzt	Beginn der Knollenbildung	1–2 Wochen nach 1. Kopfdüngung	
Knollensellerie	Beginn der Knollenbildung	3–4 Wochen nach 1. Kopfdüngung	2 Wochen nach 2. Kopfdüngung
Meerrettich	kurz vor Bestandesschluß	3–4 Wochen nach 1. Kopfdüngung	–
Petersilie	kurz vor Bestandesschluß	4–5 Wochen nach 1. Kopfdüngung	–
Porree, gedrillt gepflanzt	3- bis 4-Blatt-Stadium 4–5 Wochen nach Pflanzung	4–5 Wochen nach 1. Kopfdüngung	3–4 Wochen nach 2. Kopfdüngung
Rettich	3–4 Wochen nach Auflaufen	3–4 Wochen nach 1. Kopfdüngung	–
Rote Rübe	nach dem Auflaufen	Beginn der Rübenbildung	2 Wochen nach 2. Kopfdüngung
Rhabarber	nach 1. Durchernten	nach 2. Durchernten	nach Ernteabschluß
Rosenkohl, gedrillt gepflanzt	8- bis 10-Blatt-Stadium 4–5 Wochen nach Pflanzung	zu Beginn des Röschenansatzes	2–3 Wochen nach 2. Kopfdüngung
Schnittlauch	6–8 Wochen nach Auflaufen	nach 1. Ernte	nach 2. Ernte
Speisemöhre, früh	4–5 Blätter ausgebildet	2 Wochen nach 1. Kopfdüngung	2 Wochen nach 2. Kopfdüngung
spät	4–5 Wochen nach Startdüngung	4–5 Wochen nach 1. Kopfdüngung	3–4 Wochen nach 2. Kopfdüngung, spätestens 4–6 Wochen vor Ernte
Schwarzwurzel	vor Bestandesschluß	4–5 Wochen nach 1. Kopfdüngung	–
Speisekohlrübe	Beginn der Rübenbildung	3–4 Wochen nach 1. Kopfdüngung	3–4 Wochen nach 2. Kopfdüngung, spätestens 4–6 Wochen vor Ernte
Speisezwiebel	3- bis 4-Blatt-Stadium	Beginn der Zwiebelformung	nur bei Düngerverregnung, spät. Ende Juni
Spargel	nach Ernte	Anfang Juli	2 Wochen nach 2. Kopfdüngung
Spinat Frühjahr/Herbst	4–5 Wochen nach Startdüngung	1–2 Wochen nach 1. Kopfdüngung	–
Tomate	kurz vor der Blüte	beim 1. Fruchtansatz	nur bei Düngerverregnung 1–2 Wochen nach 2. Kopfdüngung

Die Kalkdüngung wird in erster Linie zur Aufrechterhaltung des für die einzelnen Gemüsearten optimalen pH-Wertes durchgeführt. Erst in zweiter Linie wird dem Ca-Bedürfnis der Pflanzen Rechnung getragen.

Die Ansprüche an pH-Wert und die Nährstoffe für einzelne Gemüsearten sind aus Tab. 95 zu entnehmen. Diese Angaben gelten auch für den Unterglasbau.

Tab. 95. Günstige pH-Werte und Nährstoffansprüche von Gemüsearten

Gattung	pH ($CaCl_2$)	Anspruch
Asparagus, Spargel	5,5–7,5	niedrig–mittel
Beta, Rote Rübe	6,5–7,5	mittel
Brassica		
Rotkohl	6,0–7,5	hoch
Weißkohl	6,0–7,5	hoch
Wirsingkohl	6,0–7,5	hoch
Blumenkohl	6,5–7,5	mittel–hoch
Chinakohl	5,5–7,0	mittel–hoch
Brokkoli	5,5–7,0	mittel
Kohlrabi	6,0–7,5	mittel
Mangold	6,0–7,0	mittel
Rosenkohl	6,0–7,5	mittel–hoch
Steckrübe	5,5–7,0	mittel
Grünkohl	5,5–7,0	hoch
Wasserrübe	5,5–7,0	mittel
Apium, Sellerie	6,0–7,5	mittel–hoch
Lepidium, Kresse	5,5–7,0	niedrig–mittel
Lactuca, Salat	5,5–7,5	niedrig
Allium		
Zwiebel	6,5–7,5	mittel
Schalotte	6,5–7,5	mittel
Knoblauch	6,5–7,5	mittel–hoch
Porree, Lauch	6,0–7,5	mittel–hoch
Schnittlauch	6,0–7,0	mittel
Spinacia, Spinat	5,5–7,0	mittel
Atriplex, Melde	6,0–7,5	mittel
Pastinaca, Pastinak	5,5–7,0	mittel
Tragopogon, Bocksbart	5,5–7,0	mittel
Cucumis		
Melone	5,5–7,0	mittel
Gurke	5,5–7,0	mittel
Phaseolus, Bohne	5,5–7,5	mittel
Vicia, Dicke Bohne	6,0–7,0	mittel
Daucus, Karotte	6,0–7,5	mittel–hoch

Tab. 95. Günstige pH-Werte und Nährstoffansprüche von Gemüsearten

Gattung	pH ($CaCl_2$)	Anspruch
Zea, Mais	6,0–7,5	hoch
Solanum		
Aubergine	5,5–7,0	mittel
Kartoffel	5,5–7,0	mittel
Lycopersicon, Tomate	5,5–7,0	hoch
Armoracia, Meerrettich	6,0–7,5	mittel
Sinapis, Senf	5,5–7,0	mittel–hoch
Petroselinum		
Petersilie	6,0–7,0	mittel
Petersilienwurzel	6,0–7,0	mittel
Pisum, Erbse	5,5–7,5	niedrig–mittel
Capsicum, Paprika	5,5–7,0	niedrig–mittel
Cucurbita, Kürbis	5,5–7,5	hoch
Raphanus		
Rettich	5,5–7,0	mittel–hoch
Radieschen	5,5–7,0	mittel
Cichorium		
Chicorée	5,5–7,0	niedrig–mittel
Endivie	5,5–7,0	mittel
Foeniculum, Fenchel	5,5–7,0	mittel–hoch
Rheum, Rhabarber	5,5–7,0	hoch
Rumex, Sauerampfer	5,5–6,5	mittel
Taraxacum, Löwenzahn	5,5–7,0	mittel
Pimpinella, Anis	5,5–7,0	mittel–hoch
Cynara, Artischocke	5,5–7,0	mittel
Impomoea, Batate	5,5–7,0	mittel–hoch
Valerianella, Feldsalat	6,5–7,5	niedrig–mittel
Anthriscus, Kerbel	5,5–7,0	niedrig
Levisticum, Liebstöckel	5,5–7,0	niedrig–mittel

Bei Gemüsearten, die empfindlich auf eine sogenannte frische Kalkung reagieren, wie z.B. Bohne, Erbse, Gurke, Kürbis, Möhre, Tomate, Petersilie und Sellerie, ist der Kalk bereits zur Vorfrucht zu geben.

2.2.1.3 Versorgung mit Mikronährstoffen in der Wachstumsperiode

Infolge der wachsenden Düngungsintensität kommt insbesondere im Feldgemüsebau der Versorgung mit Mikronährstoffen eine große Bedeutung zu. Einige Gemüsearten zeichnen sich durch großes Mikronährstoffbedürfnis aus. Hier ist stets die Versorgungsstufe „hoch" des jeweiligen Mikronährstoffes anzustreben. Für die übrigen Gemüsearten reichen mittlere Gehalte im Boden aus.

Tab. 96. Reaktion verschiedener Pflanzen auf Spurenelementdüngung unter Bedingungen, die Mangelerscheinungen begünstigen (nach MORTVEDT 1972)

Pflanze	Zn	Fe	Mn	Mo	Cu	B
Bohne	stark	stark	stark	gering	gering	gering
Brokkoli		stark	mäßig	mäßig	mäßig	mäßig
Blumenkohl		stark	mäßig	stark	mäßig	stark
Erbse	gering		stark	mäßig	gering	gering
Kohl		mäßig	mäßig	mäßig	mäßig	mäßig
Möhren	gering		mäßig	gering	stark	mäßig
Gurken			stark		mäßig	gering
Kartoffel	mäßig		mäßig	gering	gering	gering
Pfefferminze	gering	gering	mäßig	gering	gering	gering
Salat			stark	stark	stark	mäßig
Sellerie			mäßig	gering	mäßig	stark
Radies			stark	mäßig	mäßig	mäßig
Spinat		stark	stark	stark	stark	mäßig
Speiserüben	mäßig	stark	stark	mäßig	stark	stark
Tomate	mäßig	stark	mäßig	mäßig	mäßig	mäßig
Zuckermais	stark	mäßig	mäßig	gering	mäßig	gering
Spargel	gering	mäßig	gering	gering	gering	gering

Tab. 97. Zweckmäßige Zufuhren an Mikronährstoffen bei Unterschreiten des anzustrebenden verfügbaren Gehaltes im Boden in kg/ha Reinnährstoffe

Nährstoff	Bodendüngung		Blattspritzung
B	Sandboden	1,7 kg B/ha	0,6 kg B/ha
	alle übrigen Bodenarten	2,3 kg B/ha	
Cu	alle Bodenarten	7,6 kg Cu/ha	1,5 kg Cu/ha
Mn	alle Bodenarten	12,0 kg Mn/ha	2,1 kg Mn/ha
Mo	alle Bodenarten	1,1 kg Mo/ha	0,33 kg Mo/ha
Zn	Sand und lehmiger Sand	6,0 kg Zn/ha	0,34 kg Zn/ha
	alle übrigen Bodenarten	16,0 kg Zn/ha	

Aus Tab. 96 geht die Reaktion verschiedener Pflanzen auf eine Spurenelementdüngung unter Bedingungen, die Mangelerscheinungen begünstigen, hervor.

Bei zu niedrigen Gehalten an Mikronährstoffen im Boden sind die in der Tab. 97 aufgeführten Mikronährstoffgaben über den Boden oder das Blatt erforderlich.

Zur Beseitigung akuter Mangelsituationen ist zunächst eine Blattspritzung durchzuführen und der Mangel langfristig durch Bodendüngung zu beseitigen.

2.2.1.4 Organische Düngung

Durch die organische Düngung soll der Humusgehalt des Bodens und ein Teil der Nährstoffversorgung der Pflanzen sichergestellt werden. Infolge der regelmäßigen Bodenbearbeitung und der damit verbundenen Durchlüftung wird die organische Substanz abgebaut. Diese Tendenz zum Abbau kann auch nicht durch die Zufuhr von Ernterückständen ausgeglichen werden. Die bei verschiedenen Gemüsen und landwirtschaftlichen Kulturen zurückbleibenden Mengen an Ernteresten sind in der Tab. 98 aufgeführt.

Bei der Gestaltung der Fruchtfolge ist darauf zu achten, daß entweder rückstandreiche nach rückstandarmen Gemüsearten angebaut werden oder daß bei mehrfachem Anbau rückstandarmer Gemüsearten der Verlust an organischer Substanz durch Zufuhr organischer Düngemittel wieder ausgeglichen wird (s. Tab. 94). Die durch die organische Substanz erzielten Mehrerträge in Höhe von etwa 10 bis 20 % sind entweder auf die in den organischen Düngern enthaltenden Nährstoffe zurückzuführen oder auf die puffernde Wirkung der organischen Substanz im

Tab. 98. Durchschnittlich im Boden verbleibende Wurzel- und Stoppelrückstände in dt Trockensubstanz/ha (Fröhlich, Schröder 1973)

Gemüseart	Rückstände dt Trockensubstanz/ha
Spinat	1– 2
Kopfsalat	2– 4
Kohlrabi, Grünkohl, Gurke	3– 5
Blumenkohl, Rote Rübe	3– 6
Kopfkohl, Rosenkohl	6–10
Tomate	7– 9
Speisemöhre, Zuckerrübe, Kartoffel	7–10
Bohne, Erbse	7–15
Sellerie	10–15
Porree	15–28
Getreide	18–30
Klee	30–40
Kleegras, Luzerne	40–60
(300 dt Stallmist/ha	50–60)

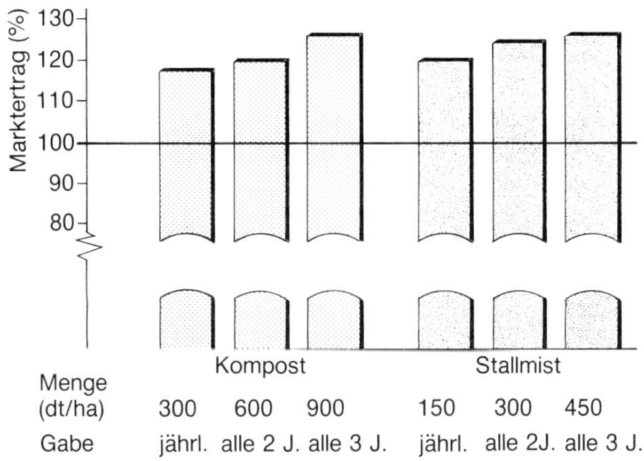

Abb. 100. Relativerträge durch zeitlich und mengenmäßig differenzierte Kompost- und Stallmistdüngung zu Gemüse auf Sandboden (Mittelwerte von 12 Versuchsjahren, ohne organische Düngung = 100).

Bereich der Unter- bzw. Überversorgung mit Nährstoffen. Dieser Sachverhalt läßt sich aus Abb. 100 entnehmen.

Die einzelnen Gemüsearten verbrauchen unterschiedliche Mengen an Humus, wie aus Tab. 99 hervorgeht.

Die im Humus bzw. mit den organischen Düngern zugeführten Nährelemente müssen gemäß der vorhergehend beschriebenen Formel bei der Düngerbemessung berücksichtigt werden. Für den Gemüsebau sind häufig auch Komposte aus Wirtschaftsabfällen, Gartenerde oder Substrate aus der Pilzkultur zur Verbesserung des Gehaltes an organischer Substanz im Boden geeignet. Die Ausbringung von Gülle ist aus hygienischen Gründen nach Möglichkeit nur in der vegetationslosen Zeit vorzunehmen. Hier ist darauf zu achten, daß gleichzeitig wenig N-haltige Materialien wie Stroh oder Torf mit ausgebracht werden.

2.2.1.5 Bewässerung und Düngung

Die direkte Ausbringung der Düngemittel in fester Form ist wegen der relativ engen Standweiten der intensiven Gemüsekulturen häufig nur zu Beginn des Anbaus möglich. Hier bietet sich die Ausbringung der unterteilten N-Gaben mit dem Beregnungswasser an. Die Verabreichung des N mit Hilfe der Beregnung ist aus arbeitswirtschaftlicher Sicht, aber besonders auch aus pflanzenbaulicher, vorteilhaft. Der N kann nämlich in geringen Gaben, dem Bedarf der Pflanzen angepaßt, verabreicht werden. Er wird außerdem von den Pflanzen direkt aufgenommen, weil er bereits in gelöster Form in den Wurzelraum appliziert wird. Bei der Ausbringung von N mit Hilfe der Beregnung ist darauf zu achten, daß auch die Wassergaben dem Wachstum der Pflanzen und ihrem Bedarf angepaßt werden, weil durch übermäßige Beregnung wieder eine Auswaschung der zugeführten Düngemittel erfolgen kann.

Tab. 99. Abbau (−) bzw. Zufuhr (+) organischer Substanz im Boden beim Anbau verschiedener Nutzpflanzen auf verschiedenen Böden in dt/ha

Fruchtart	Bodenart S, Sl	 lS, sL,	 L, T	 Schwarzerde
	dt/ha			
Zuckerrüben, Kartoffeln, Blumenkohl, Chinakohl, Gurke, Kürbis, Porree, Rhabarber, Rotkohl, Sellerie, Spargel, Weißkohl, Wirsingkohl	−36	−40	−44	−29
Mais, Chicorée (Wurzel), Kohlrübe, Möhre, Meerrettich, Tomate, Schwarzwurzel	−27	−30	−33	−22
Getreide, Ölfrüchte, Bohne, Erbse, Feldsalat, Grünkohl, Kohlrabi, Kopfsalat, Radies, Rettich, Rote Rübe, Spinat, Schnittlauch, Petersilie (Schnitt-), Wurzelpetersilie, Zwiebel	−14	−15	−16	−11
Grünhafer und Futterroggen	− 9	−10	−11	− 7
Stoppelfrüchte	+ 5	+ 5	+ 6	+ 6
Körnerleguminosen	+ 9	+10	+11	+11
Untersaaten (gut entwickelt)	+18	+20	+22	+22

Neben dem N kann auch K mit der Beregnung verteilt werden. Durch die Beregnung wird das Wachstum der Pflanzen gefördert. Entsprechend dem stärkeren Wachstum müssen Mineralstoffe zugeführt werden. Der Mineraldüngeraufwand dürfte bei Beregnung etwa um 25% höher liegen als ohne Beregnung.

In Tab. 100 werden Nährstoff- und Bodenansprüche einiger bei uns selten angebauter Gemüsearten aufgeführt. Diese Arten können sowohl im Freiland als auch unter Glas kultiviert werden. Zumeist handelt es sich um Arten, die aus südlichen Regionen eingeführt wurden.

2.2.1.6 Düngung der Gewürzpflanzen

Zu den Blatt- und Krautgewürzpflanzen gehören u. a. Majoran, Melisse, Thymian, Salbei, Bohnenkraut und Pfefferminze.

Arznei- oder Gewürzpflanzen, von denen Blätter oder krautige Teile genutzt werden, können relativ hoch mit N versorgt werden.

Tab. 100. Ansprüche an Boden, pH-Wert und Nährstoffzufuhr (in kg/ha) zu verschiedenen, seltenen Gemüsearten (nach FRITZ et al. 1977)

	pH	N	P (P_2O_5)	K (K_2O)	Mg (MgO)	Bodenansprüche
Solanum, Aubergine	5,0–6,5	90	57 (130)	208 (250)	42 (70)	locker, tiefgrundig, humos
Apium, Bleichsellerie	5,5–7,0	160	44 (100)	208 (250)	42 (70)	leicht–mittelschwere Böden
Brassica, Brokkoli	6,5–7,5	180	39 (90)	224 (270)	48 (80)	mittelschwer
Cichorium, Chicorée	6,0–7,0	120	35 (80)	199 (240)	30 (50)	locker, tiefgrundig, mittelschwer
Radicchio	6,0–7,0	80	35 (80)	166 (200)	30 (50)	mittelschwer–schwer
Zuckerhut	6,0–7,0	120	35 (80)	166 (200)	30 (50)	mittelschwer–schwer
Brassica, Chinakohl	6,5–7,5	120	35 (80)	133 (160)	24 (40)	sandiger Lehm
Anethum, Dill, Freiland	5,5–6,5	80	35 (80)	133 (160)	24 (40)	schwerer Boden
Unterglas	5,5–6,5	40	17 (40)	66 (80)	12 (20)	keine Staunässe!
Lactuca, Eissalat	6,0–7,0	80	35 (80)	133 (160)	24 (40)	leicht, flachgrundig
Lycopersicon, Fleischtomate	5,0–6,0	200	44 (100)	249 (300)	60 (100)	locker–humos (Unterglas)
Lepidium, Gartenkresse	5,0–6,5	–	–	–	–	locker (Unterglas)
Foeniculum, Knollenfenchel	5,5–7,0	150	44 (100)	166 (200)	30 (50)	locker, nährstoffreich
Cucumis, Minigurken	5,0–6,0	200	52 (120)	166 (200)	30 (50)	
Zea Minimais	5,5–7,0	240	87 (200)	166 (200)	30 (50)	humos, lehmig
Zuckermais	5,5–7,0	150	83 (190)	133 (160)	30 (50)	humos, lehmig
Capsicum, Paprika	5,0–6,0	60	26 (60)	83 (100)	18 (30)	Nachdüngung erforderlich, tiefgrundig, humos (Unterglas)
Allium, Schnittlauch	5,5–6,5	120	35 (80)	166 (200)	30 (50)	locker, humos
Cucurbita, Zucchetti	5,5–6,5	150	44 (100)	125 (150)	18 (30)	mittelschwer–humusreich
Pisum, Zuckererbse	5,5–7,0	50	35 (80)	116 (140)	36 (60)	leicht–mittelschwer

Tab. 101. Düngung zu Blatt- und Krautgewürzpflanzen in kg/ha (nach KUNDLER 1970)

Pflanze	N	P	(P_2O_5)	K	(K_2O)
Majoran	80–100	25–35	(60–80)	80–100	(100–120)
Bohnenkraut	60– 80	25–35	(60–80)	80– 90	(100–110)
Pfefferminze	80–100	25–35	(60–80)	80–100	(100–120)
Gartensalbei	80	20–25	(45–60)	65– 80	(80–100)
Thymian	80	20–25	(45–60)	65– 80	(80–100)
Melisse	80–100	25–35	(60–80)	80–100	(100–120)

Zur Erhöhung der Menge an Inhaltsstoffen ist es erforderlich, die P-Gaben trotzdem relativ hoch zu verabreichen und insbesondere eine Überdüngung mit N zu vermeiden. Durch die Überdüngung wird z. B. der Gehalt an ätherischen Ölen vermindert.

Die N- und K-Entzüge dieser Pflanzen sind denen von Getreide gleichzusetzen, während die P-Entzüge deutlich geringer sind.

Aus Tab. 101 lassen sich die Empfehlungen zur Düngung entnehmen. Eine Verabreichung von Stallmist ist, außer bei Pfefferminze, nicht zu empfehlen. Die P- und K-Düngemittel können bevorratet ausgebracht werden. In diesem Falle sind die Dünger gründlich in die obere Bodenschicht einzuarbeiten, weil die Keimlinge gegen hohe Salzkonzentrationen empfindlich sind.

Form und zeitliche Anwendung der N-Dünger zu Arznei- und Gewürzpflanzen gehen zusammengefaßt aus der Tab. 105 am Schluß dieses Abschnitts hervor.

Die Arznei- und Gewürzpflanzen, bei denen die Blüten verwendet werden, wie z. B. bei Kamille, Kampferbasilikum und Lavendel, werden ähnlich wie die zuvor genannten mit Nährstoffen versorgt. Zu beachten ist auch hier die relativ hohe P-Gabe. Die N-Menge, auf die die Pflanzen gut reagieren, sollte unterteilt verabreicht werden. Die Düngeempfehlung der drei zuvor genannten Gewürzpflanzen ist Tab. 102 zu entnehmen.

Pflanzen, aus deren Samen Gewürze hergestellt werden, wie z. B. Dill, Fenchel, Koriander und Kümmel, werden gemäß Tab. 103 mit Nährstoffen versorgt.

Tab. 102. Düngung von Kamille, Lavendel und Kampfer in kg/ha (nach KUNDLER 1970)

Pflanze	N	P	(P_2O_5)	K	(K_2O)
Echte Kamille	60–80	22–26	(50–60)	80–100	(100–120)
Lavendel	60–80	26–35	(60–80)	65– 80	(80–100)
Kampfer	60–80	22–26	(50–60)	65– 80	(80–100)

Tab. 103. Düngung der Körner liefernden Gewürzpflanzen (nach KUNDLER 1970)

Pflanze	N	P	(P_2O_5)	K	(K_2O)
Kümmel (einschl. Ansaatjahr)	120–160	35–40	(80– 90)	100–120	(120–145)
Koriander	30– 50	30–35	(70– 80)	70	(85)
Dill	40– 50	30–35	(70– 80)	70– 80	(85–100)
Fenchel	80–100	35–50	(80–110)	100–130	(120–160)

Infolge des hohen N-Entzuges bei Kümmel und der hohen K-Entzüge bei Fenchel müssen diese mit erheblich höheren N- bzw. K-Mengen aufgedüngt werden. Auch hier kann die P- und K-Düngung vor der Aussaat in den Boden eingearbeitet werden, während N in der angegebenen Menge im Verlaufe der Vegetation zu verabreichen ist.

Die P- und K-Grunddüngung zum Fenchel ist bei Anbau nach Stecklingsvermehrung auf etwa 50% der in der Tab. 103 angegebenen Werte zu reduzieren und die fehlende Menge ist später während des Wachstums nachzugeben. Eine Stallmistgabe ist bei diesen Gewürzpflanzen unüblich und führt wegen der verlangsamten N-Freisetzung zu einer Verzögerung der Reife bei Fenchel und Koriander.

Bei Baldrian werden die Wurzeln als Gewürz oder Droge verwendet. Die Versorgung der Pflanzen mit N ist im Vergleich zu P und K relativ gering zu halten und vor dem Austrieb der Blätter zu verabreichen. P und K können vor der Pflanzung in den Boden eingearbeitet werden.

Die Aufwandmengen für Nährstoffe betragen:

70– 90 kg N/ha
30– 40 kg P/ha
(70– 90 kg P_2O_5/ha)
80–100 kg K/ha
(100–120 kg K_2O/ha)

Alkaloide liefernde Heilpflanzen sind das Schwarze Bilsenkraut, Stechapfel und Tollkirsche. Die pH-Ansprüche der Pflanzen an den Boden sind neutral bis schwach sauer bei Stechapfel und Bilsenkraut und neutral bei der Tollkirsche. Letztere scheint kalkhaltige Böden zu bevorzugen.

Tab. 104. Düngung der Alkaloide liefernden Heilpflanzen (KUNDLER 1970)

Pflanze	N	P	(P_2O_5)	K	(K_2O)
Stechapfel	120	35	(80)	160	(190)
Tollkirsche	60–120	25–35	(60–80)	100–140	(120–170)
Schwarzes Bilsenkraut	120	30	(70)	200	(240)

Tab. 105. Form und zeitliche Anwendung der N-Dünger zu Arznei- und Gewürzpflanzen (KUNDLER 1970)

Pflanze	N-Form	Zeitpunkt der Anwendung	Anmerkung
1. Majoran	Kalkammonsalpeter	40–60 kg N vor der Aussaat, 40 kg N als Kopfdüngung Anfang Juni	Keimendes Saatgut sehr empfindlich gegen Kalkstickstoff
2. Bohnenkraut	Kalkammonsalpeter	30–50 kg N vor der Aussaat, 30 kg N als Kopfdüngung Anfang Juni	
3. Pfefferminze	Ammoniumsulfat	60 kg N vor der Aussaat, 20–40 kg N vor dem 1. Schnitt	Vorsicht bei Kopfdüngung, leichte Verbrennung
4. Gartensalbei	Ammoniumsulfat Kalkammonsalpeter	40 kg N vor der Aussaat, 40 kg N nach dem 1. Schnitt	
5. Thymian	Kalkammonsalpeter	50 kg N vor der Aussaat, 30 kg N nach dem 1. Schnitt	
6. Melisse	Ammoniumsulfat	60 kg N vor der Aussaat, 20–40 kg N nach dem 1. Schnitt	Gegen Kopfdüngung empfindlich
7. Echte Kamille	Kalkammonsalpeter	30–40 kg N vor der Aussaat, 30–40 kg N als zeitige Kopfdüngung	
8. Lavendel	Kalkammonsalpeter	Vor dem Auspflanzen	
9. Kampfer 10. Kümmel	Kalkammonsalpeter	40–50 kg N im Ansaatjahr als Kopfdüngung nach Aberntung der Deckfrucht, Rest im zeitigen Frühjahr als Kopfdüngung	N im Frühjahr einhacken
11. Koriander	Kalkammonsalpeter	Alles vor der Saat	Starke Verbrennung bei Kopfdüngung
12. Dill 13. Fenchel	Kalkammonsalpeter	40 kg N/ha zur Stecklingsanzucht. Rest vor dem Pflanzen bzw. im zeitigen Frühjahr bei direktem Anbau	Nur schnellwirkende N-Dünger verwenden
14. Baldrian	Ammoniumsulfat	Bei Herbstpflanzung 20–30 kg N im Herbst, Rest im Frühjahr vor Austrieb, bei Frühjahrspflanzung gesamten N vor dem Pflanzen	Ammoniumsulfat nur im Herbst
15. Stechapfel	Ammoniumsulfat Kalkammonsalpeter	90 kg N vor der Aussaat, 30 kg N als Kopfdüngung bei 10–20 cm Höhe	Kopfdüngung nur bei trockenem Wetter
16. Tollkirsche	Ammoniumsulfat Kalkammonsalpeter	gesamten N vor der Aussaat oder in den Folgejahren im zeitigen Frühjahr	Keine Kopfdüngung
17. Schwarzes Bilsenkraut	Ammoniumsulfat	90 kg N vor der Aussaat, 30 kg N als Kopfdüngung bei etwa 10 cm Pflanzenhöhe	Kopfdüngung nur bei trockenem Wetter

Wie aus der Tab. 104 zur Düngung hervorgeht, können alle drei Arten mit relativ hohen N- und K-Gaben versorgt werden.

Alle drei Arten reagieren auf hohe N-Gaben mit steigenden Alkaloidgehalten. Da die Tollkirsche relativ salzempfindlich zu sein scheint, ist hier die Verwendung chloridfreier K-Dünger zu empfehlen. Die P- und K-Gaben sollten vor der Aussaat bzw. während der Herbst- oder Wintermonate gegeben werden.

In Tab. 105 ist die Form und zeitliche Anwendung der N-Dünger bei Arznei- und Gewürzpflanzen zusammengefaßt worden.

2.2.2 Gehölzanbau

2.2.2.1 Düngung bei der Anzucht-Sprühnebelvermehrung

Die Vermehrung der Gehölze erfolgt zum Teil auf generativem und zum Teil auf vegetativem Wege. Bei der Gehölzvermehrung durch Samen sind nur geringe Nährstoffgehalte im Substrat vorzusehen. Während der Keimung kann eine Düngung gänzlich unterbleiben. In der empfindlichen Jungpflanzenphase können von Zeit zu Zeit Düngemittel über das Beregnungswasser zugeführt werden. Die Jungpflanzen sind größenordnungsmäßig mit etwa 25 % der für erwachsene Pflanzen vorgesehenen Nährstoffmenge zu versorgen. Bei durch Stecklinge vermehrten Gehölzen wird dem für den Sprühnebel verwandten Wasser Düngerlösung in geringer Konzentration (0,1 bis 0,5‰) beigemischt. Hierdurch soll verhindert werden, daß ein zu hoher Verlust besonders an N und K infolge Auswaschung aus den Blättern auftritt.

Nach der Bewurzelung der Stecklinge sind die Jungpflanzen wie solche aus Samen herangezogen zu behandeln.

2.2.2.2 Versorgung mit Hauptnährstoffen in der Wachstumsperiode

Zum Zeitpunkt und zur Höhe der mineralischen Düngung zu Baumschulkulturen lassen sich nur begrenzte Hinweise geben, weil kaum Ergebnisse exakter Feldversuche vorliegen. Erfahrungen aus der Praxis lassen zu folgenden Maßnahmen anraten:

- Die N-Düngung kann mit herkömmlichen MND während der Kultur über den Boden und zum Teil als Harnstoffspritzung über das Blatt gegeben werden.
- Die P- und K-Düngung ist zur Hälfte vor der Auspflanzung im Herbst und der Rest im Frühjahr zu verabreichen.
- Beachtenswert ist die Kalkversorgung der Böden wegen der zum Teil divergierenden Ansprüche der einzelnen Kulturen (s. Tab. 108).
- Die Versorgung der Kulturen mit Spurenelementen ist mittels MND durchzuführen oder über das Blatt mit Spurenelementlösungen zu geben.

Im Gegensatz zu P und K wird N während der Vegetationsperiode verabreicht. Hierbei kann die Gabe an mineralischem N entweder geteilt werden oder im Frühjahr einmal nach vorheriger Untersuchung auf N_{min} appliziert werden. Zweckmäßig ist die Unterteilung der N-Gabe nach folgendem Schema:

2 bis 3 Gaben während des Wachstums über den Boden mit jährlich etwa 80 bis 120 kg N/ha und daneben zur Wachstumsbeschleunigung, insbesondere bei

Tab. 106. P-Versorgung von Gehölzen (nach MÜLLER 1974)

Versorgungsstufe	P-Düngung in kg P/ha (kg P_2O_5/ha)		
	Bedürftigkeit		
	hoch	mittel	gering
C (hoch)	26,4 (60)	17,6 (40)	8,8 (20)
B (mittel)	35,2 (80)	26,4 (60)	13,2 (30)
A (niedrig)	44,0 (100)	35,2 (80)	17,6 (40)

Veredlungsunterlagen, Blattspritzungen mit Harnstoff. Er kann 0,5- bis 1%ig in Verbindung mit Pflanzenschutzmitteln ausgebracht werden.

Die letzte Düngergabe über den Boden sollte bis Mitte Juni ausgebracht sein. Bei späteren N-Gaben wird die Ausreife des Holzes behindert und die Frosthärte nimmt ab. In der Praxis haben sich 4- bis 6malige Harnstoffspritzungen während der Vegetationszeit bewährt.

Die Düngung mit P und K wird im Herbst auf den Acker gegeben. Gemäß den Versorgungsstufen und der Bedürftigkeit (s. auch Tab. 108, 30, 31) sind den Baumschulgehölzen P- und K-Düngung nach den Tab. 106 und 107 zu verabreichen. So wird z. B. bei geringerer Bedürftigkeit *(Cytisus)* und hoher Versorgungsstufe nur 8,8 kg P/ha zu verabreichen sein, während auf mittelschweren Böden mittlerer K-Versorgungsstufe und Bedürftigkeit *(Carpinus)* 125 kg K/ha notwendig sind.

Tab. 107. K-Versorgung von Gehölzen (nach MÜLLER 1974)

Versorgungsstufe	K-Düngung in kg K/ha (kg K_2O/ha)		
	Bedürftigkeit		
	hoch	mittel	gering
Leichter Boden			
C (hoch)	166 (200)	83 (100)	83 (100)
B (mittel)	208 (250)	125 (150)	83 (100)
A (niedrig)	279 (335)	166 (200)	125 (150)
Mittelschwerer Boden			
C (hoch)	166 (200)	83 (100)	83 (100)
B (mittel)	208 (250)	125 (150)	83 (100)
A (niedrig)	279 (335)	166 (200)	125 (150)
Schwerer Boden			
C (hoch)	166 (200)	83 (100)	83 (100)
B (mittel)	208 (250)	125 (150)	83 (100)
A (niedrig)	279 (335)	166 (200)	125 (150)

Die meisten Baumschulkulturpflanzen wachsen in einem pH-Bereich von 5 bis 7 am besten. Lediglich Moorbeetpflanzen wie *Rhododendron, Vaccinium, Erica, Pieris* und *Calluna* benötigen für ein optimales Wachstum pH-Werte im Bereich 4 bis 5. Aus diesem Grunde ist der Anbau der zuletzt genannten Pflanzen auf Gebiete beschränkt, die von Haus aus saure Böden (Hochmoore) besitzen. Für normale Baumschulkulturen sollten die Böden entsprechend den vorgenannten pH-Zahlen aufgekalkt werden.

Aus Tab. 108 gehen die pH-Ansprüche und die Nährstoffbedürftigkeit einer Reihe von Baumschulgehölzen hervor.

Tab. 108. Ansprüche an den pH-Wert und Nährstoffbedarf von Landschaftsgehölzen

	pH-Wert-Bereich	Nährstoffbedarf
Nadelgehölze		
Abies	5,5–7,5	mittel
Juniperus	4,5–7,5	gering
Larix	4,5–7,5	mittel–hoch
Picea	4,5–6,5	mittel
Pinus-Arten	4,5–7,5	gering–mittel
Pinus mugo	4,5–5,5	gering
Pseudotsuga	5,0–7,5	mittel
Taxus	5,5–7,5	gering
Tsuga	4,5–6,5	mittel
Laubgehölze		
Acer	5,5–7,5	hoch–mittel
Aesculus	5,5–7,5	hoch
Alnus	4,5–6,5	mittel
Amelanchier	6,5–7,5	gering
Betula	4,5–6,5	gering–mittel
Calluna	4,5–5,0	gering
Caragana	4,5–5,5	gering
Carpinus	4,5–7,5	mittel
Castanea	4,5–7,5	mittel
Clematis	6,5–7,5	mittel
Colutea	6,5–7,5	gering
Cornus	6,5–7,5	gering
Corylus	5,5–7,5	mittel
Crataegus	5,5–7,5	mittel
Cytisus	4,5–6,5	gering
Eleagnus	4,5–5,0	gering
Euonymus	6,5–7,5	mittel
Fagus	4,5–7,5	hoch
Forsythia	5,5–7,5	mittel–hoch

Tab. 108. Ansprüche an den pH-Wert und Nährstoffbedarf von Landschaftsgehölzen

Fraxinus	4,5–7,5	hoch
Genista	4,5–5,5	gering
Hippophaë	5,5–7,5	gering
Ilex	4,5–7,5	gering
Juglans	4,5–7,5	mittel–hoch
Laburnum	4,5–7,5	gering
Ligustrum	4,5–7,5	gering
Lonicera	5,5–7,5	gering
Lycium	4,5–5,5	gering
Malus	5,5–7,5	mittel
Morus	4,5–7,5	gering
Pyrus	5,5–7,5	gering–mittel
Platanus	6,5–7,5	hoch
Populus	5,0–7,5	mittel
Prunus	5,0–7,5	gering–mittel
Quercus	4,5–7,5	mittel
Rhamnus	4,5–7,5	gering
Rhododendron	4,5–5,0	gering–mittel
Ribes	4,5–7,5	mittel
Robinia	4,5–7,5	gering
Rubus	4,5–7,5	mittel
Salix	5,0–7,5	gering
Sambucus	5,5–7,5	mittel
Sorbus	5,0–7,5	mittel
Symphoricarpos	5,0–7,5	mittel
Tamarix	5,0–7,5	gering
Tilia	5,0–7,5	mittel
Ulex	4,5–5,5	gering
Ulmus	5,0–7,5	mittel
Viburnum	5,0–7,5	gering

Sowohl bei der Anzucht als auch beim Verkauf ist es üblich geworden, Pflanzen in Behältern (Container) anzuziehen. Diese Kultur in Behältern erfordert genaue Kenntnisse über den Wachstumsrhythmus und die Nährstoffbedürftigkeit der Pflanzen, weil der Wurzelraum begrenzt ist. Zur Nährstoffversorgung von Pflanzen in Behältern muß beachtet werden, daß insbesondere während der winterlichen Wachstumsruhe keine, oder wenn die Pflanzen im Gewächshaus stehen, nur geringe Nährstoffmengen verabreicht werden. Daneben ist darauf zu achten, daß die Struktur des Substrates während der relativ langen Kulturzeit erhalten bleibt. Insbesondere bei torfhaltigen Substraten sollte wegen der Mineralisation jährlich im Frühjahr umgepflanzt bzw. umgetopft werden.

Die Düngung kann auf verschiedene Art und Weise erfolgen:

1. Grunddüngung und entsprechende Nachdüngung

Zu jedem m^3 Torf oder Torf-Sand-Gemischen verabreicht man

Kaliumnitrat (KNO_3)	0,75 kg
Superphosphat ($Ca(H_2PO_4)_2 \cdot CaSO_4$)	2,40 kg
Dolomitkalk ($CaCO_3 \cdot MgCO_3$)	2,40 kg
kohlensaurer Kalk ($CaCO_3$)	1,20 kg
gefrittete Spurenelemente	0,30 kg

Für Eriken und Koniferen ist der Zusatz von kohlensaurem Kalk zu unterlassen. In Gebieten, in denen die Wasserhärte 12 bis 14 °dH überschreitet, sollte zusätzlich für alle Spezies nur die halbe Menge an kohlensaurem Kalk gegeben werden. Für Eriken und Koniferen ist dann auch die Dolomitkalkgabe auf 1,20 kg/m^3 zu reduzieren.

Die Nachdüngung mit Flüssigdünger sollte, wenn sie „über Kopf" verabreicht wird, anschließend mit einer zusätzlichen Wassergabe abgewaschen werden, damit es nicht zu Verbrennungen am Blatt kommt. Dies sollte an warmen Tagen und bei empfindlichen Arten beachtet werden. Ein ähnlicher Effekt wird eintreten, wenn niedrig konzentrierte Düngerlösungen bei Tropfbewässerung oder Anstau einge-

Tab. 109. Konzentration der Flüssigdüngung bei verschiedenen Baumschulpflanzen

Art	ständige Tropfbewässerung				1 × Flüssigdüngung/Woche			
	Verdünnung der Stammlösung	Nährstoffkonzentration (mg/l) N	K	(K_2O)	Verdünnung der Stammlösung	Nährstoffkonzentration (mg/l) N	K	(K_2O)
langsam wachsende Pflanzen: *Erica*, Azaleen usw.	1:400 (0,23–0,25‰)*	50	40	(50)	1:200 (0,46–0,50‰)*	100	80	(100)
mäßig stark wachsende Pflanzen: *Berberis, Ilex, Senecio, Thuja* usw.	1:200 (0,46–0,50‰)*	100	80	(100)	1:100 (0,92–1,0‰)*	200	160	(200)
schnell wachsende Pflanzen: *Pyracantha, Hydrangea* usw.	1:100 (0,92–1,0‰)*	200	160	(200)	1:50 (1,84–2,0‰)*	400	320	(400)

* Konzentration der Düngerlösung nach der Verdünnung

setzt werden. Die Nährsalze können sich im Substrat anreichern und müssen dann gelegentlich mit erhöhten Wassergaben wieder ausgewaschen werden. Die Flüssigdüngung sollte den Wachstumsstadien der Pflanzen und ihrer Wuchskraft angepaßt werden. Für Pflanzen, die im Herbst oder Winter getopft wurden, kann mit der Nachdüngung 3 Wochen nach dem Topfen begonnen werden oder wenn das Wachstum einsetzt. Hierzu kann eine Düngerlösung verwendet werden, die als Stammlösung angesetzt 2 kg N und 1,66 kg K/100 l enthält (z. B. 4,5 kg Kaliumnitrat und 4 kg Ammoniumnitrat, oder 10 kg MND).

Für die einzelnen Kulturen kann diese Lösung nach entsprechender Verdünnung laut Tab. 109 eingesetzt werden.

Im zweiten Jahr kann der Stammlösung für die Flüssigdüngung ein P-Dünger zugesetzt werden, sofern nicht mit einem festen P-Dünger im Frühjahr gedüngt worden ist.

Die Stammlösung enthält 2,2 kg N, 0,41 kg P und 1,66 kg K/100 l (z. B. 4,5 kg Kaliumnitrat, 4 kg Ammoniumnitrat und 1,7 kg Monoammoniumphosphat oder z. B. 14,7 kg MND 15/11/15). Die zu verabreichenden Konzentrationen bleiben die gleichen wie zu Beginn der Kultur. Bei diesem Verfahren lohnt sich die eventuelle Wiederverwendung des Wassers samt Dünger mit Hilfe eines Recycling-Systems.

Für die Kopfdüngung können feste MND (10/15/20) mit Aufwandmengen von 40 g/m^2 für langsamwachsende Kulturen, bis zu 100 g/m^2 für ältere und schnell wachsende Pflanzen angewendet werden. Wenn die Container in größeren Abständen stehen, sollte der Dünger nur auf die Topfoberfläche gestreut werden. Die Dünger sollten nicht auf das Blattwerk gelangen. Der beste Ausbringungszeitpunkt ist die Zeit von Februar bis Ende März. Danach kann mit einem P-freien Flüssigdünger nachgedüngt werden. Die Nachdüngung kann nach etwa 4 Wochen einsetzen.

Die feste Kopfdüngung ist dann empfehlenswert, wenn aufgrund eines nassen Frühjahres nicht sofort mit der Flüssigdüngung begonnen werden kann, insbesondere bei Pflanzen, die den Winter über im Freiland standen. Darüber hinaus empfiehlt sich eine Düngung mit einem festen MND in nassen Sommern, wenn bei eingeschränkter Beregnungsmöglichkeit nicht genügend Flüssigdünger ausgebracht werden können. Hierbei kann ein fester MND helfen, die Pflanzenqualität zu erhalten und die Winterfestigkeit zu verbessern.

2. Depotdünger als alleinige Nährstoffquelle für die gesamte Vegetationszeit

Ein Depotdünger, der das Nährstoffbedürfnis der Pflanzen weitgehend abdecken kann, wird wie folgt zum Substrat zugemischt:

Pro m^3 Torf oder Torf-Sand-Gemisch verabreicht man
3,0 kg Depotdünger
1,5 kg Superphosphat
2,4 kg Dolomitkalk
1,2 kg kohlensaurer Kalk
0,3 kg gefrittete Spurenelemente

Werden die Container durch Anstau bewässert, kann der Langzeitdüngerzusatz auf die Hälfte reduziert werden. Für Moorbeetpflanzen wird kein kohlensaurer Kalk zugegeben, und die Langzeitdüngergabe ebenfalls halbiert.

Beim ersten Topfen oder Topfen im Herbst sowie für langsam wachsende Pflanzen sollte die Depotdüngergabe ebenfalls auf die Hälfte reduziert werden. Auf

Abb. 101. Einfluß eines Langzeitdüngers auf das Wachstum von *Taxus*. Von links nach rechts: 1 = Kontrolle ohne Düngung, 2 = Triabon aufgestreut (2×300 mg N/l), 5 = Osmocote (1×600 mg N/l).

die Zugabe kohlensauren Kalks sollte verzichtet werden, wenn die Härte der zu verwendenden Gießwässer 10 bis 12 °dH überschreitet.

Nachdüngung wird in der folgenden Vegetationszeit erforderlich, wenn es sich um Pflanzen handelt, die im Freiland angezogen werden und die nur die halbe Startdüngung bekamen. Hier sollte im späten Frühjahr mit flüssiger Nachdüngung begonnen werden. In der zweiten Vegetationsperiode muß, wie bereits oben beschrieben, fest oder flüssig nachgedüngt werden. Selbstverständlich können auch hier Depotdünger eingesetzt werden.

3. Depotdüngereinsatz mit nicht ausreichender Nachlieferung

Werden Depotdünger eingesetzt, die nicht genügend Nährelemente nachliefern, sei es durch geringere Menge oder auch aufgrund begrenzten Nachlieferungsvermögens, so ist nach einer entsprechenden Phase (etwa 12 bis 14 Wochen) mit der Nachdüngung zu beginnen.

2.2.3 Landschaftsbau

Zur Düngung im Landschaftsbau existieren, abgesehen von den Angaben in den DIN 18915, 18916 und 18917, relativ wenig Hinweise. Folgende allgemeine Überlegungen zur Düngungsproblematik können vorab dargestellt werden.

Die Düngebedürftigkeit eines Standortes sollte in jedem Falle mit Hilfe einer Bodenuntersuchung ermittelt werden. Als Routineuntersuchung empfiehlt sich die Bestimmung des pH-Wertes, des Gehaltes an P, K und gegebenenfalls an Humus. Es sollte streng darauf geachtet werden, daß die Proben aus der durchwurzelten Bodenschicht entnommen werden.

Die Einstufung der Nährstoffgehalte sollte nach den Richtwerten des VDLUFA für Mineralböden erfolgen, wie sie in Tab. 30 und 31 aufgeführt sind. Im Landschaftsbau dürfte es genügen, wenn Nährstoffgehalte in der Versorgungsstufe „mittel" bei höherer Pflegeintensität und an der Obergrenze „niedrig" bei extensiverer Pflege angestrebt werden.

Die errechneten Düngermengen sollten korrekt ausgebracht werden. Dies ist für ein normales Wachstum der Pflanzen besonders wichtig. Bei Überdüngung entwikkeln die Pflanzen sich üppig, sind jedoch krankheitsanfälliger. Sie werden eher durch Wind, niedrige Temperaturen und Krankheitserreger geschädigt. Unterlassene Düngung hingegen führt zu reduziertem Wachstum, erhöht ebenfalls die Krankheitsanfälligkeit und beeinflußt das gesamte äußere Erscheinungsbild negativ.

Gravierende Pflanzenschäden können sich entwickeln, wenn die Dünger in zu trockenen Boden eingebracht oder auf feuchtes Blattwerk ausgestreut werden. Das Blattwerk von Bäumen, Sträuchern, Rasen und anderen Pflanzen sollte innerhalb ½ h nach der Düngerausbringung mit Wasser überbraust werden.

Gelegentlich können auch Zeichen eines allgemeinen Nährstoffmangels beobachtet werden. Diese Symptome sind in der Regel kleine Blätter, gelbes oder chlorotisches Blattwerk, schüttere Belaubung und nachlassendes Triebwachstum. Man sollte berücksichtigen, daß ähnliche Symptome auch durch Schadinsekten, Pflanzenkrankheiten oder schlechte Bodenstruktur verursacht werden können. Wenn die vorgenannten Möglichkeiten ausgeschlossen werden können, sind die Symptome sicherlich auf Nährstoffmangel zurückzuführen.

Tab. 110. Erforderliche Reinnährstoffmengen in kg/ha bei der Herstellung verschiedener Vegetationsflächen (nach DIN 18915)

Vegetationsart	Nährstoff N	P	(P_2O_5)	K	(K_2O)
Pflanzungen und alle Rasen, außer Landschaftsrasen	100	44	(100)	120	(150)
Landschaftsrasen	50	22	(50)	60	(75)

2.2.3.1 Düngung bei der Herstellung und Fertigstellung

Die Düngung sollte erst dann erfolgen, wenn die vorbereitenden Arbeiten zur Herstellung von Pflanzflächen, wie in DIN 18915 beschrieben, erfolgt sind. Die erforderlichen Düngermengen sind vor der Pflanzung bzw. Rasenherstellung auszubringen. Gegebenenfalls ist auch eine zeitigere Ausbringung erforderlich, wenn z. B. Kalkstickstoff ausgestreut wird, um eventuelle Pflanzenschädigungen zu vermeiden. Die Aufwandmenge in Nährstoffen/ha für einzelne Vegetationstypen ist in Tab. 110 angegeben.

Anpflanzungen, die zur Bodenverbesserung durchgeführt werden (Voranbauflächen), sollten zur Erzielung eines besseren und schnelleren Aufwuchses mit entsprechenden Startdüngergaben versehen werden.

Bei der Fertigstellungspflege können die Flächen je nach Wüchsigkeit derAnlagen im 2. bis 3. Wachstumsmonat noch einmal gedüngt werden. In der Regel genügt der Einsatz eines entsprechenden MND.

Bei Rasenflächen sollten nach dem Auflaufen noch einmal 50 kg N/ha gedüngt werden. Bei Einsatz von langsamfließenden N-Düngern (s. Tab. 74) kann die Gefahr einer Verätzung weitgehend ausgeschlossen werden.

2.2.3.2 Unterhaltungspflege von Bäumen, Sträuchern und Bodendeckern

Bäume erhalten in der Regel genügend Nährstoffe aus den Düngern, die den umgebenden Rasenanlagen und Sträuchern zugeführt werden. Sträucher düngt man in der Regel alle 2 bis 3 Jahre. Die Düngung kann vom zeitigen Frühjahr bis zum Frühsommer durchgeführt werden, oder von Mitte Oktober bis Mitte November.

Tab. 111. Erforderliche Düngermengen in kg/ha bei Voranbauflächen (DIN 18915)

Pflanzenart	Nährstoff N	P	(P_2O_5)	K	(K_2O)
Nichtleguminosen	100	44	(100)	120	(150)
Leguminosen	50	44	(100)	120	(150)

Die Herbstausbringung ist insofern günstiger, als die Nährstoffe aus dem Dünger in die durchwurzelte Bodenschicht mit der Winterfeuchte eindringen können. Beim Führjahrsaustrieb stehen dann die Nährstoffe zumeist in ausreichender Menge zur Verfügung.

Eine Düngung im Spätsommer führt zu mastigem Wachstum, zur Bildung stark wasserhaltiger Pflanzenteile (sogenannte Wasserschosse), die leicht durch Frosteinwirkung geschädigt werden. N-betonte oder ausgeglichene MND, z. B. in den Zusammensetzungen 15/15/15, 16/8/16 oder 16/10/16, sollten zur Düngung von Sträuchern verwendet werden, die wegen ihres Laubes verwendet werden.

Blütensträucher bilden eine Ausnahme. Sie sollten weniger N-betont ernährt werden. Man kann hier PK-betont düngen. MND können immer dann verwendet werden, wenn nicht durch die Bodenuntersuchung angezeigt ist, daß einer oder mehrere Nährstoffe benötigt werden.

Die Dünger können als Lösungen oder in fester Form verabreicht werden. Stark verdünnte Düngerlösung werden häufig als Blattdünger eingesetzt (2,0 bis 4,0‰). Deren Wirkung ist jedoch zum Teil strittig.

Bäume werden nur dann gedüngt, wenn der jährliche Triebzuwachs weniger als 20 bis 30 cm beträgt. Laubabwerfende Bäume benötigen größere Mengen Dünger als immergrüne. Wird bei Düngungsempfehlungen ein Bereich angegeben, so gilt die obere Grenze für Laubbäume, die untere für Nadelgehölze. Ein guter Indikator für die Düngebedürftigkeit ist der Stammdurchmesser in etwa 1,20 m Stammhöhe.

Für Bäume, deren Durchmesser > 7,5 cm ist, sollten für jeweils 2,5 cm Durchmesser 2 kg Dünger verabreicht werden. Bei Durchmesser von < 7,5 cm sollten pro 2,5 cm Durchmesser 1 bis 1,5 kg Dünger gegeben werden.

Solitärsträucher werden wie Bäume behandelt. Bei Anpflanzungen werden die Dünger breitwürfig ausgebracht und leicht in den Boden eingearbeitet.

Zum Düngen von Bäumen werden im Bereich der Kronentraufe Löcher von etwa 5 cm Durchmesser und 20 bis 30 cm Tiefe in einem Abstand von etwa 60 cm in den Boden gemacht (s. Abb. 102).

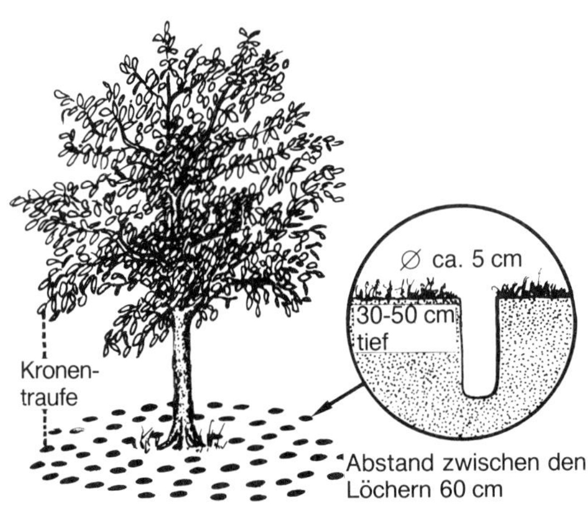

Abb. 102. Düngung größerer Bäume.

Die empfohlene Düngermenge für den Baum wird gleichmäßig auf die vorgefertigten Löcher verteilt. Die Löcher können dann mit Sand oder einem Torf-Sand-Gemisch verfüllt werden. Ist der Boden trocken, wird der gesamte abgedüngte Bereich kräftig gewässert. Selbstverständlich können auch flüssige Dünger mit einer Düngerlanze in den Boden injiziert werden.

Für „säureliebende" Pflanzen z.B. Rhododendren oder Azaleen kann bei zu hohem pH des Bodens mit Hilfe elementaren Schwefels der pH-Wert abgesenkt werden. Auf lehmigem Boden reichen 600 bis 700 g S/10 m^2, um den pH von 6,5 auf 5,0 abzusenken. Für sandige Böden genügen etwa 250 g S/10 m^2 (s. Tab. 75). Desgleichen ist es auch möglich, das pH mit größeren Mengen Weißtorf, in den Boden eingearbeitet, abzusenken. Wegen des damit verbundenen hohen Aufwandes an Weißtorf ist von diesem Verfahren jedoch abzuraten.

Die Mineraldüngung zu den genannten Pflanzen sollte nicht im Übermaß erfolgen, denn eine Überdüngung ist sehr leicht möglich. Empfehlenswert sind ungefähr 0,3 bis 0,4 kg MND/10 m^2 (12/12/17 oder 12/12/20). Wenn aufgrund einer vorausgegangenen Bodenuntersuchung ermittelt wurde, daß nur N benötigt wird, genügt es, lediglich einen N-Dünger zu verabreichen. Ausreichend sind 60 bis 100 kg N/ha.

Dachgärten sind mit etwa 50 g eines Depot-MND m^2 (s. Tab. 74) und Jahr zu versorgen.

2.2.3.3 Unterhaltungspflege an Rasenflächen

Rasenflächen mit regelmäßiger Pflege und Benutzung benötigen im Durchschnitt 200 bis 300 kg N/ha (= 20 bis 30 g N/m^2) und Jahr. N-Überdüngungen vermindern die Belastbarkeit der Gräser; dementsprechend sollten Sportfeldrasen unter keinen Umständen mehr als 400 kg N/ha (= 40 g/m^2) erhalten. Um die Zierfunktion von Zierrasen zu erreichen, genügen in der Regel 300 kg N/ha (= 30 g N/m^2).

Tab. 112. Höhe der N-Düngung und Verteilung bei verschiedenen Rasentypen (DIN 18919)

Rasentyp	N-Menge/Jahr (kg/ha)	Anzahl der Düngergaben Vollöslicher Dünger	Anzahl der Düngergaben Langzeit-Dünger
Landschaftsrasen	0– 80	0– 2	0–1
Extensiv genutzte Gebrauchs- und Spielrasen	50–100	1– 2	1
Regelmäßig gepflegte und beanspruchte Gebrauchs-, Spiel- und Sportfeldrasen	200–300	4– 6	2–4
Zierrasen	300	5– 6	3–4
Golfgreens	400–600	8–10	4–6

Tab. 113. Düngungsvorschläge für Gebrauchs- und Spielrasen (nach SKIRDE 1978)

A. Langsam wirkende Dünger	B. Vollösliche Dünger
1. Erhaltungsdüngung: 1. Mai z. B. 35 g/m^2 MND 20:5:8	1. Erhaltungsdüngung: 25. April z. B. 30 g/m^2 MND 12:12:17
2. Erhaltungsdüngung: 1. August z. B. 35 g/m^2 MND 20:5:8	2. Erhaltungsdüngung: 5. Juni z. B. 15 g/m^2 KAS oder ASS
3. Spätdüngung: 20. Oktober z. B. 45 g/m^2 MND 15:9:15	3. Erhaltungsdüngung: 20. Juli z. B. 15 g/m^2 KAS oder ASS
	4. Erhaltungsdüngung: 1. September z. B. 35 g/m^2 MND 12:12:17
– Zeitverschiebung ± 5 Tage – KAS = Kalkammonsalpeter unter pH 6,0 – ASS = Ammonsulfatsalpeter über pH 6,0 – N-Menge pro Jahr = 20 bis 21 g/m^2	5. Spätdüngung: 25. Oktober z. B. 20 g/m^2 KAS oder ASS

Höchste Ansprüche stellen Golfgreens, die aus spieltechnischen Gründen täglich bzw. im zweitägigen Rhythmus gemäht werden müssen. Das anfallende Schnittgut wird dabei in jedem Fall entfernt.

Tab. 114. Düngungsvorschläge für Rasensportflächen (nach SKIRDE 1978)

A. Langsam wirkende Dünger	B. Vollösliche Dünger
1. Frühjahrsstartdüngung: 1. März z. B. 20 g/m^2 KAS oder ASS	1. Frühjahrsstartdüngung: 1. März z. B. 20 g/m^2 KAS oder ASS
2. Erhaltungsdüngung: 15. Mai z. B. 35 g/m^2 MND 20:5:8	2. Erhaltungsdüngung: 25. April z. B. 30 g/m^2 MND 12:12:17
3. Erhaltungsdüngung: 1. August z. B. 35 g/m^2 MND 20:5:8	3. Erhaltungsdüngung: 10. Juni z. B. 15 g/m^2 KAS oder ASS
4. Spätdüngung: 20. Oktober z. B. 45 g/m^2 MND 15:9:15	4. Erhaltungsdüngung: 25. Juli z. B. 15 g/m^2 KAS oder ASS
	5. Erhaltungsdüngung: 10. September z. B. 35 g/m^2 MND 12:12:17
– Zeitverschiebung ± 5 Tage – KAS = Kalkammonsalpeter unter pH 6,0 – ASS = Ammonsulfatsalpeter über pH 6,0 – N-Menge pro Jahr = 26 g/m^2	6. Spätdüngung: 25. Oktober z. B. 20 g/m^2 KAS oder ASS

Tab. 115. Nährstoffmangelerscheinungen an Rasengräsern

Nährstoffe	Mangelsymptome	Sonstige Einflüsse
N	Hellgrüne oder gelbgrüne Farbe. Blätter beginnen von der Spitze her abzusterben.	
P	Stumpfe, blaugrüne Farbe, geht bei kühler Witterung in purpur über. Spärliches, langsames Wachstum. „Starrtracht".	Jungpflanzen zeigen eher P-Mangel als ältere Rasenanlagen.
K	Gelbgestreifte Blätter werden braun und sterben an Spitzen und Rändern ab. „Welketracht".	Vermehrte Anfälligkeit für Krankheiten und Kälteschäden.
Ca	Rötlichbraun zwischen den Adern und an jüngeren Blatträndern. Spitzen kräuseln sich und sterben ab.	Symptome sind im Freiland noch nicht beobachtet worden.
Mg	Grüne oder gelbgrüne Streifen verändern sich zu kirschrot. Ältere Blätter werden zuerst befallen.	Vermehrte Auswinterungsschäden.
S	Allgemein gelbliche Blätter. Allmähliches Absterben und Aufreißen von der Blattspitze her.	
Cu	Ganze Pflanzen werden gelb und sterben ab. Vegetationspunkte und Spitzen jüngerer Blätter sterben ab.	
Mo	Weißgelbes Blattwerk, ausgebleichte und abgestorbene Blätter.	
Fe	Chlorotisch zwischen den Blattadern, eventuell Verlust des gesamten Chlorophylls.	
Zn	Gestauchtes Wachstum, kleine, gelbe Blätter.	
Mn	Chlorotische junge Blätter, gelbgrüne Flecken an älteren Blättern, eingetrocknete Spitzen.	
B	Langsames Wachstum, hellgrüne Blattspitzen, „bronzene" Färbung.	

Die durch das ständige Mähen hervorgerufene geringe Wurzelbildung erfordert eine ausreichend hohe in regelmäßigen Zeitabständen durchgeführte Düngung. Entsprechend den Rasentypen und unter Berücksichtigung verschiedener Düngemittel ergeben sich die in der Tab. 112 aufgeführten Düngehäufigkeiten.

Die Wirkdauer der N-Düngung nimmt mit der Schnittzahl und der Schnittiefe ab. So beträgt sie bei wöchentlichem Schnitt 4 bis 6 Wochen bei Einsatz von vollöslichen Düngern, und 6 bis 8 Wochen bei Verwendung von Langzeitdüngern.

Tab. 116. Boden- und Klimaeinflüsse, die zum Auftreten von Mangelerscheinungen führen

Nährstoff	Bedingungen, die das Auftreten begünstigen
N	Sandböden, hohe Niederschläge, geringer Humusgehalt.
P	Stark verarmte Böden, humusreiche, kalkreiche, kalte Böden.
K	Sandböden, Humusböden, verarmte und erodierte Böden, enge Schnittfolge.
Ca	Sandböden, hohe Niederschläge, saure Böden, Mineral- oder Torfböden, alkalische und natriumhaltige Böden.
Mg	Saure Sandböden, Humusböden.
S	Geringer Humusgehalt, mit Niederschlägen werden geringe Mengen zugeführt.
Fe	Kalkreiche Böden, schlecht drainierte Böden, hohe Gehalte an P, Mn, Zn und Cu.
Cu	Humusböden, alkalische und kalkreiche Böden, verarmte Sandböden, starke N-Düngung.
Zn	Saure verarmte Sandböden, alkalische Böden, granitische Böden.
Mn	Flache Torfböden über kalkreichem Untergrund, kalkreiche Schluff- und Lehmböden, schlecht drainierte humus- und kalkreiche Böden, stark sandige und saure Mineralböden.
B	Sandböden, Böden, die aus Erruptivgestein entstanden sind, natürlich saure verarmte Böden, saure organische Böden, alkalische Böden mit freiem Kalk.
Mo	Stark podsolierte Böden, gut drainierte Kalkböden, eisenhaltige Böden, z. B. in Holland.

Tab. 117. Düngungszeitpunkte für verschiedene Kulturen im Landschaftsbau

Zeitpunkt	Bäume	Rasen	Gehölze Sträucher Bodendecker	Rosen	Annuelle	Perennierende	Winterharte Zwiebelgewächse	Zwiebelgewächse
April	Ende April oder Ende Oktober	x	April oder Ende Oktober	x	vor Pflanzung	x	Düngen bei 2–3 cm Höhe oder nach der Blüte	
Mai		x					nach der Blüte	vor der Pflanzung
Juni				x	x			
Juli		x				x		
September		x						
Ende Okt.–Nov.	oder Ende April	x	oder Ende April	x				

Werden weniger Schnitte durchgeführt, kann die Wirkung 8 bis 12 Wochen anhalten. Die N-Menge pro Düngungstermin hat aus Gründen ausreichender Wirkung nicht unter 40 bis 50 kg N/ha (= 4 bis 5 g/m^2) zu liegen.

Deswegen sollte bei Landschaftsrasen und gegebenenfalls bei extensiv genutzten Gebrauchs- und Spielrasen die einmalige Düngung, die dann einer Regenerationsdüngung entspricht (1 × 50 bis 80 kg N/ha), entweder im Spätherbst (Ende Oktober) oder bei Winterausgang (Ende Februar bis Anfang März) oder in 2 Teilgaben (2 × 50 kg N/ha) als Herbst- (Ende Oktober) und Frühsommerdüngung (Ende Mai bis Anfang Juni) erfolgen.

In den Tab. 113 und 114 sind Düngungsvorschläge für Gebrauchs- und Spezialrasen bzw. Rasensportflächen aufgeführt.

Intensiv genutzte Rasenanlagen können in Abhängigkeit verschiedener Einflußfaktoren leicht zu Nährstoffmangel neigen, da das Nährstoffgleichgewicht derartiger Pflanzenbestände sehr empfindlich ist. Nährstoffmangelerscheinungen an Rasengräsern und die auslösenden Faktoren sind in den Tab. 115 und 116 beschrieben.

Zusammenfassend sind die Düngungszeitpunkte für die verschiedenen Kulturen im Landschaftsbau und die ungefähren Düngeraufwandmengen in den Tab. 117 und 118 aufgeführt.

Tab. 118. Düngeraufwand für verschiedene Kulturen im Landschaftsbau

Bäume	– Dünger: z. B. 16/8/16 – Kein Dünger im Pflanzjahr. Düngen wenn der Zuwachs > 20 bis 30 cm/Jahr – 2 kg Dünger/2,5 cm Stammdurchmesser, wenn Durchmesser > 7,5 cm – 1 kg Dünger/2,5 cm Stammdurchmesser, wenn Durchmesser < 7,5 cm
Sträucher	– Dünger: 16/8/16, 5/10/10, 12/12/17 – 1 bis 2 kg/10 m^2 unter den Büschen
Rosen	– Dünger: 12/12/17 oder 12/12/20 – etwa 1 Handvoll als Ring um die Pflanze in den Boden eingearbeitet
Annuelle Pflanzen	– Dünger: 12/12/17 oder 12/12/20 – 0,6 bis 0,8 kg/10 m^2 vor dem Pflanzen in den Boden einarbeiten – 4 Wochen nach der Pflanzung wiederholen
Perennierende Pflanzen	– Dünger: 12/12/17 oder 12/12/20 – 0,6 bis 0,8 kg/10 m^2 in den Boden einarbeiten
Winterharte Zwiebelgewächse	– Dünger: 12/12/17 oder 12/12/20 – Frühlingsblüher sollten nach dem Abblühen etwa 0,6 bis 0,8 kg Dünger/10 m^2 erhalten, Lilien erhalten die gleiche Menge anfangs Mai
Zwiebelgewächse	– Dünger: 12/12/17 oder 12/12/20 – 0,6 bis 0,8 kg/10 m^2 vor der Pflanzung

2.2.4 Obstbau

2.2.4.1 Versorgung mit Hauptnährstoffen während der Wachstumsperiode

Obstgehölze werden auf verschiedenartigsten Böden kultiviert. Aus diesem Grunde ist die Düngung je nach den Eigenschaften des Bodens, aber auch dem Bedürfnis und Wachstum der Pflanzen entsprechend auszurichten. Eine besondere Rücksichtnahme auf das Wachstum der Obstgehölze ist allein deshalb erforderlich, weil das Wachstum je nach Jahreszeit sehr unterschiedlich ist. Im intensiven Obstanbau kann es in der Zeit des sehr starken Wachstums, sowohl der vegetativen als auch der generativen Organe zu vorübergehenden Mangelsituationen bestimmter Nährstoffe kommen. Diese Nährstoffe können häufig nicht direkt aus dem Boden nachgeliefert werden. Insbesondere ist im Obstbau darauf zu achten, daß bei hoher Düngeintensität und daraus resultierendem Wachstum die Gefahr einseitiger Düngemaßnahmen besonders groß ist. Das trifft speziell für Mikronährstoffe zu. Nicht zuletzt wegen des Ausgleiches solcher Ungleichgewichte ist es üblich geworden, selbst Hauptnährstoffe teilweise über das Blatt zu verabreichen.

Die im Laufe des Herbstes gespeicherten Nährstoffreserven werden für den Neuaustrieb im Frühjahr bereitgehalten. So ist der Austrieb in besonders starkem Maße von der N-Versorgung des Vorjahres abhängig. Für die Nährstoffe N, P, K, Mg und Ca ergibt sich ein Anstieg der Aufnahmeraten von April bis Juli und darüber hinaus wieder eine Abnahme. Die Aufnahmerate und das Blatt- bzw. Triebwachstum stehen in einem engen Zusammenhang. Den Angaben von FRIEDRICH (1977) zufolge sind jedoch hohe N-Gaben zu Zeiten starken Trieb- und Blattwachstums im Juni bis Juli wegen der Verminderung der Fruchtausfärbung zu unterlassen. Auch durch die sogenannte Spätdüngung im August bis September kann die Ausfärbung der Früchte eher ungünstig beeinflußt werden.

Im Herbst vor dem Blattfall werden die Nährelemente zum Teil in erheblichem Umfang aus den Blättern in überdauernde Teile des Baumes (Rinde) zurücktransportiert. Diese Einlagerung beträgt bei N und P etwa 25 bis 30 % und erfolgt bei K in der Regel nur dann, wenn die Bäume gering mit K versorgt sind. Auch das Mg ist zu einem gewissen Anteil beweglich; Ca hingegen kann nicht zurückverlagert werden.

Die Düngung der Obstgehölze erfolgte in früheren Zeiten überwiegend nach dem Mineralstoffentzug. Die Nährstoffentzüge der Obstgehölze sind abhängig von

Tab. 119. Jährlicher Nährstoffentzug/ha tragfähiger Obstpflanzung in kg nach GRUPPE (1965)

Obstart	Anzahl Bäume/ha	N	P (P_2O_5)	K (K_2O)	Ca (CaO)
Apfel	86	58	7,0 (16)	51 (62)	46 (64)
Birne	296	33	3,5 (8)	31 (37)	31 (43)
Quitte	593	51	7,4 (17)	53 (64)	53 (74)
Pfirsich	296	84	8,7 (20)	67 (81)	91 (128)
Pflaume	296	33	4,4 (10)	36 (43)	33 (46)

Tab. 120. Nährstoffentzüge zweier Apfelsorten auf verschiedenen Unterlagen (kg/ha); Bestandsdichte 1500/ha

Unterlage	Pflanzenteil bzw. -organ	Cox Orange					Golden Delicious				
		N	P	K	Ca	Mg	N	P	K	Ca	Mg
M 4	Frucht	35,1	8,1	50,9	2,5	4,3	14,6	4,5	44,3	0,8	3,5
	Schnittholz	16,2	3,4	13,4	12,5	2,8	14,5	2,9	10,1	11,9	3,9
	Summe	51,3	11,5	64,3	15,0	7,1	29,1	7,4	54,4	12,7	7,4
M 7	Frucht	27,1	6,6	36,8	1,9	3,3	16,8	5,5	50,7	0,9	4,1
	Schnittholz	16,5	3,2	13,8	12,3	2,8	14,9	2,7	9,0	10,7	2,8
	Summe	43,6	9,8	50,6	14,2	6,1	31,7	8,2	59,7	11,6	6,9
M 9	Frucht	19,8	4,4	29,5	1,4	2,2	17,3	4,3	46,7	1,2	3,6
	Schnittholz	15,3	2,9	12,7	13,1	2,7	11,9	2,2	7,7	10,0	2,2
	Summe	35,1	7,3	42,2	14,5	4,9	29,2	6,5	54,4	11,2	5,8
M 26	Frucht	25,6	4,8	38,7	2,1	3,2	19,9	4,8	46,6	0,9	3,5
	Schnittholz	15,6	3,1	10,8	13,4	2,8	11,9	2,2	7,2	9,8	2,3
	Summe	41,2	7,9	49,5	15,5	6,0	31,8	7,0	53,8	10,7	5,8
M 11	Frucht	23,1	4,8	42,7	1,1	2,8	54,4	14,1	145,0	2,9	9,8
	Schnittholz	49,9	8,5	45,7	22,8	9,6	35,2	7,0	26,9	25,5	7,9
	Summe	83,0	13,3	88,4	23,9	12,4	89,6	21,1	171,9	28,4	17,7
A 2*	Frucht	33,4	6,2	77,1	1,8	4,7	51,4	16,9	162,4	2,3	11,7
	Schnittholz	52,9	11,5	57,9	33,6	11,2	40,9	8,7	37,6	32,8	10,3
	Summe	86,3	17,7	135,0	35,4	15,9	92,3	25,6	200,0	35,1	22,0

* Die berechneten Entzüge der Kombinationen Cox/A 2 und Golden/A 2 sind als rein theoretisch anzusehen, da sie pflanzenbaulich nicht realisierbar sind (SCHALLER und ZERHUISEN 1980).

der Verfügbarkeit der Nährstoffe im Boden, der Obstart, der Größe und dem Alter der Bäume, der Unterlage, Pflanzdichte, den allgemeinen Wachstumsbedingungen und dem Ertrag.

Der unterschiedliche jährliche Nährstoffentzug einiger Obstarten geht aus Tab. 119 hervor.

Nach Angaben von FRIEDRICH (1977) entziehen Obstbäume im Durchschnitt je ha ca. 69 kg N, 11 kg P und 81 kg K. Angaben von FRITZSCHE (1978) über Obstdichtpflanzungen im Vollertrag deuten auf noch geringere Nährstoffentzüge von etwa 40 kg N, 9 kg P, 50 kg K und 8 kg Mg hin. Der Einfluß von Sorte und Unterlage auf den Nährstoffentzug durch Frucht und Schnittholz kann Tab. 120 entnommen werden.

Tab. 121. Nährstoffbedürfnis und pH-Ansprüche einiger Obstarten (nach JACOB 1979). G = gering, M = mittel, H = hoch

Gattung		pH($CaCl_2$)	Anspruch
Corylus	Haselnuß	6,0–8,0	G
Cydonia	Quitte	6,0–7,0	M
Fragaria	Erdbeere	6,0–7,5	M
(Cl-empfindlich)			
Juglans	Walnuß	5,5–7,5	G
Malus	Apfel	5,0–7,5	
	Unterlage		
	schwach wachsend		M
	mittelstark wachsend	5,0–7,5	H
	stark wachsend		H
Prunus	Amarelle	6,0–7,5	H
	Aprikose	6,0–7,5	M
	Kirsche	5,5–7,5	G
	Mandel	6,0–7,5	M
	Mirabelle	6,0–7,5	M
	Pfirsich	6,0–7,5	H
	Pflaume	6,0–7,5	M
	Reineclaude	6,0–7,5	M
	Schattenmorelle	6,0–7,5	H
	Zwetschge	6,0–7,5	M
Pyrus	Birne	6,0–7,0	M
Ribes	Johannisbeere	5,0–7,0	M
(Cl-empfindlich)			
	Stachelbeere	5,0–7,0	M
Rubus	Brombeere	6,0–7,0	G
(Cl-empfindlich)			
	Himbeere	6,0–7,0	G

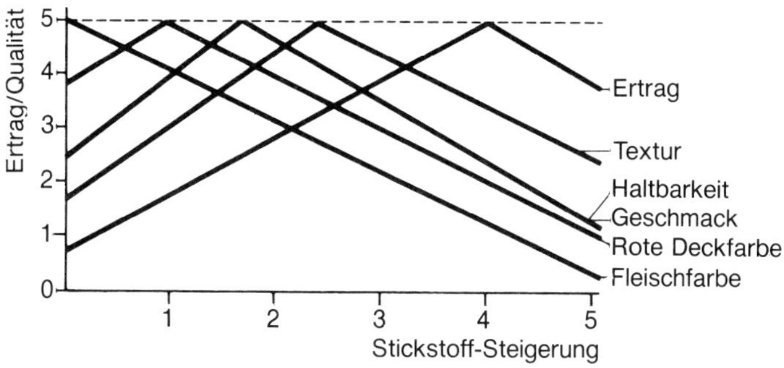

Abb. 103. Prinzipschema über die Wirkung steigenden N-Angebotes auf den Ertrag und auf verschiedene Qualitätsmerkmale beim Apfel (nach STOLL 1969). F = Fleischfarbe, D = Rote Deckfarbe, GH = Geschmack, Qualität, Haltbarkeit, T = Textur, E = Ertrag.

Die Höhe der Düngung richtet sich nach Obstart und -sorte, Unterlage, Baumform, Baumalter, Anbausystem, Pflanzdichte, Wuchsleistung, Vorjahresertrag, Bodenart, Bodenpflegesystem, Bodenhumusgehalt, Verunkrautungsgrad, Wasserhaushalt und Zusatzbewässerung sowie Jahreswitterungsverlauf.

In Tab. 121 sind zusätzlich die pH-Ansprüche und die Nährstoffbedürftigkeit verschiedener Obstgehölze angegeben.

Wie vorher schon betont wurde, werden besonders beim Obstbau Menge und Qualität der Ernteprodukte von der Düngungshöhe besonders stark beeinflußt. Wie aus Abb. 103 hervorgeht, werden die höchsten Werte für die verschiedenen Qualitätsmerkmale beim Apfel wie Fleischfarbe, rote Deckfarbe, Geschmack, Haltbarkeit und Textur bei geringeren N-Gaben erreicht, als für den Höchstertrag erforderlich sind. Ähnliche Zusammenstellungen lassen sich möglicherweise auch für die anderen Nährstoffe machen.

Die Düngerbemessung erfolgt im Obstbau nach dem Versorgungszustand der Böden und/oder nach den Grenzwerten der Blattanalyse sowie nach den zuvorgenannten Parametern. Die Grundlagen der Bodenuntersuchung und der Blattanalyse sind in den Abschnitten 1.1.3 und 1.5 behandelt worden.

Zur Einschätzung der Düngebedürftigkeit der Obstbäume nach der Blattanalyse liegen zahlreiche Untersuchungsergebnisse vor. So sind insbesondere von GRUPPE (1964, 1961) Grenzwerte der Makroelementkonzentrationen in Blättern von Äpfeln (Mittelblätter von 1jährigen Langtrieben, Probenahme Ende Juli bis Anfang August), Süßkirschen, Pflaumen, Birnen und Aprikosen erarbeitet worden. Solche Werte für verschiedene Obstarten sind aus den Tab. 122 bis 126 zu entnehmen.

Durch die Düngungsmaßnahmen sollten die jeweils optimalen Bereiche der Nährstoffversorgung in den Blättern angestrebt werden. Da die Blattanalyse in der Regel keine Aussage für eine diesjährige Düngungsmaßnahme erlaubt, ist die Düngung nach der Blattanalyse praktisch für das Folgejahr bestimmt. Aus diesem Grunde ist eine Düngung unter Umständen nach der Bodenuntersuchung sinnvoller. Die Düngerbemessung richtet sich dann neben den vorhergenannten Faktoren

Tab. 122. Standardwerte für Mineralstoffgehalte in Blättern von Birnen (Entnahme der Blätter Mitte Sommer aus der mittleren Region von Langtrieben)

Nährstoff	Mangel	Niedrig	Optimal	Hoch	Zuviel
			% in der TS		
N	<1,8	1,8 –2,2	2,3 –2,7	2,3 –3,5	>3,5
P	<0,10	0,10–0,13	0,14–0,20	0,21–0,30	>0,30
K	<0,7	0,7 –1,3	1,2 –2,0	>2,0	
Ca	<0,8	0,8 –1,3	1,4 –2,1	2,2 –3,7	>3,7
Mg	<0,13	0,13–0,29	0,30–0,50	0,51–0,90	>0,90
S	<0,10	0,10–0,16	0,17–0,26	>0,26	
Na			<0,01	0,01–0,02	>0,02
Cl			<0,05	0,05–0,10	>0,10
			mg/kg TS		
Fe		60	60–200	>200	
Mn	<25	25–59	60–120	121–220	>220
Zn	<10	10–19	20– 50	>50	
Cu	< 5	5– 8	9– 20	21–50	> 50
B	<10	10–19	20– 40	>40	

Tab. 123. Standardwerte für Mineralstoffgehalte in Blättern von Aprikosen (Entnahme der Blätter Mitte Sommer aus der mittleren Region von Langtrieben)

Nährstoff	Mangel	Niedrig	Optimal	Hoch	Zuviel
			% in der TS		
N	<1,7	1,7 –2,3	2,4 –3,0	3,1 –4,0	>4,0
P	<0,09	0,09–0,13	0,14–0,25	0,26–0,40	>0,40
K	<1,0	1,0 –1,9	2,0 –3,5	3,6 –4,0	>4,0
Ca	<1,0	1,0 –1,9	2,0 –4,0	4,1 –4,5	>4,5
Mg	<0,20	0,20–0,29	0,30–0,80	0,81–1,10	>1,10
Na			<0,02	0,02–0,50	>0,50
Cl			<0,3	0,3 –1,0	>1,0
			mg/kg TS		
Fe	<60	60–99	100–250	251–500	>500
Cu	< 3	3– 4	5– 16	17– 30	> 30
Mn	<20	20–39	40–160	161–400	>400
Zn	<15	15–19	20– 50	51– 70	> 70
B	<15	15–19	20– 60	61– 80	> 80

Tab. 124. Standardwerte für Mineralstoffgehalte in Blättern von Süßkirschen (Entnahme der Blätter Mitte Sommer aus der mittleren Region von Langtrieben)

Nährstoff	Mangel	Niedrig	Optimal	Hoch	Zuviel
			% in der TS		
N	<1,7	1,7 –2,1	2,2 –2,6	2,7 –3,4	>3,4
P	<0,09	0,09–0,13	0,14–0,25	0,26–0,40	>0,40
K	<1,0	1,0 –1,5	1,6 –3,0	3,1 –4,0	>4,0
Ca	<0,8	0,8 –1,3	1,4 –2,4	2,5 –3,5	>3,5
Mg	<0,20	0,20–0,29	0,30–0,80	0,81–1,10	>1,10
Na			<0,02	0,02–0,50	>0,50
Cl			<0,3	0,3 –1,0	>1,0
			mg/kg TS		
Fe	<60	60–99	100–250	251–500	>500
Cu	< 3	3– 4	5– 16	17– 30	> 30
Mn	<20	20–39	40–160	161–400	>400
Zn	<15	15–19	20– 50	51– 70	> 70
B	<15	15–19	20– 60	61– 80	> 80

Tab. 125. Standardwerte für Mineralstoffgehalt in Blättern von Pflaumen (Entnahme der Blätter Mitte Sommer aus der mittleren Region von Langtrieben)

Nährstoff	Mangel	Niedrig	Optimal	Hoch	Zuviel
			% in der TS		
N	<1,7	1,7 –2,3	2,4 –3,0	3,1 –4,0	>4,0
P	<0,09	0,09–0,13	0,14–0,25	0,26–0,40	>0,40
K	<1,0	1,0 –1,5	1,6 –3,0	3,1 –4,0	>4,0
Ca	<1,0	1,0 –1,4	1,5 –3,0	3,1 –4,0	>4,0
Mg	<0,20	0,20–0,29	0,30–0,80	0,81–1,10	>1,10
Na			<0,02	0,02–0,50	>0,50
Cl			<0,3	0,3 –0,6	>0,6
			mg/kg TS		
Fe	<60	60–99	100–250	251–500	>500
Cu	< 4	4– 5	6– 16	17– 30	> 30
Mn	<20	20–39	40–160	161–400	>400
Zn	<15	15–19	20– 50	51– 70	> 70
B	<20	20–24	25– 60	61– 80	> 80

Tab. 126. Mineralstoffgehalt der Blätter einjähriger Apfeltriebe (nach GRUPPE 1961, 1964)

Mineralstoff und Sorte	% in der Blatt-TS Mangel	Niedrig	Optimal	Hoch
N				
Boskoop	<1,8	1,8 –2,2	2,2 –2,5	>2,5
Goldparmäne	<2,0	2,0 –2,4	2,4 –2,7	>2,7
Cox Orange	<2,1	2,1 –2,5	2,5 –2,8	>2,8
K				
Boskoop	<0,9	0,9 –1,5	1,5 –2,0	>2,0
Goldparmäne	<0,9	0,9 –1,3	1,3 –1,7	>1,7
Cox Orange	<0,9	0,9 –1,5	1,5 –2,2	>2,2
Mg				
verschiedene Sorten	<0,15	0,15–0,25	0,25–0,35	>0,35
P				
verschiedene Sorten	<0,11	0,11–0,13	0,13–0,20	–
Ca				
verschiedene Sorten	–	0,7 –1,3	1,3 –1,7	–

Tab. 127. Hinweise für die N-Versorgung von Kern- und Steinobst (nach FRIEDRICH 1977)

Zu erwartender Ertrag in dt/ha	Zu verabreichende Menge in kg N/ha			
	Kernobst		Steinobst	
	mit Einsaat	offen	mit Einsaat	offen
Ertragslose Zeit bzw. während des Ertragsanstieges	≤ 50	≤ 30	≤ 40	≤ 40
bis 50	50– 60	30– 40	40– 60	40– 50
bis 100	60– 80	40– 60	60– 80	50– 60
bis 150	80–100	60– 80	80–100	70– 80
bis 200	100–120	80–100	100–120	80–100
bis 300	120–140	100–120		
Dazu Harnstoffspritzungen nach Bedarf				

nach der Versorgungsstufe des Bodens (s. Tab. 30, 31 und 33). Eine Berücksichtigung der im Boden befindlichen N_{min}-Menge bei der Düngerbemessung scheint wegen des großen Wurzelraumes der Bäume nur bedingt möglich zu sein.

Die N-Versorgung von Kern- und Steinobst ist unter Berücksichtigung des zu erwartenden Ertrages mit unterschiedlichen N-Mengen, die aus Tab. 127 und 128 hervorgehen, vorzunehmen.

Die vorliegenden Zahlen sind Empfehlungen für normale Pflanzabstände. Angaben von FRITZSCHE (1978) zufolge sind bereits 40 bis 60 kg N (Anlagen mit Dauermulch) sowie 13 bis 17,5 kg P, 62 bis 83 kg K und 10 bis 20 kg Mg/ha ausreichend. Diese Angaben gelten für Kernobstdichtpflanzungen mit 1000 bis 1800 Bäumen/ha im Vollertrag bei mittelmäßig mit Nährstoffen versorgten Böden. Die für die Kultur von Obstgehölzen erforderlichen pH-Werte des Bodens dürften etwa bei 6 bis 7 liegen. Bei niedrigeren pH-Werten von <5,5 sind kalkhaltige Dünger und etwa 1000 kg Düngerkalk/ha zu verabreichen. Bei pH-Werten zwischen 5,5 bis 5,9 werden ebenfalls kalkhaltige Dünger und 500 kg Düngekalk/ha

Tab. 128. Richtwerttabelle für den N-Bedarf bei Kernobst (aus FRIEDRICH 1977)

Altersgruppe	Ertragsgruppe entsprechend dem Durchschnittsertrag der letzten beiden Jahre	Einsaat	Beregnung	kg N/ha und Jahr
Ertragslose Zeit		mit	mit	100
		mit	ohne	75
		ohne	mit	75
		ohne	ohne	50
Im Ertragsanstieg		mit	mit	150
		mit	ohne	100
		ohne	mit	100
		ohne	ohne	75
Im Vollertrag	200 dt/ha	mit	mit	250
		mit	ohne	200
		ohne	mit	200
		ohne	ohne	150
	200–300 dt/ha	mit	mit	300
		mit	ohne	250
		ohne	mit	250
		ohne	ohne	200
	300 dt/ha	mit	mit	350
		mit	ohne	300
		ohne	mit	300
		ohne	ohne	250

Tab. 129. Richtwerttabelle für den K-Bedarf bei Kern- und Steinobst (aus FRIEDRICH 1974)

Altersgruppe	Bodengruppe	Einsaat	Versorgungsgruppe	kg/ha und Jahr K	kg/ha und Jahr K_2O
Ertragslose Zeit	Sand- und lehmige Sandböden	mit	niedrig	80	95
			mittel	70	85
			hoch	65	80
		ohne	niedrig	65	80
			mittel	60	70
			hoch	50	60
	übrige Böden	mit	niedrig	90	110
			mittel	80	95
			hoch	70	85
		ohne	niedrig	70	85
			mittel	65	80
			hoch	60	70
Im Ertragsanstieg	Sand- und lehmige Sandböden	mit	niedrig	180	215
			mittel	165	200
			hoch	150	180
		ohne	niedrig	150	180
			mittel	135	160
			hoch	120	145
	übrige Böden	mit	niedrig	190	230
			mittel	175	210
			hoch	160	190
		ohne	niedrig	165	200
			mittel	150	180
			hoch	135	160
Im Vollertrag	Sand- und lehmige Sandböden	mit	niedrig	180	215
			mittel	165	200
			hoch	150	180
		ohne	niedrig	150	180
			mittel	135	160
			hoch	120	145
	übrige Böden	mit	niedrig	190	230
			mittel	175	210
			hoch	160	190
		ohne	niedrig	165	200
			mittel	150	180
			hoch	135	160

ausgebracht. Die Nährstoffe P, K, Mg, Ca und B werden während der Vegetationsruhe ausgebracht. Die N-Düngung sollte im März beginnen, um Nitratauswaschungen zu vermeiden.

Die Tab. 129 bis 130 enthalten darüber hinaus die Richtwerte für den Bedarf der Obstkulturen (Kern- und Steinobst) an $P(P_2O_5)$ und $K(K_2O)$.

Hierbei ist die Düngung der Bodenart, dem Vegetationsverlauf, der Versorgungsstufe und dem Bodenpflegesystem angepaßt zu verabreichen. Die Düngung für Kern-, Stein- und Strauchbeerenobst sowie Erdbeere kann, wie aus Tab. 131 hervorgeht, terminiert werden.

Die Düngung des Beerenobstes muß mit höheren Nährstoffgaben als für Kern- und Steinobst durchgeführt werden. Den Angaben von FRITZSCHE (1978) zufolge sind hierfür 90 kg N, 22 kg P und 100 kg K/ha und Jahr notwendig. Die Kalkdüngung ist in ähnlicher Weise wie bei Kern- und Steinobst durchzuführen. Die Kalkdüngung ist allerdings bei Himbeeren in wesentlich geringerem Umfang vorzunehmen, weil für diese pH-Werte von <5,0 bis 5,5 anzustreben sind. Die Angaben von FIEDLER (1977) berücksichtigen bei dem Nährstoffbedarf das Alter der Anlage, die Bodenart sowie deren Nährstoffversorgungszustand und ob bewässert wird.

Tab. 130. Richtwerttabelle für den P-Bedarf bei Kern- und Steinobst

Altersgruppe	Einsaat	Versorgungsgruppe	kg/ha und Jahr P	P_2O_5
Ertragslose Zeit	mit	niedrig	20	45
		mittel	15	35
		hoch	10	25
	ohne	niedrig	15	35
		mittel	10	25
		hoch	7	15
Im Ertragsanstieg	mit	niedrig	25	55
		mittel	20	45
		hoch	15	35
	ohne	niedrig	20	45
		mittel	15	35
		hoch	10	25
Im Vollertrag	mit	niedrig	30	70
		mittel	26	60
		hoch	22	50
	ohne	niedrig	26	60
		mittel	22	50
		hoch	17	40

Tab. 131. Dünger und Düngetermine für Kern-, Stein- und Strauchbeerenobst sowie Erdbeere (aus FRIEDRICH 1974)

Dünger	Kern- und Steinobst (Bemerkungen)	Strauchbeerenobst (Bemerkungen)	Erdbeeren (Bemerkungen)
Kalkammonsalpeter	März–April (Triebförderung) Anfang Juni (Blütenknospenbildung)	März–April (Triebförderung) Anfang August (Blütenknospenbildung)	vor der Blüte (⅓ der N-Gabe) nach der Ernte (⅔ der N-Gabe)
Schwefelsaures Ammoniak	März–April (Triebförderung) Anfang Juni (Blütenknospenbildung)	Januar–Februar (Triebförderung) Anfang August (Blütenknospenbildung)	April (⅓ der N-Gabe) nach der Ernte (⅔ der N-Gabe)
Kalkstickstoff	Oktober–Februar (Grunddüngung)	Oktober–Februar (Grunddüngung)	–
Kalisalze	November–März (Grunddüngung)	November–Februar (Grunddüngung, keine chlorhaltigen Dünger)	nach dem Abranken (auf leichten Böden kann die Gabe geteilt und zur Hälfte im März verabreicht werden)
Phosphatdünger (wasserlöslich)	November–März (alle 3 Jahre Grunddüngung)	November–Februar (alle 3 Jahre Grunddüngung)	nach dem Abranken (wie vorher)
	Juni (Blütenknospenbildung)	August (Blütenknospenbildung)	nach dem Abranken (wie vorher)
Phosphatdünger (nicht wasserlöslich)	November–März (alle 3 Jahre Grunddüngung)	November–Februar (alle 3 Jahre Grunddüngung)	nach dem Abranken (wie vorher)
Kalk	Oktober–Dezember (alle 3 Jahre) auf abgetrocknetem Boden)	Oktober–Dezember (alle 3 Jahre auf abgetrocknetem Boden)	– (auf stark saurem Boden zur Vorkultur)
Stalldung	Herbst–Frühjahr (flach einbringen alle 2–3 Jahre)	Herbst (flach einbringen alle 2–3 Jahre)	vor der Pflanzung
Kompost	Herbst–Frühjahr (flach einbringen)	Herbst (auf den Boden aufbringen)	(wie vorher)

Tab. 132. Richtwerttabelle für den Nährstoffbedarf bei Beerenobst und Erdbeeren

Obstart	Alters-gruppe	Bereg-nung	kg N/ha und Jahr	Versorgungs-gruppe	kg P/ha	kg P_2O_5/ha und Jahr	Boden-gruppe	Versorgungs-gruppe	kg K/ha	kg K_2O/ha und Jahr
Beerenobst	junge						Sand- und	hoch	117	145
	Sträucher						lehmige	mittel	133	160
		mit	75	hoch	10	25	Sandböden	niedrig	145	175
				mittel	15	35				
		ohne	50	niedrig	20	45	übrige	hoch	133	160
							Böden	mittel	145	175
								niedrig	166	200
	ältere						Sand- und	hoch	145	175
							lehmige	mittel	166	200
		mit	125	hoch	15	35	Sandböden	niedrig	178	215
				mittel	20	45				
		ohne	100	niedrig	25	55	übrige	hoch	166	200
							Böden	mittel	178	215
								niedrig	190	230
Erdbeeren	einjährig						Sand- und	hoch	62	75
							lehmige	mittel	75	90
		mit	50	hoch	4	10	Sandböden	niedrig	95	115
				mittel	8	20				
		ohne	25	niedrig	12	30	übrige	hoch	75	90
							Böden	mittel	95	115
								niedrig	108	130
							Sand- und	hoch	95	115
							lehmige	mittel	108	130
	zwei- und	mit	125	hoch	8	20	Sandböden	niedrig	117	145
	mehrjährig			mittel	12	30				
		ohne	100	niedrig	17	40	übrige	hoch	108	130
							Böden	mittel	117	145
								niedrig	133	160

Neben der erwähnten Oberflächendüngung besteht die Möglichkeit, die Pflanzen mittels einer Tiefendüngung mit Nährstoffen zu versorgen. Hierbei können die abgemessenen Düngemittelmengen mit Hilfe der Lochdüngung (2 bis 3 Löcher/m^2 bis 30 cm Tiefe im Bereich der Kronentraufe) oder der Furchendüngung, bei der längs der Baumreihen mit einem Spezialgerät 20 bis 30 cm tiefe Furchen gezogen werden, eingebracht werden.

Bei der Lanzendüngung wird in Wasser gelöster Dünger mit Hilfe einer Lanze unter hohem Druck in tiefere Bodenschichten eingebracht. Je nach Bodenart und -feuchtigkeit breitet sich die Lösung unterschiedlich aus. Die Konzentration der Düngerlösung für die Lanzendüngung liegt bei 5 bis 10 %. Mit der Lanzendüngung kann eine schnellere Aufnahme von P, K und Mg erreicht werden als bei der Oberflächendüngung. Das bedingt eine schnelle und dauerhafte Beseitigung akuten Mangels der genannten Nährstoffe (s. Abschnitt 2.1.2).

Neben der Oberflächen- und Tiefendüngung ist die Applikation der Nährstoffe mit Hilfe der Bewässerung oder Beregnung möglich. Die Düngersalze können mit besonderen Dosiereinrichtungen dem Beregnungswasser zugemischt werden. Hierdurch werden die Nährstoffe gleichmäßig auf der Fläche verteilt.

Eine im Obstbau häufig geübte Methode zur schnellen vorübergehenden Beseitigung von Nährstoffmangelsituationen ist die Düngung über das Blatt. Dieses trifft insbesondere dann zu, wenn bedingt durch die hohe Nährstoffaufnahme während des starken Wachstums nicht genügend Nährstoffe aus dem Boden nachgeliefert werden können. Für die Überwindung vorübergehender Unterversorgung an N, besonders in kritischen Phasen der Baumentwicklung (Austrieb, Fruchtansatz, Fruchtfall), sind Harnstoffspritzungen geeignet. Die Wirkung dieser zusätzlichen Spritzungen ist nur bei N-Mangel sehr gut und sollte mit folgenden Konzentrationen durchgeführt werden:

Apfel	0,5–1,0 %
Birne	0,8–1,0 %
Mandel	0,5 %
Pfirsich	1,2–2,0 %
Pflaume	0,6–0,8 %
Kirsche	0,4–0,8 %
Reben	0,4–0,7 %
Beerenobst	0,4–0,6 %
Erdbeeren	0,8–1,0 %

Untersuchungen von Blasser und Grittner (1979) zufolge, nimmt die Empfindlichkeit von Apfel und Birne gegenüber Spritzungen mit Harnstoff zu.

Die Vorteile der Harnstoffspritzungen liegen in der relativ schnellen Aufnahme und Verteilung des N in der Pflanze. Nachteilig können sich Biuret-Verunreinigungen des Harnstoffes auswirken. Der Biuret-Gehalt sollte im Harnstoff stets $<0,5$ % betragen. Auch Mg- und Ca-Mangelerscheinungen können durch Blattspritzungen bzw. Fruchtbehandlungen behoben werden. Zur Behebung des Mg-Mangels sind Spritzungen mit 2 bis 3 % Bittersalzlösung ($MgSO_4 \cdot 7\,H_2O$) durchzuführen. Diese Mg-Spritzungen sollten frühzeitig mit dem Abfall der Blütenblätter begonnen und in 14tägigem Abstand wiederholt werden. Durch die Behandlung mit Mg-Salzen kann beim Apfel die Stippigkeit (Ca-Mangel) gefördert werden. Zur Behebung von Ca-Mangel in der Apfelfrucht können bis 3 Wochen vor der Ernte 5- bis 6mal im

Tab. 133. Mittel zur Bekämpfung von Mikronährstoffmangel bei Obstgehölzen

Nährstoff	Mittel	Konzentration (%) Blatt-spritzung	Konzentration (%) Spritzung auf das Holz
Fe	Eisenchelat (Fetrilon, Sequestren)	0,02 –0,5	–
B	Borax $Na_2B_2O_7 \cdot 10H_2O$	0,15 –0,25	–
Cu	Kupfersulfat $CuSo_4 \cdot 2H_2O$	0,075–0,1	4–5
Zn	Zinksulfat $ZnSO_4$	0,15 –0,20	4–5
Mn	Mangansulfat $MnSO_4$	0,3 –1,0	4–5
Mo	Na-Molybdat Na_2MoO_4	0,075–0,1	–

Abstand von 10 bis 14 Tagen Frucht- und Blattspritzungen mit 0,6% $CaCl_2 \cdot 2\,H_2O$ (reinst) durchgeführt werden. Günstig ist der Zusatz von Netzmittel. Die Spritzungen haben abends oder bei trüber Witterung zu erfolgen, um Verbrennungen zu vermeiden.

2.2.4.2 Versorgung mit Spurennährstoffen während der Wachstumsperiode

Infolge der relativ hohen Anbauintensität im Obstbau kommt der Verabreichung von Mikronährstoffen große Bedeutung zu. Wegen der steigenden Mengen an Hauptnährstoffen in Düngemitteln geraten Mikronährstoffe mehr und mehr ins Minimum. Da die Mikronährstoffe während der Vegetationszeit für das Wachstum der Pflanzen zur Verfügung stehen müssen, ist es möglich, daß zu Zeiten hohen Bedarfes latenter Mangel auftritt. Aus diesem Grunde können durch die Spritzung von Mikronährstoffen auf Blätter und Früchte Mangelsituationen überwunden werden. Die Mikroelemente werden vom Blatt bei entsprechender Anwendung relativ rasch aufgenommen, verteilt und in den Stoffwechsel einbezogen. Sie können meist zusammen mit Pflanzenschutzmitteln ausgebracht werden. Tab. 133 gibt einige Chemikalien und ihre Konzentration für die Anwendung im Obstbau an.

In Tab. 134 ist außerdem die Empfindlichkeit verschiedener Obstarten gegenüber Mikronährstoffmangel dargestellt.

Mikronährstoffe können neben der Ausbringung durch Spritzung auch mit dem Beregnungswasser appliziert werden. Die Wirkung von Mikronährstoffen, die mit Verregnungseinrichtungen ausgebracht werden, dürfte jedoch nicht so groß sein, wie die mit gezielten Spritzungen.

Tab. 134. Reaktion verschiedener Pflanzen auf Spurenelementdüngung unter Bedingungen, die Mangelerscheinungen begünstigen (nach MORTVEDT 1979)

	Zn	Fe	Mn	Mo	Cu	B
Apfel	stark		stark	gering	mäßig	stark
Birne	mäßig			gering	mäßig	mäßig
Pfirsich	stark		stark	gering	mäßig	mäßig
Erdbeere		stark	stark		mäßig	mäßig
Brombeere		stark	stark	gering		mäßig
Kulturheidelbeere		stark	gering	gering	mäßig	gering
Orange	stark	stark	stark	mäßig	stark	gering
Trauben	gering	stark	stark	gering		mäßig

2.2.4.3 Organische Düngung

Infolge der geringen Humusproduktion der Obstbäume sollten den Obstanlagen in regelmäßigen Abständen organische Düngemittel zugeführt werden. Insbesondere bei offen gehaltenen Anlagen ist der Abbau organischer Substanz besonders groß. Aus diesem Grunde wird eine Verbesserung der Humusversorgung durch das Grasmulchsystem angestrebt. Teilweise wird auch Schnittholz kleingehäckselt und als Humusträger in offengehaltenen Anlagen belassen. Zur Erhöhung der Pufferfähigkeit der Böden durch Humus können zum einen Frisch- und Fertigkompost in einer Aufwandmenge von 100 bis 200 t/ha alle 3 Jahre und zum anderen Stallmist ausgebracht werden. Die Aufwandmengen für den Stallmist betragen etwa 100 dt/ha und Jahr. Die zugeführten Nährstoffmengen sind allerdings zu berücksichtigen. Für eine Zufuhr organischer Substanz geeignet ist auch die Gründüngung (s. Tab. 79). Gegebenenfalls kann auch Torf mit einer Höhe von 3 bis 5 Ballen/100 m^2 verwendet werden.

2.2.5 Rasen

Die Versorgung der Rasengräser mit Nährstoffen ist an eine Reihe von Bedingungen geknüpft:
- Die Reaktion des Bodens sollte im mäßig sauren Bereich liegen, bei pH $<5{,}0$.
- Die Nährstoffversorgung beschränkt sich vornehmlich auf die mit N.
- In der Regel sind physiologisch saure Düngemittel zu verabreichen.
- Der Boden muß gut durchlüftet sein.
- Erforderlich sind im Vergleich zu anderen Pflanzen hohe Bewässerungsraten.

Neben den oben angeführten Voraussetzungen ist es ferner wichtig, durch die Aussaat von Untergräsern und häufiges Mähen dafür zu sorgen, daß die Düngungs- und Bewässerungsmaßnahmen einen dicht gewachsenen Rasen erzeugen.

Die relativ hohe Düngung hat in möglichst vielen Teilgaben zu erfolgen, damit die empfindlichen Untergräser nicht durch zu hohe Nährstoffmengen am Wachstum gehindert bzw. durch Verbrennung geschädigt werden. Die meisten dicht wachsenden erwünschten Untergräser sind gegenüber Düngung empfindlicher als die groben häufig nicht gewünschten Obergräser.

Der verhältnismäßig tiefe pH-Wert des Bodens, sowohl bei der Ansaat als auch bei der späteren Verwendung, ist zu fordern, um die einkeimblättrigen Gräser gegenüber zweikeimblättrigen Pflanzen im Wuchs zu begünstigen.

Infolge der zu wünschenden starken Bewässerung und der Düngung muß der Rasen möglichst häufig (mindestens wöchentlich) gemäht werden.

Der Boden ist vor der Aussaat des Rasens mit sauren organischen Düngemitteln zu verbessern (2 bis 3 Ballen Torfmull/100 m^2). Als Grunddüngung können zunächst 15 kg eines PK-Düngers/100 m^2 mit dem Boden vermischt werden. Die N-Zufuhr ist zu Beginn auf etwa 0,5 kg N/100 m^2, in die oberste Bodenschicht eingemischt, zu beschränken. Nach dieser Bodenvorbereitung kann der Rasensamen ausgesät werden.

Die nachfolgende Düngung des Rasens, in erster Linie mit N, kann frühestens nach dem zweiten Schnitt erfolgen. Danach sind jeweils ab Wachstumsbeginn pro Monat 0,5 kg N/100 m^2 zu verabreichen. Diese N-Düngung ist mit versauernd wirkenden N-Düngern wie z. B. Harnstoff (1 kg/100 m^2), Ammoniumsulfat (2 kg/100 m^2), aber auch möglicherweise mit Kalkammonsalpeter oder Ammonsulfatsalpeter (jeweils 2 kg/100 m^2) durchzuführen. In der Regel wird das gemähte Gras vom Rasen entfernt. Durch die Entfernung des Schnittgutes werden bei einer Erntemenge von 0,5 bis 1 dt/100 m^2 Trockensubstanz je 1,5 bis 3 kg N und K sowie 0,2 bis 0,4 kg P entzogen. Pro Jahr werden etwa 450 kg Trockenmasse/100 m^2 entnommen. Die durch das Mähen entstandenen Nährstoffentzüge müssen mindestens ersetzt werden.

Wenn das Mähgut auf dem Rasen liegen bleibt, ist während der Vegetationszeit lediglich die übliche N-Düngung angebracht. Diese dient dann vor allem dem Humusaufbau. Wenn das Gras nicht entfernt wird, muß etwa 2mal pro Woche gemäht werden.

Während der Vegetationsperiode ist eine Düngung jeweils vor dem Schnitt angebracht, damit die frisch geschnittenen Gräser nicht durch Verbrennung geschädigt werden. Zur Ausbringung der Düngemittel sind gleichmäßig streuende Geräte zu verwenden oder es empfiehlt sich nach jeder Düngung eine starke Beregnung von etwa 10 bis 15 mm. Bei einem mittleren Boden und anhaltender Trockenheit benötigt eine normal gedüngte Rasenfläche etwa 10 bis 15 mm Wasser in wöchentlichem Abstand. Der Transpirationskoeffizient von Rasenflächen beträgt rund 400, d. h., pro kg produzierter Trockenmasse werden 400 l Wasser verbraucht. Gegen Ende des Jahres (Oktober bis November) kann es nützlich sein, die Gräser zum Schutz gegen das Ausfrieren mit etwa 5 kg/100 m^2 eines PK-Düngers zu versorgen. Durch die Maßnahme wird außerdem das Wachstum im Frühjahr gefördert.

Die neuerliche Verwendung von Depotdüngern scheint eine Bevorratung der Böden mit Düngemitteln zu ermöglichen, ohne den Rasen schädigenden Salzkonzentrationen auszusetzen. Zum Teil sind diese Rasendünger mit Unkrautvernichtungsmitteln kombiniert. Da hier, wie bei allen Depotdüngern, die Nährstofffreisetzung in erster Linie von der Bodenfeuchte und Temperatur abhängig ist, sind diese Düngemittel nach Möglichkeit nicht zu stark überdosiert anzuwenden (nicht mehr als 2- bis 3fache Menge einer üblichen Düngung).

Zur Verhinderung von Verfilzung, insbesondere bei Untergräsern, ist der Boden mit sogenannten Vertikutiergeräten zu belüften und die in den Boden eingebrachten Löcher sind zur Erhaltung des Belüftungseffektes mit Sand zu verfüllen.

Die Nährstoffansprüche der einzelnen Gräser sind zum Teil recht unterschiedlich. So benötigen

Agrostis-Arten etwa	2 –3 kg N/100 m² und Jahr
Poa-Arten	2,5–3 kg N/100 m² und Jahr
Poa trivialis	1 –2 kg N/100 m² und Jahr
Poa pratensis	1 –2 kg N/100 m² und Jahr
Festuca-Arten	1,5–2 kg N/100 m² und Jahr
Lolium-Arten	1,5–2 kg N/100 m² und Jahr

Bei der Produktion von Rollrasen, der zum Teil im Sportplatzbau und bei der schnellen Begrünung von Freiflächen an Bedeutung gewonnen hat, ist die Düngung nach dem zuvor genannten Schema vorzunehmen. Durch die bei der Entfernung des Rollrasens starken Abfuhr der organischen Substanz ist hier mehr noch als beim üblichen Rasenaufbau auf die Wiedereinbringung von Humus in den Boden zu achten. Besondere Aufmerksamkeit bei der Rollrasenproduktion ist der Wasserversorgung des Rasens zu schenken. Gewünscht werden etwa 25 bis 35 mm Niederschlag/Woche. Diese hohen Niederschlagsmengen können insbesondere auf sandigen Böden und zu Beginn des Rasenwachstums zu Nährstoffauswaschungen führen. Es muß dann entsprechend nachgedüngt werden. Die hohen Niederschläge (künstlich und natürlich) bewirken eine verhältnismäßig geringe Bewurzelungszone und verbessern damit die spätere Abnahme der Soden von der Tragschicht. Es ist ferner darauf zu achten, daß für die Bewässerung nach Möglichkeit Wasser mit einem Gesamtsalzgehalt <500 mg/l verwendet wird.

2.2.6 Samenbau

Hinweise zur Düngung von Pflanzen, die in erster Linie der Samenproduktion dienen sollen, sind sehr gering.

Die bei der Kultur der Pflanzen angegebenen Düngermengen sind größenordnungsmäßig auch im Samenanbau zu verabreichen. Zweckmäßigerweise dürfte das N-Angebot um etwa 25% verringert werden. Dieses trifft besonders für den Feldsamenanbau zu.

Beim Unterglassamenanbau können die in der gärtnerischen Praxis üblicherweise verwendeten Substrate herangezogen werden. Nährstoffansprüche und pH-Wert-Bereiche entsprechen etwa denen bei normaler Kulturweise. Die Pflanzen sind nach Erfahrungen aus der Praxis relativ knapp mit N-Düngern zu versorgen. Wichtig sind häufige, aber gering konzentrierte MND-Gaben, weil die meisten Samenträgerpflanzen eine relativ lange Standzeit in sehr geringem Substratvolumen haben. Sie würden hohe einmalige Düngergaben nicht vertragen. Aus diesem Grunde ist die Anwendung von Depotdüngern hierbei nicht zu empfehlen. Um bei Samenträgern im Freiland die Ertragssicherheit zu erhöhen, ist eine Untersuchung auf N_{min} anzuraten.

Der Anbau von Grassamen erfordert einen auf diese Pflanzen ausgerichtete Düngung. Dabei sind die N-Gaben auf 80 bis 150 kg/ha und Jahr je nach Saatgut in

Abb. 104. Produktion von Rollrasen in Dänemark mit Hygromull und Polyurethan als Anzuchtsubstrat.

physiologisch saurer Form zu verabreichen. Die Versorgung mit K und P ist im Hinblick auf die Saatgutqualität gegenüber der normalen Rasendüngung zu verstärken. Die Aufwandmengen betragen 26 bis 44 kg P (60 bis 100 kg P_2O_5), 100 bis 132 kg K (120 bis 160 kg K_2O) und 24 bis 48 kg Mg (40 bis 80 kg MgO)/ha und Jahr.

2.2.7 Staudenanbau

Die wenig umfangreiche Literatur zum Thema Staudendüngung macht exakte Hinweise zur Verwendung der Düngemittel während des Anbaues der Stauden schwierig. Die nachfolgenden Ausführungen zur Düngung der Stauden sind deshalb allgemein gehalten.

Zur Vermehrung der Stauden sind in der Regel Torf-Sand-Gemische, soweit es sich um die Stecklingsvermehrung handelt und nicht aufgedüngte humose Substrate für die Verwendung bei der Aussaat, geeignet. Infolge des je nach Gattung und Art sehr unterschiedlichen Keimverhaltens der Stauden und der zumeist großen Empfindlichkeit der Keimlinge gegenüber Düngerlösungen, sind die Keimpflanzen bis zur pikierfähigen Größe nicht zu düngen. Die Vermehrung durch Stecklinge unter Sprühnebel kann die Zufuhr von Nährstoffen leicht beweglicher Art über das versprühte Wasser erforderlich machen. Wie bei den Gehölzen bereits erwähnt, werden wohl insbesondere N und K von der Auswaschung betroffen. Die Konzentration an MND im Wasser bei der Sprühnebelvermehrung kann möglicherweise im Bereich 0,1 bis 0,25‰ liegen.

Grundsätzlich können in der Phase der Anzucht und Weiterkultur die im Unterglasanbau üblicherweise verwendeten Substrate wie TKS und Einheitserde genommen werden. Die Düngung während der Anzuchtphase, die zum Teil unter Glas oder in Kästen im Freiland erfolgt, kann mit den gängigen MND durchgeführt werden. Die Konzentrationen haben bei flüssiger Düngung je nach Ansprüchen, Alter, Zustand der Pflanze sowie der Jahreszeit 1 bis 3‰ zu betragen. Während der Wintermonate wird in der Regel keine Düngung durchgeführt. Ob ein Einsatz von Depotdüngern notwendig und nützlich ist, müssen Versuche zeigen. Zum Auspflanzen der Stauden ist der Boden mit den zuvor genannten Verbesserungsmitteln vorzubereiten. In der Regel werden hierzu 3 bis 4 Ballen Torf/100 m^2 ausgebracht. Auf extrem leichten Böden kann zur Verbesserung der Wasserhaltefähigkeit Hygromull und auf schweren Böden zur Verbesserung des Luftporenvolumenanteils Styromull verwendet werden. Die notwendigen Aufwandmengen sind dem Abschnitt 1.1.2.4 zu entnehmen. Insbesondere während der Kulturzeit ist auf die pH-Ansprüche der verschiedenen Staudenarten und -gattungen zu achten. Durch eine Aufkalkung kann der notwendige pH-Wert erreicht werden, während bei Ansprüchen an niedrigere pH-Werte durch entsprechende Düngemaßnahmen (physiologisch saure Düngung, elementarer Schwefel) nachgeholfen werden muß.

Die Düngung während der Kulturzeit im Gartenbaubetrieb kann in Anlehnung an die verschiedenen Bedürfnisse der Arten mit 1 bis 4‰ MND-Lösungen erfolgen. Bei fester Ausbringung sind maximale Aufwandmengen von 5 kg MND/100 m^2 und Gabe üblich.

Insbesondere auf Sandböden ist eine stärkere Unterteilung der Düngermengen auf mehrere Gaben erforderlich. Mehr noch als Unterglaskulturen haben Stauden in Anpassung an die Jahreszeit stark unterschiedliche Nährstoffansprüche. So ist im Frühjahr bis Frühsommer zur Zeit des Austriebes mit N-betonten MND, im Sommer mit solchen ausgeglichenen Nährstoffverhältnisses und im Herbst PK-betont zu düngen. Die PK-Gabe im Herbst erfolgt zur Verbesserung der Winterhärte.

Es ist zu vermuten, daß für Schnittzwecke herangezogene und kultivierte Stauden, besonders bei Verfrühung unter Folie und Glas, pro Zeiteinheit, höhere Düngermengen benötigen als bei Freilandkultur.

Die zuvor genannten Düngermengen können in stärkerer Verteilung mit dem Bewässerungswasser ausgebracht werden. An die Qualität des Bewässerungswassers sind mittlere Ansprüche zu stellen.

Zum Abdecken der Stauden im Winter werden in der Regel torfhaltige Substrate verwendet. Substrate, wie z. B. solche aus Rinden und Komposten, eignen sich ebenfalls für diesen Zweck. Die Abdecksubstrate sollten darüber hinaus wenig oder keine Nährstoffe enthalten.

2.2.7 Zierpflanzen (Annuelle, Bienne)

Die Kultur annueller und bienner Zierpflanzen bedarf einer Düngung, die den besonderen Ansprüchen dieser Pflanzen Rechnung trägt. Bei der Aussaat im Freien ist eine Bodenvorbereitung durchzuführen, die dem zu Beginn der Entwicklung erhöhten Wasserbedarf der Keimlinge entgegenkommt. Von einer Beregnung zur Aussaat ist, wenn sie nicht durchgehend durchgeführt werden kann, abzuraten. Normalerweise erfolgt die Aussaat von Sommerblumen unter Glas.

Zur Aussaat sind alle schwach oder nicht aufgedüngten Einheitserden und aufgekalkten Torfe zu verwenden. Es ist darauf zu achten, daß stark humushaltigen Substraten Sand beigemischt wird (Torf : Sand = 5 : 1). Zur Aussaat wird feingesiebtes Substrat auf die Samen ausgebracht. Eine Düngung während der Jungpflanzenphase ist vom Nährstoffgehalt des Substrates abhängig und sollte nur gegeben werden, wenn die Sämlinge längere Zeit im Saatbeet stehen bleiben. Dabei sind die Jungpflanzen der Gruppe der empfindlichen Pflanzen zuzuordnen.

Tab. 135. pH-Ansprüche verschiedener Sommerblumenarten (aus MORGENTHAL 1969)

Adonis	7,5–8,0	*Gaillardia*	6,0–8,0
Ageratum	6,5–7,5	*Godetia*	6,5–8,0
Althaea	6,0–7,0	*Helianthus*	6,0–8,0
Amaranthus	6,0–8,0	*Iberis*	6,0–7,0
Amobium	7,0–8,0	*Impatiens*	6,0–7,5
Antirrhinum	6,0–8,0	*Lathyrus*	6,5–7,5
Arctotis	6,5 8,0	*Limonium*	5,5–7,5
Callistephus	6,5–8,0	*Lobelia*	6,0–8,0
Begonia	5,5–7,0	*Lobularia*	6,0–8,0
Bellis	5,5–7,0	*Lupinus*	5,5–6,0
Calendula	7,0–8,5	*Matricaria*	6,0–8,0
Campanula	6,0–8,0	*Matthiola*	6,0–8,0
Celosia	6,0–8,0	*Myosotis*	6,0–8,0
Centaurea	6,0–7,0	*Nemesia*	6,0–8,0
Cheiranthus	5,5–7,5	*Papaver*	6,0–8,0
Chrysanthemum	6,0–8,0	*Petunia*	6,0–7,5
Clarkia	6,0–8,0	*Phlox*	6,0–8,0
Convolvulus	7,0–8,5	*Rudbeckia*	6,5–8,0
Coreopsis	6,0–7,5	*Salvia*	6,5–8,0
Cosmos	5,5–6,5	*Scabiosa*	6,5–7,5
Cynoglossum	7,5–8,5	*Tagetes*	5,5–6,5
Delphinium	6,5–7,5	*Tropaeolum*	6,5–7,5
Dianthus	7,0–8,0	*Verbena*	6,0–8,0
Dimorphoteca	6,0–7,5	*Viola*	6,0–8,0
Eschscholzia	6,0–8,0	*Zinnia*	7,0–8,0

Im weiteren Kulturverlauf sind nach dem Auspflanzen regelmäßige Nachdüngungen erforderlich. Diese sollten an die Bedürfnisse der Pflanzen und die allgemeinen Witterungsbedingungen angepaßt mit 1 bis 3‰ MND-Lösungen erfolgen.

Im Freiland- und Unterglasanbau kommt der Bodenbearbeitung eine relativ große Bedeutung zu. Durch sie wird einerseits das Unkraut bekämpft und andererseits die Evaporation des Bodens vermindert.

Leichte Böden sind unter Umständen mit Stallmist zu verbessern. Er sollte nach Möglichkeit im Herbst ausgebracht werden, weil einige Sommerblumenarten, wie z.B. Levkojen und Sommerastern nach Zugabe von frischem Stallmist von Fußkrankheiten befallen werden können.

Die Ansprüche der verschiedenen Arten an den pH-Wert sind, wie aus Tab. 135 hervorgeht, teilweise recht unterschiedlich. Der Anbau der meisten Sommerblumen kann bei pH-Werten von 6,0 bis 7,0 durchgeführt werden.

Die meisten in Tab. 135 aufgeführten Sommerblumen gehören hinsichtlich ihrer Nährstoffansprüche zu den empfindlichen bis verträglichen Zierpflanzen. Zur Gruppe der „bedürftigen" können hiervon *Chrysanthemum, Delphinium, Dianthus, Lupinus und Petunia* gerechnet werden. Zur Vermeidung von Abbauerscheinungen und Regeneration des Bodens wird in manchen Anbaubetrieben eine Fruchtfolge von Sommerblumen mit Getreide durchgeführt.

Im Balkonkastenbereich sind diese Pflanzen kontinuierlich über die Bewässerung (Tropfbewässerung) mit Nährstoffen zu versorgen. Bei 5 Tropfstellen/m Balkonkastenlänge sind 0,5 g MND (15/5/25) pro Tropfstelle und Woche zu verabreichen bei etwa 20 Wochen Standzeit.

2.3. Anbau unter Glas und Kunststoffen

2.3.1 Gemüsebau

Allen Gemüsekulturen unter Glas ist gemeinsam, daß in kurzer Zeit relativ hohe Flächenerträge erzielt werden. Dadurch ist es erforderlich, daß große Nährstoffmengen ebenfalls in kurzen Perioden angeboten und verwertet werden müssen. Auch zwischenzeitlicher Mangel an irgendeinem Nährstoff führt zu einer Reduktion des Ernteertrages und damit zu einer Verminderung der Rentabilität. Solche Erscheinungen können besonders dann auftreten, wenn Wassermangel oder zu geringe CO_2-Konzentrationen im Gewächshaus herrschen. Insbesondere besteht die Gefahr, daß bei einseitiger Überdüngung und zu hohem Ballastanteil in den Düngemitteln die Böden und Substrate versalzen werden. Mit Hilfe geeigneter Anbaumethoden ist deshalb sowohl für eine gute Substratdurchlüftung als auch eine bedarfsgerechte Wasserzufuhr zu sorgen. Das Nährstoffangebot sollte deutlich über dem Entzug liegen. Für den Anbau im gewachsenen Boden ist eine hohe Intensität der Bearbeitung notwendig, weil infolge hoher mechanischer Beanspruchung und biologischer Belastung (Abbau organischer Substanz) die Böden nicht geschont werden. Dieses gilt in besonderem Maße bei starker Bewässerung.

2.3.1.1 Frucht- und Blattgemüse

Gurken

Der Anbau von Gurken unter Glas stellt an den Produzenten bezüglich der zuvor genannten Punkte relativ hohe Ansprüche. Infolge der Kultur der Pflanzen bei hohen Temperaturen ist es erforderlich, einen Gewächshausboden mit den aus Tab. 136 hervorgehenden physikalischen Eigenschaften anzustreben.

Zur Erzielung des gewünschten Bodenzustandes ist es möglich, entweder besonders zubereitete Substrate auf den Gewächshausboden aufzubringen und als Ballen mit 30 cm Höhe aufzusetzen oder dem Substrat strukturstabile Stoffe beizumischen. Dieses Substrat kann auch in etwa 30 cm Höhe auf die Gewächsfläche aufgetragen werden. In beiden Fällen ist auf schlecht wasserdurchlässigen Böden eine etwa 20 cm starke Dränage-Schicht (Kies, Styropor) einzubringen. Der Bodenzustand kann außerdem durch Einarbeitung von Torf oder anderen organischen Materialien bis 30 cm Tiefe verbessert werden. Besonders bei stark versalzenen und strukturgeschädigten Böden geht man dazu über, speziell hergestellte Substrate in Folienbeutel einzufüllen, etwa 15 l Substrat pro Gurkenpflanze. Dadurch ist eine Kultur losgelöst vom Gewächshausboden möglich (peat-bag-Kultur). Im Extremfall besteht die Möglichkeit, anstelle des Bodens mineralische Substrate (Steinwolle, Blähton) zu verwenden und die Gurken in Hydroponik heranzuziehen.

Bei der Neuanlage von Gurkenkulturen ist der im Grundbeet befindliche Boden mit organischen Düngemitteln (50 bis 100 l/m^2) zu verbessern. Für derartige Meliorationsmaßnahmen sind besonders Torfe und gegebenenfalls Rindensubstrate zu verwenden. Je nach C/N-Verhältnis ist ein Mineraldüngerzusatz bis zu 300 kg N, bis zu 100 kg P, bis zu 250 kg K und bis zu 50 kg Mg/ha notwendig. Durch Aufkalken mit kohlensaurem Kalk ist der pH-Wert im Boden auf 6 bis 6,5 zu bringen.

Erforderlich ist auch eine Bearbeitung des Bodens bis zu 30 cm Tiefe, um das organische Material einzuarbeiten. Auf dieses so vorbereitete Grundbeet ist dann die Gurkenerde aufzubringen. Infolge des engen Zusammenhanges zwischen Gurkenertrag und Wasser- und Luftkapazität des Substrates sind an die Dauerhaftigkeit der Struktur der Erden große Anforderungen zu stellen. Je nach Pflanzdichte und geplanter Anbaudauer werden je 100 m^2 etwa 10 bis 18,5 m^3 Gurkenerde

Tab. 136. Struktureigenschaften von Gewächshausböden für Gurken (aus GEISSLER 1979)

Physikalische Eigenschaften	bis 30 cm Tiefe	30–50 cm Tiefe
Wasserkapazität Vol.-%	40–50	40–45
Luftkapazität Vol.-%	35–45	20–25
Porenvolumen Vol.-%	80–90	60–70
Trockenraummasse g/cm^3	0,5	1,0

Tab. 137. Nährstoffaufnahme von Gewächshausgurken bei unterschiedlicher Ertragshöhe (aus GEISSLER 1979)

Marktertrag kg/Pflanze	Gebildete Gesamtfrischmasse kg/Pflanze	Nährstoffaufnahme in g/Pflanze				
		N	K	P	Ca	Mg
30	37,2	42	67	11,0	34	5,9
25	31,0	36	58	9,2	30	5,1
20	24,8	30	49	7,4	26	4,3
15	19,0	23	40	5,6	22	3,5
10	13,2	17	31	3,8	17	2,7

benötigt. Das Aufbringen der Erde in Wallform geschieht deshalb, damit die Hauptwurzelzone der Pflanzen gut durchlüftet und erwärmt wird. Die Gurkenerde kann wegen des Humusabbaues bei wenig strukturstabilem Ausgangsmaterial bereits nach einer Vegetationsperiode erneuert werden. Wegen des hohen Arbeitsaufwandes für die Herstellung der Gurkenerde werden in der Regel Strohpreßballen aus Roggen- oder Weizenstroh verwendet. Diese Ballen werden je nach Abmessung in Längsrichtung in 10 bis 15 cm Tiefe aneinandergereiht und gut gewässert. Darüber hinaus werden je Pflanzstelle 15 bis 30 l Gurkenerde ausgebracht und der bei der Einbringung der Strohballen entstandene Erdaushub seitlich gegen die Ballen geworfen. Nach der Durchwässerung müssen die Strohballen mit 1000 g Kalkammonsalpeter sowie mit je 50 g Superphosphat und Kalimagnesia je 200 l Strohballen aufgedüngt werden. Das Stroh beginnt zu verrotten und bei geringer werdender Temperatur (25 bis 30 °C nach 5 bis 6 Tagen) kann ausgepflanzt werden. Denkbar ist auch ein Einsatz von Rindensubstraten anstelle der Strohballen. Hierüber liegen jedoch noch keine Erfahrungen vor.

Wie aus Tab. 137 hervorgeht, sind die von Gurkenpflanzen aufgenommenen Nährstoffmengen beträchtlich.

Bei einer angenommenen Pflanzdichte von 1 Pflanze pro m^2 werden etwa 30 g N/m^2 sowie entsprechende Mengen der anderen Nährstoffe entzogen. Je nach Wachstumsintensität der Pflanzen können 0,2 bis 0,3 g N je Tag und Pflanze sowie 0,4 g K aufgenommen werden. Hierbei sind Höchstwerte von 0,6 g N bzw. 0,8 g K je Tag und Pflanze möglich.

Je nach Anbaubedingungen können die Nährstoffe von den Pflanzen unterschiedlich ausgenutzt werden. So beträgt der Verwertungsgrad für N und K etwa 70 %, für Mg 50 bis 60 % und für P etwa 30 % des verfügbaren Nährstoffangebotes.

Die von den Pflanzen aufgenommenen Nährstoffe verteilen sich unterschiedlich auf die einzelnen Organe (s. Tab. 138).

Gurken zeichnen sich durch einen sehr hohen Nährstoffbedarf aus. Gerade deshalb müssen neben den durch die Mineralisierung der Gurkenerden gewonnenen Mineralstoffen solche auch in Form von Düngern zugeführt werden.

Tab. 138. Prozentuale Verteilung der Nährstoffe innerhalb der Gurkenpflanze bei Langzeitanbau (30 kg/m^2 Ertrag) (aus GEISSLER 1979)

Nährstoffe	Blätter %	Stengel %	Früchte %	Wurzeln %
Frischmasse	10,6	8,6	80,3	0,5
N	23,0	12,4	63,9	0,7
K	19,1	16,6	63,9	0,4
P	19,0	10,9	69,4	0,7
Ca	77,6	7,4	14,7	0,3
Mg	49,8	11,3	38,3	0,6

Eine Untersuchung auf Mineralstoffe vor Kulturbeginn ist unbedingt notwendig. Der pflanzenverfügbare Nährstoffgehalt sollte möglichst in den anzustrebenden Bereich gebracht werden. Dieser wird am Schluß dieses Abschnittes aufgeführt.

Schon bei Beginn der Kultur ist außerdem darauf zu achten, daß durch eine entsprechende N-Zugabe ein C/N-Verhältnis von 20 : 1 eingehalten wird. Die Höhe der Grunddüngung hängt, wie aus Abb. 105 hervorgeht, vom C/N-Verhältnis der Gurkenerde ab.

Es ist ferner zu beachten, daß nicht mehr als 300 kg N/ha als einmalige Gabe verabreicht werden. Die Pflanzen würden sonst geschädigt. Mit der Grunddüngung sind ferner die Elemente P, K und Mg zu verabreichen. Auch diese Mineralstoffe müssen später nachgedüngt werden, weil die erforderlichen Mengen, wegen eventuell auftretender Salzkonzentrationsschäden, nicht auf einmal zu Beginn des Anbaus verabreicht werden können. Außerdem ist eine ständige flüssige Nachdüngung beim Einsatz strukturstabiler, jedoch sorptionsschwacher und nährstoffarmer Substrate (Steinwolle, Rinde, Stroh usw.) erforderlich.

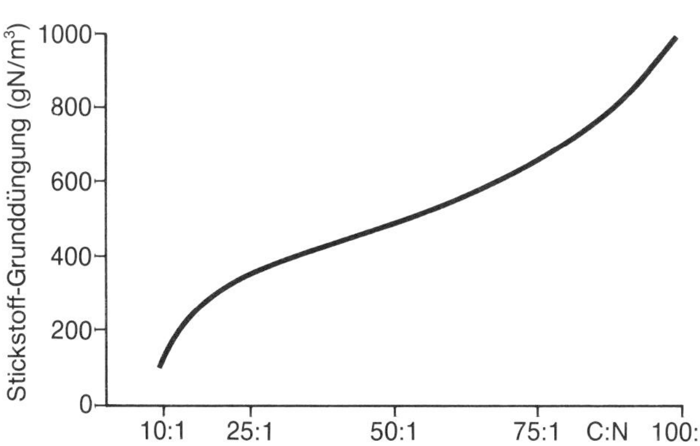

Abb. 105. Abhängigkeit der Höhe der N-Grunddüngung vom C/N-Verhältnis der Gurkenerde bzw. des Substrates.

Bei der Gewächshausgurke sind zu Beginn der Kultur
280–420 mg N
200–300 mg P_2O_5
400–600 mg K_2O
120–200 mg Mg/l Substrat
ausreichend.

Der Salzgehalt des Substrates sollte sich im Bereich 2 bis 3 g Salz/l Substrat bewegen. Die flüssige Nachdüngung kann mit 2 bis 6‰ eines ausgeglichenen MND gegeben werden. Bei Jungpflanzen und zu Beginn der Kultur sind die Konzentrationen niedriger zu halten. Der pH-Wert des Substrates sollte unter 6,0 liegen.

Die zuvor genannten Nährstoffgehalte sind bei ständiger flüssiger Nachdüngung nur zu Kulturbeginn anzustreben, während im Verlauf der Kultur halb so hohe Werte für die Versorgung ausreichen.

Im Düngeprogramm für Gewächshausgurken ist ferner das relativ hohe Bedürfnis der Pflanzen an Mikronährstoffen zu berücksichtigen. Diese können entweder zusammen mit den MND-Gaben verabreicht werden oder als Grunddüngung vor der Kultur dem Substrat beigemischt werden. Eine Ausbringung der Mikronährstoffe über das Blatt sollte nur bei akut auftretenden Mangelerscheinungen vorgenommen werden. Hierdurch lassen sich insbesondere Mg-, Fe-, B- und Mo-Mangel beseitigen.

Eine Bekämpfung des Ca-Mangels, insbesondere wenn er als Folge zu hoher relativer Feuchte auftritt, ist über das Blatt nicht möglich. Hier kann vornehmlich durch Absenken der relativen Feuchte Abhilfe geschaffen werden.

Erhebliche Ertragssteigerungen sind durch die Erhöhung des CO_2-Gehaltes der Gewächshausluft bei Gurken möglich. Diese Ertragserhöhungen sind besonders dann zu erwarten, wenn Gurken erdelos oder mit langsam zersetzbaren Materialien (Rinden usw.) angebaut werden. Bei der Verwendung von Stallmist oder Stroh als Substrat ist eine zusätzliche CO_2-Gabe überflüssig. Der anzustrebende CO_2-Gehalt beträgt etwa 1000 ppm oder 0,1 Vol.-%. Die zusätzliche CO_2-Düngung sollte in den Vormittags- oder Nachmittagsstunden gegeben werden, weil über Mittag häufig gelüftet werden muß.

Der Wasserbedarf der Gurkenpflanzen ist erwartungsgemäß hoch und beträgt 300 l/kg gebildeter Trockensubstanz. Der Gesamtwasserbedarf einer Pflanze ist mit 600 l in der Vegetationszeit anzusetzen. Entsprechend dem hohen Wasserbedarf sollte der Wassergehalt im Substrat oder Boden nicht unter 80 bis 90% der maximalen Feldkapazität absinken.

Das Fruchtgewicht nimmt mit zunehmender Wassergabe zu. Bei zu hohen Wassergaben ist darauf zu achten, daß erhebliche Mengen an N und K aus dem Substrat ausgewaschen werden können. Die mit einer Gabe zugeführten Wassermengen sollten deshalb nicht mehr als 15 bis 20 mm betragen. Durchschnittliche Bewässerungsgaben betragen im Sommer 6 mm/Tag und im Winter etwa 1 bis 5 mm/Tag.

Tomaten

Die Ansprüche der Tomaten an die Struktureigenschaften des Bodens sind Tab. 139 zu entnehmen. Die genannten Eigenschaften sind bei Beginn der Kultur bis auf etwa 50 bis 60 cm Tiefe einzustellen, da Tomaten ziemlich tief wurzeln.

Tab. 139. Für Tomate anzustrebende Bereiche der Struktureigenschaften des Gewächshausbodens (bis 30 cm Tiefe), gemessen mit dem Luftpyknometer (aus GEISSLER 1979)

Wasserkapazität	40–50 Vol.-%
Luftkapazität	30–35 Vol.-%
Porenvolumen	70–80 Vol.-%
Trockenraummasse	< 0,8 g/cm^3

Die Einarbeitung einer organischen Düngung zur Verbesserung der chemischen Eigenschaften des Bodens hat bis zu einer Tiefe von 30 cm zu erfolgen, wobei Mengen von 1000 bis 1500 dt/ha (Stallmist) aufzuwenden sind. Nach der Einbringung der organischen Düngemittel ist der Boden zu lockern und pflanzfertig zu machen. Neben dieser Meliorationsgabe ist eine jährliche Menge von 150 bis 300 m^3/ha organischen Materials (z. B. aufgekalkter Düngetorf) in den Boden einzuarbeiten.

Auch die Tomate kann, wie die Gurke, unabhängig vom gewachsenen Boden, in Eimern oder mit Substrat gefüllten Säcken (peat-bag) kultiviert werden. Daneben wird die Nährlösungsfilmtechnik ebenfalls in der Praxis angewendet. Bei der Verwendung von Gefäßen oder Säcken ist die Verwendung strukturstabiler Substrate, z. B. Hochmoortorf, anzuraten. Das Substratvolumen pro Pflanze kann 10 bis 15 l betragen.

Der Nährstoffbedarf der Tomaten ist ähnlich hoch wie der von Gurken. Aus Tab. 140 geht die Nährstoffaufnahme von Tomatenpflanzen bei unterschiedlichem Ertrag hervor.

Je nach Wachstumsintensität der Pflanzen können pro Tag und m^2 etwa 0,2 g N und 0,3 g K entzogen werden. Das Nährstoffaneignungsvermögen der Tomate ist auch deshalb so groß, weil der Wurzelanteil im Vergleich zum übrigen Sproß groß ist. Aus diesem Grunde sind die Nährstoffausnutzungsgrade auch größer als die der Gurken.

Tab. 140. Durchschnittliche Nährstoffaufnahme von Tomatenpflanzen in Abhängigkeit von der Ertragshöhe (aus GEISSLER 1979)

Marktertrag	Gebildete Gesamtfrischmasse	Nährstoffaufnahme				
		N	K	P	Ca	Mg
kg/m^2	kg/m^2	g/m^2				
15	23,9	49	81	5,8	55	6,9
12	19,1	39	64	4,8	45	5,9
10	15,9	32	52	4,1	38	5,2
8	12,7	26	41	3,5	32	4,5
6	9,4	19	30	2,8	25	3,8

Abb. 106. Gurkenkultur in 'peat-bags'. Oben: Junger Bestand, die Torfsäcke sind gut erkennbar. Unten: Der gleiche Bestand in der Produktionsphase.

Tab. 141. Prozentuale Verteilung der Nährstoffe innerhalb der Tomatenpflanze bei Langzeitanbau bis Ende Juli (12 kg/m^2 Ertrag) (aus GEISSLER 1979)

	Blätter %	Hauptsproß %	Geiztriebe %	Früchte %	Wurzeln %
Frischmasse	12,3	8,8	3,7	74,3	0,9
N	27,0	12,0	9,0	51,1	0,9
K	17,5	15,2	5,8	60,9	0,6
P	18,2	16,2	11,7	53,0	0,9
Ca	76,6	16,2	2,7	3,1	1,4
Mg	44,2	27,1	4,6	23,4	0,7

So können N und K zu 80 bis 90 % verwertet werden, während Mg zu 60 % und P zu 40 % vom verfügbaren Nährstoffangebot verwertet werden. Die Nährstoffausnutzung ist stark abhängig von der bedarfsgerechten Bewässerung der Pflanzen. Tab. 141 zeigt die prozentuale Verteilung der Nährstoffe innerhalb einer Tomatenpflanze.

Hinsichtlich der Frischmasse ist der Anteil der Früchte bei weitem am größten. Auch der Gehalt der Früchte an N, P und K ist mit jeweils >50 % sehr hoch, während insbesondere Ca und Mg überwiegend in den Blättern eingelagert werden.

Zur Aufrechterhaltung eines zügigen Wachstums ist vor allem bei Tomatenpflanzen kontinuierlich eine dem Bedarf entsprechende Nährstoffmenge im Substrat oder Boden zur Verfügung zu stellen. Ein Beispiel für die rechnerische Ermittlung der NL-Konzentration bei Bewässerungsdüngung geht aus Tab. 142 hervor.

Außerdem wird die Forderung des Wachstums der Jungpflanzen zunächst durch eine Grunddüngung, dem Substrat oder Boden beigemischt, erreicht. Zu Beginn der Kultur sollten etwa die bei der Gurke erwähnten Nährstoffmengen und

Tab. 142. Rechnerische Ermittlung der Nährlösungskonzentration für die Bewässerungsdüngung am Beispiel einer Tomatenkultur (aus JANSEN et al. 1984)

Kulturdauer	5 Monate	
Durchschnittlicher Wasserverbrauch pro Tag	3 l/m^2	
Gesamtwasserverbrauch pro m^2	450 l	
Ertrag (3 Pfl./m^3)	12 kg/m^2	
Gesamtpflanzenmasse (frisch)	20 kg/m^2	
	N	K_2O
Nährstoffbedarf	45 g/m^2	80 g/m^2
erforderliche durchschnittliche Nährlösungskonzentration	100 mg/l	177 mg/l

Salzgehalte im Substrat vorliegen. Es ist ein pH-Wert von 6,0 anzustreben. Die kontinuierliche Flüssigdüngung während der Kultur ist mit ausgeglichenen MND durchzuführen. Bei hohem P-Versorgungsgrad reicht die Zugabe von NK-haltigen MND aus. In der Phase der Anzucht sowie im Winter unter Lichtmangel können die anzustrebenden Nährstoffbereiche niedriger liegen als angegeben.

Die Versorgung mit Mikronährstoffen kann zusammen mit der Flüssigdüngung (2 bis 6‰) vorgenommen oder gleich mit der Grunddüngung eingebracht werden. Lediglich bei akutem Mangel ist eine Ausbringung über das Blatt notwendig. Ca-Mangel an Früchten läßt sich infolge der Immobilität des Ca mit dieser Maßnahme nicht beheben, sondern durch Verminderung der relativen Luftfeuchte. Das Wasserbedürfnis der Tomatenpflanzen entspricht denen der Gurken. Es werden etwa 325 l Wasser/kg gebildeter Trockensubstanz benötigt. Der Gesamtwasserbedarf beträgt etwa 600 bis 1000 mm Niederschlag pro Jahr. Dieses entspricht einem mittleren Tagesbedarf von 3 bis 4 l/m^2.

Durch die Erhöhung der CO_2-Konzentration der Luft auf etwa 1000 bis 1200 ppm (0,1 bis 0,12 Vol.-%) kann ein Ertragsanstieg erzielt werden. Die Wirksamkeit einer CO_2-Begasung ist um so größer, je weniger organisches Material im Substrat vorhanden ist. Sie ist bei der Kultur in Nährlösungen oder auf Steinwolle unbedingt zu empfehlen.

Paprika und Auberginen

Hinsichtlich der Ansprüche an den Boden ist Paprika ähnlich wie die Tomate einzustufen. Die strukturverbessernden Maßnahmen sind allerdings nur bis etwa 30 cm Tiefe erforderlich. Daneben ist eine reichlich bemessene Zufuhr an organischer Substanz, ähnlich wie beim Tomatenanbau, notwendig.

Der Nährstoffentzug läßt gemäß Tab. 143 auf einen hohen N-Bedarf schließen.

Die Ausnutzungsraten der Nährstoffe dürften etwa so groß sein wie beim Tomatenanbau. Die Verteilung der Nährstoffe auf die Pflanzenteile zeigt auch hier, daß über 50% des N, P und K auf die Früchte entfallen, während Ca und Mg vorwiegend in den Blättern enthalten sind. Hinsichtlich der Düngung und Nähr-

Tab. 143. Die durchschnittliche Nährstoffaufnahme von Paprikapflanzen in Abhängigkeit von der Ertragshöhe (nach GEISSLER 1979)

Marktertrag	Gebildete Gesamtfrischmasse	Nährstoffaufnahme				
		N	K	P	Ca	Mg
kg/m^2	kg/m^2	g/m^2				
4	5,8	15	16	1,7	10	1,5
5	6,9	18	19	1,9	12	1,8
6	8,0	21	23	2,2	14	2,1
7	9,1	24	27	2,5	16	2,5
8	10,2	28	32	2,8	18	2,9

stoffversorgung des Bodens ist wie bei der Tomate zu verfahren. Da mit einer Reifeverzögerung infolge hoher N-Düngung hier nicht zu rechnen ist, können zur P-K-Grunddüngung 5 g N/m^2 zusätzlich verabreicht werden. Die weitere Versorgung der Pflanzen mit Nährstoffen hat ebenfalls mit in Wasser gelösten MND zu erfolgen. Besonders wichtig ist die Vermeidung hoher Salzgehalte im Substrat (<3 g Salz/l Substrat). Auch die Versorgung mit Mikronährstoffen ist wie beim Tomatenanbau durchzuführen.

Der durchschnittliche Wasserverbrauch der Gemüsepaprika beträgt etwa 2 bis 5 l/m^2 und Tag. Die Bodenfeuchte kann bei etwa 60 bis 70 % der max. Feldkapazität als optimal angesehen werden. Eine zusätzliche Versorgung mit CO_2 kann sich dann als nützlich erweisen, wenn mit wenig humosen Substraten gearbeitet wird. Hier sind Konzentrationen von 1000 bis 1500 ppm erforderlich.

Bohnen

Die Anforderungen an das Substrat bzw. den Boden sind für den Anbau von Bohnen nicht sehr hoch. Auch sind die Ansprüche an die Versorgung mit Nährstoffen geringer als bei den vorgenannten Kulturen. Hier ist eine Grunddüngung mit 50 kg N, 50 kg P und 50 kg K/ha notwendig, die während der Kultur durch eine Kopfdüngung mit 50 kg N/ha ergänzt werden muß.

Diese relativ geringen Nährstoffgaben sind weniger auf den geringen Bedarf der Pflanzen, als vielmehr auf die kurze Kulturzeit zurückzuführen. Die Ansprüche an die Versorgung mit Nährstoffen sind nämlich während der Hauptwachstumsphase

Abb. 107. Wüchsiger Gemüsepaprikabestand.

hoch. Wenn stark gedüngte Vorkulturen angebaut worden sind, ist eine Bodenuntersuchung insbesondere auf N_{min} dringend anzuraten und das Ergebnis bei der Düngerbemessung zu berücksichtigen.

Zuckermelonen

Für den Anbau der Zuckermelone sollten die Böden mit einer reichlich bemessenen organischen Düngung (100 bis 200 m^3/ha) verbessert werden. Besonders hergestellte Erden oder Substrate werden zur Kultur nicht eingesetzt. Die Substanzbildung ist bei den Melonen erheblich geringer als bei Gurken (25 bis 33% bei gleichem Anbauzeitraum). Entsprechend ist die Nährstoffaufnahme geringer als bei Gurken und beträgt bei 5 kg/m^2 Fruchtertrag sowie 4 kg/m^2 Stengel- und Laubfrischmasse etwa 18 g N/m^2, 47 g K/m^2, 4 g P/m^2, 34 g Ca/m^2 und 6 g Mg/m^2. Bemerkenswert sind die hohen Aufnahmeraten für K, Ca und Mg.

Entsprechend wird die Grunddüngung mit etwa 50 kg N, 80 kg P und 200 kg K/ha verabreicht. Darüber hinaus können nochmals 50 kg N/ha sowie 100 kg K/ha als Kopfdüngung in mehreren Teilgaben verabreicht werden.

Hinsichtlich der Wasserversorgung ist darauf zu achten, daß die Pflanzen eine relativ hohe Bodenfeuchte für das Wachstum benötigen (70 bis 80% der maximalen Feldkapazität). Die relative Luftfeuchte muß jedoch im Gegensatz zu Gurken gering sein ($<75\%$), während der Befruchtung 40 bis 60%.

Die Empfindlichkeit der Pflanzen am Wurzelhals bedingt, daß die Pflanzen zur Vermeidung von Staunässe auf Hügeln angepflanzt werden. Die CO_2-Begasung der Melonen kann wegen der zur Aufrechterhaltung der niedrigen Luftfeuchte notwendigen starken Lüftung nur begrenzt durchgeführt werden.

Kopfsalat

Die Ansprüche des Kopfsalates an den Strukturzustand des Bodens sind, gemessen an den anderen Kulturen, sehr hoch. Zwischen der Luft- und Wasserkapazität und dem Ertrag lassen sich sehr enge Beziehungen herstellen. Die für Kopfsalat anzustrebenden Bereiche hinsichtlich der Struktureigenschaften gehen aus Tab. 144 hervor.

Hieraus wird ersichtlich, daß der Kopfsalat für ein rasches Wachstum einen gut durchlüfteten Boden mit großer Wasserhaltefähigkeit benötigt. Aus diesem Grunde kann mit Hilfe von strukturstabilisierenden Stoffen (Torfe, Rinden,

Tab. 144. Für Kopfsalat anzustrebende Bereiche hinsichtlich der Struktureigenschaften des Gewächshausbodens (bis 30 cm Tiefe) (nach GEISSLER 1979)

Struktureigenschaft		
Wasserkapazität	Vol.-%	35–40
Luftkapazität	Vol.-%	25–30
Porenvolumen	Vol.-%	60–70
Dichte	g/cm^3	1,0

Tab. 145. Durchschnittliche Nährstoffaufnahme von Kopfsalat bei unterschiedlichen Ertragshöhen (nach GEISSLER 1979)

Marktertrag	Gebildete Gesamtblattmasse	Nährstoffaufnahme				
		N	K	P	Ca	Mg
kg/m^2	kg/m^2	g/m^2				
2,0	2,2	5	7,5	0,75	1,5	0,40
2,5	2,8	6	9	1,0	2	0,53
3,0	3,4	7,5	10,5	1,25	2,5	0,70
3,5	4,0	8,5	12	1,5	3	0,85
4,0	4,6	10	13,5	1,75	3,5	1,0

synthetische Schaumstoffe) die Strukturstabilität erhöht werden. Die Aufwandmengen hierfür betragen 100 bis 150 m^3/ha. Leicht abbaubare organische Substanz sollte nach Möglichkeit mehrere Monate vor der Bestellung in den Boden eingebracht werden, da bei zu früher Anwendung die Gefahr des Befalls mit Fäulnispilzen besteht. Insbesondere ist die Struktur des Bodens dann mechanisch zu verbessern, wenn mit Pflanz- und Erntegeräten gearbeitet wird.

Die Nährstoffentzüge des Kopfsalates sind im Vergleich zu anderen Gemüsearten relativ gering. Infolge der kurzen Kulturzeit müssen die erforderlichen Nährstoffmengen in einem Zeitraum von 4 bis 6 Wochen in leicht verfügbarer Form den Pflanzen bereitgestellt werden. Aufgrund dessen ist der Kopfsalat dennoch als mittelmäßig nährstoffbedürftig zu betrachten. Die hauptsächliche Nährstoffaufnahme beginnt mit der Kopfbildung. Je nach Ertrag ist der Nährstoffentzug unterschiedlich, wie aus Tab. 145 hervorgeht.

Die Erntemengen und entsprechend die Nährstoffentzüge betragen für die Wintermonate November bis März etwa nur 60 % der in den übrigen Erntemonaten erzielbaren Erträge von bis zu 4 kg/m^2.

Kopfsalat hat einen relativ niedrigen Verwertungsgrad für P, der etwa 33 % beträgt und für die Düngung bedeutungsvoll ist. Bei N und K werden Ausnutzungsgrade von 70 % und 90 % erreicht und für Mg etwa 50 %. Wegen des relativ hohen Nährstoffbedarfes vom 30. bis 50. Tag nach der Pflanzung ist der mineralischen Düngung große Aufmerksamkeit zu schenken. Bei intensivem Anbau ist die Düngung kontinuierlich in flüssiger Form nachzugeben. Der sehr salzempfindliche Kopfsalat muß deshalb häufiger mit Nährstoffgaben geringerer Konzentration nachgedüngt werden. Der Salzgehalt des Bodens sollte nach Möglichkeit den Wert von 2 g Salz/l Substrat nicht überschreiten.

Der Kopfsalat hat einen mittleren Nährstoffbedarf, und die Gehalte des Bodens sollten diesen angepaßt sein. Wenn die in der Tab. 146 angegebenen Werte zu Beginn der Kultur bereits erreicht sind, sollte keine Grunddüngung mehr gegeben werden. Ansonsten sind etwa 5 bis 10 g N und K/m^2 zu verabreichen. Während der Kultur, insbesondere aber im letzten Kulturdrittel, sind Nachdüngungen bei

Abb. 108. Anzucht von Kopfsalat in Müllkompost. Von links nach rechts: 1 = Müllkompost, 2 = Müllkompost + Torf (1:1), 3 = Müllkompost + Torf (1:2).

Normalversorgung von 5 bis 10 g N, 2,5 bis 5 g P und 8 bis 15 g K/m², bei Unterversorgung 10 bis 15 g N, 5 bis 15 g P sowie 15 g K/m² zu verabreichen. Der für den Anbau von Kopfsalat bevorzugte pH-Wert liegt zwischen 6 und 7.

Die Versorgung der Pflanzen mit Mikronährstoffen kann zusammen mit der Grunddüngung erfolgen oder bereits als Zugabe bei der Jungpflanzenanzucht. Die Wasserversorgung der Salatpflanzen ist je nach Anbautermin unterschiedlich zu gestalten. Während der Sommermonate ist pro Anbausatz mit etwa 120 mm Niederschlag zu rechnen, während im Herbst und Winter erheblich weniger Wasser benötigt wird. Das Wachstum ist, wie zuvor bereits gesagt, von der Bodenfeuchte abhängig. Aus diesem Grunde sollten vor Beginn der Kopfbildung etwa 65 % der maximalen Feldkapazität und von da an bis zur Ernte etwa 75 % der Feldkapazität eingehalten werden. In der Praxis bewässert man erst bei deutlichem Unterschreiten dieser Werte möglichst kräftig, um das krankheitsfördernde Benetzen der Pflanzen auf ein Minimum zu beschränken. Die wöchentlichen Wassergaben betragen 1- bis 2mal je 10 mm, je nach Temperatur und Einstrahlung. Die relative

Tab. 146. Anzustrebende Nährstoffbereiche bei Kopfsalat im Unterglasanbau (mg/l Substrat)

N	P	(P_2O_5)	K	(K_2O)	Mg
50–150	150–200	(340–460)	200–500	(250–620)	80–130

Luftfeuchte sollte wegen erhöhter Fäulnisgefahr 70% nach Möglichkeit nicht überschreiten. Eine Unterschreitung ruft andererseits bei verstärkter Transpiration Trockenränder an den Blättern hervor.

Die zusätzliche CO_2-Düngung ist an genügend hohe Beleuchtungsstärken gekoppelt. So ist eine zusätzliche CO_2-Begasung erst ab etwa 2000 Lux wirksam. Die optimale Konzentration beträgt für Kopfsalat etwa 1000 ppm. Zahlreiche Versuchsergebnisse zeigen, daß CO_2-Begasung, vor allem bei Anbau im Winter und Frühjahr, erhebliche Ertragssteigerungen (etwa +25%) in Verbindung mit einer Verbesserung der Qualität hervorruft. Die tägliche Begasungsdauer richtet sich, wie zuvor bereits erwähnt, nach der Beleuchtungsstärke. Sie beträgt bei >4000 Lux 8 Stunden, bei 2500 bis 4000 Lux 4 Stunden vormittags und bei <2500 Lux kann auf sie verzichtet werden.

Winterendivien

Die Ansprüche an Boden, Substrat und Nährstoffe sind denen des Kopfsalates etwa gleichzusetzen. Der gegenüber Kopfsalat um etwa 0,5 kg/m^2 höhere Ertrag verlangt für die Endivie unter Umständen eine geringfügig höhere Nährstoffzufuhr. Zu späte N-Düngungen vor Beginn der Treiberei (<2 Wochen) sollten wegen Begünstigung der Fäulnisbildung unterbleiben. Endivien sind relativ empfindlich gegen zu hohe Feuchte im oberirdischen Bereich. Aus diesem Grunde ist die Luftfeuchte auf <60% zu regulieren. Der Wasserbedarf der Winterendivie ist mit 150 bis 180 mm je Satz höher als der des Salates. Der Bodenfeuchtegehalt kann etwa 80% der maximalen Feldkapazität betragen. Die CO_2-Begasung kann wahrscheinlich ähnlich wie bei Kopfsalat durchgeführt werden.

Petersilie

Die Ansprüche der Petersilie an Boden und Substrate sowie die Düngung sind relativ gering. Notwendig ist ein gutes Wasserhaltevermögen des Substrates. Der Entzug an Nährstoffen während des Wachstums ist gering. Während der ersten Hälfte der Wachstumsperiode sind lediglich 5 g N/m^2 als Nitrat zur Austriebsförderung zu verabreichen. Die Grunddüngung kann vor der Aussaat mit 50 kg N, 80 kg P und 100 kg K/ha erfolgen. Nach dem ersten Schnitt müssen noch 50 kg N als Kopfdüngung nachgegeben werden. Ansonsten zählt Petersilie zu den Kulturen mit geringem Nährstoffbedarf.

Feldsalat und Spinat

Für den Anbau von Feldsalat und Spinat kommen Böden mit gutem Wasserhaltevermögen in Betracht. Wegen der geringen Wurzeltiefe ist nur eine oberflächliche Bodenbearbeitung vorzunehmen. Die niedrigen Erträge von 2,5 bis 3 kg/m^2 führen zu entsprechend geringen Nährstoffentzügen. Aus diesem Grunde dürfte es zumeist ausreichen, wenn die von der Vorkultur noch vorhandenen Nährstoffmengen des Bodens mit verwendet werden.

Weist die Substratuntersuchung sehr geringe Nährstoffvorräte auf, so sind nach dem Auflaufen einmalig 5 g N/m^2 zu geben. Die pH-Werte des Bodens sollten zwischen 5 bis 6 liegen. Bei der Düngung des Spinates ist besonders darauf zu achten, daß eine möglichst geringe NO_3-N-Anreicherung in den Blättern stattfindet. Möglichkeiten zur Verminderung des NO_3-N-Gehaltes im Spinat bestehen darin, bei möglichst hoher Lichtintensität zu kultivieren, oder umgekehrt die N-Gaben, insbesondere in der lichtarmen Jahreszeit, drastisch einzuschränken. Darüber hinaus sollte im Boden bereits in zu hoher Menge vorhandenes NO_3-N ausgewaschen werden. Auch können Düngung mit NH_4-N-Dünger (z.B. $(NH_4)_2SO_4$) und ein geringer pH-Wert (4 bis 5) dazu beitragen, daß relativ wenig NO_3-N in den Blättern angereichert wird.

Kohlrabi

Beim Anbau von Kohlrabi ist auf eine gute Wasserhaltefähigkeit des Bodens oder Substrates zu achten. Wegen der ziemlich tiefen Durchwurzelung sollte daneben eine gründliche Bodenbearbeitung mindestens in den obersten 30cm erfolgen. Maßnahmen zur Substratverbesserung durch Zufuhr organischer Substanz brauchen nicht durchgeführt werden. Die anzustrebenden Nährstoffgehalte im Boden entsprechen etwa denen des Kopfsalates.

Kohlrabi ist allerdings erheblich salzverträglicher. Der pH-Wert des Bodens sollte zwischen 6 und 7 liegen und kann durch eine entsprechende Kalkung eingestellt werden. Die Nährstoffaufnahme des Kohlrabis ist, gemessen an anderen Gemüsearten, mittelmäßig und geht aus Tab. 147 hervor.

Eine stärkere Nährstoffaufnahme beginnt mit der Periode starken Knollenwachstums in den letzten Wochen der Kultur, besonders ab einem Knollendurchmesser von 20mm. Hinsichtlich der Nährstoffverwertung ähnelt Kohlrabi dem Kopfsalat. Das Aneignungsvermögen für P ist allerdings höher. Die Düngung des Kohlrabis kann in Grund- und Kopfdüngung unterteilt werden. Bei der Kopfdüngung ist zu beachten, ob die Ernte bei einem Knollendurchmesser <6cm oder >6cm erfolgen soll. Die Kopfdüngungen sind bei Beginn des Knollenwachstums zu verabreichen. Zweckmäßigerweise ist eine kontinuierliche Ausbringung mit Hilfe der Flüssigdüngung anzustreben.

Zu Kohlrabi können alle MND eingesetzt werden, auch chloridhaltige. Wenn die Nährstoffgehalte des Bodens im anzustrebenden Bereich liegen, braucht keine Grunddüngung gegeben werden. Liegen sie aber niedriger, so sind 5g N, 8g K, 10g P und 5g Mg/m^2 vor Anbaubeginn zu geben. Als Kopfdüngung ist später eine

Tab. 147. Durchschnittliche Nährstoffaufnahme von Kohlrabi bei unterschiedlicher Ertragshöhe (nach GEISSLER 1979)

Marktertrag	Gebildete Gesamtsproßmasse	Nährstoffaufnahme				
		N	K	P	Ca	Mg
kg/m^2	kg/m^2	g/m^2				
2,0	2,3	7	7	1,0	4	0,4
3,0	3,5	9,5	11	1,4	6	0,7
4,0	4,6	12	14,5	1,8	8	1,0
5,0	5,7	15	17,5	2,2	10	1,3

Gesamt-N-Menge von 5 g/m² bei kleinem Knollendurchmesser und 2mal 5 g N sowie 8 g K/m², möglichst auf mehrere Gaben verteilt, bei großem Knollendurchmesser als Flüssigdüngung zu verabreichen.

Kohlrabipflanzen neigen insbesondere bei Anzucht in saurem Torf zu Mo-Mangel, der sich in einem Absterben der Blätter von der Spitze her äußert. Nach der Aufkalkung auf den angegebenen pH-Wert sind die Pflanzen mit einer 0,1%igen Mo-Lösung (Ammoniummolybdat) durchdringend zu wässern.

In der Phase der Knollenausbildung, d.h. im zweiten Abschnitt der Kulturperiode, ist der Wasserbedarf des Kohlrabi hoch. Schwankungen in der Wasserversorgung führen zum Platzen oder zur Holzigkeit der Knollen. Zweckmäßigerweise wird vor der Pflanzung mit 30 bis 40 mm bewässert und danach erst wieder, wenn die Knolle 20 mm Durchmeser besitzt. Hiernach ist regelmäßig mit Einzelgaben von 10 mm zu wässern. Je Anbausatz ist mit Wassermengen von insgesamt 150 mm zu rechnen. Die Bodenfeuchtigkeit kann etwa 70% der maximalen Feldkapazität betragen und sollte gleichmäßig aufrecht erhalten werden. Die Konzentration für die CO_2-Begasung des Kohlrabis kann etwa 1000 ppm (0,1 Vol.-%) betragen und insbesondere in den Morgen- und Abendstunden, sofern die Witterung das zuläßt, durchgeführt werden.

Blumenkohl

Beim Blumenkohl sind Böden und Substrate vor Beginn der Pflanzung tief zu bearbeiten, damit der Untergrund aufgelockert wird, um den Strukturzustand und die Nährstoffnachlieferung zu verbessern. Auf humusarmen Böden ist außerdem die Zufuhr organischer Substanz in Form von Stallmist (100 bis 150 m³/ha) erforderlich. Möglich ist auch eine Verbesserung mit anderen Komposten. Der pH-Wert des Bodens sollte etwa 6,5 bis 7,5 betragen und durch Kalkzufuhr auf diese Höhe gebracht werden. Die Nährstoffbedürfnisse des Blumenkohls sind hoch. Entsprechend der Anbauperiode ist die Nährstoffaufnahme, wie aus Tab. 148 hervorgeht, unterschiedlich.

Die ausreichende Nährstoffzufuhr ist allein deshalb erforderlich, weil bei Mangelsituationen eine befriedigende Blumenbildung unterbleibt. Die Bereiche der

Tab. 148. Mittlere Nährstoffaufnahme in g/m² von Blumenkohl bei unterschiedlicher Ertragshöhe (nach GEISSLER 1979)

Produktionszeitraum	Marktertrag kg/m²	Gesamte Pflanzenmasse kg/m²	Nährstoffaufnahme (g/m²) N	P	K	Ca	Mg
August bis November	2,0	4,5	12,3	1,8	14,9	8,6	0,9
Januar bis April	3,0	6,9	17,4	2,7	24,5	11,9	1,1
Februar/März bis Mai	3,5	8,0	19,7	3,0	28,8	13,4	1,3

Versorgung des Substrates zu Beginn der Kultur sind denen von Gurke und Tomate gleichzusetzen. Entsprechend dem hohen Nährstoffaneignungsvermögen sind auch dann, wenn der Nährstoffgehalt des Bodens im anzustrebenden Bereich liegt, 8 g N und 16 g K/m^2 als Grunddüngung zu verabreichen. Liegen die Nährstoffgehalte unter dem anzustrebenden Bereich, dann sind 8 g N, 24 g K, 10 g P und 5 g Mg/m^2 als Grunddüngung zu geben.

Zur Erzielung höherer Erträge sind darüber hinaus 2- bis 4mal 5 g N, 2- bis 4mal 8 g K und 1- bis 2mal 2 g Mg/m^2, möglichst stärker verteilt als Bewässerungsdüngung in Form von Kopfdüngungen, auszubringen. Nach Beginn der Blumenausbildung kann die Düngung eingestellt werden. Da auch beim Blumenkohl die Möglichkeit des Mo-Mangels häufiger als bei anderen Kulturen besteht, ist diesem durch eine Anhebung des pH-Wertes bzw. durch Zufuhr von 0,2 bis 0,3 g/m^2 Ammoniummolybdat in gelöster Form zu begegnen.

Die Ansprüche an die zu verabreichende Wassermenge sind relativ hoch. Die Wassermenge beträgt 150 bis 250 mm im Verlauf der Vegetationszeit. Die Hauptmenge davon wird im letzten Drittel der Kulturperiode benötigt. Wichtig ist die Einhaltung einer gleichmäßigen Bodenfeuchte von 80 bis 85% der maximalen Feldkapazität. Dieses ist durch geringe, aber gleichmäßige Wassergaben zu erreichen. Die CO_2-Düngung kann mit einer Konzentration von 1000 ppm (0,1 Vol.-%) durchgeführt werden. Da bei einer CO_2-Düngung in erster Linie die Blattentwicklung gefördert wird, wird man zweckmäßigerweise während der Blütenentwicklung auf zusätzliche CO_2-Gaben verzichten.

Stielgemüse

Bedeutsame Stielgemüsearten sind Bleichsellerie, Rhabarber und Spargel. Für alle drei Kulturen sind keine speziellen Düngungsverfahren zu beachten. Die Wasser- und Nährstoffversorgung des Bleichsellerie ist ähnlich wie beim Blumenkohl vorzunehmen. Besonders ist auf eine reichliche N-Versorgung zu achten.

Bei Rhabarber ist der Wasserbedarf der Pflanzen mit 150 bis 350 mm relativ hoch. Die Nährstoffversorgung geschieht in Form einer NK-betonten Düngung mit je 10 g N und K/m^2, wobei zur Austriebsförderung N als NO_3-N angeboten werden sollte.

Vom Spargel werden beim Anbau unter Folienzelten keine speziellen Ansprüche an den Boden gestellt. Die Nährstoffzufuhr kann hierbei gänzlich unterbleiben. Die Pflanzen müssen lediglich mit 30 bis 40 mm Wasser eingewässert werden und danach wöchentlich mit 10 mm etwa 3 Wochen bis zur Ernte versorgt werden.

Zwiebelgemüse

Zur Schnittlauchverfrühung (Treiberei) sind keine besonderen Ansprüche an den Boden zu stellen. Wichtig ist, daß in der Zeit, während die Pflanzen im Freiland wachsen, eine reichliche N-Zufuhr (bis 200 kg N/ha) erfolgt ist. Sollen die Pflanzen nach dem ersten Schnitt neu austreiben, so ist die Zufuhr einer 3 bis 4‰ N-Düngerlösung, mit der durchdringend gegossen wird, notwendig. Während der Treiberei müssen die Ballen der Pflanzen ständig mit Wasser gesättigt sein. Hieraus ergibt sich eine Wasserzufuhr von etwa 20 mm pro Woche, d. h. bei 4wöchiger Treibdauer insgesamt 80 mm.

Abb. 109. Schnittlauchtreiberei in einem Substrat, bestehend zu gleichen Teilen aus Kompost und Hygromull.

Die Ansprüche des Porree an Boden, Substrate und Nährstoffe sowie Wasserzufuhr und Düngung etnsprechen denen des Blumenkohls. Dieses kommt in den relativ hohen Erträgen von 5 bis 6 kg/m^2 zum Ausdruck.

2.3.1.2 Wurzel- und Knollengemüse

Radies

Die Ansprüche von Radies an die Bodenstruktur sind relativ hoch. Vor allen Dingen die obere Bodenschicht muß gut durchlüftet und gelockert sein, damit Keimung und Entwicklung der Jungpflanzen nicht gehemmt werden. Die Bearbeitung tieferer Bodenschichten sowie die organische Düngung können entfallen. Wegen der Nachbauempfindlichkeit und der Reaktion auf bodenbürdige Schaderreger ist eine Entseuchung vor der Kultur anzuraten.

Die Nährstoffansprüche der Radies gehen aus Tab. 149 hervor.

Die aufgenommenen Nährstoffmengen sind in der Summe zwar nicht sehr hoch, müssen jedoch wegen der kurzen Wachstumszeit innerhalb einer Periode von wenigen Wochen zur Verfügung gestellt werden. Zu Beginn der Kultur sollten die aus der Tab. 6 ersichtlichen Werte für Kulturen mit geringem Nährstoffbedarf angestrebt bzw. eingehalten werden.

Wenn die Nährstoffgehalte in diesem anzustrebenden Bereich liegen, ist auf eine zusätzliche Düngung zu verzichten, bei Anbau im Frühjahr jedoch eine Kopfdüngung von 5 g N/m^2 zu verabreichen.

Tab. 149. Durchschnittliche Nährstoffaufnahme von Radies bei unterschiedlicher Ertragshöhe (nach GEISSLER 1979)

Marktertrag	Gebildete Gesamtpflanzenmasse in	Nährstoffaufnahme				
		N	K	P	Ca	Mg
kg/m^2	kg/m^2	g/m^2				
1,0	1,5	3,1	3,4	0,4	1,0	0,25
1,5	2,0	5,2	5,8	0,7	2,6	0,40
2,0	2,5	7,2	7,9	1,0	3,5	0,55
2,5	3,0	9,2	10,0	1,3	4,2	0,70
3,0	3,5	11,3	12,2	1,6	4,9	0,85

Wenn die Nährstoffgehalte im Boden gering sind, sollte zunächst eine Grunddüngung von 5 g N, 12 g K, 10 g P und 5 g Mg/m^2 erfolgen. Auch hier kann später eine Kopfdüngung von 5 g N zusätzlich gegeben werden. Eine Überschreitung der angegebenen N-Mengen ist insofern ungünstig, als bei N-Überversorgung bzw. K-Unterversorgung sehr viel Laub und weniger Knollenmasse entwickelt werden. Darüber hinaus gelten Radieschen als sehr salzempfindlich. Auch aus diesem Grunde sind die Kopfdüngungen auf mehrere Gaben verteilt flüssig zu geben.

Radies lieben ein pH im leicht sauren Bereich (~ 6). Sie besitzen keinen ausgesprochenen hohen Wasserbedarf, jedoch ist die Bodenfeuchte auf möglichst 65 bis 75 % der maximalen Feldkapazität zu regulieren. Eine gleichmäßige Wasserversorgung verhindert das Platzen und Pelzigwerden der Knollen. Staunässe wird nicht vertragen. Je nach Jahreszeit sind im Winter 30 bis 50 mm und im Sommer 50 bis 80 mm Wassergabe erforderlich. Wegen der Gleichmäßigkeit des Wasserangebotes sollte es in Teilgaben von je 10 mm zugeführt werden.

Durch eine CO_2-Konzentration von etwa 1000 ppm (0,1 Vol.-%) können vor allem im Winter der Ertrag erhöht und die Anbauperiode um etwa 10 Tage verkürzt werden.

Rettich

Die Bodenansprüche des Rettich sind denen des Radies gleichzusetzen. Darüber hinaus sind jedoch auch die tieferen Bodenschichten zu bearbeiten und aufzulokkern. Die Nährstoffaufnahme ist, wie aus Tab. 150 hervorgeht, höher als die von Radies. Da die Kultur jedoch länger dauert, sind zu Beginn der Kultur geringe Nährstoffgehalte im Boden anzustreben.

Der pH-Wert des Bodens sollte zwischen 5 bis 6 liegen. Wenn die Nährstoffgehalte des Bodens im anzustrebenden Bereich liegen, sind lediglich 5 g N/m^2 als Grunddüngung vor Beginn der Kultur sowie Kopfdüngungen von 5 bis 10 g N/m^2, möglichst als Flüssigdüngung verteilt gegeben, zu verabreichen. Die N-Kopfdüngung erfolgt zweckmäßigerweise zu Beginn der Knollenbildung. Bei zu geringem

Versorgungszustand des Bodens ist dieser mit 5g N, 16g K, 10g P und 5g Mg/m² als Grunddüngung anzuheben. Die Kopfdüngung erfolgt wie zuvor beschrieben. Die relativ hohe Salzempfindlichkeit des Rettich macht eine Verteilung der N-Mengen auf mehrere kleine Gaben in gelöster Form notwendig.

Die Bodenfeuchtigkeit sollte auch beim Rettich möglichst gleichmäßig auf 70 bis 80 % der Feldkapazität einreguliert werden. Der Wasserbedarf ist mit 80 bis 120 mm höher als beim Radies. Bei zu geringer Wasserversorgung kommt es zu einer Verhärtung der Knollen und deren Geschmack wird sehr scharf. Die Düngung mit CO_2 kann ähnliche Wirkungen wie beim Radies hervorbringen.

Speisemöhren

Zum Anbau der Speisemöhre müssen Boden oder Substrat mitteltief aufgelockert werden.

Möhren besitzen einen mittleren Nährstoffbedarf. Bei 4 kg/m² Ertrag beträgt der durchschnittliche Nährstoffentzug von Möhren mit Kraut

8,9 g N,
1,7 g P,
19,6 g K,
4,9 g Ca und
1,0 g Mg/m².

Entsprechend den zu erwartenden Entzügen sind zu Beginn der Kultur die aus Tab. 6 ersichtlichen mittleren Nährstoffgehalte im Boden anzustreben. Der pH-Wert sollte 5 bis 6 betragen. Befindet sich der Nährstoffgehalt im genannten Bereich, werden zu Beginn des Anbaues 5g N/m² und 8g K/m² sowie später eine Kopfdüngung vor Schließen des Bestandes in Höhe von 5g N/m² gegeben.

Befinden sich die Bodennährstoffe unter dem Optimalbereich, so ist vor der Aussaat eine Grunddüngung in Höhe von 5g N, 12g K, 10g P und 5g Mg/m² zu verabreichen. Diese ist vor dem Schließen des Bestandes mit 5g N und 8g K zu ergänzen.

Möhren stellen an die Wasserversorgung insofern hohe Ansprüche, als diese möglichst gleichmäßig erfolgen sollte, damit ständig 70 bis 80 % der Feldkapazität

Tab. 150. Durchschnittliche Nährstoffaufnahme von Frührettich bei unterschiedlicher Ertragshöhe (nach GEISSLER 1979)

Marktertrag	Gebildete Gesamtpflanzenmasse	Nährstoffaufnahme				
		N	K	P	Ca	Mg
kg/m²	kg/m²	g/m²				
3,0	3,2	9,2	8,1	0,9	3,9	0,5
4,0	4,4	11,0	11,6	1,3	5,1	0,7
5,0	5,6	12,8	15,2	1,7	6,2	0,9

Tab. 151. Nährstoff- und pH-Ansprüche der Pflanzen an den Boden, H = hoch, M = mittel, G = gering

Kultur	Nährstoffanspruch	pH ($CaCl_2$)
Allium		
Schnittlauch	–	6,0
Porree		6,0
Apium	H	5,5–7,0
Asparagus	–	5,0–6,0
Brassica		
Blumenkohl	H	6,5–7,5
Kohlrabi	M	6,0–7,0
Cichorium		
Winterendivie	G–M	6,0–7,0
Cucumis		
Gurke	H	5,0–6,0
Zuckermelone	M–H	5,0–6,0
Daucus	M	5,0–6,0
Lactuca	M	6,0–7,0
Petroselinum	G–M	5,0–6,5
Phaseolus	G–M	5,0–6,0
Raphanus		
Rettich	G–M	5,0–6,0
Radies	G	5,0–6,0
Rheum	H	5,0–6,0
Solanum		
Auberginen	M	5,0–6,5
Paprika	M	5,0–6,0
Tomaten	H	5,0–6,0
Spinacea	G–M	5,0–6,0
Valerianella	G–M	5,0–6,0

aufrecht erhalten werden können. Die Einzelwassergaben sind auf 10 mm zu beschränken. Der Gesamtwasserverbrauch dürfte bei etwa 80 bis 100 mm pro Anbauperiode liegen.

Aus Tab. 151 lassen sich die Nährstoff- und pH-Ansprüche wichtiger Unterglasgemüsekulturen zusammengefaßt entnehmen.

2.3.2 Zierpflanzen

Wegen der großen Gattungs-, Arten- und Sortenvielfalt ist die ausführliche Behandlung der Ansprüche von Zierpflanzen unter Glas schwierig und würde den Rahmen des dafür vorgesehenen Abschnittes sprengen. Aus diesem Grunde ist eine Beschränkung auf die unseres Erachtens wichtigen Zierpflanzen notwendig und darüber hinaus eine eingehende Schilderung der Ansprüche an Substrat und Nährstoffversorgung nur bei wenigen Gattungen möglich.

Die in Tab. 146 aufgeführten Zierpflanzengattungen sind nach ihren pH-Ansprüchen, den Ansprüchen an das Substrat und der zu Beginn der Kultur anzustrebenden Nährstoffversorgungsbereiche aufgeführt. Die Nährstoffversorgungsbereiche lassen sich dann aus der Tab. 6 entnehmen. Darüber hinaus sind hiermit auch die Menge wasserlöslicher Salze im Substrat und die Konzentration der flüssigen Nachdüngung angegeben. Die geringeren Werte gelten für Jungpflanzen und in der lichtarmen Jahreszeit, die höheren für in vollem Wachstum befindliche Pflanzen in der lichtreichen Jahreszeit. Die in Tab. 152 aufgeführten Angaben sind überwiegend Schätzwerte.

Eine genaue Quantifizierung der Nährstoffentzüge und damit Festlegung der Düngermengen ist im Zierpflanzenbau wegen der teilweise recht unterschiedlichen Anbaudauer nur begrenzt durchführbar. Außerdem liegen hierfür bislang nur wenige Zahlen vor (JANSEN et al. 1984). Die vorgenommenen Schätzungen der Entzüge basieren daher nur zum Teil auf exakten Angaben.

Tab. 152. Nährstoffversorgungsansprüche und pH-Bedürfnisse einiger Zierpflanzengattungen und -arten. H = hoch, M = mittel, G = gering

Gattung	Versorgungsanspruch	pH ($CaCl_2$)
Abitulon	M	5,0–6,0
Acanthus	M	5,5–6,5
Achimenes	M	5,5–6,5
Aconitum	M	5,0–6,0
Adiantum	G	5,0–6,0
Aechmea	M	5,5–6,5
Aeschynanthus	G	5,5–6,0
Allamanda	M	5,5–6,5
Allium	G	5,5–6,0
Alstroemeria	M	5,5–6,5
Anthurium	M	4,5–5,5
Antirrhinum	G	6,0–7,0
Aphelandra	M–H	5,0–6,0
Asparagus	H	6,0–6,5
Aster	G	6,0–6,5
Begonia-Elatior-Hybriden	M	5,0–5,5
Begonia glaucophylla	G	5,0–5,5
Begonia-Arten	G–M	5,0–6,0
Begonia-Rex-Hybriden	M	5,5–6,5
Bougainvillea	G–M	5,0–6,5
Browallia	G	5,0–6,0
Brunfelsia	M	5,5–6,5

Gattung	Versorgungsanspruch	pH ($CaCl_2$)
Bouvardia	M	5,5–6,5
Calceolaria	M	5,0–6,0
Calathea	M	5,0–6,0
Callistephus	G–M	5,0–6,5
Camellia	G	4,5–5,0
Campanula	G–M	5,0–6,0
Capsicum	M	5,0–6,0
Cattleya	G	5,0–5,5
Chrysanthemum	H	5,0–6,0
Clerodendrum	G–M	5,5–6,5
Codiaeum	M–H	5,5–6,0
Coleus	G–M	5,0–6,0
Columnea	G–M	5,5–6,5
Convallaria	M	5,0–6,5
Crossandra	M	5,5–6,5
Cryptanthus	G–M	5,0–6,0
Cyclamen	M	5,5–6,5
Cymbidium	M	5,0–6,0
Dahlia	G	5,0–6,0
Dendrobium	G	5,5–7,0
Dieffenbachia	M	5,0–6,0
Dipladenia	G–M	5,5–6,5
Echeveria	G–M	5,5–6,5
Erica	G	4,0–5,0
Euphorbia fulgens	G	6,0–6,5
Euphorbia milii	G–M	5,5–6,5
Euphorbia pulcherrima	M	5,5–6,5
Fatshedera, Fatsia	G–M	5,0–6,0
Ficus	M	5,5–6,5
Freesia	G–M	6,0–7,0
Forsythia	M	5,5–7,0
Fuchsia	M	6,0–7,0
Gerbera	M	5,0–6,0
Gladiolus	M	6,0–7,0
Gloriosa	M–H	5,5–6,5
Guzmania	G	6,0–6,5
Haemanthus	M	5,5–6,5
Hedera	G	5,5–6,5
Hibiscus	M	6,0–6,5
Hippeastrum	M	5,5–6,5
Hyacinthus	M	5,5–6,5
Hydrangea (blau)	H	4,0–4,5
Hydrangea (rot und weiß)	H	5,5–6,0

Gattung	Versorgungsanspruch	pH ($CaCl_2$)
Iris	M	5,0–6,0
Kalanchoë	G–M	5,5–6,5
Lathyrus	G	5,5–6,5
Liatris	M	5,0–6,5
Lilium	M	5,5–6,5
Limonium	M	5,5–6,5
Matthiola	M	5,0–6,0
Narcissus	M	6,0–7,0
Neoregelia	M	5,0–6,0
Neoregelia (Aussaat)		4,5–5,0
Nephrolepis	G–M	5,0–6,5
Nerine	G–M	6,0–7,0
Oncidium	G	5,5–6,5
Ornithogalum	G–M	5,0–6,5
Paenoia	M–H	5,5–7,0
Pachystachys	M	5,0–6,0
Paphiopedilum	G	4,5–5,5
Passiflora	M	5,5–6,5
Pelargonium	M–H	5,5–7,0
Peperomia	M	5,0–6,0
Phalaenopsis	G	5,0–6,0
Philodendron	G–M	5,0–6,5
Primula	G–M	6,0–7,0
Rhipsalidopis	G–M	5,5–6,5
Rhododendron	G–M	4,0–5,0
Rosa	M–H	5,0–6,0
Saintpaulia	M	5,5–7,0
Schizanthus	G–M	5,5–6,5
Schlumbergera	G–M	5,0–6,0
Senecio	M	6,0–7,0
Sinningia	G–M	5,5–6,5
Solanum	M	5,5–6,0
Stephanotis	G–M	5,5–6,5
Strelitzia	G–M	5,5–6,5
Streptocarpus	M–H	5,5–6,5
Thunbergia	M	5,5–6,5
Tillandsia	G	5,5–6,5
Tulipa	M	6,0–7,0
Vallota	G	6,5–7,0
Vanda	G	6,0–7,0
Vriesea	G	5,5–6,5
Zantedeschia	M	5,5–6,5
Zinnia	M	5,5–6,5

Tab. 153. N-Entzug verschiedener Topfpflanzen und Schnittblumen (aus JANSEN et al. 1984)

	mg N/Pflanze
Saintpaulia	80–200
Primula vulgaris	80–200
Begonia-Elatior-Hybriden	400–600
Cyclamen	450–600
Pelargonium-Zonale-Hybriden	500–600
Euphorbia pulcherrima (Mehrtrieber)	400–700
Chrysanthemum-Indicum-Hybriden	400–700
	g N/m^2
Rosen, Gewächshauskultur (ganzjährig)	30–40
Miniaturnelken (Kurzkultur)	30
Edelnelken (ganzjährig)	50–60
Gerbera (ganzjährig)	40–50
Chrysanthemen (Schnitt)	25

Die N-Entzüge verschiedener Topfpflanzen und Schnittblumen gehen aus Tab. 153 hervor. Die zeitliche Nährstoffaufnahme von Zierpflanzen mit unterschiedlichem Wachstumsverlauf läßt sich aus Abb. 110 entnehmen.

2.3.2.1 Düngung der Mutterpflanzen

In diesem Abschnitt werden lediglich die besonderen Düngemaßnahmen für die Mutterpflanzen besprochen. Es kann davon ausgegangen werden, daß die Ansprüche an Boden oder Substrat sowie das Wasser und seine Qualität und gegebenenfalls die CO_2-Düngung etwa denen für Topf- oder Schnittkulturen entsprechen.

Substrate für die Mutterpflanzenkultur sollten wegen der langen Kulturdauer wenig zur Mineralisation neigen und nach Beimischung von Substratverbesserungsmitteln (Styropor) einen hohen Luftporenvolumenanteil besitzen. Die Düngung der Mutterpflanzen erfordert deshalb besondere Kenntnisse, weil durch ständige Kontrolle während der verhältnismäßig langen Kulturperiode eine dem möglichen Wachstum der Pflanzen angepaßte Düngung verabfolgt werden muß. Die Salzanreicherungen im Substrat, entweder aus Ballaststoffen der Dünger oder dem Gießwasser, sind, wie Erfahrungen aus der Praxis zeigen, teilweise erheblich.

Aphelandra

Mutterpflanzen von *Aphelandra* werden in der Regel in Eimern oder ausgepflanzt kultiviert. Die Düngerzufuhr ist bei ganzjähriger Kultur mit etwa 20 mg N, 15 mg K, 5 mg P, 5 mg Mg und 5 mg Ca/l Substrat und Woche vorzunehmen, wenn in Töpfen (1 l Inhalt) kultiviert wird.

In der Praxis ist die Düngung so durchzuführen, daß pro Woche etwa 50 ml einer 2- bis 3‰igen MND-Lösung (z. B. 15/11/15)/l Substrat ausgebracht werden. Die Zugabe von Spurenelementen kann als Grunddüngung oder mit den Nachdüngungen erfolgen. Überhöhte N-Gaben wirken sich besonders nachteilig auf den Stecklingsertrag und die Qualität aus, wenn damit zu geringe Lichtmengen verbunden sind.

Die Düngung der Mutterpflanzen ist auch an deren Standweite zu orientieren. Im allgemeinen werden bei etwa 20 Pflanzen/m^2 70 bis 100 mg N/Pflanze und Woche bei ausgepflanzten Kulturen zu verabreichen sein.

Aphelandra-Mutterpflanzen sind mit einem Gemisch aus jeweils 50% NO_3-N und 50% NH_4-N zu düngen. Die Anwendung von reinen NH_4-Düngern (z. B. Ammoniumsulfat) oder reinen NO_3-Düngern (z. B. Kalksalpeter) ist wegen der damit verbundenen Ertragseinbuße an Stecklingen zu vermeiden. Nitratgehalte der Stecklinge von > 0,25% NO_3-N in der Trockensubstanz lassen auf eine geringe Qualität schließen.

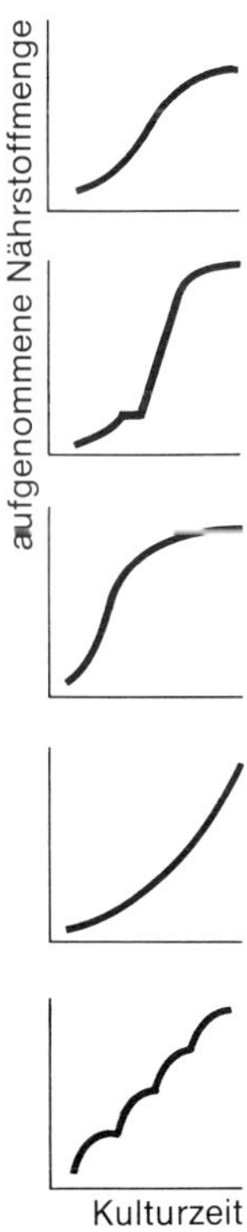

Merkmale	Beispiele	zeitl. Nährstoff-Bedarf
Normal-verlauf	Cyclamen Begonien Primeln Saintpaulien	normal dreiphasig
Entspitzen Mehrtriebig-keit	Chrysanth. Poinsettien Nelken	verstärkt bei Durchtrieb
Ende des vegetativen Wachstums mit Blüten-bildung	Brunfelsia Poinsettien Kalanchoe Chrysanth.	niedrig bei Blüten-entwicklung
ständiges vegetatives Wachstum	Gerbera Grünpflanzen Pelargonien	ständig steigend
Ernte von Floren	Rosen Nelken	periodisch wechselnd

Abb. 110. Zeitliche Nährstoffaufnahme von Zierpflanzen mit unterschiedlichem Wachstumsverlauf (aus JANSEN et al. 1984).

Begonia (Elatior-Begonien)

Die Kultur der Mutterpflanzen von Elatiorbegonien wird in Töpfen durchgeführt. Wegen der verhältnismäßig langen Standzeit der Mutterpflanzen und der mittleren Nährstoffbedürftigkeit ist darauf zu achten, daß die Pflanzen nicht durch überhöhte Nährstoffgaben geschädigt und in ihrer Produktivität beeinträchtigt werden.

Erfahrungswerte zeigen, daß die Ausbringung von einer 2‰igen MND-Lösung (15/11/15) mit etwa 50 ml/Topf und Düngung 1- bis 2mal wöchentlich (der Lichtintensität angepaßt) ausreicht.

Chrysanthemum

Chrysanthemen gehören zu den relativ stark zehrenden Pflanzen. Da auch die Kultur der Mutterpflanzen wegen zu erwartender Abbauerscheinungen zeitlich begrenzt ist, muß der Düngung verstärkt Aufmerksamkeit innerhalb der 3- bis 4monatigen Ernteperiode geschenkt werden.

Zwischen der Pflanzdichte der Mutterpflanzen, der Düngung, der Menge und Qualität an Stecklingen besteht eine enge Beziehung. So kann die Qualität der Stecklinge bei geringen Bestandesdichten und mittlerer Düngungshöhe sehr hoch sein, während die Erntemenge gering ist. Aus diesem Grunde sollten für die Mutterpflanzen zur Erzielung hoher Mengen und Qualität an Stecklingen etwa 20 mg N/l Substrat und Woche (im Winter 10 mg N, im Sommer 40 mg) verabreicht werden.

Die Bestandesdichte sollte bei dieser Düngeintensität im Sommer bei etwa 90 Pflanzen, im Winter bei etwa 60 bis 70 Pflanzen/m^2 liegen. Die Düngung kann während der gesamten Kulturperiode bei ausreichenden Lichtverhältnissen (> 10000 Lux) mit einem ausgeglichenen MND (15/11/15) erfolgen. Für die Düngung sollten möglichst ballastarme MND verwendet werden, weil die Kulturdauer auch durch die Anreicherung von Nebenbestandteilen aus Dünger und Wasser begrenzt zu werden scheint. Der Versorgung mit Mikronährstoffen kommt insofern eine große Bedeutung zu, als manche Sorten bei pH-Werten >6,0 bis 6,5 Fe-Mangel zeigen. Aus diesem Grunde ist anzuraten, das Substrat auf höchstens pH 5,5 aufzukalken und daneben Düngemittel zu verwenden, die gleiche Anteile von NH_4-N und NO_3-N haben.

Die Lagerfähigkeit und damit die Qualität der Stecklinge wird ganz erheblich von der K-Versorgung der Pflanzen beeinflußt. Mit zunehmender K-Versorgung steigt die Qualität (Lagerfähigkeit und Bewurzelung). Aus diesem Grunde ist besonders bei Kultur in der lichtarmen Jahreszeit ein stärker K-haltiger K-Dünger (15/11/15, 15/5/25) zu verwenden. Die Bewurzelung der Stecklinge steht in enger positiver Beziehung zum Gehalt an löslichen KH und in negativer zu dem an N. D. h., der Gehalt an löslichen KH sollte durch verstärkte K-Düngung erhöht und der an N durch Verminderung der N-Zufuhr erniedrigt werden. Die Wasserversorgung der Mutterpflanzen ist während der gesamten Kulturzeit mit etwa 80 bis 90% der maximalen Wasserkapazität im Substrat sicherzustellen.

Dianthus

Die Ansprüche der Mutterpflanzen von Nelken sind etwa denen beim Schnittblumenanbau gleichzusetzen. Zu beachten ist, daß auch hier eine der Beleuchtungsstärke angepaßte Düngung erfolgt. In den lichtärmeren Winter-, Frühjahrs- und

Herbstmonaten sind bei Kultur in Trogbeeten etwa 10 bis 20mg N/l Substrat und Woche zu geben, während die N-Menge im Sommer auf etwa 40 bis 60mg N gesteigert werden kann. Empfehlenswert sind MND-Gaben mit ausgeglichenem Nährstoffverhältnis (15/11/15) und N-betontem (20/5/10) im Wechsel. Bei Produktion von Stecklingen im Mittelmeerraum können unter Umständen höhere N- und K-Mengen appliziert werden. Auch bei Mutterpflanzenkultur ist eine ausreichende Wasserversorgung in der gleichen Größenordnung wie für die Schnittkultur notwendig.

Euphorbia pulcherrima

Die Düngung der Poinsettien-Mutterpflanzen erfordert wegen der relativen Salzempfindlichkeit der Pflanzen besondere Vorsicht bei der Düngung. So sind insbesondere in der lichtarmen Jahreszeit Mutterpflanzen mit nur 5mg N/l Substrat und Woche zu versorgen. In der Hauptwachstumszeit hingegen können ohne weiteres N-Mengen von 20 bis 40mg N/l Substrat und Woche gegeben werden. Hierbei sind ausgeglichene MND (15/11/15) zu verwenden. Trotz der relativ kurzen Kulturzeit der Mutterpflanzen ist darauf zu achten, daß gut durchlüftete Substrate verwendet werden. Auch der pH-Wert des Substrates ist wegen der Möglichkeit von Mo-Mangel im Bereich von pH 6,0 bis 6,5 zu halten.

Die Qualität der Stecklinge wird durch zu hohe N-Gaben negativ beeinflußt. Die Bewurzelungsfähigkeit ist in besonders starkem Maße vom Ausgangsgewicht des Stecklings abhängig. Das Stecklingsgewicht wirkt sich auch auf den späteren Zuwachs der daraus angezogenen Pflanze aus. Der Anbau auf Steinwolle (Hydrokultur) ist möglich.

Hydrangea

Für die Mutterpflanzenkultur von Hortensien sind, ähnlich wie bei Poinsettien, der Jahreszeit angepaßte Düngergaben erforderlich. Da Hortensien zu den relativ nährstoffbedürftigen Pflanzen gehoren, können während der Zeit hoher Einstrahlung etwa 40 bis 60mg N/l Substrat und Woche gedüngt werden. Die Düngung kann mit ausgeglichenen MND (15/11/15) im Wechsel mit N-betonten (20/5/10) durchgeführt werden. Die Höhe der Düngung ist sortenabhängig.

Bei der Kultur von Mutterpflanzen in der lichtarmen Jahreszeit sind die Nährstoffmengen erheblich zu reduzieren auf etwa 10mg N/l Substrat und Woche. Bei zu starker N-Düngung nimmt die Bewurzelungsfähigkeit der Stecklinge erheblich ab. Die pH-Werte des Substrates sind auf etwa 5,0 bis 6,0 einzustellen. Pflanzen blaublühender Sorten sind bei tiefem pH (4,0 bis 5,0) zu kultivieren. Sie erhalten bereits die notwendigen Al-Gaben (siehe Abschnitt 2.3.2.3). Bei Kultur der Mutterpflanzen in Eimern ist wegen der Salzanreicherung aus Düngern und Gießwasser die Kulturzeit auf etwa 1 Jahr zu begrenzen. Die zu verwendenden Substrate entsprechen denen bei der Topfkultur.

Pelargonium

Die Düngung der Pelargonienmutterpflanzen erfordert, noch mehr als die der Hortensien, eine Anpassung an die vorherrschende Beleuchtungsstärke. Stark wachsende Sorten, z.B. ‚Empress', können in den lichtreichen Sommermonaten mit N-Gaben von mehr als 100mg N/l Substrat und Woche als MND versorgt werden. Zweckmäßigerweise ist auch hier ein Wechsel von N-betonten und ausgeglichenen MND vorzunehmen. Für die meisten Sorten der Pelargonienarten reichen in der lichtreichen Jahreszeit 60 mg N/l Substrat und Woche aus.

Bei Mutterpflanzenkultur im Winter ist die Düngung stark einzuschränken und auf höchstens 10 mg N/l Substrat und Woche zu reduzieren. In den Übergangsmonaten sind N-Gaben von 20 bis 30 mg N/l Substrat und Woche anzustreben. Die Mutterpflanzen der Pelargonium-Peltatum-Hybriden sind in der Regel nicht so N-bedürftig wie die der Pelargonium-Zonale-Hybriden und Pelargonium-Grandiflorum-Hybriden. Die Versorgung mit Nährstoffen, insbesondere mit N, wirkt sich sehr stark auf die Bewurzelungs- und Lagerfähigkeit der Stecklinge aus. Die N-Unterversorgung verursacht einen geringen Mengenertrag, wohingegen eine N-Überversorgung die Qualität (Bewurzelung) vermindert.

Als Substrat kann das gleiche wie für die Fertigkulturen verwendet werden.

Rhododendron simsii

Sollen Stecklinge von Mutterpflanzen in herkömmlicher Weise geerntet werden, so sind sie wie Pflanzen, die zur Blüte gebracht werden, zu behandeln und auch so zu düngen. Hierbei sind allerdings N-betonte MND anzuwenden. Wegen des relativ hohen Ca-Bedarfes von Azaleen sollte darauf geachtet werden, daß auch die Mutterpflanzen ausreichend mit diesem Nährstoff versorgt werden. Hierzu sollte das Gießwasser mit H_2SO_4 auf einen pH-Wert von 4,5 angesäuert werden. Die Ausfällung von Ca mit Oxalsäure ist wegen des Ca-Verlustes nicht zu empfehlen.

Bei der Mutterpflanzenanzucht aus relativ jungen Pflanzen können durch eine dem Wachstum der Pflanzen angepaßte Düngung etwa 3mal so viele steckfähige Stecklinge/m^2 und Jahr geerntet werden, wie nach der Methode, bei der ältere Mutterpflanzen verwendet werden. Bei diesem Verfahren werden die Mutterpflanzen während einer etwa 2,5monatigen Anzuchtphase in leicht aufgekalktem Weißtorf (1 g $CaCO_3$/l, pH 4,5) bewurzelt. Nach dem Pikieren werden sie mit einer 0,5‰igen Lösung eines MND (20/5/10) 2mal versorgt und später gestutzt. Etwa 6 Wochen nach dem Stutzen erfolgen 4 Düngungen im wöchentlichen Abstand mit etwa 50 bis 100 mg N und 50 bis 100 mg K_2O/l Substrat. Eine Mutterpflanze wächst in 300 ml Substrat. Diese Düngung kann mit einem ausgeglichenen MND (15/11/15) erfolgen. Etwa 3 bis 4 Wochen nach der letzten Düngung von insgesamt 4 Düngungen können dann die Stecklinge entnommen werden. Eine zweite Stecklingsernte von diesen Pflanzen kann etwa 3 Monate später und mit nochmaligem Einsatz der zuvor genannten Düngermenge gewonnen werden. Nach dieser zweiten Ernte sind die Mutterpflanzen noch als Rohware verwendungsfähig. Die Stecklinge lassen sich in ihrer Qualität nach Gewicht und dem Mineralstoffgehalt beurteilen. So kann mit günstigen Anwuchsergebnissen gerechnet werden, wenn in der Trockensubstanz der Stecklinge etwa 2,0 bis 2,5% N enthalten sind. Die K-Gehalte können zwischen 1,0 bis 1,7% K in der Trockensubstanz überwiegend sortenbedingt schwanken.

Insbesondere bei der Mutterpflanzenkultur ist darauf zu achten, daß bei der gesamten Kulturzeit pH-Werte im Substrat von 4,0 bis 4,5 aufrecht erhalten werden. Vom Kalk- und Salzgehalt des Gießwassers können die Mutterpflanzen besonders durch pH-Wert-Erhöhung latent und akut geschädigt werden. Bei der Kultur der Mutterpflanzen sind, wie bei der Fertigkultur, sehr salzarme Gießwässer zu verwenden.

Saintpaulia
Die Mutterpflanzen der Usambaraveilchen sollten während der etwa 10monatigen Kulturzeit leicht N-betont ernährt werden. Hierzu sind MND der Zusammensetzung 15/11/15 im Wechsel mit 20/5/10 anzuwenden.

Wegen der nicht sehr hohen Düngebedürftigkeit reichen wöchentliche N-Gaben von etwa 20 mg N/l Substrat aus. Im Winter sind diese Gaben gegebenenfalls zu reduzieren. In der Praxis kann mit 1- bis 2‰igen MND-Lösungen die Ernährung der Mutterpflanzen sichergestellt werden. Anzustreben ist für die Kultur der Mutterpflanzen ein pH-Wert von etwa 6,0 bis 6,5 da sonst einige salzempfindliche Sorten einen geringeren Stecklingsertrag erbringen. Insofern ist hier die Anwendung von kalkhaltigem Wasser sogar anzuraten.

2.3.2.2 Schnittblumen und Schnittgrün

Asparagus
Die Kultur von *Asparagus setaceus* und *A. densiflorus* erfordert bei Anbau in Boden und in Gefäßen ein gut dränendes, humusreiches Substrat. Dem Boden ist zu diesem Zwecke organische Substanz in Form von Stalldünger, 15 bis 20 l Torf oder Styromull/m^2, zuzuführen. Asparagus densiflorus kann auch in schweren Böden und Substraten kultiviert werden. Der Anbau von *Asparagus* ist ebenfalls in Torf-Styromull-Gemischen (6 : 1 nach Volumen) möglich. Darüber hinaus besteht die Möglichkeit, *Asparagus* zur Schnittgrüngewinnung in Hydrokultur anzubauen (s. Abschnitt 1.6).

Asparagus zählt zu den starkzehrenden Zierpflanzen. Deshalb liegen die bei Beginn der Kultur anzustrebenden Bereiche der Nährstoffversorgung bei 280 bis 420 mg N, 200 bis 300 mg P_2O_5, 400 bis 600 mg K_2O und 120 bis 200 mg Mg/l Substrat. Es können damit 2 bis 3 g lösliche Salze/l Substrat vorhanden sein.

Die Menge entspricht gleichzeitig der Grunddüngung. Es ist ein pH-Wert von 6 bis 6,5 anzustreben. Bei Kultur in Torf kann dieser wegen der bei Langzeitkultur einsetzenden Mineralisierung und pH-Anhebung durch Gießwasser bei 5 bis 6 liegen. Die Nachdüngungen sollten mit 3 bis 6‰ einmal wöchentlich erfolgen. Zur Schnittgrüngewinnung sind N-betonte MND (20/5/10) zu verwenden. Möglich ist auch die zwischenzeitliche Anwendung von NH_4-N- oder NO_3-N-haltigen N-Düngern (z. B. 1 bis 3‰ Kalksalpeter oder Ammoniumsulfat). Bei der Kultur in Gefäßen kann unter Umständen der Gehalt des Substrates an wasserlöslichen Salzen Aufschluß über den Versorgungszustand der Kulturen geben. Genauere Informationen sind ebenfalls über die Blattanalyse zu gewinnen.

Bei Kultur im gewachsenen Boden hingegen sind während der laufenden Wachstumsperiode etwa 100 bis 200 mg N, 200 bis 300 mg P_2O_5, 400 bis 600 mg K_2O und 120 bis 200 mg Mg/l Substrat anzustreben. Zur ausreichenden Versorgung mit Wasser sind 70 bis 80 % der Feldkapazität im Boden zu halten. An die Qualität des Wassers sind keine sehr hohen Ansprüche zu stellen. Das Gießwasser kann deshalb die maximal in der Tab. 44 angegebenen Werte an Salzen und Härtegraden enthalten.

Eine zusätzliche Erhöhung des Ertrages und der Qualität ist unter Umständen möglich durch CO_2-Düngung, insbesondere in den Frühjahrs- und Herbstmonaten. Hierzu sind 1000 bis 1200 ppm (0,1 bis 0,12 Vol.-%) 4 bis 5 Stunden lang morgens empfehlenswert.

Chrysanthemum

Für die Kultur von Schnittchrysanthemen ist der Boden der Beete tiefgründig zu lockern und mit organischer Substanz (Torf etwa 20 l/m^2 oder Styromull 20 bis 40 l/m^2) zu verbessern.

Chrysanthemen gehören zur Gruppe der starkzehrenden Pflanzen. Der Nährstoffentzug ist unter anderem abhängig von Sorte, Jahreszeit und Pflanzdichte. Entsprechend dem Wachstumsrhythmus der Pflanzen ist der Nährstoffbedarf in der ersten Hälfte der Kurztagperiode am höchsten. Zu Beginn der Kultur sind etwa 280 bis 420 mg N, 200 bis 300 mg P_2O_5, 400 bis 600 mg K_2O und 120 bis 200 mg Mg/l Substrat erforderlich. Mit der Grunddüngung können etwa 2 bis 3 g wasserlösliche Salze/l Substrat vorliegen.

Während der Kultur sind im Substrat bis etwa zur Mitte der Kurztagperiode 100 bis 200 mg N und die zuvor genannten Werte an P_2O_5, K_2O und Mg einzuhalten. Entsprechend diesem hohen Bedarf in relativ kurzer Zeit hat eine regelmäßige

Abb. 111. Düngungsversuch zu Chrysanthemen „Mefo". Vorne ungedüngt, hinten 100 kg N/ha.

Flüssigdüngung mit N:K-betonten MND (15/11/15 oder 15/5/25) 2- bis 3mal wöchentlich, im Sommer 4 bis 5‰ und im Winter 2 bis 3‰ zu erfolgen. Die pH-Werte des Bodens bzw. Substrates sollten durch Aufkalkung auf etwa 5 bis 6 eingestellt werden. Einige Sorten reagieren bei pH > 6,5 mit ausgeprägtem Fe-Mangel. Während der Kulturzeit sind etwa 80% der maximalen Feldkapazität im Boden zu halten. Die Gießwässer sollten höchstens die für salzverträgliche Pflanzen angegebenen Richtwerte beitzen (s. Tab. 44).
Die Wirksamkeit einer CO_2-Düngung dürfte wahrscheinlich in den Herbst- und Frühjahrsmonaten am größten sein. Die Konzentration sollte dann etwa 1000 ppm (0,1 Vol.-%) betragen.

Cymbidium
Für die Kultur von Cymbidien sind Substrate mit einem hohen Anteil luftführender Grobporen und guter Drainage erforderlich. Hierzu sind Gemische aus groben Torfstücken (2 bis 4cm Durchmesser), Torffasern und Styropor (1 : 1 : 1 Vol.) geeignet. Darüber hinaus werden auch Mischungen aus Rindensubstrat, Torf und Styropor verwendet. Zur Erhöhung der Drainage sind die Pflanzgefäße seitlich und unten möglichst offen zu halten (Körbe). Cymbidien gehören zur Gruppe der nährstoffverträglichen Kulturen. Aus diesem Grunde kann mit jedem Umpflanzen älterer Pflanzen eine Grunddüngung von 2g/l Substrat eines ausgeglichenen MND (15/11/15) durchgeführt werden.

Die Substrate sind auf einen pH-Wert von 5 bis 6 aufzukalken. Zu Beginn der Kultur sollten für ältere Pflanzen 140 bis 280mg N, 100 bis 200mg P_2O_5, 200 bis 400mg K_2O, 60 bis 120mg Mg und 1 bis 2g wasserlösliche Salze/l Substrat vorliegen. Die Nachdüngung kann in wöchentlichem Abstand im Sommer mit etwa 1 bis 3‰, im Winter etwa alle 2 bis 4 Wochen mit 1‰ vorgenommen werden. Möglich ist auch eine Düngung in kürzeren Zeitabständen mit Konzentrationen von 0,5 bis 1‰. Eine zu stark N-betonte Düngung ruft unter Umständen eine Verzögerung der Blütenbildung hervor.

Da Cymbidien im Sommer im Freien häufig unter Sprühnebel kultiviert werden, sind an die Wasserqualität Mindestansprüche zu stellen. Das Sprühwasser sollte deshalb <10 °dH Gesamthärte enthalten, um Blattflecken zu vermeiden. Das Gießwassser hingegen kann bis zu 500mg Gesamtsalz, 100mg Cl, 100mg Na, 200mg SO_4, 12 °dH Gesamthärte (davon 8 °dH Karbonathärte), 1mg Fe und 0,5mg B/l Wasser enthalten. Die Beschaffenheit des Wassers sollte ständig kontrolliert werden. Die Anwendung der CO_2-Düngung (1000 bis 1200ppm) dürfte in erster Linie für die Jungpflanzen erfolgversprechend sein.

Dianthus
Für den Anbau von Nelken unter Glas ist die Bodenart von relativ geringer Bedeutung. Wichtig ist, daß die Böden mindestens 10% Luftporen aufweisen. Dieses kann bei schweren Böden durch Beimischen organischer Substanz erreicht werden (Torf, Styromull, s. *Chrysanthemum*). Der pH-Wert des Substrates kann zwischen 5,5 bis 7 liegen, ohne daß bedeutende Ertragsänderungen auftreten. Die ausreichende Versorgung der Nelken mit Nährstoffen ist außerordentlich wichtig, da sie zu den starkzehrenden Kulturen gehören. Eine laufende Kontrolle der Gehalte im Boden ist daher erforderlich. Zu Beginn der Kultur sollten 280 bis

420 mg N, 200 bis 300 mg P_2O_5, 400 bis 600 mg K_2O, 120 bis 200 mg Mg und 2 bis 3 g wasserlösliche Salze/l Substrat vorliegen. Während der Kultur hingegen sind die zuvor genannten P_2O_5- und K_2O-Gehalte und etwa 100 bis 200 mg N/l Substrat aufrecht zu halten.

In den Wintermonaten können die Nährstoffgehalte im Substrat nur etwa die Hälfte der zuvor angegebenen Werte betragen. Nach amerikanischen Untersuchungen (GREEN und HOLLEY 1974) sind in Perioden mit hoher Sonneneinstrahlung Nitrate zu düngen, während bei geringer Einstrahlung etwa ⅓ NH_4-N und ⅔ NO_3-N gegeben werden sollte.

Auch bei der Kultur in Trogbeeten können 2,0 bis 3,0 g MND/l Substrat (ungedüngt) zugegeben werden. Die Substratuntersuchungen, insbesondere für die Nachdüngung, haben etwa alle 8 bis 10 Wochen zu erfolgen. Eine wöchentliche Nachdüngung kann mit etwa 3 bis 6‰ vorgenommen werden. Die mit der Bewässerung durchgeführte Nachdüngung ist jedoch auf höchstens 1‰ zu begrenzen. Bei der Bewässerungsnachdüngung kann zusätzlich die Grunddüngung erheblich eingeschränkt werden und eine N-Grunddüngung sogar gänzlich entfallen.

Neben der Anzucht in herkömmlichen Böden und Substraten ist die Kultur der Nelken auch im Hydrokulturverfahren möglich. Als Trägersubstrat kommen hierfür in erster Linie Steinwolle und gegebenenfalls andere, im Abschnitt 1.1.2.4 genannte Stoffe, in Frage.

Besondere Bedeutung kommt der Versorgung der Nelken mit Spurennährstoffen zu. Eine weitverbreitete Krankheit ist das Aufplatzen der Blütenkelche infolge B-Mangels. Dieser Mangel kann unter Umständen durch Verwendung von Stadt- oder Müllkomposten als Substratverbesserungsmittel bekämpft werden. An die Qualität des Wassers sind nur dann hohe Anforderungen zu stellen, wenn Nelkenjungpflanzen oder knospige Bestände über Kopf bewässert werden (< 10 °dH Gesamthärte). Die Nelken werden in der Regel von unten bewässert und haben je nach Jahreszeit einen unterschiedlich hohen Wasserbedarf. Er beträgt in den Sommermonaten etwa 90 bis 100 mm/Monat und in den Wintermonaten nur etwa 10 bis 20 mm/Monat. Die Wasserversorgung ist der Beleuchtungsstärke anzupassen. Bei Ganzjahres- oder längerer Kultur werden 600 bis 700 mm/Jahr benötigt. Wegen der relativ geringen Salzempfindlichkeit der Nelken kann Wasser zum Gießen verwendet werden, das jeweils nicht mehr als 1000 mg Gesamtsalz, 300 mg Cl, 150 mg Na, 300 mg SO_4, 30 °dH Gesamthärte (davon 25 °dH Karbonathärte), 1 mg Fe und 0,5 mg B/l enthält. Bei Verwendung von Gießwasser, das diesen Werten nahe kommt, ist die in dem Gießwasser enthaltene Salzmenge bei der Gesamtsalzmenge im Substrat zu berücksichtigen.

Die zusätzliche Düngung mit CO_2 ist vermutlich auf die Winter-, Frühjahrs- und Herbstmonate zu beschränken, weil die Gewächshäuser im Sommer zur Vermeidung von starken Temperaturschwankungen gelüftet werden müssen. Die Konzentration des CO_2 ist bei der Anwendung auf 1000 ppm festzulegen.

Gerbera

Sowohl die Vermehrung als auch die Kultur von *Gerbera* erfordern humusreiche, lockere und durchläßige Substrate und Böden. Für die Aussaat und die vegetative Vermehrung sind sowohl aufgekalkte Torfe, Torf-Sand-Gemische als auch TKS I geeignet. Die Stecklingsbewurzelung kann auch in TKS Spezial vorgenommen werden. Bei Kultur auf Grundbeeten ist in jedem Fall eine Verbesserung des Substrates mit Torfen anzuraten. Soll hingegen in Bank- oder Trogbeeten bzw. im Container kultiviert werden, so sind hierfür Einheitserde T und P, vermischt mit Torf oder Hygromull (20 Vol.-%), oder TKS I geeignet. Der pH-Wert für die Pflanzen kann zwischen 5 bis 6 liegen. Bei pH-Werten > 6 muß unter Umständen mit Mikronährstoffmangel gerechnet werden. *Gerbera* haben mittlere Nährstoffansprüche. Entsprechend sind zu Beginn der Kultur höchstens 140 bis 280 mg N, 100 bis 200 mg P_2O_5, 200 bis 400 mg K_2O, 60 bis 120 mg Mg und 1 bis 2 g wasserlösliche Salze/l Substrat einzustellen. In den Wintermonaten, bei Jungpflanzen und unter Schwachlichtbedingungen, sind die geringeren Gehaltswerte anzustreben. Die flüssige Nachdüngung kann mit einer Konzentration von 1 bis 4‰ erfolgen. Beleuchtungsstärke und Pflanzenalter sind bei der Nachdüngung zu berücksichtigen. So sind in den ersten beiden Anbaujahren 1 bis 2‰ empfehlenswert, während die höheren Konzentrationen erst später gelten können. Insgesamt sind pro m^2 und Jahr etwa 100 g N, 30 g P_2O_5 und 80 g K_2O auszubringen. Die Pflanzen reagieren offensichtlich empfindlich auf NH_4-haltige Düngemittel. Der zeitliche Verlauf der Nährstoffaufnahme ist, wie aus Abb. 112 hervorgeht, abhängig von Pflanzengröße und Jahreszeit.

Die Kultur von *Gerbera* kann auch in Hydrokultur durchgeführt werden. Hierfür sind die bei den Nelken genannten Substrate zu verwenden. Die Versorgung der

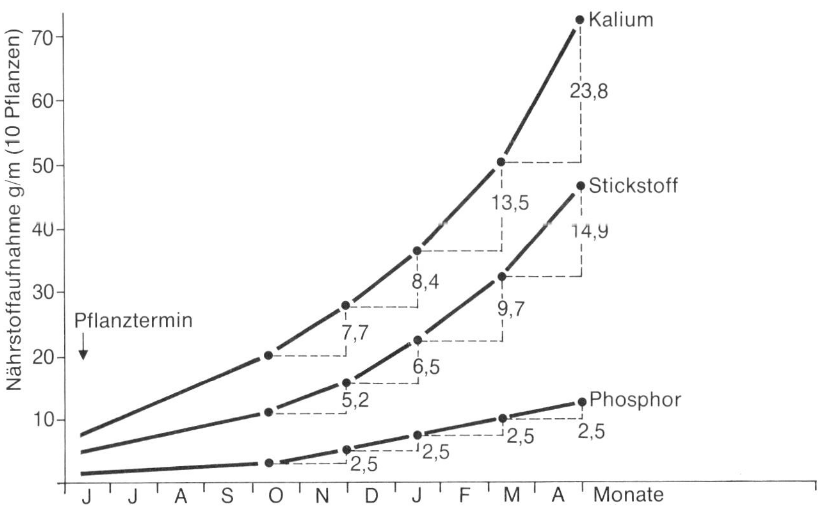

3,1 5,3	3,3 4,4	4,4 6,1	4,2 10,4	11,0 17,3	g N Aufnahme g K_2O pro m^2/Monat
4 5			8 10	12 20	g N empf. Düngung g K_2O pro m^2/Monat

Abb. 112. Nährstoffaufnahme von *Gerbera* mit entsprechender Düngungsempfehlung (nach MOULINIER und MONTARONE 1978, aus JANSEN et al. 1984).

Pflanzen mit Spurenelementen kann mit der Grunddüngung durchgeführt werden oder auch während der Kultur für sich allein oder kombiniert mit MND. N-Überdüngung sollte vermieden werden, da hierdurch die Haltbarkeit in der Vase nachteilig beeinflußt werden kann.

Die Bewässerung der *Gerbera* stellt an den Kultivateur große Anforderungen. Die Wassergaben sind an trüben Tagen erheblich geringer als an sonnigen. Es kann angenommen werden, daß der Wassergehalt der Substrate während der Kultur etwa 80% der Feldkapazität betragen sollte. Da *Gerbera* zu den Pflanzen mit mittlerer Salzverträglichkeit zählt, dürfen die Gießwässer maximal 750 mg Gesamtsalz, 200 mg Cl, 150 mg Na, 250 mg SO_4, 20 °dH Gesamthärte, davon 15 °dH Karbonathärte, 1 mg Fe und 0,5 mg B/l enthalten.

Die Anwendung der CO_2-Düngung ist auch bei *Gerbera* an hohe Beleuchtungsstärken geknüpft. Außerdem scheinen die Klone unterschiedlich auf zusätzliche CO_2-Gaben zu reagieren. Die Konzentrationen können bis 800 ppm reichen, weil einige Sorten offenbar negativ auf höhere CO_2-Konzentrationen reagieren.

Gladiolus und Iris

Für die Kultur beider Pflanzenarten werden lockere, leicht durchlässige, gegebenenfalls mit Torf verbesserte Böden und Substrate bevorzugt. Der Gehalt des Substrates an Nährstoffen ist so wie bei *Gerbera* einzustellen. Eine Nachdüngung kann bei *Gladiolus* mit K-betonten MND (5 bis 7 kg/100 m^2) erfolgen. Bei *Iris* hingegen sind nach der Einstellung des Substrates auf die genannten Richtwerte keine weiteren Düngergaben mehr erforderlich. Allenfalls sind 1 bis 2 kg Kalkammonsalpeter/100 m^2 auszustreuen und einzuwässern. Flüssige Nachdüngungen mit an die Beleuchtungsstärke angepaßten Konzentrationen von 1 bis 4‰ sind dann empfehlenswert, wenn die Zwiebeln oder Knollen wiederverwendet werden sollen. Die Ansprüche an die Gießwasserqualität entsprechen denen der *Gerbera*.

Bei *Iris* sind die Nährelementgehalte des Substrates zu Beginn der Kultur um etwa 50% zu vermindern, da sie als salzempfindlich gelten.

Der Wasserbedarf der Gladiolen ist relativ hoch. Bis zu einer Austriebshöhe von 20 cm muß der Boden sehr feucht gehalten werden. Die Bodenfeuchtigkeit ist nach Möglichkeit auf 80 bis 100% der maximalen Feldkapazität einzustellen. Die Kultur der *Iris* hingegen kann bei etwa 80% der maximalen Feldkapazität durchgeführt werden.

Lilium-Arten

Die Substrate und Erden für die Lilienkultur sollten locker und gut wasserdurchlässig sein. Zur Kultur geeignet sind insbesondere torfhaltige Substrate (E-Erde T, TKS II). In Trogbeeten oder bei Auspflanzung in den Boden ist sandig-lehmiger Sand zu bevorzugen. Der pH-Wert der Substrate kann etwa 5,5 bis 6,5 betragen. Lilien zählen zu den Kulturen mit mittlerem Nährstoffbedarf. Aus diesem Grunde ist das Substrat oder Boden zu Beginn der Kultur mit 140 bis 280 mg N, 100 bis 200 mg P_2O_5, 200 bis 400 mg K_2O, 60 bis 120 mg Mg und 1 bis 2 g wasserlösliche Salze/l Substrat zu versorgen. Lilien können außerdem statt dessen eine organische Grunddüngung (Stallmist 1 bis 1,5 m^3/100 m^2) und dazu etwa 3 bis 4 kg/100 m^2 eines K-betonten MND erhalten.

Wird ohne organische Düngung kultiviert, so sind etwa 6 bis 8 kg MND/100 m^2 zu verabreichen, wovon eine Hälfte nach dem Pflanzen und die andere Hälfte 3 bis 4 Wochen nach dem Austrieb zu geben ist. Ferner sind etwa 3 Wochen vor der Blüte 2 kg Kalkammonsalpeter/100 m^2 auszubringen. Bei Ausbringung dieses Düngers ist gleichzeitig zu wässern, um Versalzungsschäden zu verhindern. Während der Kultur, insbesondere bei der Topfkultur, kann in 14tägigen Abständen, etwa 4 Wochen nach dem Pflanzen beginnend und der Beleuchtungsstärke angepaßt, mit 1- bis 4%igen MND-Lösungen nachgedüngt werden. Die zur Nachdüngung verwendeten MND sollten Spurenelemente enthalten, insbesondere aber Mg und Fe. Einem Mangel an diesen Nährstoffen kann durch Einhalten des angegebenen pH-Bereiches entgegengewirkt werden. Die Kultur der Lilien erfordert eine regelmäßige Bewässerung. Nach dem Austrieb der Zwiebeln hat diese allerdings nur noch morgens zu erfolgen, damit diese über Tage abtrocknen können. Die Ansprüche an das Gießwasser entsprechen denen von *Gerbera.*

Narcissus

Für die Narzissentreiberei und -kultur sind durchlässige, aber feuchtigkeitshaltende Böden und Substrate notwendig. Eine Düngung während der Treiberei entfällt. Der pH-Wert des Substrates sollte jedoch im Bereich von 6 bis 7 liegen. Es ist davon auszugehen, daß Narzissen während der Aufzucht der Zwiebeln mittelmäßige Ansprüche an den Nährstoffgehalt im Boden und Substrat stellen. Während der Treiberei sind Narzissen sehr feuchtigkeitsbedürftig und das Substrat ist deshalb auf 80 bis 100 % der maximalen Feldkapazität zu halten. Zur Vermeidung von Schäden an den Blüten ist beim Sichtbarwerden derselben nur noch über das Substrat zu wässern. Die Ansprüche an das Gießwasser entsprechen denen von *Gerbera.*

Rosa

Wie im Freiland, so wachsen Rosen auch unter Glas in mittelschweren, lehmigen Böden. Günstig ist die Einarbeitung organischer Substanz zur Verbesserung der Bodenstruktur (1 bis 2 m^3/100 m^2). Die Bodenbearbeitung sollte möglichst tiefgründig geschehen und mindestens 50 cm tief erfolgen. Der Boden sollte darüber hinaus in größerer Tiefe (100 cm) eine gute Drainage aufweisen. Sein Humusgehalt kann etwa 7 bis 8 % betragen.

Der pH-Wert sollte unter Zuhilfenahme von Kalk oder bei zu hohem pH auch physiologisch sauren Düngemitteln auf 5,5 bis 6 gebracht werden. Bei höheren pH-Werten als 6 besteht die Gefahr des Spurenelementmangels, insbesondere an Fe, Mn und Cu. Aus diesem Grunde ist die Spurennährstoffgabe als Spurennährstoffdünger allein oder in Zusammenhang mit der MND-Gabe zu verabreichen. Rosen gehören zu den Pflanzen mit mittlerem bis hohem Nährstoffbedarf. Zu Beginn der Kultur betragen die Richtwerte deshalb 210 bis 350 mg N, 150 bis 250 mg P_2O_5, 300 bis 500 mg K_2O, 90 bis 160 mg Mg sowie 1,5 bis 2,5 g wasserlösliche Salze/l Substrat. Während der Kultur sind hingegen etwa 80 bis 150 mg N/l Substrat anzustreben. Die Gehalte der übrigen Nährelemente können etwa beibehalten werden.

Da Rosen zu den mehrjährigen und tiefwurzelnden Pflanzen gehören, ist eine regelmäßige Untersuchung auf N_{min} anzuraten und bei der Düngerbemessung zu berücksichtigen. Für die laufende Kultur benötigen die Pflanzen 250 bis 350 g eines ausgeglichenen MND/m^2 und Jahr, verteilt auf 8 bis 10 Gaben.

Günstiger dürfte es sein, diese Düngermenge flüssig und der Beleuchtungsstärke angepaßt im Konzentrationsbereich von 1 bis 4‰ zu verabfolgen. Bei sehr hohen Versorgungsgraden an P_2O_5 und K_2O sind die P- und K-Düngungen bis zum Erreichen der angegebenen Richtwerte zu unterlassen.

Der Wasserbedarf für die Schnittrosenkultur liegt mit 800 bis 1000 mm/Jahr erheblich höher als der von Nelken. In der Praxis werden diese hohen Wassermengen über Beregnungsstränge am Grunde der Pflanzen ausgebracht. Die einzelnen Wassergaben sind der Jahreszeit folgend, d. h. hohe Mengen im Sommer, zu verteilen.

Das Gießwasser darf höchstens 750 mg Gesamtsalz, 200 mg Cl, 150 mg Na, 250 mg SO_4, 20 °dH Gesamthärte, davon 15 °dH Karbonathärte, 1 mg Fe und 0,5 mg B/l enthalten.

Die Anwendung der CO_2-Düngung ist wegen der Temperaturverhältnisse vermutlich auf die Frühjahrs- und Herbstmonate sowie die Morgenstunden beschränkt. Anzustreben ist ein CO_2-Gehalt von 1000 ppm CO_2 in der Luft. Zu beachten ist, daß Sorten unterschiedlich auf eine CO_2-Düngung reagieren und bei Anwendung hoher Mengen organischer Substanz wegen der Produktion von bodenbürtigem CO_2 nicht immer eine positive Wirkung der CO_2-Düngung erwartet werden darf.

Tulipa

Die Substrate sollten für die Treiberei wie auch für die Tulpenanzucht gut wasserdurchlässig und mit einem hohen Luftporenvolumenanteil versehen sein. Der pH-Wert von Boden und Substrat kann zwischen 6 und 7 liegen. Der Nährstoffbedarf während der Treiberei ist nicht sehr groß, muß aber durch Zugabe von 1‰ Kalksalpeterlösung (2mal) sichergestellt sein. Tulpen zählen während der Anzuchtphase im Freiland zu den Pflanzen mit mittlerem Nährstoffbedarf. Die Düngerbemessung richtet sich hier nach dem Zwiebelumfang und beträgt für die Zwiebelgrößen 9 bis 10 cm etwa 120 kg N/ha sowie 12 bis 13 cm 120 bis 160 kg N/ha. Darüber hinaus sind etwa 100 kg P_2O_5 und 250 kg K_2O zu geben.

Der Wasserbedarf der Tulpen während der Treiberei ist relativ hoch. Die Wassergabe ist auf die Morgenstunden, besonders bei noch kleinen Austrieben, zu beschränken. Tulpen besitzen eine geringe Salzverträglichkeit. Aus diesem Grunde sind im Gießwasser höchstens 500 mg Gesamtsalz, 100 mg Cl, 100 mg Na, 200 mg So_4, 12 °dH Gesamthärte, davon 8 °dH Karbonathärte, 1 mg Fe und 0,5 mg B/l tolerierbar.

2.3.2.3 Topfpflanzen

Die im nachfolgenden Abschnitt behandelte Düngung von Topfpflanzen kann nur an wenigen Arten aufgezeigt werden. Die hohe Zahl an unter Glas kultivierten Zierpflanzenarten ist auch in Tab. 146 nicht vollständig erfaßt worden. Aus ihr gehen die pH-Ansprüche an das Substrat und eine Angabe über die Kulturansprüche auch für Topfpflanzen hervor. Für viele Arten existieren leider nur Schätzwerte hinsichtlich der Nährstoffbedürftigkeit.

Anthurium-Scherzeranum-Hybriden

Die Anthurien sind in leicht saure torfhaltige Substrate auszusäen. Man verwendet eine Mischung aus Weißtorf und TKS I (1:1, Vol.) oder aufgekalkten Weißtorf (2 g $CaCO_3$/l). Leichte Düngergaben können bereits im Jungpflanzenstadium verabfolgt werden. Die Konzentrationen können dabei 0,5 bis 1‰ betragen. Das Substrat für die Jungpflanzen besteht aus einer Mischung torfhaltiger Substrate mit Styromull (5:1, Vol.). Diesem Substrat sind MND in Höhe von 1 bis 1,5 g/l beizumischen. Das Substrat für den Endtopf kann auf gleiche Weise hergestellt, sollte jedoch mit 2 g MND/l Substrat aufgedüngt werden.

Da Anthurien zu den verträglichen Pflanzen gehören, sollte das Substrat höchstens 140–280 mg N, 100–200 mg P_2O_5, 200–400 mg K_2O, 60–120 mg Mg sowie 1 bis 2 g wasserlösliche Salze/l enthalten.

Der pH-Wert hat, wie für die Aussaat, 4,5 bis 5 zu betragen. Die Nachdüngung kann, dem Wachstum der Pflanzen angepaßt, im Winter mit 1‰ und im Sommer mit 2 bis 3‰ durchgeführt werden. Anfänglich sind N-betonte MND und später ausgeglichene zu verwenden. Bei der Versorgung mit Wasser ist zu beachten, daß der Wasserbedarf zwar hoch ist, die Pflanzen aber keine stauende Nässe vertragen. Der Gehalt an Salzen im Gießwasser sollte bei höchstens 750 mg Gesamtsalz, 200 mg Cl, 150 mg Na, 250 mg So_4, 20 °dH Gesamthärte, davon 15 °dH Karbonathärte, 1 mg Fe, 0,5 mg B/l liegen.

Wegen der Kalkablagerungen auf den Blättern sind gegebenenfalls kalkarme Wässer von <10 °dH zu versprühen. Die CO_2-Düngung der Anthurien dürfte sich wahrscheinlich nur bei Jungpflanzen lohnen. Da die Jungpflanzen wärmebedürftig sind, kann eine Begasung mit 1000 bis 1200 ppm auch bei relativ hoher Einstrahlung ganztägig durchgeführt werden.

Der Anbau von Anthurien in Hydrokultur ist bei Anwendung der in Abschnitt 1.6 genannten Nährlösungen und sonstigen Bedingungen möglich.

Aphelandra

Als Vermehrungssubstrate eignen sich insbesondere Torf-Sandgemische (4:1, Vol.). Da *Aphelandra* zu den Pflanzen mit mittleren bis hohen Nährstoffansprüchen zählen, sind sowohl für den Zwischen- als auch für den Endtopf Substrate zu verwenden, die mit einer ausreichenden Grunddüngung versehen sind. Es eignen sich hierfür TKS 1 und bei älteren Pflanzen TKS 2 oder entsprechend Einheitserde P oder T.

Die flüssige Nachdüngung hat bereits kurze Zeit nach dem Umtopfen zu beginnen. Gegebenenfalls kann die Grundddüngung auch mit Depotdüngern durchgeführt und mit den flüssigen Nachdüngungen entsprechend später eingesetzt werden. In der ersten Kulturhälfte sind N-betonte MND zu bevorzugen, während die Pflanzen in der zweiten Hälfte mit ausgeglichenen MND versorgt werden.

Zu Beginn der Kultur sollten im Substrat etwa 280 mg N, 200 mg P_2O_5, 400 mg K_2O, 120 mg Mg, und 2 g wasserlösliche Salze/l Substrat vorliegen.

Die der Jahreszeit anzupassende flüssige Nachdüngung kann mit Konzentrationen von 2 bis 5‰ durchgeführt werden. Die Ansprüche an das Gießwasser entsprechen denen der Anthurien. Durch die Anwendung der CO_2-Düngung mit 1000 bis 1200 ppm können sowohl der Ertrag gesteigert, als auch die Kulturzeit verkürzt werden. Die Hydrokultur ist zwar relativ einfach durchzuführen, wird jedoch wegen der verhältnismäßig kurzen Blühdauer selten angewandt.

Begonia-Arten

Da Begonien teils durch Aussaat (Knollenbegonien), teils vegetativ vermehrt werden, ist schon bei Beginn der Kultur auf diese Unterschiede Rücksicht zu nehmen. Die Aussaaten können in mit Torf verdünntem TKS 1 (1:1), Einheitserde 0 oder TKS-VM durchgeführt werden. Begonien sind salzempfindlich.

Die Vermehrung von Begonien über Blatt- und Kopfstecklinge kann in Torf-Sand-Gemischen (3:1, Vol.) oder TKS 1, unter Umständen mit Torf verdünnt, erfolgen. Der pH-Wert sollte bei etwa 5 liegen. Das Topfen kann dann in mittelmäßig aufgedüngte Substrate, z. B. TKS 1 oder Einheitserde P, bei größeren Pflanzen in TKS 2 oder Einheitserde T, erfolgen. Die meisten Begonienarten können in die Gruppe der gering bis mittelmäßig nährstoffbedürftigen Pflanzen eingruppiert werden. Elatior-Begonien sind bei pH-Werten von 5 bis 5,5, Lorraine- und Rexbegonien bei pH-Werten von 5,5 bis 6,5 zu kultivieren.

Zu Beginn der Kultur in Töpfen sollten im Substrat etwa 140 mg N, 100 mg P_2O_5, 200 mg K_2O, 60 mg Mg und 1 bis 1,5 g wasserlösliche Salze/l Substrat vorliegen.

Die flüssigen Nachdüngungen können mit 1 bis 2‰ MND-Lösungen vorgenommen werden (15/11/15). Die Ansprüche an die Qualität des Wassers sind bei der Begonienkultur mittelmäßig und entsprechen denen von Anthurien. Die CO_2-Begasung dürfte aus pflanzenbaulicher Sicht in allen Kulturstadien mit etwa 1000 ppm erfolgreich sein. Für die Hydrokultur sind sowohl Elatiorbegonien als auch Rexbegonien geeignet, sicherlich aber auch weitere Arten.

Abb. 113. Einfluß verschiedener Substrate auf das Wachstum von *Bégonia*-Elatior-Hybriden 'Lorina'. Von links nach rechts: 1 = TKS 2, 2 = Forestina Kompost, 3 = Lignostrat.

Abb. 114. Düngungsvorgang zu *Vrisea splendens*. Von links nach rechts: 1 = Hakaphos perfekt 0,1 %, 2 = Hakaphos ohne Spurenelemente, 3 = Hakaphos ohne Spurenelemente + 50 g Fertrilon/l, 4 = Hakaphos ohne Spurenelemente + 125 g Fertrilon/l, 5 = Hakaphos normal ohne Spurenelemente + 25 mg Fertrilon/l.

Bromeliaceae

Die Ansprüche der Bromelien an die Nährstoffversorgung sind abhängig davon, ob die Pflanzen terrestrisch oder epiphytisch wachsen. Bereits bei der Wahl des Aussaatsubstrates muß nach der Unterfamilie der Tillandsoideae und der Bromelioideae unterschieden werden.

Die überwiegend epiphytisch wachsenden Tillandsoideae benötigen zur Aussaat ein humoses Substrat mit einem pH von 5,5 bis 6,5. Hierzu wird Weißtorf mit 4 bis 5 g $CaCO_3$/l aufgekalkt. Sowohl zum Pikieren als auch zum Topfen sind humose, lockere und gut dränende Substrate zu verwenden. Wegen des geringen Nährstoffbedarfes der meisten Epiphyten ist der Nährstoffgehalt im Ausgangssubstrat möglichst niedrig zu halten. Als Substrate für die Kultur kommen z. B. aufgekalkter Weißtorf (4 bis 5 g $CaCO_3$/l), gemischt mit 50 Vol.-% TKS 1, oder Weißtorf-TKS-Styromull-Gemische (2:1:1, Vol.) infrage. Zum Substrat können jeweils bis zu 30 Vol.-% Styromull beigemischt werden. Der pH-Wert von Pikier- und Topferde beträgt hier etwa 6,0 bis 6,5. Beim Ein- bzw. Umtopfen sollen 70 bis 140 mg N, 50 bis 100 mg P_2O_5, 100 bis 200 mg K_2O, 30 bis 60 mg Mg und 0,5 bis 1 g wasserlösliche Salze/l Substrat enthalten sein. Die hohen Gehaltswerte sind im Sommer und die geringen im Winter anzustreben. Die Tillandsoideae zeichnen sich durch eine relativ hohe Salzempfindlichkeit aus. Die Salzgehalte der Substrate sind deshalb regelmäßig (alle 4 bis 8 Wochen) zu untersuchen. Zur Düngung eignen sich ausgeglichene MND (15/11/15). Für die Jungpflanzen reichen 0,5‰ige Düngergaben im 4wöchentlichen Rhythmus aus, während ältere Pflanzen bis zu 1‰ige Lösungen wöchentlich in der Hauptwachstumszeit vertragen. Die Ansprüche der Tillandsoideae an die Qualität des Gießwassers sind entsprechend ihrer Salzempfindlichkeit sehr hoch. So dürfen maximal 250 mg Gesamtsalz, 50 mg Cl, 50 mg Na, 100 mg SO_4, 1 mg Fe, 0,5 mg B und 6 °dH Gesamthärte, davon 4 °dH Karbonathärte nach Möglichkeit nicht überschritten werden.

Das Wachstum der Jungpflanzen, aber auch das der älteren Pflanzen, läßt sich durch eine CO_2-Begasung mit 1000 ppm vermutlich erheblich steigern.

Gattungen aus der Unterfamilie der Bromelioideae wachsen überwiegend terrestisch. Die Aussaat kann in leicht aufgekalktem Weißtorf (1 bis 2 g $CaCO_3$/l), Torf-Sand-Gemischen oder TKS-Spezial erfolgen. Ein pH-Wert von 4,5 bis 5 ist einzuhalten. Die Jungpflanzen werden in aufgekalkten Weißtorf, TKS 1 oder Einheitserde P mit Torfzusatz pikiert. Der pH-Wert dieses Substrates liegt dann bei 5,5 (3 g $CaCO_3$/l Weißtorf). Zum Topfen der Pflanzen eignen sich höher aufgedüngte Substrate wie TKS 1, E-Erde P, TKS 2 oder E-Erde T. Die Einheitserde T und TKS 2 sind entsprechend später nachzudüngen als TKS 1 oder E-Erde P. Im Topfsubstrat liegen zu Beginn der Kultur etwa 140–280 mg N, 100–200 mg P_2O_5, 200–400 mg K_2O, 60–120 mg Mg sowie insgesamt 1 bis 2 g wasserlösliche Salze/l Substrat vor.

Bromelioideae zählen zu den Pflanzen mit mittlerem Nährstoffbedarf und relativ hohem K-Bedürfnis. Entsprechend ist die Nachdüngung der Pflanzen in der lichtarmen Zeit mit 0,5 bis 1‰ 1- bis 2mal wöchentlich und in der lichtreichen Zeit mit 1 bis 2‰ eines mindestens ausgeglichenen MND (15/11/15 oder 15/5/25) vorzunehmen. Die Pflanzen lassen sich zu Beginn der Kultur mit Depotdüngern versorgen. Dann ist ensprechend später nachzudüngen. Die Ansprüche an die Qualität des Gießwassers sind etwa denen von Anthurien gleichzusetzen. Zur Hydrokultur sind einige der terrestisch wachsenden Bromelien offenbar gut geeignet. Sie sind dann mit solchen Nährlösungen zu versorgen, welche für Pflanzen mit mittleren Nährstoffansprüchen empfohlen werden (s. Tab. 59). Die Anwendung der CO_2-Düngung (1000 bis 1200 ppm) hat sich wahrscheinlich auf das Jungpflanzenstadium und die Frühjahrs- und Herbstmonate zu beschränken.

Brunfelsia

Zur Vermehrung der *Brunfelsia* durch Stecklinge eignen sich sowohl Torf-Sand- und Torf-Styromull- als auch Torf-Perlite-Gemische. Das Substrat muß gut dränende Eigenschaften besitzen. Für die weitere Kultur können Torf-Sand-Gemische, E-Erde P, E-Erde T und TKS 1 und 2 verwendet werden. Torf-Sand-Gemische sind dann mit etwa 1,5 g/l eines ausgeglichenen MND zu bevorraten. In den Substraten wird ein pH von 5,5 bis 6,5 angestrebt. Brunfelsien gehören zur Gruppe der nährstoffverträglichen Pflanzen. Zu Beginn der Kultur, d. h. beim Topfen, sollten 140–280 mg N, 100–200 mg P_2O_5, 200–400 mg K_2O, 60–120 mg Mg sowie 1,0 bis 2,0 g wasserlösliches Salz/l Substrat vorliegen.

In der Hauptwachstumsphase benötigen die Pflanzen ausgeglichene (15/11/15) und N-betonte (20/5/10) MND im Wechsel. In diesem Kulturabschnitt ist bereits auf eine ausreichende Fe-Versorgung der Pflanzen zu achten und mit Spritzungen von

0,5‰ eines Fe-Chelates zu gewährleisten. Fe-Mangelsymptome treten häufig aber auch erst während oder nach der etwa 50 Tage dauernden Kühlperiode, besonders nach NO_3-N-betonter Düngung auf. Aus diesem Grunde und weil mit einer Blühverspätung zu rechnen ist, ist die Gabe von NH_4-N-betonten Düngern (z. B. schwefelsaures Ammoniak) während der Kühlperiode empfehlenswert. Die während des Kühlabschnittes zu verabreichenden etwa 500 mg N/Topf (11-cm-Topf) sind in der ersten Hälfte in gleichmäßig verteilten Gaben (etwa alle 2 bis 3 Tage) den Pflanzen über das Substrat zuzuführen. Die Ansprüche an die Qualität des Gießwassers entsprechen etwa denen von Anthurien. Brunfelsien sind für die Hydrokultur geeignet. Dann ist allerdings auch eine Kühlbehandlung für die Blüte notwendig.

Chrysanthemum

Die vegetative Vermehrung der Chrysanthemen erfordert Substrate mit hohem Luftporenvolumenanteil und guter Dränage. Zur Bewurzelung eignen sich Torf-Sand- und Torf-Perlite-Gemische sowie aufgekalkter Weißtorf oder Perlite. Beim Direktsteckverfahren können die Stecklinge allerdings auch in leicht aufgedüngte Substrate wie TKS I, E-Erde P oder entsprechende Praxismischungen gesteckt werden. Der pH-Wert der Substrate sollte während der gesamten Kulturzeit etwa 5 bis 6 betragen. Höhere pH-Werte als 6,5 bewirken, besonders in Verbindung mit hohen NO_3-N-Gaben, bei einer Reihe von Sorten Fe-Mangel.

Zum Topfen finden die oben erwähnten Substrate höher aufgedüngt (E-Erde T, TKS II) ebenfalls Verwendung. Diese Substrate tragen dann dem relativ hohen Nährstoffbedürfnis der Chrysanthemen Rechnung. Ein Topfsubstrat gilt als ausreichend versorgt, wenn bei Kulturbeginn 280 bis 420 mg N, 200 bis 300 mg P_2O_5, 400 bis 600 mg K_2O, 120 bis 200 mg Mg und 2 bis 3 g wasserlösliches Salz/l vorhanden sind.

Diese Werte sind also nur zu Beginn der Kultur einzustellen und keinesfalls während der gesamten Kulturzeit aufrecht zu erhalten. Die Nachdüngung kann mit Beginn der Kurztagperiode angefangen und nach etwa 40 Kurztagen ganz eingestellt werden. Sie ist nach Möglichkeit mit NH_4-N (z. B. schwefelsaures Ammoniak) durchzuführen. Hierdurch läßt sich eine Blühverfrühung von bis zu 7 Tagen erreichen. Die Nährstoffe müssen besonders während der Hauptwachstumsperiode, d. h. etwa während der ersten 40 Kurztage, zugeführt werden (s. oben). Über diesen Zeitabschnitt hinausgehende Düngungen, insbesondere N-Gaben, verringern in der Regel die Qualität und Haltbarkeit der Blumen. Auch wenn die Düngermenge in der ersten Hälfte der Kurztagperiode zu gering bemessen wird, ist mit erheblichen Ertrags- und Qualitätseinbußen zu rechnen. In diesem Kulturabschnitt sind deshalb 2- bis 3mal wöchentlich 4‰ eines ausgeglichenen MND (15/11/15) im Sommer sowie 2 bis 3‰ im Winter zu geben. Substratuntersuchungen während der Hauptwachstumszeit auf N, P_2O_5 oder K_2O haben sich deshalb als wenig sinnvoll erwiesen, weil die Pflanzen die angebotenen Nährstoffmengen bereits nach kurzer Zeit (1 bis 2 Tage) aufgenommen haben. Dann wird nämlich bei an sich gutem Versorgungsgrad der Pflanzen durch die Substratanalyse ein Mangel vorgetäuscht. Sinnvoll ist hingegen die ständige Überprüfung der Leitfähigkeit und des pH-Wertes des Substrates während der Kultur.

Infolge ihrer relativ hohen Salzverträglichkeit kann das Topfsubstrat der Chrysanthemen auch mit Depotdüngern versehen werden. Die Anwendung von Depotdüngern bringt zwar eine vorübergehende Arbeitsersparnis mit sich, es werden jedoch zumeist nicht die mit herkömmlicher Düngung erzielbaren Erträge und Qualitäten erreicht.

Beispiel für die Berechnung und Durchführung der Düngung bei *Chrysanthemum*-Indicum-Hybriden:

1. 1 Pflanze im 10er-Topf
Vom Topfen bis zur Verkaufsreife beträgt die Kulturdauer etwa 70 Tage. Das Substrat hat keine Grunddüngung erhalten. Bei Anwendung der Grunddüngung ist die mit dieser gegebene Düngermenge von der Gesamtdüngermenge abzuziehen. Der Bedarf der Pflanzen beträgt etwa 300 bis 500 mg N/Topf. Diese Düngermenge ist als MND (15/11/15) in den ersten 40 Tagen nach Kurztagbeginn zu verabreichen. Bei Anbau der Pflanzen im Sommer sind 450 mg N/Topf und bei Anbau im Winter 300 mg N/Topf zu geben.
Bei Kultur im Sommer beträgt die Konzentration der Düngerlösung 3,0‰. Pro Topf und Düngung werden 50 ml Düngerlösung verabreicht. Diese Menge wird unter praxisnahen Verhältnissen pro Topf aufgenommen. Um die genannte N-Menge zu erreichen, ist die Düngung alle 2 Tage durchzuführen.
Zur Nährstoffversorgung der Pflanzen im Winter ist die Konzentration der Düngerlösung mit 2‰ vorgegeben. Auch hier werden 50 ml Düngerlösung/Topf verabreicht. Um 300 mg N/Topf in den ersten 40 Tagen unterzubringen, ist die Düngung etwa alle 2 Tage durchzuführen.
2. 3 Pflanzen im 12er-Topf
Auch hier beträgt die Kulturdauer vom Topfen bis zur Verkaufsreife etwa 70 Tage. Das Substrat hat keine Grunddüngung erhalten. Der Bedarf der Pflanzen beträgt bei Kultur im Sommer 1200 mg N/Topf und bei Kultur im Winter 800 mg N/Topf. Diese N-Mengen werden als MND (15/11/15) in den ersten 40 Tagen nach Kurztagbeginn verabreicht.
Bei Anbau im Sommer beträgt die Konzentration der Düngerlösung 4‰. Pro Topf und Düngung werden alle 2 Tage etwa 100 ml Düngerlösung verabreicht, um die Gesamt-N-Menge für die Pflanzen zu plazieren.
Bei der Düngung im Winter ist die Konzentration ebenfalls mit 4‰ anzusetzen. Bei einer Gabe von 100 ml Düngerlösung/Topf und Düngung ist, um die Gesamt-N-Menge von 800 mg/Topf zu erreichen, alle 3 Tage eine Düngung durchzuführen.

An die Qualität des Gießwassers werden keine sehr hohen Ansprüche gestellt. Gehalte von maximal 1000 mg Gesamtsalz, 300 mg Cl, 150 mg Na, 300 mg SO_4, 30 °dH Gesamthärte, davon 25 °dH Karbonathärte, 1 mg Fe und 0,5 mg B darf das Wasser enthalten. Besser ist jedoch die Verwendung von Wasser höherer Qualität, d. h. geringerer Härte und minderen Salzgehaltes.

Die Versorgung der Chrysanthemen mit einer zusätzlichen CO_2-Gabe (1000 bis 1200 ppm) ist wohl im Jungpflanzenstadium und zu Beginn der Kultur rationell.

Cyclamen

Alpenveilchen gehören zur Gruppe der Pflanzen mit mittlerem Nährstoffbedürfnis. Die Substrate für die Aussaat, das Pikieren und Topfen sind auf einen pH-Wert von

Abb. 115. Einfluß unterschiedlicher Düngungshöhe auf das Wachstum von *Cyclamen*. Von links nach rechts: ohne Nachdüngung, 0,1 %, 0,3 %, 0,5 % und 0,7 % eines MND.

etwa 6 einzustellen und dieser Wert ist während des Wachstums der Pflanzen einzuhalten (pH 5,5 bis 6,5). Zu diesem Zweck wird z. B. Weißtorf mit 4 g $CaCO_3$/l aufgekalkt. Die Einhaltung des genannten pH-Wertes ist besonders für die Aussaat wichtig, weil die Keimung bei geringerem pH nachläßt. Zur Aussaat selbst sind schwach aufgedüngte Substrate, wie etwa TKS I oder Jiffy 7, geeignet. Zum Pikieren empfiehlt es sich, Substrate wie TKS I oder E-Erde P zu verwenden.

Im Jungpflanzenstadium sind die Alpenveilchen als längerdauernde Kultur mit 0,5 bis 2‰ eines ausgeglichenen MND (1mal wöchentlich), je nach Jahreszeit und Kulturstand, zu versorgen. Das Topfen erfordert normal aufgedüngte Substrate wie TKS II oder E-Erde T. Ab etwa 4 Wochen nach dem Topfen können die Pflanzen 1- bis 2mal pro Woche 1- bis 4‰ig oder mit jedem Gießen 0,5- bis 1‰ig nachgedüngt werden.

Wie bei den Jungpflanzen hängt die Höhe der Düngung von der Jahreszeit und dem Wachstumszustand der Pflanzen ab. Wegen der angeblich größeren Salzempfindlichkeit weißblühender Sorten sind Pflanzen dieser Blütenfarbe mit 25 bis 50 % geringeren MND-Konzentrationen als angegeben zu versorgen. Die Richtwerte fur die Substratuntersuchung beim Topfen betragen 140 bis 280 mg N, 100 bis 200 mg P_2O_5, 200 bis 400 mg K_2O, 60 bis 120 mg Mg und 1 bis 2 g wasserlösliche Salze/l Substrat. Der Versorgungszustand des Substrates für Jungpflanzen beträgt ungefähr 50 bis 75 % der zuvor angegebenen Werte. Die Anwendung von Depotdüngern scheint bei *Cyclamen* möglich zu sein, wenn sie zur Grunddüngung eingesetzt werden und später infolge der relativ langen Kulturdauer flüssig nachgedüngt wird. Die Blütenfarbe kann durch die Mineraldüngung (bes. durch N und K) stark verändert werden. Die Ansprüche der Pflanzen an die Qualität des Gießwassers entsprechen etwa denen von Anthurien.

Berechnung und Durchführung der Düngung bei *Cyclamen persicum:*

Bei Alpenveilchen sind vom Topfen bis zur Verkaufsreife etwa 120 Tage Kulturdauer anzusetzen. Unter der Voraussetzung, daß eine Pflanze im 12er-Topf steht und das verwendete Substrat keine Grunddüngung erhält, sind 600 mg N/Pflanze als MND (15/11/15) zu verabreichen. Bei Anwendung einer Grunddüngung ist die mit dieser gegebene Menge an N von der insgesamt zugegebenen Menge abzuziehen.

Die Pflanzen werden während der gesamten Kulturzeit gleichmäßig gedüngt. Bei einer Zugabe von 50 ml Düngerlösung/Düngung und Topf ist unter Zugrundelegung der zuvor aufgeführten N-Menge eine Konzentration von 2‰ der Düngerlösung mit dem genannten MND einzuhalten. Die Düngung ist alle 3 Tage durchzuführen.

Erica

Der gewachsene Boden dient bei dieser Pflanzengattung in der Regel lediglich als Standort. Die Empfindlichkeit der Eriken gegenüber stauender Nässe verlangt einen gut durchlässigen (humoser Sand) Boden zur Dränage überschüssigen Wassers.

Als Kultursubstrat für Eriken kann heute nur noch vereinzelt auf Nadelerde oder ähnliche Substrate zurückgegriffen werden. Gesetzliche Bestimmungen verbieten den Abbau dieser Substrate und deren Verwendung im Gartenbau. Die Ansprüche der Pflanzen an einen hohen Luftporenvolumenanteil und ein niedriges pH im Substrat erlauben die Verwendung von leicht aufgekalktem Weißtorf (1 bis 2 g $CaCO_3$/l) als Kultursubstrat. Häufig wird dem Substrat noch Sand (etwa 20 Vol.-%) beigemischt. Zu beachten ist daher die pH-erhöhende Eigenschaft einiger Sande. Da Eriken zu den salzempfindlichen Pflanzen mit entsprechend geringem Nährstoffbedarf zählen, ist beim Topfen im Frühjahr ein Nährstoffgehalt im Substrat von 70 bis 140 mg N, 50 bis 100 mg P_2O_5, 100 bis 200 mg K_2O, 30 bis 60 mg Mg und 0,5 bis 1 g wasserlösliche Salze/l einzustellen. Die Pikiersubstrate sind nur etwa halb so hoch aufzudüngen. Während der Kultur muß dafür gesorgt werden, daß den Pflanzen entsprechend ihrem Wachstum Nährstoffe an- und nachgeliefert werden. Während der Hauptwachstumszeit sind Substratuntersuchungen von Zeit zu Zeit erforderlich. Dann sollten etwa 50 bis 100 mg N/l Substrat vorliegen.

Während der Hauptwachstumsphase werden hauptsächlich N-betonte MND (20/5/10) verwendet. Zu beachten ist das Ca-Bedürfnis der Pflanzen, das einerseits aus der $CaCO_3$-Gabe zum Substrat und andererseits aus dem Ca-Gehalt des Gießwas-

Abb. 116. Einfluß unterschiedlicher Nachdüngung auf das Wachstum von *Erica gracilis*.

sers gedeckt wird. Die Versorgung der Pflanzen mit Mikronährstoffen (zumeist 100 g Dünger/m³ Substrat) kann sowohl als Grunddüngung direkt zum Substrat mit entsprechenden Spezialdüngern erfolgen als auch später mit der flüssigen Nachdüngung. Stecklinge können sofort nach der Bewurzelung mit einer schwach konzentrierten MND-Lösung gedüngt werden (N-betont, 0,25 bis 1‰ wöchentlich). Günstig ist die Erhöhung der Düngefrequenz bei geringen Topfvolumina (Multitöpfe) unter Verminderung der Konzentration der Lösung. Die Düngung der Jungpflanzen wird mit den zuvor genannten Konzentrationen nur 14tägig bis 4wöchentlich vorgenommen, während der Hauptwachstumszeit jedoch in wöchentlichem Abstand. Die getopften Jungpflanzen erhalten in der lichtarmen Jahreszeit 14tägig bis zu 2‰ eines N-betonten MND.

Mit zunehmender Lichtintensität in das Frühjahr hinein wird die Düngefrequenz bei gleicher Konzentration auf 1mal und nach dem Ausstellen Ende Mai auf 2mal wöchentlich erhöht. Diese hohen Düngergaben werden bis etwa Ende Juni verabreicht. Danach folgt in der Regel eine 4 Wochen dauernde Düngepause. Ab August wird dann wieder mit ausgeglichenen (15/11/15) oder besser K-betonten MND (15/5/25) mit wöchentlich 1 bis 2‰ nachgedüngt, um die Pflanzen für die folgende Kälteperiode im Freiland vorzubereiten. Die K-betonte Nachdüngung wird spätestens Mitte bis Ende September abgeschlossen. Die relative hohe N-Düngung während der Hauptwachstumsphase kann die Verzweigung der Pflanzen fördern und damit die Blütenanzahl pro Pflanze erhöhen.

Wegen der Salzempfindlichkeit der Pflanzen sollten im verwendeten Gießwasser nicht mehr als 500 mg Gesamtsalz, 100 mg Cl, 100 mg Na, 200 mg SO_4, 12 °dH Gesamthärte, davon 8 °dH Karbonathärte, 1 mg Fe und 0,5 mg B/l enthalten sein.

Gießwässer mit relativ hohem Karbonathärteanteil sind unter Umständen mit H_2SO_4 anzusäuern, damit das darin befindliche Ca den Pflanzen als Gips zur Verfügung steht. Eine Enthärtung des Wassers mit Oxalsäure ist wegen der damit verbundenen Ca-Ausfällung nach Möglichkeit nicht durchzuführen. Sowohl die Gießwässer als auch die Substrate sind in etwa 4wöchentlichem Abstand zu untersuchen. Hierbei stehen die Bestimmungen des Salzgehaltes, des pH-Wertes und der Härte im Vordergrund.

Die vorgenannten Hinweise zur Gattung *Erica* beziehen sich speziell auf *Erica gracilis*. Im Frühjahr blühende *Erica*-Arten können aber in nahezu gleicher Weise unter Berücksichtigung einer der Jahreszeit und dem Alter der Pflanzen angepaßten Düngung mit Nährstoffen versorgt werden.

Euphorbia pulcherrima

Die Ansprüche der Poinsettien an das Kultursubstrat sind im Vergleich zu denen anderer Pflanzen nicht sehr hoch. Wegen der Empfindlichkeit der Wurzeln gegenüber stauender Nässe ist in allen Kulturabschnitten für die Möglichkeit eines guten Wasserabzugs aus dem Substrat zu sorgen. Die Stecklinge werden in Spezialsubstraten (TKS), Torf-Sand- oder Torf-Perlite-Gemischen bewurzelt. Zum Topfen sind sowohl Praxismischungen als auch Einheitserde T oder TKS II geeignet. Wegen der pH-Ansprüche der Pflanzen (pH 5,5 bis 6,5) vereinfachen tonhaltige Substrate aufgrund der höheren Pufferung allerdings den Anbau.

Die Ansprüche der Pflanzen an das Substrat hinsichtlich der Nährelementversorgung beim Topfen entspricht etwa dem der Anthurien. Poinsettien haben vermutlich, ähnlich wie Chrysanthemen, einen relativ hohen Nährstoffbedarf bis etwa zur Mitte der Kurztagperiode. Danach kann die Düngung praktisch eingestellt werden. Die Qualität wird bei N-Düngung bis zur verkaufsfertigen Pflanze eher vermindert und möglicherweise sogar die Kulturzeit verlängert. Die Voraussetzung für die Verwertung hoher Nährstoffangebote ist neben der Einhaltung optimaler sonstiger Wachstumsbedingungen die Beachtung des zuvor genannten pH-Bereiches im Substrat.

Die Substrate zum Topfen werden mit einer Grunddüngung in herkömmlicher Form oder als Depotdünger versorgt (etwa 2 g MND/l). Die Depotdünger verlangen einen späteren Beginn der Nachdüngung als herkömmliche Düngemittel. Wegen des zeitlich befristeten Nährstoffbedarfes der Poinsettien birgt die Düngung mit Depotdüngemitteln jedoch die Gefahr in sich, daß je nach den äußeren Bedingungen die Pflanzen entweder über- oder unterversorgt werden. Die Konzentrationen für die flüssige Nachdüngung werden von 1 bis 4‰ je nach Alter und Zustand der Pflanzen sowie den sonstigen Wachstumsbedingungen festgelegt.

Wie oben erwähnt, können diese Nachdüngungen bis gut zur Hälfte der Kurztagperiode in etwa wöchentlichem Abstand verabreicht werden. Daneben besteht die Möglichkeit, die Pflanzen über das Gießwasser ständig mit geringen Nährstoffmengen (0,5 bis 1‰) zu versorgen. Auch hierbei ist die Düngung etwa ab Mitte der Kurztagperiode zu beenden.

Berechnung und Durchführung der Düngung bei *Euphorbia pulcherrima:*

Die Anbauzeit (mehrtriebig) vom Topfen bis zur Verkaufsreife beträgt etwa 100 Tage. Unter der Voraussetzung, daß die Pflanzen mit dem verwendeten Substrat keine Grunddüngung erhalten, ist ähnlich wie bei den Chrysanthemen die gesamte Düngermenge in den ersten 60 Tagen als MND (15/11/15) zu verabreichen. Die Gesamt-N-Menge beträgt je Pflanze 600 mg N.

Um die genannte N-Menge in Form des angeführten MND zuzugeben ist eine Konzentration von 2,67‰ zu wählen. Bei einer Zugabe von 75 ml Düngerlösung/ Düngung und Topf ist die Düngung im 3tägigen Rhythmus durchzuführen.

Poinsettien reagieren auf einen durch zu geringe pH-Werte hervorgerufenen Mo-Mangel mit Blattrandchlorosen, -nekrosen und auch Verkrüppelungen der Blattspreite. Die Pflanzen der Sorte Annette Hegg und deren Abkömmlinge scheinen

Abb. 117. Einfluß unterschiedlicher Nachdüngung auf das Wachstum von *Euphorbia*.

besonders empfindlich zu sein. Vorbeugend ist deshalb der Substrat-pH-Wert auf die zuvor genannten Werte einzustellen. Bei Auftreten von akuten Mangelerscheinungen werden die Pflanzen mit einer 0,2‰igen Lösung von Na- oder NH_4-Molybdat gespritzt. Eventuell ist durch nachträgliche Kalkgaben (2‰ Kalkmilch) auch ein heilender Einfluß zu erzielen.

An die Qualität des Gießwassers stellen Poinsettienpflanzen etwa die gleichen Ansprüche wie Anthurien. Wegen des während der Kultur erforderlichen relativ hohen pH-Wertes im Substrat kann ein hoher Karbonathärteanteil (>15 °dH) sogar nützlich sein. Die Anwendung der CO_2-Düngung wirkt sich bei Topfpoinsettien in aller Regel qualitäts- und ertragserhöhend aus. Die Konzentrationen für die CO_2-Düngung liegen im Bereich von 600 bis 800 ppm. Die zusätzlichen CO_2-Gaben sind ebenfalls blühverfrühend.

Farne

Die Substrate für die Aussaat der Sporen und die Weiterkultur der Pflanzen sind auf einen pH-Wert von etwa 5 bis 6,5 einzustellen. Zur Aussaat eignen sich z. B. E-Erde 0 oder P sowie TKS I oder Torf-Sand-Gemische. Farne zählen in der Regel zu den schwachzehrenden Pflanzen mit einer gewissen Salzempfindlichkeit. Beim Topfen sind deshalb im Substrat die gleichen Nährelementgehalte wie bei *Erica* anzustreben. Die Nachdüngungen können je nach Jahreszeit und Alter der Pflanzen mit Düngerlösungen (15/11/15) der Konzentration 0,5 bis 2‰ durchgeführt werden. Eine Depotdüngung kommt für die meisten Farnarten wegen der Salzempfindlichkeit kaum in Frage. Die Pflanzen sind in Einheitserden (E-Erde P) oder Torfsubstraten (TKS I) bei dem zuvor genannten pH zu kultivieren. Die etwas stärker zehrenden *Nephrolepis*-Arten können auch in TKS II oder E-Erde T herangezogen werden.

An die Qualität des Gießwassers stellen die Farnpflanzen in der Regel sehr hohe Ansprüche. Aus diesem Grunde sollten 250 mg Gesamtsalz, 50 mg Cl, 50 mg Na, 100 mg SO_4, 1 mg Fe und 0,5 mg B/l nicht überschritten werden. Härtegrade von 6°dH Gesamthärte sowie davon 4 °dH Karbonathärte gelten als Obergrenze.

Die Versorgung der Farne mit einer zusätzlichen CO_2-Düngung hat sich besonders im Jungpflanzenstadium bewährt. Bei CO_2-Konzentrationen von 1000 ppm in der Luft ist im Jungpflanzenstadium mit erheblichen Ertragszuwächsen zu rechnen. Voraussetzung für die günstige Wirkung einer CO_2-Düngung ist allerdings die Einhaltung sonstiger optimaler Wachstumsbedingungen.

Der Anbau von Farnen ist auch in der Hydrokultur möglich. Die NL-Konzentrationen sind aber entsprechend den Ansprüchen der Pflanzen sehr gering zu halten (s. Tab. 57 Gruppe 1, empfindliche Pflanzen). Die Substrate (Blähtone, Blähschiefer) sind vor der Verwendung auszuwaschen und zu untersuchen, damit Salzarmut gewährleistet ist. Die relativ hohe Salzempfindlichkeit erfordert darüber hinaus eine Teilentsalzung des Wassers.

Hibiscus

Die Vermehrung von *Hibiscus* durch Stecklinge wird in aufgekalktem Weißtorf, speziellen Vermehrungssubstraten auf Torfbasis (Gemisch aus TKS I und Torf oder E-Erde P und Torf 1:1, Vol.; Jiffy-Töpfe), E-Erde O oder Torf-Sand-Gemischen (6:1, Vol.) durchgeführt. Daneben besteht die Möglichkeit der Vermehrung, z. B.

für die Hydrokultur in Polyurethanschaum (Oasis), Steinwolle oder Vulkanasche (Perlite).

Zum Topfen der Pflanzen in den Endtopf ist die Verwendung von aufgedüngten Substraten anzuraten, z. B. TKS II oder E-Erde P bzw. T, letztere eventuell mit aufgekalktem Weißtorf verdünnt. Beim Stecken und Topfen hat der pH-Wert des Substrates 6 bis 6,5 zu betragen. Die Versorgung des Topfsubstrates mit Nährstoffen ist etwa so hoch wie bei *Anthurium*. *Hibiscus* zählen zu den Pflanzen mit mittlerem Nährstoffbedarf. Aus diesem Grunde wird mit ausgeglichenem MND (15/11/15) in Konzentrationen von 1,0 bis 4,0‰ nachgedüngt. Die Konzentration der Düngerlösung bei der Nachdüngung richtet sich nach Alter und Zustand der Pflanzen sowie der Jahreszeit. Wird beim Topfen ein Depotdünger eingesetzt, so hat die Nachdüngung entsprechend später als bei löslichem MND einzusetzen. Die Ansprüche der Pflanzen an das Gießwasser sind mit maximal 750 mg Gesamtsalz, 200 mg Cl, 150 mg Na, 250 mg SO_4, 20 °dH Gesamthärte, davon 15 °dH Karbonathärte, 1 mg Fe und 0,5 mg B/l nicht sehr groß.

Der Wasserbedarf hingegen ist im Vergleich zu anderen Kulturen relativ hoch. *Hibiscus* eignen sich als Blütenpflanzen für die Verwendung in der Hydrokultur. Sie sind in die Gruppe mit mittlerem Nährstoffbedarf einzuordnen. Jungpflanzen werden mit halb so hohen Konzentrationen wie angegeben versorgt. Da die Hibiscus-Pflanzen verholzen, muß dem erhöhten O_2-Bedürfnis im Wurzelraum durch geringeren Wasserstand Rechnung getragen werden. Anderenfalls ist mit vermindertem Wachstum infolge O_2-Mangels zu rechnen.

Hydrangea

Die Stecklinge der Hortensien können unabhängig von der später zu erwartenden Blütenfarbe in Torf-Sand-Gemische oder torfhaltige Substrate (z. B. Jiffy 7, E-Erde O) gesteckt werden. Nach der Bewurzelung ist jedoch bereits die Wahl des Substrates danach auszurichten, ob die Blütenfarbe der Pflanzen später weiß, rot, rosa oder blau sein soll. Substrate für Pflanzen mit weißer oder rosa Blütenfarbe werden durch Aufkalkung auf einen pH-Wert von 5,5 bis 6,0 eingestellt, während für solche mit blauer Blütenfarbe ein pH-Wert-Bereich von 3,5 bis 4,2 anzustreben ist. Die genaue Einhaltung dieser pH-Bereiche ist insofern wichtig, als darüber oder darunter verwaschene Blütenfarben auftreten können. Für die erste Gruppe (weiß, rot, rosa) sind zur Kultur Einheitserden (P oder T) sowie Gemische aus Torf und Lehmerde (1:1, Vol.), gegebenenfalls unter Sandzusatz (10 Vol.-%), zu verwenden. Diesen Substraten ist, um den pH-Bereich von 5,5 bis 6 zu erreichen, bedarfsweise $CaCO_3$ beizumischen. Wenn in reinem Weißtorf kultiviert werden soll, sind etwa 4 bis 5 g $CaCO_3$/l als Beimischung notwendig. Zu diesem Substrat wird als Grunddüngung 3 g eines ausgeglichenen MND (15/11/15)/l gegeben.

Zur Erzielung einer blauen Blütenfarbe sind folgende Voraussetzungen notwendig: die Wahl einer geeigneten Sorte, die Einhaltung eines pH-Wertes im Substrat von 3,5 bis 4,2 und ein hohes Angebot von Al-Ionen für die Pflanze. Als Substrat für Pflanzen mit blauer Blütenfarbe sind deshalb Weißtorfe mit einem Ausgangs-pH von 2,8 relativ gut geeignet. Daneben findet sogenannte Moorerde oder auch Heideerde mit gleichem pH Verwendung. Reine Weißtorfe müssen mit einer Grunddüngung (2 g/l, 15/11/15) versehen werden, erhalten 4 g/l Ammoniakalaun sowie 4 g/l Kalialaun und werden eventuell mit 1 bis 2 g $CaCO_3$/l Substrat leicht

Abb. 118. Einfluß unterschiedlicher Nachdüngung auf das Wachstum von *Hydrangea*. Links ohne Düngung, rechts 10× Kalkammonsalpeter.

aufgekalkt. Das Aluminium kann auch in Höhe von 6 g Al-Sulfat anstelle von Ammoniak- oder Kalialaun appliziert werden; ferner sind dann 3 g eines MND/l hinzuzufügen. Wegen der Sorptionsfähigkeit der Heideerde sind bei ihrer Anwendung die erwähnten Gaben an Kali- und Ammoniakalaun zu verdoppeln. Substrate für weiß blühende Sorten werden von einigen Kultivateuren in gleicher Weise wie für blau blühende hergestellt.

Zur Zeit des vegetativen Wachstums zählen die Hortensien zu den Pflanzen mit relativ hohem Nährstoffbedürfnis. Aus diesem Grunde sind zu Beginn der Kultur Nährelementgehalte im Substrat ähnlich wie bei Chrysanthemen anzustreben. Die Nachdüngung erfolgt mit 2- bis 4‰igen Düngerlösungen, anfangs N-betont (20/5/10) und später mit ausgeglichenem MND (15/11/15). Je nach Wachstum, Kulturzustand und Jahreszeit, ist 1- bis 2mal wöchentlich zu düngen. In der Ruhezeit unterbleibt die Düngung. Bei Beginn der Treiberei der weißen, rosa und roten Sorten, sind wöchentlich etwa 2- bis 4‰ige Lösungen eines ausgeglichenen MND zu verabreichen. Pflanzen blau blühender Sorten sind hingegen 1- bis 2mal wöchentlich mit 1 g Kalialaun, 1 g Ammoniakalaun sowie mit 0,5 g schwefelsaurem Ammoniak/l Wasser zu versorgen. Die Umstellung auf ausgeglichene MND (1 bis 2‰) erfolgt, sobald die an den Trieben befindlichen Warzen bläulich gefärbt sind.

Hortensien sind unter Umständen während der Phase des vegetativen Wachstums für die Versorgung mit Depotdüngern geeignet. Die Nachdüngung hat dann später zu erfolgen als bei Verwendung normaler MND zur Grunddüngung.

Die Ansprüche an die Qualität des Gießwassers sind, sofern die Pflanzen weiß, rosa oder rot blühen, nicht extrem hoch. Sie entsprechen denen von Chrysanthemen. Bei der Kultur blau blühender Sorten ist jedoch auf die Verwendung kalkreichen Wassers zum Gießen und Düngen zu verzichten. Dieses Wasser kann im Laufe des Anbaus den pH-Wert im Substrat erheblich erhöhen und dadurch die Blaubärbung unter Umständen verhindern. Infolgedessen wird Wasser mit geringer Karbonathärte (<5 °dH) bevorzugt. Die Verfahren zur Wasseraufbereitung (Ionenaustauscher, Entkarbonisierung, Umkehrosmose) gestalten die Herstellung qualitativ einwandfreien Wassers relativ einfach. Auch die Ca-Konzentration im Gießwasser ist gering zu halten, weil die Ca-Ionen die Aufnahme der für die Ausfärbung der Blüten notwendigen Al-Ionen behindern. Der Wasserbedarf der Hortensien ist in der Phase der Treiberei außerordentlich hoch. Die Wassergaben sind in dem Abschnitt vor der Kühllagerung zum Abschluß und Laubfall der Pflanzen geringer als während des vegetativen Wachstums.

Kalanchoë

Sowohl die Aussaat als auch das Stecken können in Torf-Sand-Gemischen (1:1, Vol.) durchgeführt werden. Das pH des Vermehrungssubstrates beträgt 5,5 bis 6,5. Zur vegetativen Vermehrung sind außerdem Einheitserde 0 und P sowie TKS I geeignet. Zum Topfen werden TKS I oder II, verdünnt mit aufgekalktem Weißtorf (2:1, Vol.), sowie E-Erde P oder T, ebenso wie TKS II verdünnt, genommen. Der pH-Wert des Topfsubstrates liegt auch zwischen 5,5 und 6,5. *Kalanchoë* besitzen einen geringen bis mittleren Nährstoffbedarf. Aus diesem Grunde sollten zu Beginn der Kultur (beim Topfen) etwa 140 mg N, 100 mg P_2O_5, 200 mg K_2O, 60 mg Mg sowie 1 g wasserlösliches Salz/l Substrat in verfügbarer Form vorliegen. Die Konzentrationen für die Nachdüngung betragen je nach Alter und Kulturzustand der Pflanzen sowie der Jahreszeit etwa 1 bis 2‰ (ausgeglichener MND, 15/11/15). Die Nachdüngung erfolgt im Sommer und Winter wöchentlich oder öfter. Möglicherweise kann die Düngung, ähnlich wie bei Chrysanthemen und Poinsettien nach der Mitte der Kurztagperiode gänzlich eingestellt werden.

Berechnung und Durchführung der Düngung bei *Kalanchoë*-Hybriden:

Die Kulturdauer vom Topfen bis zur Verkaufsreife kann mit etwa 100 Tagen angesetzt werden. Üblicherweise wird eine Pflanze im 10er-Topf kultiviert. Unter der Voraussetzung, daß mit dem Substrat keine Grunddüngung gegeben worden ist, bedarf es etwa 100 bis 200 mg N/Topf als MND (15/11/15) während der ersten 60 Tage nach dem Topfen. Im Sommer werden so pro Topf und Pflanze 200 mg N und im Winter 100 mg N verabreicht.

Zur Unterbringung der genannten Düngermengen ist im Sommer eine Konzentration der Düngerlösung von 1,33‰ erforderlich. Pro Topf und Düngung werden hierbei etwa 50 ml Düngerlösung verabreicht. Die Düngung ist deshalb alle 3 Tage durchzuführen.

Bei der Kultur im Winter ist die Konzentration der Düngerlösung auf 1,33‰ einzustellen. Werden auch hier 50 ml Düngerlösung pro Topf und Düngung verabreicht, so sind die Pflanzen alle 6 Tage mit Düngerlösung zu versorgen.

Wegen der Salzempfindlichkeit der Pflanzen sollten im Liter Gießwasser nicht mehr als 500 mg Gesamtsalz, 100 mg Cl, 100 mg Na, 200 mg SO_4, 12 °dH Gesamthärte, davon, 8 °dH Karbonathärte, 1 mg Fe und 0,5 mg B enthalten sein.

Der Wasserbedarf der Pflanzen hängt in starkem Maße von der Jahreszeit und der Sorte ab.

Kalanchoë eignen sich relativ gut für den Anbau in Hydrokultur. Sie lassen sich in Substraten wie Blähton, Blähschiefer (jeweils feinkörnig), Perlite, Steinwolle und Polyurethanschaum jeweils etwa 1 cm hoch mit Nährlösung angestaut durch Stecklinge vermehren. Die so herangezogenen Jungpflanzen sind anschließend in gröberen Blähton oder -schiefer umzusetzen. Die Versorgung mit Nährstoffen erfolgt durch die in Tab. 57 unter der Rubrik Pflanzen mit geringem Nährstoffbedarf (empfindlich) aufgeführte Nährlösungskonzentration. Sie können in jedem Wachstumszustand mit CO_2 (1200 ppm) gedüngt werden.

Orchidaceae

Die zum großen Teil hohen Ansprüche der Orchideen an ihr Kultursubstrat resultieren aus dem Heimatstandort. Sowohl die epiphytisch als auch die terrestrisch wachsenden Pflanzen benötigen Substrate mit hohem Luftporenvolumenanteil (> 50 %) und guter Dränage. Die herkömmlichen und zum Teil noch verwendeten Substrate, die aus einem Gemisch von *Osmunda regalis* und *Sphagnum* (1:2, Vol.) bestehen, sind infolge der Zunahme der Orchideenkultur knapper und damit teurer geworden. Seither bemüht man sich um Ersatzstoffe. Wegen der Ansprüche der Pflanzen an Luft- und Wasserführung im Substrat eignen sich zum Anbau besonders grobfaserige Torfe, eigens zur Orchideenkultur hergestellte Torfpress-Stücke, Torf-Perlite- sowie Torf-Styromull-Gemische. Erprobt worden sind auch Rindensubstrate, die allerdings wegen ihrer N-fixierenden Eigenschaften entweder vom Hersteller oder Gärtner mit N versorgt werden müssen. Möglich ist der Anbau ebenfalls in Polyurethanschaum und bei Epiphyten sogar in oder auf Styropor. Die meisten Orchideenarten lassen sich in einem pH-Bereich von 5 bis 6,5 kultivieren. Besonders die Torfsubstrate sind deshalb durch Kalkzugabe bzw. durch Zufuhr kalkhaltiger Düngemittel auf den genannten pH-Wert einzustellen.

Die frühere Verwendung von Osmunda-Sphagnum-Gemischen als Kultursubstrat macht deutlich, daß die Nährstoffansprüche der Orchideen, besonders aber die der Epiphyten, nicht sehr hoch sind. Die Nährstoff-Freisetzung aus diesem Substrat reicht für viele epiphytische Orchideen zur Ernährung aus. Terrestrisch wachsende Orchideen, wie z. B. Cymbidium, besitzen in der Regel höhere Nährstoffansprüche und sind deshalb u. U. in Substraten mit geringerem Luftporenvolumen zu kultivieren. Das Einpflanzen in Körbe vermag außerdem die Luftversorgung der Wurzeln sicherzustellen. Beim Umtopfen oder Umpflanzen der Orchideen sind im Substrat Nährstoffgehalte anzustreben, die für salzempfindliche Pflanzen, wie z. B. bei *Erica,* bereits angegeben worden sind. Für Jungpflanzen sind beim Pikieren oder Umtopfen allenfalls die unteren angegebenen Werte anzustreben. Als günstig erwiesen hat sich auch das Pikieren bzw. Umtopfen in nicht aufgedüngte Substrate. Nach dem Anwachsen muß dann sofort mit der Nachdüngung (0,5 bis 1,0‰ etwa 1mal pro Woche) begonnen werden. Wenn mit dem Gießwasser ständig Nährstoffe nachgegeben werden, z. B. über eine Tröpfchenbewässerung bei terrestrisch wachsenden Orchideen, sollte die Konzentration der Salze 0,25 bis 0,5‰ nicht überschreiten.

Die meisten Orchideenarten stellen an das für die Kultur verwendete Gießwasser sehr hohe Ansprüche. Dieses hängt mit ihrer geringen Salzverträglichkeit zusammen. Aus diesem Grunde sind im Liter Wasser weniger als 250 mg Gesamtsalz, 50 mg Cl, 50 mg Na, 100 mg SO_4, 6 °dH Gesamthärte, davon 4 °dH Karbonathärte, 1 mg Fe und 0,5 mg B anzustreben.

Es ist nicht empfehlenswert, das Wasser total zu entsalzen und von Ca zu befreien, da viele MND kein Ca enthalten und die Pflanzen deshalb auf die Ca-Zufuhr aus dem Gießwasser angewiesen sind. Einige Orchideenarten, z. B. *Paphiopedilum,* reagieren sehr empfindlich auf Ca-Mangel. Hinsichtlich der Wassermenge, die die Pflanzen zum Wachstum benötigen, ist wiederum nach terrestrisch und epiphytisch wachsenden Arten zu unterscheiden. Der Bedarf der terrestrisch wachsenden Orchideen ist zum Teil erheblich höher als der der epiphytisch wachsenden. Eine exakte Quantifizierung ist noch nicht vorgenommen worden.

Die zusätzliche Versorgung der Orchideen mit CO_2 ist sicherlich bei Jungpflanzen lohnend. Erforderlich sind hierbei vermutlich CO_2-Konzentrationen von etwa 1000 bis 1200 ppm in der Luft. Einige Orchideenarten eignen sich für den Anbau in Nährlösungen (z. B. Cymbidium und Cattleya). Als Substrat sind bei der Hydrokultur vermutlich in erster Linie Styroporschnitzel zu bevorzugen, weil bei der Verwendung anderer Substrate die Gefahr der Versalzung besteht. Dem hohen Luftbedarf der Wurzeln kann bei der Hydrokultur durch einen entsprechend niedrigen Wasserstand im Gefäß Rechnung getragen werden. Für die Hydrokultur sind die in Tab. 57 angegebenen Nährlösungskonzentrationen für Pflanzen mit geringen Ansprüchen zu verwenden.

Pelargonium

Zur Aussaat sind leicht aufgedüngte humose Substrate wie TKS I geeignet. Die Stecklingsbewurzelung wird hingegen in Torf-Sand-Gemischen (1:1 bis 4:1, Vol.), TKS I, Einheitserde P oder Torf-Perlite-Gemischen vorgenommen. Die Weiterkultur erfolgt dann in Einheitserden T oder P sowie in TKS I oder II. Daneben werden Praxismischungen, bestehend aus 50 % (Vol.) Landerde (gedämpft), 30 % Torf und 20 % Hygromull, empfohlen. Die Benutzung von TKS I oder E-Erde P bedingt eine frühere Nachdüngung als die von TKS II oder E-Erde T. Die pH-Werte der Substrate betragen in allen Anbauphasen etwa 5,5 bis 7,0. Das Kultursubstrat ist durch Aufkalkung auf den gewünschten pH-Wert einzustellen. Auch den E-Erden und dem TKS können wegen der Empfindlichkeit der Wurzeln auf zu hohe Feuchte, Styromull oder Hygromull im Verhältnis 1:5 (S oder H:Torf, Vol.) beigemischt werden.

Die Nährstoffbedürfnisse der Pelargonien sind in erster Linie abhängig von der Beleuchtungsstärke und dem Alter der Pflanzen. Sie reichen bei hoher Einstrahlung an die von Chrysanthemen heran und sind deshalb als mittelmäßig bis hoch zu bezeichnen. Aus diesem Grunde sollten zur Zeit des Umtopfens etwa 280 mg N, 200 mg P_2O_5, 400 mg K_2O, 120 mg Mg und 2 g wasserlösliche Salze/l Substrat in leicht verfügbarer Form vorliegen. Die Nachdüngungen werden mit Konzentrationen von 2 bis 5‰ eines ausgeglichenen MND (15/11/15) 1- bis 2mal wöchentlich sofort nach der Durchwurzelung des Substrates durchgeführt. Bei Verabreichung des Düngers mit dem Gießwasser reichen Konzentrationen von 0,5‰ aus. Die Jungpflanzen sind zunächst N-betont (20/5/10) und sodann ausgeglichen zu düngen. Dem Substrat können als Grunddüngung 3 bis 4 g/l eines Depotdüngers beigemischt werden. Auch bei der Depotdüngeranwendung muß wegen der relativ hohen

Nährstoffbedürfnisse der Pflanzen bei günstigen Wachstumsbedingungen früh nachgedüngt werden.

Trotz der Empfindlichkeit der Pflanzen gegenüber stauender Nässe ist der Wasserverbrauch verhältnismäßig hoch. Die Substrate sind deshalb mäßig zu gießen, jedoch ist wohl ein Wechsel von hoher (90 % maximaler Wasserkapazität) und geringer (60 % maximaler Wasserkapazität) Feuchte im Substrat anzuraten. Die Verwendung von Kunststofftöpfen bedingt eine vorsichtige Nachfuhr von Wasser zum Substrat, da nur von der Substratoberfläche her Wasser verdunstet werden kann. Die Ansprüche an die Qualität des Gießwassers sind verhältnismäßig gering und denen von *Cyclamen* gleichzusetzen. Hohe Härtegrade des Wassers, insbesondere an Karbonathärte, wirken sich nicht unbedingt nachteilig auf die Kultur aus, weil bei pH-Werten von 5,5 bis 7,0 kultiviert werden kann.

Die zusätzliche Versorgung der Pflanzen mit CO_2 (etwa 1000 ppm) kann sich besonders im Stecklings- und Jungpflanzenstadium positiv auf den Zuwachs auswirken, besonders zusammen mit einer Assimilationsbeleuchtung während der lichtarmen Jahreszeit.

Primula

Die Primelarten werden in relativ schweren Substraten bei pH 6 bis 7 kultiviert. Auch die Aussaat wird in mittelschweren Substraten, z. B. E-Erde, durchgeführt. Primeln gehören zur Gruppe der Pflanzen mit geringen bis mittleren Nährstoffansprüchen. Beim Topfen sollten deshalb etwa 140 mg N, 100 mg P_2O_5, 200 mg K_2O, 60 mg Mg und 1,0 g wasserlösliches Salz/l Substrat in leicht verfügbarer Form vorliegen. Dieses wird durch die Zugabe von etwa 1 g eines ausgeglichenen MND erreicht. Bei den als salzempfindlich geltenden *Primula obconica* ist unter Umständen die Zugabe von organischen MND empfehlenswert. Die Höhe der Zufuhr hat sich nach dem anzustrebenden N-Gehalt des Substrates zu richten.

Die Nachdüngung ist im Jungpflanzenstadium etwa 0,5‰ig 1mal pro Woche mit einem N-betonten MND durchzuführen, während später besonders unter günstigeren Wachstumsbedingungen die Konzentration der Düngerlösung (ausgeglichener MND) bis auf 1‰ zu erhöhen ist.

Primeln sind sowohl gegenüber übermäßiger Feuchte als auch Trockenheit im Wurzelraum sehr empfindlich. Die Wasserzufuhr ist also den Wachstumsbedingungen anzupassen. Chlorosen der Blätter deuten auf eine Überversorgung mit Wasser (Luftmangel der Wurzeln) hin. An die Qualität des Gießwassers werden hohe bis mittlere Ansprüche gestellt. Gießwässer mit höchstens 500 mg Gesamtsalz, 100 mg Cl, 100 mg Na, 200 mg SO_4, 12 °dH Gesamthärte, davon 8 °dH Karbonathärte, 1 mg Fe und 0,5 mg B/l können noch verwendet werden.

Rhododendron simsii

Zur Vermehrung der Azaleen durch Stecklinge werden lockere Torfsubstrate, z. B. Torf-Styromull-Gemisch (5 bis 6:1, Vol.), verwendet. Das pH der Substrate ist in allen Kulturabschnitten auf ungefähr 4 bis 5 durch Zugabe von $CaCO_3$ (0,5 bis 2 g/l Weißtorf) einzustellen. Auch die Kultur der jungen und älteren Pflanzen erfordert lockere Substrate mit hohem Luftporenvolumenanteil (Weißtorf, Rinde). Günstig ist die Zumischung von mikronährstoffhaltigen Düngemitteln zum Substrat vor Kulturbeginn. Die Höhe der Anwendung dieser Mikronährstoffdüngemittel richtet

Abb. 119. Düngungsversuch zu *Rhododendron sinsii*. Von links nach rechts: 0 = Kontrolle eingedüngt, 1 + Floranid 150 mg N/l, 4 = Floranid 600 mg N/l.

sich nach deren Gehalt an Nährstoffen und ist deshalb der von Packungen beiligenden Gebrauchsanweisung zu entnehmen (zumeist 100 g/m^3 Substrat). Rindensubstrate sind zur Kultur von Azaleen nur dann verwendbar, wenn sie kompostiert worden sind, ein genügend niedriges pH besitzen (s. oben) und zur Überwindung der N-Fixierung von vornherein genügend hoch mit N versorgt worden sind.

Azaleen zählen zu den Pflanzen mit geringen bis mittleren Nährstoffansprüchen. Deshalb sind beim Topfen durch eine Grunddüngung mit etwa 1 g eines ausgeglichenen MND/l Substrat ungefähr 140 mg N, 100 mg P_2O_5, 200 mg K_2O und 60 mg Mg einzustellen. Wegen der relativ hohen Salzempfindlichkeit der Azaleen ist eine zwar gering konzentrierte (0,5 bis 1‰), dafür häufigere Düngung (etwa 2mal pro Woche) sicherlich günstiger für das Wachstum der Pflanzen als seltene, dafür aber höher konzentrierte Düngergaben. Mit der Nachdüngung wird begonnen, wenn nach dem Stecken die Wurzelentwicklung eingesetzt hat. Während der Jungpflanzenphase ist 0,5‰ig nachzudüngen, später kann die Konzentration bis auf 1,0‰ erhöht werden. In der Hauptwachstumszeit in den Monaten März bis Juli ist N-betont (20/5/10) zu düngen. Zum Knospenansatz hingegen im Juli bis August sollten Dünger mit ausgeglichenem Nährstoffverhältnis (15/11/15) Verwendung finden.

Wegen des relativ hohen Ca-Bedarfes der Pflanzen ist von einer Totalenthärtung des Gießwassers durch Ionenaustauscher oder Oxalsäure abzuraten. Eine Ansäuerung des Wassers mit H_2SO_4 ist nutzbringender, weil dann genügend Ca, als Gips gelöst, den Pflanzen zur Verfügung steht. Die Ansprüche der Azaleen an das Gießwasser sind nach Menge und Qualität hoch. Die Qualitätsansprüche entsprechen etwa denen von *Erica gracilis* (s. Seite 324). Während der gesamten Kulturzeit ist die Entnahme und Untersuchung von Substrat- und Blattproben in 4- bis 6wöchigem Abstand anzuraten. Diese Proben gestatten eine laufende Kontrolle des Kulturablaufes. Hierbei ist mindestens auf den pH-Wert und die Leitfähigkeit des Substrates zu achten.

Saintpaulia

Die Vermehrung der Usambaraveilchen geschieht in der Regel in lockeren, humosen Substraten, wie z. B. aufgekalkte Weißtorf-Styromull- (6:1, Vol.) oder auch Weißtorf-Perlite-Gemische (6:1, Vol.). Wichtig ist die Versorgung des Substrates in allen Kulturabschnitten mit Kalk ($CaCO_3$). Das pH der Substrate wird auf mindestens 5,5 (bis 7) eingestellt. Einige Sorten reagieren außerordentlich empfindlich (vermindertes Wachstum) auf zu geringe pH-Werte. Wenn diese gewünschten pH-Werte nicht eingehalten werden, sind die Pflanzen außerdem salzempfindlicher. Usambaraveilchen zählen ansonsten zur Gruppe der Pflanzen mit mittlerem Nährstoffanspruch.

Beim Eintopfen werden mittelgrober Torf (aufgekalkt) oder E-Erde 0 unter Zusatz von ausgeglichenem MND (etwa 1 bis 2 g/l Substrat) verwendet. Daneben besteht die Möglichkeit, Depotdünger einzumischen (je nach N-Gehalt 2 bis 4 g/l Substrat). Die Nachdüngung hat je nach Wirkungsdauer der Grunddüngung unterschiedlich zu folgen. Beim Topfen sollten im Substrat etwa die gleichen Nährelementgehalte vorliegen wie unter *Anthurium*-Scherzeranum-Hybriden erwähnt. Die Nachdüngung wird mit ausgeglichenem MND in den Konzentrationen von 1 bis 4‰ je nach Alter und Zustand der Pflanzen sowie der Jahreszeit ungefähr einmal wöchentlich durchgeführt. Günstiger ist auch hier die häufigere Anwendung von Nährlösungen geringerer Konzentrationen (0,5 bis 2‰). Die Ansprüche an die Qualität des Gießwassers entsprechen ebenfalls denen von Anthurien.

Berechnung und Durchführung der Düngung bei *Saintpaulia ionantha:*

Hier kann mit einer Kulturdauer von 90 Tagen vom Topfen bis zur Verkaufsreife gerechnet werden. Unter der Voraussetzung, daß eine Pflanze im 10er-Topf

Abb. 120. Einfluß unterschiedlicher pH-Werte auf das Wachstum von *Saintpaulia*. Links EE (Einheitserde mit pH 6,9), rechts TKS (Torfkultursubstrat, pH 4,5).

angebaut wird und die Pflanzen über das Substrat keine Grunddüngung erhalten haben, sind alle 3 Tage Nachdüngungen mit 1‰ eines ausgeglichenen MND (15/11/15; 27mal) und einer Menge von 50 ml/Düngung und Topf zu verabreichen. Die einzelne Pflanze erhält im Laufe der 90tägigen Kulturzeit 200 mg N in Form des angegebenen MND. Wird mit dem Substrat eine Grunddüngung verabreicht, so sind die hiermit gegebenen Nährelementmengen bei der Gesamtdüngerbemessung zu berücksichtigen. Die Gesamtdüngerbemessung ist wie bei den zuvor genannten Beispielen auf der Basis der N-Gabe durchgeführt worden.

Zusätzliche CO_2-Gaben rufen zum Teil beachtliche Ertragssteigerungen hervor. Die CO_2-Konzentration in der Luft sollte zu diesem Zweck auf etwa 1200 ppm erhöht werden. Der Erfolg der CO_2-Begasung ist an eine gleichzeitig annähernd optimale Temperatur und Beleuchtungsstärke geknüpft.

Usambaraveilchen eignen sich sehr gut für die Verwendung als Blütenpflanze in der Hydrokultur. Die Nährlösungskonzentrationen sind, wie für Pflanzen mit mittlerem Nährstoffbedarf, zu wählen (s. Tab. 57). Für ein zügiges Wachstum der Pflanzen ist ein relativ hoher Wasserstand notwendig (etwa 4 cm Wasserstand bei grobem Blähton oder -schiefer, 8 bis 16 mm ∅, im 11-cm-Topf). Bei geringeren Wasserständen ergeben sich Ertragseinbußen, verbunden mit Blühverzögerungen und bei wesentlich höherem Wasserstand besteht die Gefahr der Versalzung der Pflanzen infolge kapillaren Aufstiegs der NL im Substrat.

Schlumbergera

Die Bewurzelung der Stecklinge (einzelne Glieder) kann in aufgekalktem Weißtorf, Torf-Sand-Gemischen (4:1, Vol., pH 5,5) und TKS-Styromull-Gemischen (5:1, Vol.) erfolgen. Sowohl für die Stecklingsbewurzelung als auch für die Weiterkultur sind pH-Werte von 5 bis 6 notwendig. Zum Topfen eignen sich sowohl Einheitserde P als auch TKS I oder II. Daneben werden zum Teil noch Praxismischungen empfohlen. Die beim Topfen im Substrat erforderlichen Nährstoff- und Salzgehalte sind die gleichen wie bei *Sinningia* erwähnt, weil *Schlumbergera* zu den Pflanzen mit geringem bis mittlerem Nährstoffbedarf zählt. Die Nachdüngung der Pflanzen wird während der Hauptwachstumszeit in den Monaten März bis August mit N-betonten MND in der Konzentration von etwa 1 bis 2‰ durchgeführt. Danach sind Düngerlösungen mit etwa 1‰ 1- bis 2mal wöchentlich unter Verwendung eines ausgeglichenen MND zu verabreichen. Auch bei diesen Pflanzen ist es günstiger, geringe Konzentrationen von MND in Wasser gelöst, öfter anzubieten als hohe weniger oft. Der Wasserbedarf ist im Vergleich zu anderen Zierpflanzen offensichtlich nicht sehr hoch, jedoch ist dafür zu sorgen, daß der Wurzelballen ständig befeuchtet bleibt und nicht austrocknet. Die Ansprüche an die Qualität des Wassers entsprechen denen von *Primula*.

Sinningia

Für die Aussaat von Gloxinien können leicht aufgedüngte, humose Substrate verwendet werden. Hierzu sind insbesondere geeignet Substrate wie z. B. Mischungen aus TKS I und aufgekalktem Weißtorf und Sand (1:1:1, Vol.), E-Erde 0, Weißtorf (aufgekalkt 3 g $CaCO_3$/l), Torf-Sand-Gemische (1:1, Vol.) und E-Erde P vermischt mit aufgekalktem Weißtorf. In allen Kulturstadien sind pH-Werte von 5,5 bis 6,5 im Substrat anzustreben. Die Nährstoffgehalte der erwähnten Substrate

Abb. 121. Einfluß unterschiedlicher Nachdüngung auf das Wachstum von *Sinningia*.

reichen von der Aussaat bis zum ersten Pikieren aus, außer bei Weißtorf-Sand-Gemischen, die mit 1 g/l eines ausgeglichenen MND bevorratet werden sollten. Gloxinien besitzen während des Hauptwachstums einen mittleren, sonst aber einen geringeren Nährstoffbedarf. Beim Topfen sind deshalb ungefähr 140 mg N, 100 mg P_2O_5, 200 mg K_2O, 60 mg Mg und 1 g wasserlösliches Salz in das Substrat in leicht verfügbarer Form einzubringen. Darüber hinaus ist eine Aufdüngung des Topfsubstrates mit Depotdüngern möglich (bis 2 g/l Substrat). Auch die Nachdüngung, die bei Verwendung von Depotdüngern später als voll löslichem MND (Substratanalyse) zu erfolgen hat, wird mit ausgeglichenem MND (15/11/15) durchgeführt. Je nach Alter und Zustand der Pflanzen und den Lichtverhältnissen betragen die Konzentrationen der Düngerlösung für die Nachdüngung 1 bis 2‰, höchstens 3‰.

Bezüglich der Qualität des Gießwassers stellen Gloxinien ähnliche Ansprüche wie *Primula*. Auch hier dürfte die zusätzliche CO_2-Begasung mit 1 000 bis 1 200 ppm eine Ertragserhöhung ermöglichen.

Literaturverzeichnis

Lehrbücher

ALLISON, F. E.: Soil Organic Matter and its Role in Plant Production. Elsevier Publ. Comp., Amsterdam 1973.

AMBERGER, A.: Pflanzenernährung. Verlag Eugen Ulmer, Stuttgart 1983, 2. Aufl.

ARNOLD BIK, R.: Nitrogen, Salinity, Substrates and Growth of Gloxinia and Chrysanthemum. Versl. Landb. Onderz. 739, 1970.

BÄUMER, C.: Allgemeiner Pflanzenbau. Verlag Eugen Ulmer, Stuttgart 1978, 2. Aufl.

BEARD, J. B.: Turfgrass, Science and Culture. Prentice Hall, Englewood Cliffs, 1973.

BERGMANN, W.: Ernährungsstörungen bei Kulturpflanzen. Gustav Fischer Verlag, Stuttgart 1983.

BERGMANN, W., NEUBERT, H.: Pflanzendiagnose und Pflanzenanalyse. VEB Gustav Fischer Verlag, Jena 1976.

BIELKA, R., GEISSLER, TH.: Freilandgemüseproduktion. VEB Deutscher Landwirtschaftsverlag, Berlin 1976.

BOSSE, G. et al.: Hauptkulturen im Zierpflanzenbau. Verlag Eugen Ulmer, Stuttgart 1981, 2. Aufl.

BUNT, A. C.: Modern Potting Composts. Allen and Unwin, London 1976.

CAROW, B.: Frischhalten von Schnittblumen. Verlag Eugen Ulmer, Stuttgart 1981, 2. Aufl.

CHAPMAN, H. D.: Diagnostic Criteria for Plants and Soils. University of California Press, Los Angeles 1967.

COOPER, T.: ABC of NFT. Growers Books, London 1979.

ESCHER, F.: Schnittblumenkulturen. Verlag Eugen Ulmer, Stuttgart 1983, 4. Aufl.

FAST, G., et al.: Orchideenkultur. Verlag Eugen Ulmer, Stuttgart 1980.

FELLENBERG, G.: Umweltforschung. Springer Verlag, Berlin – Heidelberg – New York 1977.

FESSLER, A.: Gartenstauden. Verlag Eugen Ulmer, Stuttgart 1973.

FINCK, A.: Dünger und Düngung. Verlag Chemie, Weinheim 1979.

FRIEDRICH, G.: Obstbau. Verlag Neumann, Leipzig–Radebeul 1977.

FRITZ, D., STOLZ, W.: Erwerbsgemüsebau. Verlag Eugen Ulmer, Stuttgart 1982, 8. Aufl.

GEISSLER, TH.: Gemüseproduktionsverfahren unter Glas und Plasten. VEB Deutscher Landwirtschaftsverlag, Berlin 1979.

GEISSLER, TH.: Düngung und Erdwirtschaft. VEB Deutscher Landwirtschaftsverlag, Berlin 1980.

GOLDSCHMIDT, H.: Marktwichtige Blütenbegonien. Verlag Paul Parey, Berlin – Hamburg 1974.

HANKE, B.: Wasser in der Pflanzenproduktion. VEB Deutscher Landwirtschaftsverlag, Berlin 1980.

HANAN, J. J., HOLLEY, W. D., GOLDBERG, K. L.: Grennhouse Management. Verlag Springer, Berlin – Heidelberg – New York 1978.

HANKS, R. J., ASHCROFT, G. L.: Applied Soil Physics. Springer Verlag, Berlin – Heidelberg – New York 1980.

HENTIG, W. U. VON et al.: Rosenkultur unter Glas und im Freiland. Verlag Paul Parey, Berlin – Hamburg 1972.

HENTIG, W. U., et al.: Kulturkartei Zierpflanzenbau. Verlag Paul Parey, Berlin – Hamburg.

HESS, D.: Pflanzenphysiologie. Verlag Eugen Ulmer, Stuttgart 1983. 7. Aufl.

JANSEN, H., et al.: Gärtnerischer Pflanzenbau. Verlag Eugen Ulmer, Stuttgart 1984.

KLAPP, E.: Wiesen und Weiden. Verlag Paul Parey, Berlin – Hamburg 1972.

KRÜSSMANN, G., SIEBLER, W., TANGERMANN, W.: Winterharte Gartenstauden. Verlag Paul Parey, Berlin – Hamburg 1970.

KUNDLER, P.: Mineraldüngung. VEB Deutscher Landwirtschaftsverlag, Berlin 1970.

KUNTZE, H., NIEMANN, J., SCHWERDTFEGER, G.: Bodenkunde. Verlag Eugen Ulmer, Stuttgart 1983, 3. Aufl.

LÄUCHLI, A., BIELESKI, R. L.: Inorganic Plant Nutrition. Vol. 15 A und 15 B, Verlag Springer, Berlin – Heidelberg – New York – Tokio 1983.

LESAINT, C., COIC, Y.: Cultures hydroponiques. Verlag Flammarion, La Maison Rustique, Paris 1983.

MAATSCH, R.: Cyclamen. Verlag Paul Parey, Berlin – Hamburg 1971.

MENGEL, K.: Ernährung und Stoffwechsel der Pflanze. Verlag Gustav Fischer, Stuttgart 1979, 5. Aufl.

NIESEL-LESSENTHIN, B.: Faustzahlen für Landwirtschaft und Gartenbau. Ruhrstickstoff AG, Bochum 1980, 9. Aufl.

N. N.: Fertilizer Recommendations for Agricultural and Horticultural Crops. Bulletin 209, Her Majesty's Stationary Office, London 1973.

MORGENTHAL, J.: Sommerblumen. BLV-Verlagsgesellschaft, München 1969.

MÜLLER, G.: Bodenkunde. VEB Deutscher Landwirtschaftsverlag, Berlin 1980.

MÜLLER, H.: Baumschulwirtschaft. VEB Deutscher Landwirtschaftsverlag, Berlin 1973.

PENNINGSFELD, F.: Die Ernährung im Blumen- und Zierpflanzenbau. Verlag Paul Parey, Berlin – Hamburg 1962.

PENNINGSFELD, F., FORCHTHAMMER, L.: Gerbera. Verlag Eugen Ulmer, Stuttgart 1980.

POLJAKOFF-MAYBER, A., GADE, J.: Plants in Saline Environments. Ecological Studies 15, Springer Verlag, Berlin – Heidelberg – New York 1975.

PUUSTJÄRVI, V.: Peat and its Use in Horticulture. Turveeteollisuuslitto Helsinki 1977.

RAUH, W.: Bromelien. Verlag Eugen Ulmer, Stuttgart 1981, 2. Aufl.

REEKER, K., SPRINGER, L.: Torffibel. Verlag Paul Parey, Berlin – Hamburg 1972.

SCHEFFER, F., SCHACHTSCHABEL, P.: Lehrbuch der Bodenkunde. Verlag Ferdinand Enke, Stuttgart 1982, 11. Aufl.

SCHMITZ, F., KLUGE, G.: Das Düngemittelrecht. Landwirtschaftsverlag, Münster – Hiltrup 1982.

STEFFEN, L.: Rosen unter Glas und Treibgehölze. Verlag Eugen Ulmer, Stuttgart 1969.

STEIB, T., et al.: Topfpflanzenkulturen. Verlag Eugen Ulmer, Stuttgart 1981, 5. Aufl.

STORCK, H., et al.: Taschenbuch des Gartenbaues. Verlag Eugen Ulmer, Stuttgart 1983, 2. Aufl.

TRESHOW, M.: Environment and Plant Response. McGraw-Hill, New York 1970.

VOGEL, G.: Gemüseproduktion unter Glas und Plasten. VEB Deutscher Landwirtschaftsverlag, Berlin 1977.

VOGEL, H.: Azaleen, Eriken, Kamelien. Verlag Paul Parey, Berlin – Hamburg 1982.

VOGELMANN, A.: Chrysanthemen. Verlag Eugen Ulmer, Stuttgart 1969, 7. Aufl.

WITHERS, B., VIPOND, S., LECHER, K.: Bewässerung. Verlag Paul Parey, Berlin – Hamburg 1978.

Zeitschriften und Dissertationen

ABED, A. H.: Einfluß von Salzkonzentration und Konzentrationsänderung in der Nährlösung auf Assimilation und Transpiration von Gurkenpflanzen. Diss. TU Hannover 1973.

ADAMS, P., DAVIES, J. N., WINSOR, G. W.: Effects of Nitrogen, Potassium and Magnesium on the Quality and Chemical Composition of Tomatoes Grown in Peat. J. of Hort. Sci. **53,** 115–122, 1978.

ALT, D., KOHSTALL, H.: Verwendung von Müllkompost bei der Anzucht von Baumschulpflanzen in Containern. Landw. Forschung **34** II, 141–147, 1978.

ALT, D., KROMHOUT, B.: Einfluß von Müllkompost-Torf-Mischungen auf das Wachstum von Tomaten- und Salatjungpflanzen. Landw. Forschung **30,** 2, 130–136, 1977.

ANSTETT, A.: L'utilisation des matières plastiques comme substrate et amendement en horticulture. Pépinièristes – Horticulteurs – Maraichers **94,** 1–6, 1969.

ARNOLD BIK, R.: A. Influence of Substrate and Nitrogen on Quality of Azaleas. B. Quality of Potted Chrysanthemums in Relation to their Nitrogen and Phosphorus Contents when Fertilized with Certain Slow Release Fertilizers. Proc. 8. Congr. Int. Pot. Inst., 199–204, 1966.

AUFHAMMER, W., SOLANSKY, S.: Beeinflussung der Assimulatspeicherungsprozesse in der Sommergerstenähre durch Kinetinbehandlungen. Zeitschrift Pflanzenernährung u. Bodenk. 4, 503–515, 1976.

AWORETH, O. C., BRECHT, P. E., MINOTTI, P. L.: Nitrate and Nitrite Levels in Fresh Spinach as Influenced by Postharvest Temperatures. J. Amer. Soc. Hort. Sci. **103,** 3, 417–419, 1978.

BATES, T. E.: Factors Affecting Critical Nutrient Concentrations in Plants and their Evaluation: A Review. Soil Sci. **112,** 2, 116–130, 1971.

BÖHMER, M.: Der Mineralstoffgehalt von Böden mit Feldgemüsebau und seine Bedeutung für die Stickstoffernährung der Pflanze. Diss. TU Hannover 1980.

BREDMOSE, N.: Ernährung von *Asparagus* und anderem Schnittgrün. Gb + Gw **78,** 25–28, 1978.

BROWN, J. C., JONES, W. E.: pH Changes Associated with Iron-Stress Response. Physiol. Plant. **30,** 148–152, 1974.

BÜNEMANN, G.: Einfluß der Nährstoffverteilung in Pflanzen auf den „Calciummangel" in Früchten. Gartenbauwiss. **37,** (19), 17–21, 1972.

BUNT, A. C.: Factors Contributing to the Delay in the Flowering of Pot Chrysanthemums Grown in Peat-Sand-Substrates. Acta Hort. **31,** 163–172, 1973.

BUSSLER, W.: Düngungsversuche zu Cyclamen. Gartenbauwissenschaft **34,** 495–510, 1969.

CANTLIFFE, J. J.: Nitrogen Fertilizer Requirements of Pickling Cucumbers Grown for Onceover Harvest II. Effect of Plant Tissue Minerals Nutrient Concentrations. J. Amer. Soc. Hort. Sci. **102,** 2, 115–119, 1977.

CHIU, T. F., BOULD, C.: Sand-Culture Studies on the Calcium Nutrition of Young Apple Trees with Particular Reference to Bitter Pit. J. of Hort. Sci. **52,** 1, 19–28, 1977.

COLGROVE, M. S., ROBERTS, A. N.: Growth of Azalea as Influenced by Ammonium- and Nitrate-Nitrogen. Proc. Amer. Soc. Hort. Sci. **68,** 522–536, 1956.

COOPER, T., BANGERTH, F.: The Effect of Ca and Mg Treatments on the Physiology, Chemical Composition, and Bitter Pit Development of Cox's Orange Apples. Sci. Hort. **5,** 1, 49–57, 1976.

CRÖSSMANN, G.: Rindenkompost – ein interessantes Pflanzensubstrat und Bodenverbesserungsmittel. Deutscher Gartenbau 38, 1587, 1978.

DOSS, B. D., EVANS, C. E., TURNER, J. L.: Influence of Subsoil Acidity on Tomato Yield and Fruit Size. J. Amer. Soc. Hort. Sci. **102,** 643–645, 1977.

DREWS, M.: Auftreten hoher Salzkonzentrationen in Zierpflanzenerden u. Salzschadgrenzen. Deutscher Gartenbau (DDR) **15,** 12, 326–327, 1968.

FINGER, H.: Untersuchungen über den Einfluß der Temperatur, der Düngung und der Lichtintensität auf die Blütenbildung und auf die Blattfarbe von *Brunfelsia calycina* Benth. Diss. TU Hannover, 1970.

FIRUZEH, P., LÜDDERS, P.: Einfluß der N-Düngung auf die Fruchtqualität von Birnen während der Lagerung. Erwerbsobstbau **21,** 1, 12–15, 1979.

FISCHER, P.: Beziehungen zwischem dem Gehalt zweier Substrate an Nährstoffen und deren Aufnahme durch Zierpflanzen verschiedener Ernährungsansprüche im Verlaufe der Kulturdauer. Diss. TU München 1974.

FISCHER, P.: Nährstoff- und Salzgehalte in Substraten von *Saintpaulia ionantha* im Verlaufe der Kultur. Gartenwelt **77,** 214–217, 1977.

FISCHER, P.: Saintpaulien – der Einfluß des pH-Wertes und der K-Gabe auf die Entwicklung zweier Rassen. Gb + Gw **77,** 1013–1016, 1977.

FISCHER, P., LEINFELDER, J.: *Saintpaulia* und *Codiaeum* – Einfluß des pH-Wertes der Nährlösung. Gb + Gw **80,** 27, 602–606, 1980.

FORSTER, H., VENTER, F.: Der Einfluß der K-Ernährung auf „Grünkragen" an Tomatenfrüchten. Gartenbauwiss. **40,** 75–78, 1975.

FRENZ, F. W., RÖBER, R.: Automatic Watering and Fertilizing in Greenhouses. Acta Hort. **133,** 153–160, 1983.

GABRIELS, R., MENÈVE, I.: Nutritional requirements of roses grown in peat. Sci. Hort. **1,** 341–349, 1973.

GOODE, J. E., HIGGS, K. H., HYRYCZ, K. J.: Nitrogen and Water Effects on the Nutrition, Growth, Crop Yield and Fruit Quality of Orchard-Grown Cox's Orange Pippin Apple Trees. J. of Hort. Sci. **53,** 4, 295–306, 1978.

GRANTZAU, E.: Wasserkapazität und Kalium in Rindensubstraten. Taspo – Aktuelle Gartenbauthemen 1, 36–39, 1982.

GREEN, J. L., HOLLEY, W. D.: Effect of the NH_4:NO_3-ratio on the Net Photosynthesis of Carnation. J. Amer. Soc. Hort. Sci. **89,** 420–424, 1974.

GREENLEAF, W. H., ADAMS, F.: Genetische Kontrolle der Blütenendfäule bei Tomaten über den Ca-Metabolismus. J. Amer. Soc. Hort. Sci. **94,** 248–250, 1969.

GRIMME, H., NEMETH, K.: Beziehungen zwischen K ($CaCl_2$)-Gehalten im Boden und dem Ertrag im Gefäß-, Kleinparzellen- und Feldversuchen. Landw. Forschung **29,** 1, 13–20, 1976.

GÜNTHER, J.: Torf und Torfprodukte – Neue Normen und gesetzliche Bestimmungen für den Handel. Gb + Gw **79,** 184–186, 1979.

HARTGE, K. H., WIEBE, H. J.: Der Wasserzustand von Pflanze und Boden, sein Einfluß auf die Ertragsbildung und seine Bestimmung. Gartenbauwiss. **42,** 2, 71–76, 1977.

HARTMANN, H. D., WALDHÖR, O.: Napfbildung bei Knollensellerie (*Apium graveolens* L). II. Einfluß des Wasserhaushaltes. Gartenbauwiss. **42,** 2, 55–60, 1977.

HARTMANN, H. D., WALDÖHR, O.: Die Düngung von Gewächshausgurken. Gemüse **14,** 204–207, 1978.

HASUK, A., CRÖSSMANN, G., ERNST, A. A.: Müllklärschlammkompost – Untersuchungen über die langfristige Anwendung im Zierpflanzen- u. Gemüsebau. Gb + Gw **77,** 1278–1281, 1977.

HAYNES, R. J., GOH, K. M.: Review on Physiological Pathways on Foliar Absorption. Sci. Hort. **7,** 291–302, 1977.

HENDRIKS, L.: Veränderung der Phosphatkonzentration des Bodens in der Umgebung lebender Pflanzenwurzeln. Diss. TU Hannover 1980.

DE HERTOGH et al.: Fertilization of Special Precooled (5 °C) Tulips for Outflower Forcing. Sci. Hort. **9,** 167–174, 1978.

HOFFMANN, G., FISCHER, P.: Nährstoffaufnahme bei Topfchrysanthemen und Nährstoffgehalte verschiedener Substrate. Gartenwelt **73,** 152–154, 1973.

HOLCOMB, E. J., WHITE, W.: Potassium Fertilization of Chrysanthemums Using a Constant-Drip Fertilizer Solution. Plant and Soil **41,** 271–278, 1974.

JÖRGENSEN, E.: Grodan Stone Wool as Medium for Propagation and Culture. Acta Hort. **54,** 137–141, 1975.

JUNGK, A.: Über eine Schnellmethode zur Bestimmung des Nährstoffgehaltes gärtnerischer Erden. Zeitschrift Pflanzenernährung u. Bodenkunde **95,** 10–23, 1961.

JUNGK, A.: Eigenschaften des Torfs und anderer Substrate in ihrer Bedeutung für die Ernährung der Pflanze. Telma **5,** 167–187, 1976a.

JUNGK, A.: Beeinflussung des Vitamin- und Mineralstoffgehaltes von Pflanzen durch Züchtung und Anbaumaßnahmen. Landw. Forschung **32,** 222–234, 1976b.

JUNGK, A.: Wirkung von Ammonium- und Nitrat-Stickstoff auf das Wachstum und die Zusammensetzung von Pflanzen. Landw. Forschung **34,** 18–26, 1978.

JUNGK, A.: Gießwasser – Beurteilung der Qualität. Gb + Gw **79,** 10, 238–241, 1979.

KAUFMANN, H. G.: Empfehlungen für die organische Düngung in der Zierpflanzenproduktion unter Glas und Plasten. Gartenbau (DDR) **23,** 123–124, 1976.

KIERMEIER, P.: Verwendung von Müllkompost bei Gehölzpflanzungen. Rasen-Turf-Gazon 1, 30–33, 1978.

KNAVEL, D. E.: The Influences of Nitrogen on Pepper Transplant Growth and Yielding Potential of Plants Grown with Different Levels of Soil Nitrogen. J. Amer. Soc. Hort. Sci. **102,** 5, 533–535, 1977.

KRAUSS, A.: Einfluß der Ernährung der Pflanzen mit Mineralstoffen auf den Befall mit parasitären Krankheiten und Schädlingen. Z. Pflanzenernährung u. Bodenkunde **124**, 2, 129–147, 1969.

KRAUSS, A., MARSCHNER, H.: Einfluß der Tag/Nacht-Periodik auf Knollengewicht und Ca-Verlagerung in Stolonen von Kartoffelpflanzen. Z. Pflanzenernährung u. Bodenkunde **137,** 2, 116–123, 1974.

KRUG, H., WIEBE, H. J., JUNGK, A.: Calciummangel an Blumenkohl unter konstanten Klimabedingungen. Z. Pflanzenernährung u. Bodenkunde **133,** 3, 213–226, 1972.

KURZMANN, P.: Substrate und Düngung für Balkonbepflanzungen, mobiles Grün und Dachgärten. Deutscher Gartenbau **31,** 47, 1917–1919, 1977.

LEH, H. D.: Die Gefährdung der Straßenbäume durch Auftausalz. Dt. Baumschule **27,** 10, 250–253, 1975.

LEH, H. O.: Nährstoffmangel- und -überschußkrankheiten im Freilandgemüsebau (I, II und III). Deutscher Gartenbau **32,** 35, 1426–1428, 36, 1474–1476, 39, 1626–1629, 1978a.

LEH, H. O.: Nährstoffmangel- und -überschußkrankheiten (IV). Schlüssel zur Bestimmung von Nährstoffmangelsymptomen. Deutscher Gartenbau **32,** 40, 1677–1678, 1978b.

LENZ, F.: Einfluß der Frucht auf Photosynthese und Atmung. Zeitschrift Pflanzenern. u. Bodenk. **140,** 2, 51–61, 1977.

LEWIS, T. L., MARTIN, D., CERNY, J., RATKOWSKY, D. A.: The Effects of a Sheltered Environment on the Mineral Element Composition of Meston Worcester Apple Fruits and Leaves and on the Occurence of Bitter Pit at Harvest. J. of Hort. Sci. **52,** 3, 401–407, 1977.

MAATSCH, R.: Keimung von Cyclamen in Substraten mit verschiedenen pH-Werten. Gartenwelt **59,** 363, 1959.

MAYNARD, D. N., BECKER, A. V., MINOTTI, P. L., PECK, N. H.: Nitrate Accumulation in Vegetables. Adv. Agronomy **28,** 106–118, 1976.

MEISS, W.: Erfahrungen mit Rindensubstraten bei Gehölzen in Containern. Taspo – Aktuelle Gartenbauthemen 1, 31–35, 1982.

MIX, G. P., MARSCHNER, H.: Calcium-Umlagerung in Bohnenfrüchten während des Samenwachstums. Z. Pflanzenphysiol. **80,** 354–366, 1976a.

MIX, G. P., MARSCHNER, H.: Einfluß exogener und endogener Faktoren auf den Calciumgehalt von Paprika- und Bohnenfrüchten. Z. Pflanzenernährung u. Bodenkunde 5, 551–563, 1976b.

MOULINIER, H., MONTARONE, M.: La nutrition du gerbera. P.-H.-M.-Revue Horticole **188,** 13–18, 1978.

MÜNCH, J., FRITZSCHE, G.: Substratversuche mit Hortensien. Deutscher Gartenbau **29,** 189–192, 1975.

MUNK, H.: Zur Grenzwertfeststellung bei der Bodenuntersuchung im DL-, CAL- und H_2O-Auszug. Landw. Forschung **32,** 158–176, 1976.

MUNK, H., BÄRMANN, C.: Zur Untersuchung des pflanzenverfügbaren Phosphats in lehmigen Böden durch verschiedene Bodenuntersuchungsmethoden. Landw. Forschung **24,** 3/4, 272–284, 1971.

NELSON, P. V.: Nitrogen and Potassium Requirements of Rieger Begonia. J. Amer. Soc. Hort. Sci. **103,** 603–605, 1978.

NEMETH, K.: Möglichkeiten zur Bestimmung der effektiven K-Verfügbarkeit und des K-Bedarfes im Boden. Kali-Briefe, Fachgeb. 1, 5. Folge, 1–7, 1971.

NEMETH, K., GRIMME, H.: Beziehungen zwischen der K-Konzentration der Bodenlösung und der K-Sättigung im Boden in Abhängigkeit von dem pH-Wert. Kali-Briefe, Fachgeb. Bodenk., 4. Folge, 1–9, 1972.

NEMETH, K., GRIMME, H: Einfluß einer Düngung auf die Aufnahme nicht gedüngter Nährstoffe im Gefäßversuch. Z. Pflanzenernährung u. Bodenkunde **137,** 3, 203–213, 1974.

NERL, H., BENKENSTEIN, D.: Zur Stickstoffdüngung von Tulpen. 1. Mitt. Arch. Gartenbau **26,** 315–321, 1978.

OERTLI, J. J.: The Physiology of Salt Injury in Plant Production. Z. Pflanzenernährung u. Bodenkunde 2, 195–208, 1976.

OLDAY, F. C., BARKER, A. V., MAYNARD, D. N.: A Physiological Basis for Different Patterns of Nitrate Accumulation in Cucumber and Pea. J. Amer. Soc. Hort. Sci. **101,** 3, 219–221, 1976.

OSHIMA, R. J., BENNETT, J. P., BAEGELMANN, P. K.: Effect of Ozone on Growth and Assimilate Partitioning in Parsley. J. Amer. Soc. Hort. Sci. **103,** 3, 348–350, 1978.

PAPENHAGEN, A.: Einfluß von Sproßklima und Salzkonzentration der Nährlösung auf Transpiration und Assimilation von Gurkenpflanzen. Diss. TU Hannover 1975.

PAWLOWSKI, H. E.: Die Wirkung unterschiedlicher N-K-Relationen in der Nährlösung auf das Wachstum von Petunien, Chrysanthemen und Begonien. Diss. TU Hannover 1965.

PREISSEL, H. G.: Untersuchungen über den Einfluß der Stickstoffdüngung auf Blühen und Wachstum einiger gesteuerter Zierpflanzen. Diss. TU Hannover 1978.

PREISSEL, H. G., ZIMMER, K.: Brunfelsien – Einfluß von Kalkung und Stickstofform auf die Blattfärbung und den Knospenertrag. Gb + Gw **77,** 659–660, 1977.

PENNINGSFELD, F.: Substrate für den modernen Gartenbau. Taspo-Magazin 1, 30–33, 1978.

PENNINGSFELD, F.: Fortschritte auf dem Gebiet der Hydrokulturtechnik I. und II. Kali-Briefe **16,** 3 und 4, 175–183 und 185–197, 1982.

PENNINGSFELD, F., KURZMANN, P.: Neue Versuchsergebnisse zur Depotdüngung. Jahresbericht der FH Weihenstephan, 2–19, 1974.

PAAUW, F. v. D., SISSINGH, H. A., RIS, J.: Een verbeterde methode van fosfaatextractie van grond mit water: het Pw-getal. Versl. van Landbouwkundige Onderz. **749,** 645, 1971.

RAABE, R. D., VLAMIS, J.: Rooting Failure of Chrysanthemum Cuttings Resulting from Excess Sodium or Potassium. Phytopathology **56,** 713–717, 1966.

RATHSACK, K., JUNGK, A.: Über die Pufferung und Kationensorption von Torf. Z. Pflanzenern. und Bodenk. **104,** 3, 193–206, 1964.

RATHSACK, K., PAWLOWSKI, H. E.: Der Einfluß der Sulfat- und Chloridionen der K-Düngung auf das Wachstum von Azaleen. Z. Pflanzenernährung u. Bodenkunde **117,** 165–178, 1967.

REINERT, R. A.: Monitoring, Detecting, and Effects of Air Pollutants on Horticultural Crops: Sensitivity of Genera and Species. Hort. Sci. **10,** 5, 495–500, 1975.

RENFER, H. R.: Pflanzstoff-, Gießwasser- und Düngungsprobleme bei Orchideen. Die Orchidee **25,** 17–22, 1974.

REUFF, B.: Vitamin- und Spurenelementgehalt von Spinat unter dem Einfluß verschiedener Stickstofformen und Stickstoffmengen. Landw. Forschung **25,** 106–114, 1970.

RÖBER, R.: Der Einfluß der N-Ernährung auf die Blumenbildung und -entwicklung von Chrysanthemen. Gartenbauwiss. **36,** 189–200, 1971.

RÖBER, R.: Der Einfluß der Stickstoff- und Kaliumernährung auf die Stecklingsproduktion der Mutterpflanzen von Azaleen. Gartenbauwiss. **39,** 329–348, 1974.

RÖBER, R.: Nitrogen and Potassium Nutrition of Chrysanthemum. Mother Plants and their Influence upon Quality and Quantity of Cuttings. Acta Hort. **64,** 47–53, 1976.

RÖBER, R.: Beziehungen zwischen Ertrag, Qualität und Mineralstoffgehalt von Chrysanthemenstecklingen. Gartenbauwiss. **43,** 200–204, 1978.

RÖBER, R.: Möglichkeiten und Grenzen der Pflanzenteil-Analyse im Zierpflanzenbau. Gb + Gw **79,** 3, 54–64, 1979.

RÖBER, R., FISCHER, M.: Vermehrungssubstrate zur Anzucht von Pflanzen für die Hydrokultur. Gb + Gw **80,** 6, 132–136, 1980.

RÖBER, R., HECKER, K.: Der Einfluß variierter Düngung auf das Wachstum von Chrysanthemen. Gartenbauwiss. **43,** 275–279, 1978.

RÖBER, R., MUNK, H., Phosphataufnahme und Wachstum von Sommerweizen (*Triticum aestivum* L) Landw. Forschung **31,** 69–80, 1975.

ROHDE, J., RÖBER, R.: Ertragsmerkmale, Substrat- und Blattmineralstoffgehalt bei Forsythia, Lonicera und Philadelphus. II. Lonicera xylosteum L. Gartenbauwiss. **48,** 202–209, 1983.

ROORDA, VAN EYSINGA, J. P. N. L.: De bemesting van chrysanth. Bloementeelt informatie **13,** 1978.

ROSENTHAL, R. N., WOODBRIDGE, C. G., PFEIFFER, C. L.: Root Temperature and Nutrient Levels of Chrysanthemum Shoots. Hort. Science **8,** 1, 26–27, 1973.

SATTELMACHER, B., MARSCHNER, H.: Nitrogen Nutrition and Cytokinin Activity in *Solanum tuberosum*. Physiol. Plant **42,** 185–189, 1978.

SCHACHTSCHABEL, P.: Vergleich zwischen der Austauschermethode nach Tepe und anderen Methoden der Bodenuntersuchung. Landw. Forschung **14,** 136–147, 1961.

SCHACHTSCHABEL, P., KÖSTER, W.: Die Bodenuntersuchung auf Phosphor und Kalium in der Bundesrepublik nach 1945. Herausgeber LWK Hannover, 1976.

SCHACHTSCHABEL, P., KÖSTER, W.: Vergleich verschiedener Extraktionsmethoden zur Bestimmung der Kaliumverfügbarkeit in Böden. Z. Pflanzenernährung u. Bodenkunde **141,** 43–55, 1978.

SCHARPF, H. C.: Der Mineralstickstoffgehalt des Bodens als Maßstab für den Stickstoffdüngerbedarf. Diss. TU Hannover 1977.

SCHARPF, H. C.: Manganüberschuß und Eisenmangel in Rindensubstraten. Taspo – Aktuelle Gartenbauthemen 1, 12–18, 1982.

SCHARPF, H. C., WEHRMANN, J.: Die Bedeutung des Mineralstoffvorrates des Bodens zu Vegetationsbeginn für die Bemessung der N-Düngung zu Winterweizen. Landw. Forschung **32,** 100–114, 1976.

SCHENK, M.: Die Wirkung ausgewählter Wachstumsfaktoren bei der nzucht von Grünpflanzen in Hydrokultur. Staatsprüfungsarbeit 1982.

SCHÜLLER, H.: Die CAL-Methode, eine neue Methode zur Bestimmung des pflanzenverfügbaren Phosphates in Böden. Z. für Pflanzenern., Düngung, Bodenk. **123,** 48, 1969.

SCHUPHAN, W.: Problematik düngungsbedingter Höchsterträge. Umschau **70,** 20, 645–646, 1970.

SCHWEMMER, E.: Erfahrungen mit Rindensubstraten bei Topfpflanzen. Taspo – Aktuelle Gartenbauthemen 1, 19–30, 1982.

SHANMUGAN, A., MUTHUSWAMY, S.: Influence of Photoperiod and Growth Regulators on the Nutrient Status of Chrysanthemum. Indian J. Hort. **31,** 2, 186–193, 1974.

SHEAR, C. B.: Calcium-Related Disorders of Fruits and Vegetables. HortSci. **10,** 4, 361–364, 1975.

SIEGEL, O., VOGT, G.: Über den Einfluß eines Nitrifikationsinhibitors auf die Stickstoffverbindungen des Spinats. Landw. Forschung **28,** 2, 242–248, 1975.

SMITH, C. B.: Growth Responses, Nutrient Leaf Concentrations and Interelement Relationships of Snap Beans as Affected by Fertilizer Treatment. J. Amer. Soc. Hort. Sci. **102,** 1, 61–64, 1977.

SOPER, R. J., RACZ, G. J., FEHR, P. J.: Nitrate Nitrogen in the Soil as a Means of Predicting the Fertilizer Nitrogen Requirements of Barley. Can. J. Soil Sci. **51,** 45–49, 1971.

SPLITTSTOESSER, W. E., VANDEMAK, J. S., KAHN, S. M. A.: Influence of Nitrogen Fertilization Upon Protein and Nitrate Concentration in Some Vegetable Crops. HortSci. **9,** 2, 124, 1974.

STEINECK, O.: Untersuchungen mit der Wechsellösungskultur über spezifische Wirkungen der Nährstoffe Stickstoff und Kali auf das Pflanzenwachstum. Die Bodenkultur **13,** 249–267, 1962.

STILL, S. M.: Comparison of Chrysanthemum Growth in Pine Bark or Commercial Soilless Mixes. HortSci. **12,** 573–574, 1977.

TAYLOR, O. C.: Air Pollutant Injury to Plant Processes. HortSci. **10,** 5, 501–504, 1975.

TSCHERNEWA-DIMOWA, S. S.: Einfluß der Hauptnährstoffe und ihrer Einbringungstermine auf den Ertrag an Schnittblumen und Samen bei Sommerastern. Gartenbau (DDR) **22,** 11, 345–346, 1975.

TSCHERNEWA-DIMOWA, S. S.: Untersuchungen zum Einfluß der Hauptnährstoffe und Düngungstermin auf den Ertrag von Sommerastern (*Callistephus chin.* L. Nees.), Arch. f. Gartenbau **24,** 5, 335–349, 1976.

TUKEY, H. B.: The Effects of Intermittent Mist on Cuttings. Acta Hort. **79,** 49–56, 1978.

UHRING, J.: Leaf of *Petunia* in Relation to Pollution Damage. J. Amer. Soc. Hort. Sci. **103,** 1, 23–27, 1978.

WEISSENBORN, K., QUAST, P.: Ein Beitrag zur Abhängigkeit der Fruchtgesundheit von Ernährungszustand bei Äpfelbäumen. Erwerbsobstbau **19,** 202–206, 1977.

WEHRMANN, J.: Möglichkeiten und Grenzen intensiver Düngeranwendung. Landw. Forschung **26,** 1–15, 1971.

WEHRMANN, J., SCHARPF, H. C.: Sachgerechte Stickstoffdüngung. AID-Heft 17 1983.

WERNER, W.: Neue Gesichtspunkte bei der Beurteilung verschiedener Lactatmethoden zur Kennzeichnung der Phosphatversorgung des Bodens. Kali-Briefe, Fachgeb. 1, **11,** 1, 8, 1972.

WIENEKE, J.: Bilanz und Schlußbetrachtung über Versuche zur Sekundärverlagerung von Calcium im Apfelbaum. Erwerbsobstbau **18,** 9, 135–138, 1976.

WILL, H.: Die Düngung von Beet- und Balkonpflanzen, Deutsche Gärtnerbörse **77,** 21, 480–482, 1977.

WILL, H., HERMANN, P.: Düngung von Balkonpflanzen. Deutscher Gartenbau **30,** 45, 1523–1525, 1976.

WILL, H., HERMANN, P.: Schaumstoffe auch zu Torfsubstraten – Versuchsergebnisse mit Substraten zu Azaleen und Eriken. Gb + Gw **77,** 36, 862–864, 1977.

WINSOR, G. W. et al.: The Nutrition of Glasshouse Carnations. J. horticult. Sci. **45,** 401–413, 1970.

WITT, H. H.: Die Beurteilung des Molybdän-Ernährungszustandes von Pflanzen mit Hilfe der Nitratreduktase-Aktivität. Diss. TU Hannover 1975.

WOLTZ, S. S., WATERS, W. E.: Airborne Fluoride Effects on Some Flowering and Landscape Plants. HortSci. **13,** 4, 430–432, 1978a.

WOLTZ, S. S., WATERS, W. E.: Airborne Fluoride Effects on Some Foliage Plants. HortSci. **13,** 5, 585–586, 1978b.

ZÖTTL, H. W.: Rinden – Abfall oder Rohstoff. Allgem. Forstzeitschrift **32,** 6, 1977.

ZÖTTL, H. W.: Bestimmung und Beseitigung der Stickstoffimmobilisierung in Rindenhumus. Taspo – Aktuelle Gartenbauthemen 1, 7–11, 1982.

Bildquellen

Die Zeichnungen fertigte Rolf Köder, Stuttgart, nach Angaben der Verfasser.

AID, Bonn: Abb. 30.

Amazone Werk: Abb. 89.

BASF, Ludwigshafen: Abb. 25, 26, 27, 29, 75, 76, 96, 97, 101, 104, 108, 109, 111, 113, 114, 118, 119, 120.

Bunt: Abb. 38, 60, 74.

Euflor: Abb. 77.

Fertilizer Institute, Washington (USA): Farbtafel 1 (oben links, oben rechts), Farbtafel 3 (oben), Farbtafel 4 (oben), Farbtafel 6 (oben links, unten links).

Institut für Bodenkunde und Pflanzenernährung, Forschungsanstalt Geisenheim: Abb. 1, 2, 3, 4, 5, 6, 7, 10, 11, 12, 13, 15, 16, 17, 20, 21, 22, 28, 31, 32, 33, 34, 35, 36, 37, 47, 49, 50, 51, 52, 58, 61, 63, 67, 68, 69, 72, 78, 80, 82, 83, 84, 85, 87, 88, 92, 93, 94, 95, 99, 100, 102, 115, 116, 117, 121.

Institut für Gemüsebau, Forschungsanstalt Geisenheim: Abb. 106, 107.

Jost, Iserlohn: Farbtafel 1 (unten links, unten rechts), Farbtafel 2 (oben), Farbtafel 3 (unten), Farbtafel 4 (unten), Farbtafel 5 (oben rechts), Farbtafel 6 (oben rechts, unten rechts), 7 (unten).

Lucas, Fellbach: Farbtafel 2 (unten), 5 (oben links), 6 (Mitte links), 7 (oben rechts).

N.N.: Abb. 44, 45, 55, 62, 65, 77, 98, 105.

Rink Maschinenfabrik: Abb. 90, 91.

Röber, Freising: Abb. 23, 42, 73.

Spannagel, Münster: Abb. 8, 9.

Springer Verlag: Abb. 39, 41, 86.

Stocker Verlag: Abb. 18, 19.

Thomasdünger GmbH: Abb. 14.

Witt, Bad Zwischenahn: Farbtafel 1 (Mitte links, Mitte rechts), Farbtafel 5 (unten), Farbtafel 7 (oben rechts), Farbtafel 8.

Sachregister